高等学校测绘工程专业核心课程规划教材

武汉大学规划教材建设项目资助出版

数 字 地 形 测 量 学

（第三版）

邹进贵　冯永玖　王健　王腾军　翟翊　刘冠兰　王崇倡　郭宝宇　编著

WUHAN UNIVERSITY PRESS

武汉大学出版社

图书在版编目(CIP)数据

数字地形测量学/邹进贵等编著. —3版.—武汉:武汉大学出版社,
2024.2(2024.7重印)
高等学校测绘工程专业核心课程规划教材
ISBN 978-7-307-24204-3

Ⅰ.数… Ⅱ.邹… Ⅲ. 数字技术—应用—地形测量学—高等学校—
教材 Ⅳ.P21-39

中国国家版本馆 CIP 数据核字(2023)第 239882 号

审图号:GS(2024)0014 号

责任编辑:鲍 玲   责任校对:汪欣怡   版式设计:马 佳

出版发行:**武汉大学出版社** (430072 武昌 珞珈山)
(电子邮箱:cbs22@whu.edu.cn 网址:www.wdp.com.cn)
印刷:湖北恒泰印务有限公司
开本:787×1092 1/16 印张:24.25 字数:546千字 插页:1
版次:2015年7月第1版 2019年8月第2版
2024年2月第3版 2024年7月第3版第3次印刷
ISBN 978-7-307-24204-3 定价:59.00元

高等学校测绘工程专业核心课程规划教材
编审委员会

主任委员

| 宁津生 | 武汉大学 |

副主任委员

贾文平	中国人民解放军战略支援部队信息工程大学
李建成	中南大学
陈　义	同济大学

委员

宁津生	武汉大学
贾文平	中国人民解放军战略支援部队信息工程大学
李建成	中南大学
陈　义	同济大学
汪云甲	中国矿业大学
夏　伟	海军大连舰艇学院
靳奉祥	山东建筑大学
岳建平	河海大学
宋伟东	辽宁工程技术大学
李永树	西南交通大学
张　勤	长安大学
朱建军	中南大学
高　飞	合肥工业大学
朱　光	北京建筑大学
郭增长	河南测绘职业学院
王金龙	武汉大学出版社

序

根据《教育部 财政部关于实施"高等学校本科教学质量与教学改革工程"的意见》中"专业结构调整与专业认证"工作的安排，教育部高教司委托有关科类教学指导委员会开展了各专业参考规范的研究与编写工作。我们测绘学科教学指导委员会受委托研究与编写测绘工程专业参考规范。

专业规范是国家教学质量标准的一种表现形式，也是国家对本科教学质量的最低要求，它规定了本科学生应该学习的基本理论、基本知识、基本技能。为此，测绘学科教学指导委员会从 2007 年开始，组织 12 所有测绘工程专业的高校成立了专门的课题组开展"测绘工程专业规范及基础课程教学基本要求"的研究与编写工作。课题组首先根据教育部开展专业规范研制工作的基本要求和当代测绘学科正向信息化测绘与地理空间信息学跨越式发展的趋势以及经济社会的需求，综合各高校测绘工程专业的办学特点，确定了专业规范的基本内容，并落实由武汉大学测绘学院组织教师对专业规范进行细化，形成初稿。然后多次提交给教指委全体委员会、各高校测绘学院院长论坛以及相关行业代表广泛征求意见，最后定稿。测绘工程专业规范对专业的培养目标和规格、专业教育内容和课程体系设置、专业的教学条件进行了详细的论述，并提出了基本要求。与此同时，测绘学科教学指导委员会以专业规范研制工作作为推动教学内容和课程体系改革的切入点，在测绘工程专业规范定稿的基础上，对测绘工程专业 9 门核心专业基础课程和 8 门专业课程的教材进行规划，并确定为"教育部高等学校测绘学科教学指导委员会规划教材"。目的是科学统一规划，整合优秀教学资源，避免重复建设。

2009 年，教指委成立"测绘学科专业规范核心课程规划教材编审委员会"，制订《测绘学科专业规范核心课程规划教材建设实施办法》，组织遴选"高等学校测绘工程专业核心课程规划教材"主编单位和人员，审定规划教材的编写大纲和编写计划。教材的编写过程实行主编负责制。对主编要求至少讲授该课程 5 年以上，并具备一定的科研能力和教材编写经验，原则上要具有教授职称。教材的内容除要求符合"测绘工程专业规范"对人才培养的基本要求外，还要充分体现测绘学科的新发展、新技术、新要求，要考虑学科之间的交叉与融合，减少陈旧的内容。根据课程的教学需要，适当增加实践教学内容。经过一年的认真研讨和交流，最终确定了这 17 本教材的基本教学内容和编写大纲。

为保证教材的顺利出版和出版质量，测绘学科教学指导委员会委托武汉大学出版社全权负责本次规划教材的出版和发行，使用统一的丛书名，统一风格和封面和版式设计。武汉大学出版社对教材编写与评审工作提供了必要的经费资助，对本次规划教材实

1

行选题优先的原则，并根据教学需要在出版周期及出版质量上予以保证。

目前，"高等学校测绘工程专业核心课程规划教材"编写工作已经陆续完成，经审查合格将由武汉大学出版社相继出版。相信这批教材的出版应用必将提升我国测绘工程专业的整体教学质量，极大地满足测绘本科专业人才培养的实际需求，为各高校培养测绘领域创新性基础理论研究和专业化工程技术人才奠定坚实的基础。

二〇一二年五月十八日

前　言

本书是根据教育部高等学校测绘类专业教学指导委员会提出的测绘类专业系列基础教材建设计划，为测绘类专业本科生编写的教材。

"数字地形测量学"是测绘类专业的专业基础课，也是专业核心课程之一。本书是按照我国测绘工作的实际情况，将原《测量学》的内容提炼精化，结合"大比例尺数字测图"和"控制测量学"的部分内容编写而成。本书内容着重于基本概念、基本理论、基本知识和基本技能。

《数字地形测量学》原为《数字测图原理与方法》。《数字测图原理与方法》（第一版）于 2002 年 2 月出版，并在 2004 年 8 月和 2009 年 9 月进行了两次修订出版。根据教育部测绘类专业教学指导委员会对教材体系建设要求，将《数字测图原理与方法》更名为《数字地形测量学》，第一版与第二版分别于 2015 年 7 月和 2019 年 8 月出版发行。

《数字测图原理与方法》2002 年 2 月版的编写人员有：潘正风、杨正尧；2004 年 8 月版的编写人员有：潘正风、杨正尧、程效军、成枢、王腾军等；2009 年 9 月版的编写人员有：潘正风、程效军、成枢、王腾军、宋伟东、邹进贵等。《数字地形测量学》第一版的编写人员有：潘正风、程效军、成枢、王腾军、翟翊、邹进贵、王崇倡等；第二版的编写人员有：潘正风、程效军、成枢、王腾军、翟翊、邹进贵、王崇倡等。

党的二十大报告中提出：全面推进乡村振兴，坚持城乡融合发展；全方位夯实粮食安全根基，牢牢守住十八亿亩耕地红线，逐步把永久基本农田全部建成高标准农田；加强城市基础设施建设，打造宜居、韧性、智慧城市。这些都涉及国计民生，离不开时空信息底座，尤其是精准地形图的支撑，为规划设计、工程建设、统计分析提供全生命周期的服务。

当前，数字地形测量技术发展迅速，无人机倾斜摄影等测绘技术广泛应用于测绘生产中。为了确保本教材能够反映现代测绘科学技术向数字化、自动化、智能化、信息化方向发展的趋势，同时满足当前测绘类专业教学改革的需要，本书作者团队筹划并开展了教材的修订工作。全书以大比例尺数字地形测量为主线，在阐述地形测量基本原理和方法的基础上，不仅对数字地形测量的原理与方法作了全面阐述，还对地籍图、房产图、地下管线图等专题图测绘作了介绍。

本教材是在《数字地形测量学》（第二版，武汉大学出版社，2019 年 8 月）的基础上进行修订的。参加本教材修订的人员有：武汉大学邹进贵(第 1 章、第 7 章)，刘冠兰(第 8 章)，同济大学冯永玖(第 3 章、第 10 章)，山东科技大学王健(第 4 章)，长安大学王腾军(第 5 章)，中国人民解放军战略支援部队信息工程大学翟翊(第 2 章、第 6 章)，辽宁工程技术大学王崇倡 (第 9 章)，广州南方测绘科技股份有限公司郭宝宇(各章视频教学资源)。全书由潘正风负责审稿。

最后，感谢教育部高等学校测绘类专业教学指导委员会的指导；感谢武汉大学、同济大学、山东科技大学、长安大学、辽宁工程技术大学和中国人民解放军战略支援部队信息工程大学和广州南方测绘科技股份有限公司的大力支持；感谢武汉大学出版社相关人员所做的辛勤工作。本书的编写得到武汉大学教材基地建设专项基金资助。

由于水平有限，书中不妥和不足之处，恳请读者批评指正。

编　者

2023 年 7 月于武汉

目　　录

第1章 绪 论

1.1 地形测量学的内容

测绘学是研究测定和推算地面点的几何位置、地球形状及地球重力场，及据此测量地球表面自然形态和人工设施的几何分布，并结合某些社会信息和自然信息的分布状况，编制全球和局部地区各种比例尺的地图和专题地图的理论和技术的学科。从测绘学的定义可知，地形测量学是测绘学研究的重要内容。

地形测量学是测绘工程专业的专业基础课。地形测量学讲述如何将地球表面局部地区的地物、地貌测绘成地形图(包括平面图)的理论、技术和方法。地形测量，是对地球表面的地物、地貌在水平面上的投影位置和高程进行测定，并按一定比例缩小，用符号和注记绘制成地形图的工作。地形测量学在有的教科书中命名为测量学或普通测量学。

地形测量特别是大比例尺地形测量通常是在地球表面一个小区域内进行测绘工作，因而在确定平面位置时可以把这个小区域表面看作平面而不顾及地球曲率的影响。

地形测量主要涉及控制测量和碎部测量两类工作。具体内容包括：根据国家大地控制网，建立测图控制网，测定一定数量的平面和高程控制点，计算控制点的平面坐标和高程，供碎部测量使用；在控制测量的基础上，利用各种测量方法测定各种地物、地貌特征点的平面位置和高程，确定地形要素的名称、数量和质量特征，用地形符号绘制各种比例尺地形图；利用地形图进行量算和空间分析，为工程建设规划设计提供资料；应用测量误差理论分析测量误差来源和累积，建立测绘成果质量检查和验收体系；掌握地形测量所使用的测量仪器(目前有水准仪、全站仪、全球导航卫星系统接收机等)的原理和操作。

碎部测量有两种基本方法：地面测绘地形图方法和航空摄影测量测绘地形图方法。20世纪80年代前，地面测绘地形图方法有平板仪测图法、经纬仪测图法等。航空摄影测量测绘地形图方法采用模拟法和解析法。随着科学技术的发展，数字化测图方法取代了原来的图解测图方法。目前，主要采用地面数字测图方法和数字摄影测量方法测绘地形图。本教材主要介绍大比例尺数字地形测量地面测绘的理论、方法、技术和应用。

地形测量对国民经济的发展和国防建设有重要作用，因此被认为是经济建设和国防建设的基础工程，地形图反映的是基本的空间地理信息。在国民经济和社会发展规划中地形测量信息是重要的基础信息，各种规划及地籍管理首先要有地形图和地籍图。在国

1

防建设中，地形图是战略部署的重要资料之一，是现代大规模诸多兵种协同作战的重要保障。地形图是国家版图的载体，也是国家主权的象征，习近平总书记提出的国家安全观中，强调军事安全是国家安全的保障，是保证国土安全和国民安全的基础，因此地形图的保密工作尤其重要。

地形测量学是测绘类专业的重要课程之一，在专业课程设置里占据着重要地位，在测绘工程专业教学中起着基础作用，同时也为进一步开展测绘类学科的深入学习和研究起到奠基的作用。

1.2　地形测量的发展概况

传统的地形测量是利用测量仪器对地球表面局部区域内的各种地物、地貌特征点的空间位置进行测定，以一定的比例尺并按图示符号绘制在图纸上，即通常所称的白纸测图。这种测图方法的实质是图解法测图，在测图过程中，点位的精度由于刺点、绘图、图纸伸缩变形等因素的影响会大大降低，而且工序多、劳动强度大、质量管理难。在当今的信息时代，纸质地形图已呈现出承载图形信息有限，更新极不方便等缺点，难以满足信息时代经济发展的需要。

随着科学技术的进步，计算机技术的迅猛发展及其向各个领域的渗透，以及电子全站仪、全球导航卫星系统(GNSS) RTK 技术、三维激光扫描、无人机测绘等先进测量仪器和技术的广泛应用，地形测量逐渐向自动化和数字化方向发展，数字化测图技术应运而生。与图解法测图相比，数字测图以其特有的自动化、全数字化、高精度的显著优势而具有无限广阔的发展前景。

数字测图实质上是一种全解析机助测图方法，引领着地形测量发展过程中一种根本性的技术变革。这种变革主要表现在：图解法测图的最终成果是地形图，图纸是地形信息的唯一载体；数字测图地形信息的载体是计算机的存储介质(磁盘或光盘)，其提交的成果是可供计算机处理、远距离传输、多方共享的数字地形图数据文件，通过数控绘图仪可输出地形图。另外，利用数字地形图可生成电子地图和数字地面模型(DTM)。更重要的是，数字地形信息作为地理空间数据的基本信息之一，已成为地理信息系统(GIS)的重要组成部分。

广义的数字测图包括：利用全站仪或其他测量仪器进行野外数字化测图，利用数字化仪对纸质地形图进行数字化处理，以及利用航摄、遥感像片进行数字化测图等方法。利用上述方法将采集到的地形数据传输到计算机，由数字成图软件进行数据处理，经过编辑、图形处理，生成数字地形图。

数字化成图是从制图自动化发展而来的。20 世纪 50 年代美国国防制图局开始研究制图自动化问题，这一研究同时推动了制图自动化配套设备的研制与开发。20 世纪 70 年代初，制图自动化已形成规模生产，在美国、加拿大及欧洲各国相关重要部门都建立了自动制图系统。当时的自动制图系统主要使用数字化仪、扫描仪、计算机及显示终端四种设备。其成图过程是：将地形图数字化，再由绘图仪在透明塑料片上回放出地形图，并与原始地形图叠置以修正错误。

20 世纪 80 年代，摄影测量在经历了模拟法、解析法之后发展为数字摄影测量方法。数字摄影测量是指把摄影所获得的影像进行数字化或直接获得数字化影像，是由计算机进行数字处理，从而生成数字地形图或专题图、数字地面模型等各种数字化产品的过程。

大比例尺地面数字测图是在 20 世纪 70 年代电子速测仪问世后发展起来的，80 年代初全站型电子速测仪的迅猛发展加速了数字测图的研究和应用。我国从 1983 年开展数字测图的研究工作。20 世纪末数字测图技术已取代了传统的图解法测图，成为主要的成图方法。全站仪地面数字测图的工作原理是利用全站仪配合便携式计算机、掌上电脑，或者直接利用全站仪内存进行外业数据采集，内业将数据输入计算机经人机交互编辑，最终生成数字地形图，由绘图仪绘制地形图或将数字地形图保存于地图数据库之中。

20 世纪 90 年代出现的载波相位差分技术，又称实时动态定位技术（Real-time Kinematic，RTK），这种测量模式的工作原理是位于基准站（已知的基准点）的 GNSS 接收机通过数据链将其观测值及站坐标信息一起发给流动站的 GNSS 接收机，流动站不仅接收来自参考站的数据，还直接接收 GNSS 卫星发射的观测数据组成相位差分观测值，进行实时处理后，能够实时提供测点在指定坐标系的三维坐标成果，在 20 km 测程内可达到厘米级的测量精度。实时差分观测时间短，并能实时给出定位坐标。随着 RTK 技术的不断完善和更轻小型、价格更低廉的 RTK 模式 GNSS 接收机的出现，GNSS 数字测图系统将在开阔地区地面数字测图中得到广泛应用。

三维激光扫描技术的发展，突破了传统的单点测量方法的局限，具有高效率、高精度的独特优势。三维激光扫描仪可以快速扫描被测物体，不需要反射棱镜即可直接获得高精度的扫描点云数据，因此可以用于获取高精度、高分辨率的数字地形模型。三维激光扫描技术在测绘行业主要应用于地形测绘、建筑测绘、道路测绘、矿山测绘、文物数字化保护、数字城市地形可视化等领域。

无人机测绘技术是近几年发展起来的，其显著特点是在无人机平台上搭载相机、激光雷达等传感器，在摄影方式上采用倾斜摄影测量技术，打破了只能从垂直方向进行拍摄的限制。倾斜摄影测量技术利用多台传感器从不同的角度进行数据采集，不仅能高效快速地获取海量的数据信息，而且能真实可靠地反映地面的客观情况，满足了人们对三维信息的需要。倾斜摄影测量技术已经逐渐应用到生产实践中，主要在三维建模、大比例尺地形图测绘和多样的工程测量中得到广泛使用。

3

第2章 测量基准和坐标系

2.1 地球椭球体和测量坐标系

2.2.1 地球椭球体

地球的自然表面是不规则的,有高山、丘陵和平原,有江河、湖泊和海洋。通过长期的科学调查和测绘实践,人们发现地球表面海洋面积约占71%,陆地面积约占29%。地球表面最高点是海拔8 848.86m的珠穆朗玛峰,最低点是海拔-11 022m的马里亚纳海沟。但这样的高低起伏相对于地球庞大的体积来说仍然是微不足道的,就其总体形状而言,地球是一个接近于两极扁平、赤道略为隆起的"椭球体"。

既然地球表面绝大部分是海洋,人们很自然地把地球总体形状看作被海水包围的球体,即把地球看作处于静止状态的海水向陆地内部延伸形成的封闭曲面。地球表面任一质点都同时受到两个力作用:一是地球自转产生的惯性离心力;二是整个地球质量产生的引力,这两种力的合力称为重力。引力方向指向地球质心,如果地球自转角速度是常数,惯性离心力的方向垂直于地球自转轴向外,重力方向则是两者合力的方向(图2-1)。重力的作用线又称为铅垂线。用细绳悬挂的垂球静止时,细绳所指的方向即为铅垂线方向。

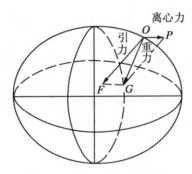

图2-1 引力、离心力和重力

处于静止平衡状态的液体表面通常称为水准面,由静止的海水面延伸形成的封闭曲面也是一个水准面。由于海水有潮涨潮落,海水面时高时低,这样的水准面就有无数个。平均海水面就是从中选择出的一个最接近于地球表面而代替地球表面的水准面，人们把这个处于静止平衡状态的平均海水面向陆地内部延伸所形成的封闭曲面称为大地水准面。大地水准面包围的形体称为大地体。

当液体表面处于静止状态时，液面必然与重力方向正交，即液面与铅垂线方向垂直。由于大地水准面也是一个水准面，因而大地水准面同样具有处处与铅垂线垂直的性质。我们知道，铅垂线的方向取决于地球内部的吸引力，而地球引力的大小与地球内部物质有关。由于地球内部物质分布是不均匀的，因而地面上各点的铅垂线方向也是不规则的。因此，处处与铅垂线方向正交的大地水准面是一个略有起伏的不规则曲面，如图2-2所示。水准面和铅垂线是客观存在的，可以作为野外测量的基准面和基准线。野外测量的仪器就是以水准面和铅垂线为基准来整置的。

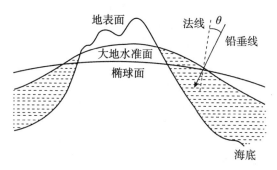

图 2-2　大地水准面

由于大地水准面是具有微小起伏的不规则曲面，不能用数学公式表示，因此，在这个曲面上进行测量数据处理将是十分困难的。为了解决大地水准面不能作为计算基准面的矛盾，人们要选择既能用数学公式表示、又非常接近于大地水准面的规则曲面作为计算的基准面。

经过几个世纪的实践，人们认识到，虽然大地水准面是略有起伏的不规则曲面，但从整体上看，大地体却是十分接近于一个规则的旋转椭球体，即一个椭圆绕它的短轴旋转而成的旋转椭球体，人们把这个代表地球形状和大小的旋转椭球体，称为地球椭球体，如图2-3所示。

地球椭球体的大小由长半轴（赤道半径）a、短半轴（极半径）b 或扁率 f 来确定。因此，a、b、f 被称为地球椭球体的三要素：

$$f = \frac{a-b}{a}$$

地球椭球体三要素的值是通过大量的测量成果推算出来的。17世纪以来，许多测量工作者根据不同地区、不同年代的测量资料，按不同的处理方法推算出了一些不同的地球椭球体要素值，表2-1摘录了几种地球椭球体要素的数值。

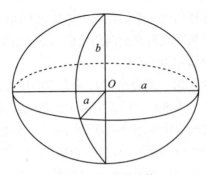

图 2-3　地球椭球体

表 2-1　　　　　　　　　　　　　地球椭球体要素值

参考椭球或椭球参数	年代	长半轴(赤道半径)a/m	扁率 f
贝塞尔椭球	1841	6 377 397	1/299.15
克拉克椭球	1866	6 378 206	1/295.0
克拉克椭球	1880	6 378 249	1/293.46
海福特椭球	1910	6 378 388	1/297.0
克拉索夫斯基椭球	1940	6 378 245	1/298.3
凡氏椭球	1965	6 378 169	1/298.25
IUGG 十六届大会推荐的椭球参数	1975	6 378 140	1/298.257
IUGG 十七届大会推荐的椭球参数	1979	6 378 137	1/298.257
WGS-84 系统	1984	6 378 137	1/298.257 223 563

注：IUGG(International Union of Geodesy and Geophysics)为国际大地测量与地球物理联合会的缩写。

地球椭球的形状大小确定之后，还需进一步确定地球椭球与大地体的相关位置，这样才能作为测量计算的基准面，这个过程称为椭球定位。人们把形状、大小和定位都已确定了的地球椭球体称为参考椭球体。参考椭球体的表面称为参考椭球面。参考椭球定位的原则是在一个国家或地区范围内使参考椭球面与大地水准面最为吻合，其方法是首先使参考椭球体的中心与大地体的中心重合，并在一个国家或地区范围内适当选定一个地面点，使得该点处参考椭球面与大地水准面重合。这个用于参考椭球定位的点，称为大地原点。参考椭球面是测量计算的基准面，其法线是测量计算的基准线。

由于参考椭球体的扁率较小，因此，在测量的计算中，在满足精度要求的前提下，为了计算方便，通常把地球近似地当作圆球看待，其半径为：

$$R = \frac{1}{3}(a + a + b) = 6\ 371\text{km}$$

2.1.2　测量坐标系

地面点的空间位置可以用三维的空间直角坐标表示，也可以用一个二维坐标系(椭球面坐标或平面直角坐标)和高程的组合来表示。

1. 常用坐标系的定义

(1) 大地坐标系

大地坐标系是椭球面坐标系，它的基准面是参考椭球面，基准线是法线。

如图 2-4 所示，包含参考椭球体短轴 PP_1 的平面称为大地子午面，大地子午面与参考椭球面的交线称为大地子午线或大地经线。世界各国把过英国格林尼治平均天文台的子午面称为大地首子午面或大地起始子午面，它与参考椭球面的交线称为首子午线或起始子午线(1884 年国际经度会议决定，以通过英国伦敦格林尼治天文台埃里中星仪的经线为起始子午线，全球经度以它为零点。1953 年，格林尼治天文台迁移到东经 $0°00'25''$ 的地方。目前，全球经度零点以由全球 48 个天文台共同确定的格林尼治平均天文台为准而确定)。垂直于参考椭球体短轴的任一平面与参考椭球面的交线称为纬线或纬圈。显然，纬圈平面互相平行，故纬圈又称平行圈。过短轴中心且垂直于短轴的平面称为大地赤道面。大地赤道面与参考椭球面的交线称为赤道。

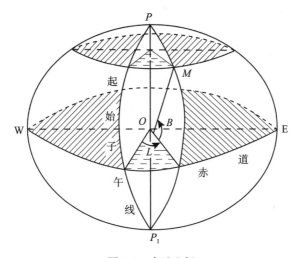

图 2-4 大地坐标

如图 2-4 所示，在大地坐标系中，地面上 M 点的大地坐标分量定义如下：

大地经度 L，就是过 M 点的大地子午面与大地起始子午面之间的夹角。由大地起始子午面向东量称为东经，向西量称为西经，其取值范围各为 $0° \sim 180°$。

大地纬度 B，就是过 M 点的法线(与参考椭球面正交的直线)和大地赤道面的夹角。纬度由大地赤道面向北量称为北纬，向南量称为南纬，其取值范围各为 $0°$ 至 $90°$。

M 点沿法线至参考椭球面的距离称为大地高 H，图 2-4 中 M 点的大地高为 0。

地面点的大地坐标确定了该点在参考椭球面上的位置，称为该点的大地位置。大地坐标再加上大地高就确定了点在空间的位置。

过 M 点并与该点子午面相垂直的法截面同椭球面相截形成的闭合圈称为卯酉圈。

卯酉圈的曲率半径用 N 表示。

（2）空间直角坐标系

以椭球体中心 O 为原点，起始子午面与赤道面交线为 X 轴，赤道面上与 X 轴正交的方向为 Y 轴，椭球体的旋转轴为 Z 轴，构成右手直角坐标系 O–XYZ，在该坐标系中，P 点的点位用 OP 在这三个坐标轴上的投影 X、Y、Z 表示，如图 2-5 所示。

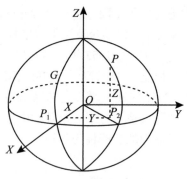

图 2-5　空间直角坐标系

地面上同一点的大地坐标 $(L，B)$ 及大地高 H 和空间直角坐标 $(X，Y，Z)$ 之间可以进行坐标转换：

$$\begin{cases} X = (N + H)\cos B\cos L \\ Y = (N + H)\cos B\sin L \\ Z = \left[N(1 - e^2) + H \right]\sin B \end{cases} \qquad (2\text{-}1)$$

式中：e 为第一偏心率，

$$e^2 = \frac{a^2 - b^2}{a^2}$$

$$N = \frac{a}{\sqrt{1 - e^2\sin^2 B}}$$

由空间直角坐标 $(X，Y，Z)$ 转换为大地坐标 $(L，B)$ 和大地高 H，可采用下式：

$$\begin{cases} L = \arctan\dfrac{Y}{X} \\[2mm] B = \arctan\dfrac{Z + Ne^2\sin B}{\sqrt{X^2 + Y^2}} \\[2mm] H = \dfrac{\sqrt{X^2 + Y^2}}{\cos B} - N \end{cases} \qquad (2\text{-}2)$$

用式（2-2）计算大地纬度 B 时，通常采用迭代法。

迭代方法是：首先取 $\tan B_1 = \dfrac{Z}{\sqrt{X^2 + Y^2}}$，用 B 的初值 B_1 按式（2-2）计算 N 的初值，

令其为 N_1， 然后将 N_1 和 B_1 代入式（2-2）计算 B_2， 再利用求得的 B_2 按式（2-2）计算 N_2， 如此迭代，直至最后两次 B 值之差小于允许值为止。

（3）平面直角坐标系

在测量工作中，仅采用大地坐标和空间直角坐标表示地面点的位置在有些情况下不是很方便，例如，工程建设规划、设计是在平面上进行的，需要将点的位置和地面图形表示在平面上，而采用平面直角坐标系对于测量计算则十分方便。

测量中采用的平面直角坐标系有：高斯平面直角坐标系、独立平面直角坐标系以及建筑（施工）坐标系。

由于测量工作中的角度按顺时针测量，直线的方向也是以纵坐标轴北方向顺时针方向度量的，若将纵轴作为 X 轴，横轴作为 Y 轴，并将Ⅰ、Ⅱ、Ⅲ、Ⅳ象限的顺序也按顺时针排列，这样就可完全不变地使用三角函数计算公式，而又与测量中规定的直线方向及测角习惯相一致。因此，测量工作中所用的平面直角坐标系与解析几何中所用的平面直角坐标系有所不同，测量平面直角坐标系以 X 轴为纵轴，表示南北方向，以 Y 轴为横轴，表示东西方向，如图 2-6 所示。

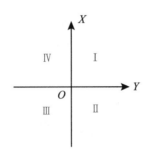

图 2-6　测量平面直角坐标系

平面直角坐标与大地坐标可以进行相互换算，通常是根据两者之间的一一对应关系，导出计算公式，这个过程称为地图投影。关于地图投影，将在 2.2 节中作详细介绍。

当测区范围较小时（如小于 $100km^2$），在满足测图精度要求的前提下，为了方便起见，通常把球面看作平面，建立独立的平面直角坐标系。独立的平面直角坐标系的坐标原点和坐标轴可以根据实际需要来确定。通常，将独立的平面直角坐标系的原点选在测区的西南角，以保证测区的每个点的坐标都不会出现负值，方便计算。

在建筑工程中，为了方便计算和施工放样，通常将平面直角坐标系的坐标轴与建筑物的主轴线重合、平行或垂直，此时建立起来的坐标系，称为建筑坐标系或施工坐标系。

施工坐标系与测量坐标系往往不一致，在计算测设数据时需进行坐标换算。如图 2-7 所示，设 xoy 为测量坐标系，AOB 为施工坐标系，(x_o, y_o) 为施工坐标系原点 O 在测量坐标系中的坐标，α 为施工坐标系的坐标纵轴 A 在测量坐标系中的方位角。若 P 点的施工坐标为 (A_P, B_P)， 可按下式将其换算为测量坐标 (x_p, y_p)：

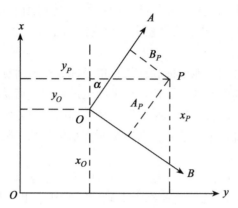

图 2-7　施工坐标与测量坐标的换算

$$\begin{cases} x_p = x_o + A_P\cos\alpha - B_P\sin\alpha \\ y_p = y_o + A_P\sin\alpha + B_P\cos\alpha \end{cases} \tag{2-3}$$

式中，x_o，y_o 与 α 值可由设计人员提供。

同样，若已知 P 点的测量坐标 (x_p, y_p)，可按下式将其换算为施工坐标 (A_P, B_P)：

$$\begin{cases} A_P = (x_p - x_o)\cos\alpha + (y_p - y_o)\sin\alpha \\ B_P = -(x_p - x_o)\sin\alpha + (y_p - y_o)\cos\alpha \end{cases} \tag{2-4}$$

2. 我国常用的坐标系统

（1）1954 北京坐标系

1954 年我国完成了北京天文原点的测定，采用了克拉索夫斯基椭球体参数（见表 2-1），并与苏联 1942 年坐标系进行了联测，建立了 1954 北京坐标系。1954 北京坐标系属参心坐标系，是苏联 1942 年坐标系的延伸，大地原点位于苏联的普尔科沃。

（2）1980 国家大地坐标系

为了适应我国经济建设和国防建设发展的需要，我国在 1972—1982 年期间进行天文大地网平差时，建立了新的大地基准，相应的大地坐标系称为 1980 年国家大地坐标系。大地原点地处我国中部，位于陕西省西安市以北 60km 处的泾阳县永乐镇，简称西安原点。椭球参数（既含几何参数又含物理参数）采用 1975 年国际大地测量与地球物理联合会第 16 届大会的推荐值（见表 2-1）。

该坐标系建立后，实施了全国天文大地网平差，平差后提供的大地点成果属于 1980 年国家大地坐标系，它与原 1954 北京坐标系的成果不同，使用时必须注意所用成果相应的坐标系统。

（3）2000 国家大地坐标系

2000 国家大地坐标系是一种地心坐标系，坐标原点在地球质心（包括海洋和大气的整个地球质量的中心），Z 轴指向 BIH1984.0 所定义的协议地极（CTP）方向，X 轴指向 BIH1984.0 定义的零子午面与 CTP 赤道的交点，Y 轴指向由右手坐标系原则确定。椭球

参数有长半轴 $a = 6\ 378\ 137\text{m}$、扁率 $f = 1/298.257\ 222\ 101$、地球自转角速度 $\omega = 7\ 292\ 115 \times 10^{-11}\text{rad/s}$、地心引力常数 $GM = 3\ 986\ 004.418 \times 10^8\text{m}^3/\text{s}^2$。我国自 2008 年 7 月 1 日起启用 2000 国家大地坐标系，2018 年 7 月 1 日起全面使用 2000 国家大地坐标系。2000 国家大地坐标系是我国自主研发的大地坐标系，在高精度、适合中国国情和统一标准等方面具有独特的优势，体现我国测绘科技工作者敢于创新的勇气和善于创新的能力，2000 国家大地坐标系是我国北斗卫星导航系统的坐标框架。

（4）WGS-84 坐标系

WGS-84 坐标系是全球定位系统（GPS）采用的坐标系，属地心坐标系。WGS-84 坐标系采用 1979 年国际大地测量与地球物理联合会第 17 届大会推荐的椭球参数（见表 2-1），WGS-84 坐标系的原点位于地球质心；Z 轴指向 BIHl984.0 定义的协议地球极（CTP）方向；X 轴指向 BIHl984.0 的零子午面和 CTP 赤道的交点；Y 轴与 X 轴、Z 轴垂直构成右手坐标系。椭球参数有长半轴 $a = 637\ 8137\text{m}$，扁率 $f = 1/298.257\ 223\ 563$。

（5）独立坐标系

独立坐标系分为地方独立坐标系和局部独立坐标系两种。

许多城市基于实用、方便的目的（如减少投影改正计算工作量），以当地的平均海拔高程面为基准面，过当地中央的某一子午线为高斯投影带的中央子午线，构成地方独立坐标系。地方独立坐标系隐含着一个与当地平均海拔高程面相对应的参考椭球，该椭球的中心、轴向和扁率与国家参考椭球相同，只是长半轴的值不一样。

大多数工程专用控制网采用局部独立坐标系，若需要将其放置到国家大地控制网或地方独立坐标系，应通过坐标变换完成。对于范围不大的工程，一般选择测区的平均海拔高程面或某一特定高程面（如隧道的平均高程面、过桥墩顶的高程面）作为投影面，以工程的主要轴线为坐标轴，比如对于隧道工程而言，一般取与隧道贯通面垂直的一条直线作 X 轴。

2.2 地图投影和高斯平面直角坐标系

2.2.1 地图投影概述

地面点的位置可用大地经纬度表示在参考椭球面上，若将实地图形以按一定比例缩小表示，得到的将是一个地球仪。出于体积上的限制，地球仪不可能太大，否则不便于制作、保管和使用。而且在球仪上也不便于进行距离和角度等常用量的计算。因此，为方便制作和应用，通常将参考椭球面的图形表示到平面上，形成平面图。

由于参考椭球面是不可展平的曲面，要将参考椭球面上的点或图形表示到平面上，必须采用地图投影方法。地图投影，简单地说就是将参考椭球面上的元素（坐标、角度和边长）按一定的数学法则投影到平面上的过程。这里所说的数学法则，可以用以下方程表示：

$$\begin{cases} x = f_1(L, \ B) \\ y = f_2(L, \ B) \end{cases} \qquad (2\text{-}5)$$

其中，$(L, \ B)$ 是点的大地坐标，$(x, \ y)$ 是该点投影后的平面直角坐标。

地图投影中，常用的投影面有圆柱面、圆锥面和平面三种。因此，按照所选择投影面的类型，地图投影可相应地分为圆柱投影、圆锥投影和方位投影。按照投影面与参考椭球面的相对位置，地图投影又可分为正轴投影（投影面的中心线与参考椭球的短轴重合）、横轴投影（投影面的中心线与参考椭球的短轴正交）和斜轴投影（投影面的中心线与参考椭球的短轴斜交）。此外，投影面与参考椭球面的关系也可以是相切或相割。

参考椭球面是不可展平的曲面，把参考椭球面上的元素投影到平面上必然会出现变形。投影变形一般有角度变形、长度变形和面积变形三种。投影变形可以采用不同的投影方法加以限制，或使某种变形为零，或使三种变形全部减少到一定的限度，但同时消除三种变形是不可能的。因此，地图投影按其投影变形不同，又分为等角投影、等面积投影和任意投影三种。

在测量工作中，一般要求投影前后保持角度不变。这是因为角度不变就意味着在一定范围内地图上的图形与椭球面上的图形是相似的，而地形图上的任何图形都与实地图形相似，这就使地形图在测绘和应用方面都很方便。另外，角度测量是测量的主要工作内容之一，如果投影前后保持角度不变，就可以在平面上直接使用观测的角度值，从而可免去大量的投影换算工作。因此，选择等角投影是最有利的。

测绘工作中常用的等角投影有：高斯-克吕格投影、通用横轴墨卡托投影（UTM 投影）和兰勃特（Lambert）投影。

1. 高斯-克吕格投影

高斯投影是由德国数学家、物理学家、天文学家高斯于 19 世纪 20 年代拟定，后经德国大地测量学家克吕格于 1912 年对投影公式加以补充，故称为高斯-克吕格投影，又名"等角横切椭圆柱投影"，是地球椭球面和平面间正形投影的一种。

高斯-克吕格投影是等角投影，根据等角投影条件和高斯投影的特定条件来确定投影函数关系。在几何概念上，可以设想用一个空心椭圆柱面横切于参考椭球面的一条子午线上，并使椭圆柱的中心轴与参考椭球体的长轴重合。相切的一条子午线称为中央子午线，然后将椭球面上的元素投影到椭圆柱面上，如图 2-8 所示。投影后，将椭圆柱面沿过极点的母线切开并展成平面，即为高斯-克吕格投影平面，如图 2-9 所示。

高斯-克吕格投影是正形投影的一种，投影前后的角度相等。除此以外，高斯-克吕格投影还具有以下特点：

①中央子午线投影后为直线，且长度不变。距中央子午线越远的子午线，投影后弯曲程度越大，长度变形也越大。

②椭球面上除中央子午线外，其他子午线投影后均向中央子午线弯曲，并向两极收敛，对称于中央子午线和赤道。

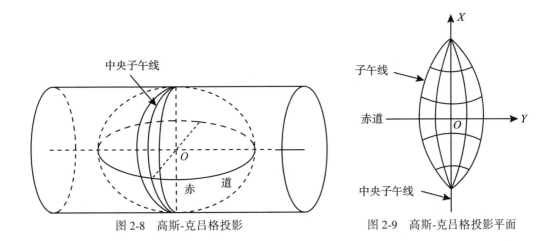

图 2-8 高斯-克吕格投影　　　　图 2-9 高斯-克吕格投影平面

③在椭球面上对称于赤道的纬圈，投影后仍成为对称的曲线，并与子午线的投影曲线互相垂直且凹向两极。

高斯-克吕格投影的直角坐标公式（当 $l<3.5°$ 时，换算精确至 0.001m）：

$$\begin{cases} x = S + \dfrac{N l^2}{2\rho''^2}\sin B\cos B + \dfrac{N l^4}{24\rho''^4}\sin B\cos^3 B(5-t^2+9\eta^2+4\eta^4) + \dfrac{N l^6}{720\rho''^6}\sin B\cos^5 B(61-58t^2+t^4) \\ y = \dfrac{Nl}{\rho''}\cos B + \dfrac{N l^3}{6\rho''^3}\cos^3 B(1-t^2+\eta^2) + \dfrac{N l^5}{120\rho''^5}\cos^5 B(5-18t^2+t^4+14\eta^2-58\eta^2 t^2) \end{cases}$$

$$(2\text{-}6)$$

高斯-克吕格投影的长度比公式：

$$\mu = 1 + \frac{l^2}{2\rho''^2}\cos^2 B(1+\eta^2) + \frac{l^4}{24\rho''^4}\cos^4 B(5-4t^2) \qquad (2\text{-}7)$$

式中，

$$l = (L-L_0)'', \quad t = \tan B, \quad \eta^2 = \frac{a^2-b^2}{b^2}\cos^2 B,$$

式中，L 和 B 为大地经度和纬度，L_0 为轴子午线的经度，a 和 b 为椭球的长半轴和短半轴，N 为卯酉圈曲率半径。

高斯-克吕格投影是我国 1：500 000、1：250 000、1：100 000、1：50 000、1：25 000、1：10 000 及更大比例尺地形图的数学基础。

2. 通用横轴墨卡托投影

通用横轴墨卡托投影与高斯-克吕格投影存在着很少的差别，通用横轴墨卡托投影属于等角横轴割圆柱投影，如图 2-10 所示，椭圆柱割地球于南纬 80 度、北纬 84 度两条等高圈，投影后两条相割的经线上没有变形，而中央经线上长度比为 0.999 6。该投影角度没有变形，中央经线为直线，且为投影的对称轴，中央经线的比例因子取 0.999 6 是为了保证离中央经线左右约 330km 处有两条不失真的标准经线。

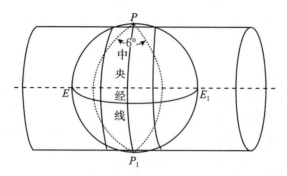

图 2-10   通用横轴墨卡托投影示意图

通用横轴墨卡托投影的直角坐标公式：

$$\begin{cases} x = 0.999\,6 \left[S + \dfrac{Nl^2}{2\rho''^2}\sin B\cos B + \dfrac{Nl^4}{24\rho''^4}\sin B\cos^3 B(5 - t^2 + 9\eta^2 + 4\eta^4) + \cdots \right] \\ y = 0.999\,6 \left[\dfrac{Nl}{\rho''}\cos B + \dfrac{Nl^3}{6\rho''^3}\cos^3 B(1 - t^2 + \eta^2) + \dfrac{Nl^5}{120\rho''^5}\cos^5 B(5 - 18t^2 + t^4) + \cdots \right] \end{cases}$$

$$(2\text{-}8)$$

通用横轴墨卡托投影的长度比公式：

$$\mu = 0.999\,6 \left[1 + \frac{l^2}{2\rho''^2}\cos^2 B(1 + \eta^2) + \frac{l^4}{6\rho''^4}\cos^4 B(2 - t^2) + \cdots \right] \qquad (2\text{-}9)$$

上式中所用的符号含义同高斯-克吕格投影。

通用横轴墨卡托投影由美国军事测绘局 1938 年提出，1945 年开始采用，现已在许多国家和地区的地形图上得到了广泛使用。

3. 兰勃特投影

兰勃特投影是由德国数学家兰勃特（J. H. Lambert）在 1772 年拟定的正形圆锥投影。几何概念是设想用一个正圆锥切于椭球面，相切纬线（纬度 B_0）称为标准纬线，应用等角条件将地球面投影到圆锥面上，然后沿一母线展开成平面，投影后纬线为同心圆圆弧，经线为从圆心发出的辐射直线，称为兰勃特切圆锥投影，如图 2-11 所示。如果圆

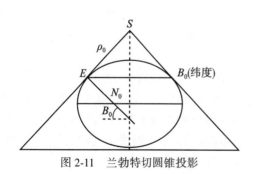

图 2-11   兰勃特切圆锥投影

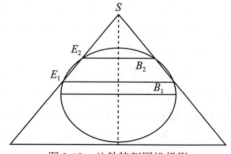

图 2-12   兰勃特割圆锥投影

锥面与椭球面上两条纬线（纬度分别为 B_1、B_2）相割，则称为兰勃特割圆锥投影，如图 2-12 所示。兰勃特投影适于中纬度地区东西延伸的国家和地区制作中、小比例尺地图。1962 年世界百万分之一国际地图技术会议通过的制图规范，建议用等角圆锥投影作为编制 1：100 万地图的数字基础，因此，目前国际上都用此投影编制 1：100 万地形图。

兰勃特切圆锥投影的直角坐标系，将中央子午线的投影作为该投影平面直角坐标系的 x 轴，将中央子午线与标准纬线相交的投影点作为坐标原点 O，从原点作 x 轴的垂线，为坐标系的 y 轴，指向东为正，如图 2-13 所示。

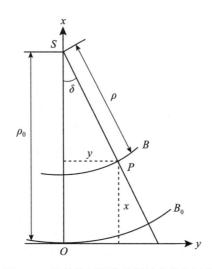

图 2-13 兰勃特切圆锥投影的直角坐标系

兰勃特投影的直角坐标公式：

$$\begin{cases} \rho = K\,e^{-\beta \Delta q}, & \delta = \beta l \\ x = \rho_0 - \rho\cos\delta, & y = \rho\sin\delta \end{cases} \tag{2-10}$$

式中：β 和 K 是两个常数，e 是自然对数底，ρ 是纬线投影半径，l 是地球椭球面上两条经线的夹角，δ 是两条经线夹角在平面上的投影，q 是等量纬度。

$$q = \frac{1}{2}\ln\frac{1+\sin B}{1-\sin B} - \frac{e}{2}\ln\frac{1+e\sin B}{1-e\sin B} \tag{2-11}$$

（1）兰勃特切圆锥投影 β 和 K 的计算

$$\begin{cases} \beta = \sin B_0 \\ K = N_0\cot B_0\,e^{\sin B_0 q_0} \end{cases} \tag{2-12}$$

$$\rho_0 = N_0\cot B_0 = K\,e^{-\sin B_0 q_0}$$

（2）兰勃特割圆锥投影 β 和 K 的计算

$$\begin{cases} \beta = \dfrac{1}{q_2 - q_1}\ln\left(\dfrac{N_1\cos B_1}{N_2\cos B_2}\right) \\[3mm] K = \dfrac{N_1\cos B_1}{\beta\,\mathrm{e}^{-\beta q_1}} = \dfrac{N_2\cos B_2}{\beta\,\mathrm{e}^{-\beta q_2}} \end{cases} \tag{2-13}$$

计算 β 和 K 后，再按式(2-10)计算 ρ_1、ρ_2，一般取 $\rho_2 = \rho_0$。

兰勃特投影的长度比公式：

$$\mu = 1 + \frac{V_0^2}{2\,N_0^2}x^2 + \frac{V_0^2\tan B_0}{6\,N_0^3}(1 - 4\,\eta_0^2)\,x^3 - \frac{V_0^2\tan B_0}{2\,N_0^3}x\,y^2 + \cdots \tag{2-14}$$

式中，

$$V_0^2 = 1 + \frac{a^2 - b^2}{b^2}\cos^2 B_0$$

这是直角坐标计算长度比的公式。当切圆锥投影时，在标准纬线 B_0 处，长度比为1，没有变形。当离开标准纬线无论是向南还是向北，长度变形 ($\mu - 1$) 迅速增大。当割圆锥投影时，在南标准纬线 (B_1) 处及北标准纬线 (B_2) 处长度比都等于1，在南、北标准纬线之间，长度比小于1，在中间时长度比最小。当在南、北标准纬线之外，长度比大于1。为限制兰勃特投影的长度变形，必须限制投影宽度及按纬度分带投影。

2.2.2　高斯平面直角坐标

在高斯-克吕格投影面上，中央子午线和赤道的投影都是直线。以中央子午线和赤道的交点 O 作为坐标原点，以中央子午线的投影为纵坐标轴 x，规定 x 轴向北为正；以赤道的投影为横坐标轴 y，y 轴向东为正，这样便形成了高斯平面直角坐标系。

1. 投影带划分

从高斯投影的特性可知，虽然投影前后角度无变形，但存在长度变形，而且距中央子午线愈远，长度变形愈大。长度变形太大对测图、用图和测量计算都是不利的，因此必须设法限制长度变形。限制长度变形的方法是采用分带投影，也就是用分带的办法把投影区域限定在中央子午线两旁的一定范围内。具体做法是：先按一定的经差将参考椭球面分成若干个瓜瓣形，各瓜瓣形分别按高斯投影的方法进行投影。

由于分带后各带独立投影，各带形成了独立的坐标系，分带投影又产生了各坐标系之间互相换算的问题。从限制长度变形方面看，分带愈多，变形愈小；然而，分带后各带的坐标系相互独立，使用中必须通过换算来建立不同坐标系之间的联系，分带越多，各带相互换算的工作量越大。为了减少坐标系之间换算的工作量，分带越少越好。因此分带的原则是：既要使长度变形满足测量的要求，又要使分带数不过多。

根据上述原则，我国通常采用 6° 带和 3° 带两种分带方法。测图比例尺小于 1：10 000时，一般采用 6° 分带；测图比例尺大于等于 1：10 000 时则采用 3° 分带。在工程测量中，有时也采用任意分带投影，即把中央子午线放在测区中央的高斯投影。在高精度的测量中，也可采用小于 3° 的分带投影。

6° 带划分是从首子午线开始，自西向东每隔经差 6° 的范围为一带，依次将参考椭球面分为 60 带，其相应的带号依次为 1，2，3，…，60。投影后的图形，如图 2-14 所示。

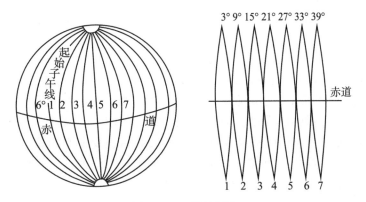

图 2-14 6°带的划分

若 6°带的带号为 n，则各带中央子午线的经度 L_0 为：

$$L_0 = n \times 6° - 3° \tag{2-15}$$

为了使 3°带的坐标系与 6°带坐标系之间的换算减少，因此，3°带的划分是从东经 1°30′ 开始，自西向东每隔经差 3°的范围为一带，依次将参考椭球面分成 120 带，其相应的带号分别为 1，2，3，…，120。若 3°带的带号为 n'，则各带中央子午线的经度 L_0' 为

$$L_0' = n' \times 3° \tag{2-16}$$

由于 3°带是从东经 1°30′ 开始的，因而 3°带的中央子午线，奇数带同 6°带的中央子午线重合，偶数带同 6°带的分带子午线重合，如图 2-15 所示。因此，3°带奇数带与相应 6°带的坐标是相同的，不同的只是带号。6°带的带号 n 与 3°带带号 n' 之间的关系为 $n' = 2n - 1$。

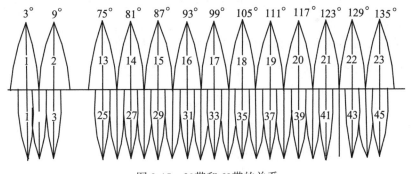

图 2-15 3°带和 6°带的关系

2. 国家统一坐标

如前所述，高斯平面直角坐标系以中央子午线的投影为坐标纵轴 x，赤道的投影为坐标横轴 y，两轴的交点为坐标原点。在这个坐标系中，中央子午线以东的点，y 坐标为正，中央子午线以西的点，y 坐标为负。赤道以南的点 x 坐标为负，赤道以北的点，x 坐标为正。

我国领土全部位于赤道以北，所以 x 坐标全部为正，而每一投影带的 y 坐标值却有正有负，这样在实际应用中就增大了符号出错的可能性。为了避免 y 坐标值出现负值，规定在 y 坐标值加 500km，这样就使 x、y 值均为正值。由于采用了分带投影，各带自成独立的坐标系，因而不同投影带就会出现相同坐标的点。为了区分不同带中坐标相同的点，又规定在横坐标 y 值前冠以带号。习惯上，把 y 坐标加 500km 并冠以带号的坐标称为国家统一坐标，而把没有加 500km 和带号的坐标，称为自然坐标。显然，同一点的国家统一坐标和自然坐标的 x 值相等，而 y 值则不同。

例：假设位于 19 带的点 A_1 和 20 带的点 A_2 的自然坐标的 Y 坐标值分别为：

$$A_1: y_1 = 189\ 632.4\text{m}$$
$$A_2: y_2 = -105\ 734.8\text{m}$$

则相应的国家统一坐标的 Y 坐标值为：

$$A_1: y_1 = 19\ 689\ 632.4\text{m}$$
$$A_2: y_2 = 20\ 394\ 265.2\text{m}$$

在实际工作中，使用各类三角点和控制点的坐标时，要注意区分自然坐标与国家统一坐标。

3. 相邻带坐标换算

在高斯投影中，为了限制长度变形而采用了分带投影的办法。由于各带独立投影，各带形成了各自独立的坐标系。在测量中若需利用不同投影带的控制点时，就必须进行两个坐标系之间点的坐标换算，将不同带(坐标系)的点换算到同一坐标系中。另外，在大比例尺地形测量中，为了使投影长度变形不超过规定的限度，往往要采用 3°带或 1.5°带投影，而国家控制网通常是 6°带坐标，这就产生了 6°带坐标换算为 3°带坐标的问题。这种相邻带和不同投影带之间的坐标换算，称为邻带坐标换算，简称坐标换带。

4. 距离改化

根据球面上的长度换算为投影面上的距离，叫做距离改化。设球面上两点间的长度为 S，其在高斯投影面上的长度为 σ，地球半径为 R，则

$$\sigma = S + \frac{y_m^2}{2R^2} \cdot S \tag{2-17}$$

由式(2-17)可知，只要知道球面上两点间的距离 S 及其在球面上离开轴子午线的近似距离 y_m(可取两点横坐标的平均值)，便可求出其在高斯投影面上的距离 σ。其改化数值为：

$$\Delta S = \sigma - S = \frac{y_m^2}{2R^2} \cdot S \tag{2-18}$$

由式(2-18)可知，离开轴子午线的距离 y_m 越大，长度变形越大。式(2-18)也可写成：

$$\frac{\Delta S}{S} = \frac{y_m^2}{2R^2} \tag{2-19}$$

当 y_m 为 10~160km 时，高斯投影的距离改化的相对数值见表 2-2。

为了减少长度变形的影响，在 1：10 000 或更大比例尺测图时，必须采用 3°带或 1.5°带的投影。有时也用任意带(即选择测区中央的子午线为轴子午线)投影计算。

表 2-2   高斯投影的距离改化相对数值

y_m/ km	10	20	30	45	50	100	150	160
$\Delta S/S$	1/810 000	1/200 000	1/90 000	1/40 000	1/32 000	1/8 100	1/3 600	1/3 170

2.3 高程系统和高程基准

2.3.1 高程与高差

地面点至大地水准面的铅垂距离称为绝对高程或海拔，简称高程。图 2-16 中，H_A、H_B 为 A、B 点的绝对高程。

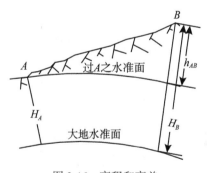

图 2-16 高程和高差

地面上两点间的高程之差 h，称为高差。高差又称为相对高程或比高。A 点对 B 点的高差记作 h_{BA}；B 点对 A 点的高差记作 h_{AB}，分别为

$$\begin{cases} h_{AB} = H_B - H_A \\ h_{BA} = H_A - H_B \end{cases} \tag{2-20}$$

显然，h_{AB} 和 h_{BA} 的绝对值相等，符号相反。

2.3.2　高程系统

在同一水准面的不同点上随着纬度的不同及物质分布情况不同，其重力加速度值是不同的，因此在水准面上的不同点，两水准面之间的高差并不相等，这种特性称为水准面的不平行性。由于水准面的不平行性，经不同路线两点之间的高差，理论上是不相等的。为解决这一问题，就有不同的高程系统问题。

1. 正高系统

地面上一点沿铅垂线方向到大地水准面的距离，称为这一点的正高，这种高程系统称为正高高程系统。设图 2-17 中地面点 B 的正高为 $H_{正}^{B}$，B 点的正高是 ΔH 的总和，则

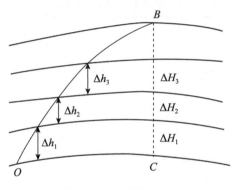

图 2-17　B 点的正高

$$H_{正}^{B} = \sum \Delta H = \int \mathrm{d}H$$

设沿垂线 BC 的重力加速度用 g^{B} 表示，B 的正高 $H_{正}^{B}$ 可表示为

$$H_{正}^{B} = \int \frac{g}{g^{B}} \mathrm{d}h$$

如取垂线 BC 上重力加速度的平均值为 g_{m}^{B}，则上式可写成

$$H_{正}^{B} = \frac{1}{g_{m}^{B}} \int g \cdot \mathrm{d}h$$

如要求得地面点 B 的正高 $H_{正}^{B}$，必须知道水准路线上的重力加速度 g 以及沿垂线上在不同深处的重力平均值。但 g_{m}^{B} 不能精确地测定，因此正高不能精确求得。

2. 正常高系统

将正高系统中不能精确测定的 g_{m}^{B} 用正常重力的平均值 γ_{m}^{B} 代替，即得到另一种系统的高程，称为正常高，用公式表达为：

$$H_{常}^{B} = \frac{1}{\gamma_{m}^{B}} \int g \cdot \mathrm{d}h$$

上式中 g 由沿水准路线的重力测量得到，$\mathrm{d}h$ 是水准测量的高差，γ_{m}^{B} 是正常重力的平

均值，所以正常高可以精确求得，其数值也不随水准路线不同而异，而是唯一确定的。因此，我国规定采用正常高高程系统作为我国高程的统一系统。正常高是以似大地水准面为基准面的高程，在海洋上大地水准面和似大地水准面完全重合。大地水准面与椭球面之间的距离称为大地水准面差距，似大地水准面与椭球面之间的距离称为高程异常。大地高 H 与正高 $H_{正}$、正常高 $H_{常}$ 之间有如下关系：

$$H = H_{正} + N_H = H_{常} + \zeta_H \tag{2-21}$$

式中，N_H 为点的大地水准面差距，ζ_H 为点的高程异常。

2.3.3 国家高程基准

为了建立全国统一的高程系统，必须确定一个高程基准面。通常采用大地水准面作为高程基准面，大地水准面的确定是通过验潮站长期验潮来求定的。

1. 验潮站

验潮站是为了解当地海水潮汐变化的规律而设置的。为确定平均海水面和建立统一的高程基准，需要在验潮站上长期观测潮位的升降，根据验潮记录求出该验潮站海水面的平均位置。验潮站的标准设施包括验潮室、验潮井、验潮仪、验潮杆和一系列水准点，如图 2-18 所示。验潮室通常建在验潮井的上方，以便将系浮筒的钢丝直接引到验潮仪上，验潮仪自动记录海水面的涨落。

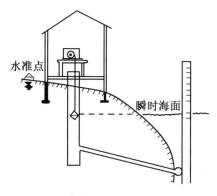

图 2-18　验潮站

根据验潮站所在地的条件，验潮井可以直接通到海底，也可以设置在海岸上。如图 2-18 所示，验潮井设置在海岸上，用导管通到开阔海域。导管保持一定的倾斜，高端通验潮井，低端在最低潮位之下一定深度处，在海水进口处装上金属网。采取这些措施，可以防止泥沙和污物进入验潮井，同时也抑制了波浪的影响。

验潮站上安置的验潮杆，是作为验潮仪记录的参考尺。验潮杆被垂直地安置在码头的柱基上或其他适当的支体上，所在位置须便于精确读数，也要便于它与水准点之间的联测。读数每日定时进行，并要立即将此读数连同读取的日期和时间一起记在验潮仪纸带上。

平均海水面的高度就是利用验潮站长期观测的海水高度求得的平均值。

2. 水准原点

我国的验潮站设在青岛。青岛地处黄海边，因此，我国的高程基准面以黄海平均海水面为准。为了将基准面可靠地标定在地面上和便于联测，在青岛的观象山设立了永久性"水准点"，用精密水准测量方法联测求出该点至平均海水面的高程，全国的高程都是从该点推算的，故该点又称为"水准原点"。

3. 1956 年黄海高程系

以青岛验潮站 1950—1956 年验潮资料算得的平均海水面作为全国的高程起算面，并测得"水准原点"的高程为 72.289m。凡以此值推求的高程，统称为 1956 年黄海高程系。

4. 1985 国家高程基准

随着我国验潮资料的积累，为提高大地水准面的精确度，国家又根据 1952—1979 年的青岛验潮观测值，推求得黄海海水面的平均高度，并求得"水准原点"的高程为 72.260m。由于该高程系是国家在 1985 年确定的，故把以此值推求的高程称为"1985 国家高程基准"。

除以上两种高程系统外，在我国的不同历史时期和不同地区曾采用过多个高程系统，如大沽高程基准、吴淞高程基准、珠江高程基准，等等。不同高程系间的差值因地区而异，而这些高程系在我国的某些行业在 1950 年之后也曾经使用，例如，吴淞高程基准一直为长江的水位观测、防汛调度以及水利建设所采用；黄河水利部门曾经使用大沽高程系等。由于各种高程系统之间存在差异，因此，我国从 1988 年起，规定统一使用 1985 国家高程基准。

2.4　方位角

在平面上，地面点的位置可用直角坐标 X、Y 确定，而直线的方向，则用方位角确定。所谓方位角，就是从基准方向顺时针量至直线的角。根据选择基准方向的不同，方位角分为真方位角、坐标方位角和磁方位角三种。

2.4.1　真方位角

如图 2-19 所示，假定两地面点投影到坐标平面上分别为 P_1 和 P_2，所表示的直线为 P_1P_2。过 P_1 的子午线在坐标平面上的投影一般为曲线（P_1 位于中央子午线上的情况除外），该曲线在 P_1 处的切线方向称为真北方向。由 P_1 点的真北方向起算，顺时针量至直线 P_1P_2 的角度 A，称为直线 P_1P_2 的真方位角。由于直线 P_1P_2 上各点的真子午线都交于南北两极，且互不平行，故一般情况下同一直线上各点的真方位角也各不相等。

真方位角可通过天文测量或用陀螺经纬仪测得，也可通过公式计算求得。

2.4.2　坐标方位角

在图 2-19 中，在同一带内，平面直角坐标系的纵轴方向 OX 是固定不变的，OX 轴

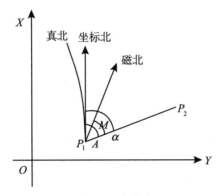

图 2-19 方位角

所指的方向称为坐标北方向。以坐标纵轴方向为基准方向的方位角称为坐标方位角，即由 P_1 点的坐标北方向 P_1X 起算，顺时针量至直线 P_1P_2 的角度 α，即称为直线 P_1P_2 的坐标方位角。

由于直线 P_1P_2 上各点的纵轴方向互相平行，因此，同一直线上各点的坐标方位角相等。如图 2-20 所示，设直线 P_1 至 P_2 的坐标方位角为 α_{12}，而 P_2 至 P_1 的坐标方位角为 α_{21}。测量上把 α_{12} 和 α_{21} 称为 P_1 至 P_2 的正、反方位角，正、反坐标方位角互差 180°，即

$$\alpha_{12} = \alpha_{21} \pm 180°$$

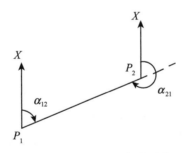

图 2-20 正反坐标方位角

2.4.3 磁方位角

地球是一个磁性物体。地球上磁力最强的两点，因位于地球的北极和南极附近，分别被称为磁北极和磁南极。地面点与磁北极和磁南极构成的平面，称为磁子午面。磁子午面与地球表面的交线称为磁子午线。磁针静止时所指的方向即为磁子午线方向。磁子午线的北方向又称为磁北方向。

如图 2-19 所示，由 P_1 点的磁北方向顺时针量至直线 P_1P_2 的角度 M，称为直线 P_1P_2 的磁方位角。因直线 P_1P_2 上各点的磁子午线都交于磁北极和磁南极，故同一直线上各

点的磁方位角互不相等。磁方位角可以用有磁针装置的经纬仪直接测定。但由于地球的磁极位置是不断变化的，磁极每年都在移动，而且磁针易受磁性物质的干扰，故磁方位角表示直线方向的精度不高。

2.4.4　方位角的相互关系

由图 2-19 可知，过某点 P_1 有三个基准方向，即真北、坐标北和磁北方向，通称为"三北方向"。三北方向之间的夹角称为偏角。偏角有子午线收敛角、磁偏角和磁坐偏角三种。

真北方向 P_1N 与坐标北方向 P_1X 之间的夹角 γ，称为子午线收敛角，又称为坐标纵线偏角。子午线收敛角以真北方向起算，东偏为正，西偏为负。

真北方向与磁北方向之间的夹角 δ，称为磁偏角。磁偏角也以真北方向起算，东偏为正，西偏为负。

坐标北方向与磁北方向之间的夹角 ε，称为磁坐偏角。磁坐偏角以坐标北方向起算，东偏为正，西偏为负。

三种方位角的相互关系如下：

$$\begin{cases} A = \alpha + \gamma \\ \delta = A - M = \alpha + \gamma - M \\ \varepsilon = \alpha - M \end{cases} \tag{2-22}$$

在中、小比例尺地形图上，通常绘有地图中心点的三个基准方向之间的关系，称为三北方向图，三北方向图主要用于地图的定向。

2.5　用水平面代替水准面的限度

在实际测量工作中，在一定的测量精度要求和测区面积不大的情况下，往往以水平面直接代替水准面，因此，应当了解地球曲率对水平距离、水平角、高差的影响，从而决定在多大面积范围内能容许用水平面代替水准面。在分析过程中，将大地水准面近似看成圆球，半径 $R = 6\ 371\text{km}$。

2.5.1　水准面曲率对水平距离的影响

在图 2-21 中，AB 为水准面上的一段圆弧，长度为 S，所对圆心角为 θ，地球半径为 R，自 A 点作切线 AC，长为 t，如果将切于 A 点的水平面代替水准面，即以切线段 AC 代替圆弧 AB，则在距离上将产生误差 ΔS：

其中：
$$\begin{cases} \Delta S = AC - \widehat{AB} = t - S \\ AC = t = R\tan\theta \\ \widehat{AB} = S = R \cdot \theta \end{cases}$$

则
$$\Delta S = R \cdot \tan\theta - R \cdot \theta \tag{2-23}$$

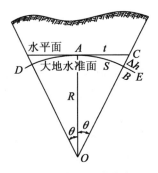

图 2-21　用水平面代替水准面

将 $\tan\theta$ 按级数展开，由于 θ 较小，故舍去 3 次以上高次项，取

$$\tan\theta = \theta + \frac{1}{3}\theta^3$$

代入式(2-23)并顾及 $\theta = \dfrac{S}{R}$，得

$$\Delta S = \frac{1}{3}\frac{S^3}{R^2} \quad 或 \quad \frac{\Delta S}{S} = \frac{1}{3}\frac{S^2}{R^2} \tag{2-24}$$

当 $S = 10\text{km}$ 时，$\dfrac{\Delta S}{S} = \dfrac{1}{1\,217\,700}$，小于目前精密距离测量的容许误差。因此可得出结论：在半径为 10km 的范围内进行距离测量时，用水平面代替水准面所产生的距离误差可以忽略不计。

2.5.2　水准面曲率对水平角的影响

由球面三角学知道，同一个空间多边形在球面上投影的各内角之和，较其在平面上投影的各内角之和大一个球面角超 ε，它的大小与图形面积成正比。其公式为：

$$\varepsilon = \rho'' \frac{P}{R^2} \tag{2-25}$$

式中，P 为球面多边形面积，R 为地球半径，ρ'' 为角度 1 弧度所对应的秒值，即 $\rho'' = 206\,265''$。

当 $P = 100\text{km}^2$ 时，$\varepsilon = 0.51''$。由此表明，对于面积在 100km² 内的多边形，地球曲率对水平角的影响只有在最精密的测量中才考虑，一般测量工作是不必考虑的。

2.5.3　水准面曲率对高差的影响

图 2-21 中，BC 为水平面代替水准面产生的高差误差。令 $BC = \Delta h$，则

$$(R + \Delta h)^2 = R^2 + t^2$$

即

$$\Delta h = \frac{t^2}{2R + \Delta h}$$

上式中可用 S 代替 t，Δh 与 $2R$ 相比可略去不计，故上式可写成：

$$\Delta h = \frac{S^2}{2R} \tag{2-26}$$

此式表明，Δh 的大小与距离的平方成正比。当 $S = 1\text{km}$ 时，$\Delta h = 7.8\text{cm}$；当 $S = 100\text{m}$ 时，$\Delta h = 0.8\text{mm}$。因此，地球曲率对高差的影响，即使在很短的距离内也必须加以考虑。

综上所述，在面积为 100km^2 的范围内，不论是进行水平距离或水平角测量，都可以不考虑地球曲率的影响，在精度要求较低的情况下，这个范围还可以相应扩大。但地球曲率对高差的影响是不能忽视的。

习题与思考题

1. 什么是水准面？水准面有何特性？

2. 何谓大地水准面？它在测量工作中有何作用？

3. 何谓地球参考椭球？

4. 测量工作中常用哪几种坐标系？它们是如何定义的？

5. 测量工作中采用的平面直角坐标系与数学中的平面直角坐标系有何不同之处？请画图说明。

6. 何谓高斯投影？高斯投影为什么要分带？如何进行分带？

7. 高斯平面直角坐标系是如何建立的？

8. 应用高斯投影时，为什么要进行距离改化和方向改化？

9. 地球上某点的经度为东经 $112°21'$，求该点所在高斯投影 $6°$ 带和 $3°$ 带的带号及中央子午线的经度。

10. 若我国某处地面点 P 的高斯平面直角坐标值为：$x = 3\ 102\ 467.28\text{m}$，$y = 20\ 792\ 538.69\text{m}$。问：

(1) 该坐标值是按几度带投影计算求得的？

(2) P 点位于第几带？该带中央子午线的经度是多少？P 点在该带中央子午线的哪一侧？

(3) 在高斯投影平面上 P 点距离中央子午线和赤道各为多少米？

11. 什么叫绝对高程？什么叫相对高程？

12. 根据"1956 年黄海高程系"算得地面上 A 点高程为 63.464m，B 点高程为 44.529m。若改用"1985 国家高程基准"，则 A、B 两点的高程各应为多少？

13. 已知由 A 点至 B 点的真方位角为 $68°13'14''$，而用罗盘仪测得磁方位角为 $68.5°$，试求 A 点的磁偏角。

14. 已知 A 点至 B 点的真方位角为 $179°53'$，A 点的子午线收敛角为 $+1°05'$。试求 A 点至 B 点的坐标方位角。

15. 已知 A 点的磁偏角为 $-1°35'$，子午线收敛角为 $-7°25'$，A 点至 B 点的坐标方位角为 $269°00'$，求 A 点至 B 点的磁方位角。

16. 如图 2-22 所示，写出计算∠1、∠2、∠3 的方位角下标符号。

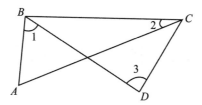

图 2-22　角度和方位角

$\angle 1 = \alpha$ ____ $- \alpha$ ____ ; $\angle 2 = \alpha$ ____ $- \alpha$ ____ ; $\angle 3 = \alpha$ ____ $- \alpha$ ____

17. 如图 2-23 所示，已知 AB 坐标方位角：$\alpha_{AB} = 357°32'48''$，水平角值如下：
$\alpha = 41°54'38''$；$\beta = 97°28'55''$；$\gamma = 54°33'16''$；
$\delta = 104°55'47''$
试求坐标方位角 α_{AC}，α_{BC}，α_{AD}，α_{BD}。

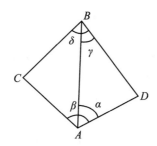

图 2-23　坐标方位角 α_{AB} 和水平角

18. 用水平面代替水准面，地球曲率对水平距离、水平角和高程有何影响？

第3章 测量误差基本知识

3.1 观测误差的分类和精度指标

3.1.1 观测误差的分类

1. 测量误差产生的原因

测量工作实践表明，对于某一客观存在的量，如地面某两点之间的距离或高差、某三点之间构成的水平角等，尽管采用了合格的测量仪器和合理的观测方法，测量人员是认真负责地操作，但是多次重复测量的结果总是有差异，这说明观测值中存在测量误差，或者说，测量误差是不可避免的。测量中测量值与真值之差称为误差，严格意义上应当称为真误差。在实际工作中真值不易测定，一般把某一量的观测值与其准确值（最或然值）之差也称为误差。产生测量误差的原因，主要有以下三个方面：

（1）观测者的原因

由于观测者的感觉器官存在局限性，辨别能力存在差异，所以仪器的对中、整平、瞄准、读数等操作都会产生误差。例如，在厘米分划的水准尺上，由观测者估读毫米数，则1mm的估读误差是完全有可能产生的。另外，观测者技术的熟练程度也会给观测成果带来不同程度的影响。

（2）仪器的原因

测量工作是需要用测量仪器进行的，而每一种测量仪器具有一定的精确度，测量结果会受到一定的影响。例如，测角仪器的度盘分划误差可能达到 $3''$，由此使所测的角度产生误差。另外，仪器结构的不完善，例如测量仪器轴线位置不准确，也会引起测量误差。

（3）外界环境的影响

测量工作进行时所处的外界环境中的空气温度、气压、湿度、风力、日光照射、大气折光、烟雾等客观情况时刻在变化，使测量结果产生误差。例如，温度变化使钢尺产生伸缩，风吹和日光照射使仪器的安置不稳定，大气折光使望远镜的瞄准产生偏差等。

综上，观测者、仪器和环境是测量工作得以进行的必要条件，通常把这三个方面综合起来称为观测条件。这些观测条件都有其本身的局限性和对测量精度的影响，因此，测量成果中的误差是不可避免的，误差的大小决定了观测的精度。凡是观测条件相同的同类观测称为等精度观测，观测条件不同的同类观测则称为不等精度观测，这两种情况下对于观测值的成果处理会有所区别。

2. 测量误差的分类与处理原则

测量误差按其产生的原因和对观测结果影响性质的不同，可以分为系统误差、偶然误差和粗差三类。

（1）系统误差

在相同的观测条件下，对某一量进行一系列的观测，如果出现的误差在符号和数值上都相同，或按一定的规律变化，这种误差称为系统误差。例如，用名义长度为30m而实际正确长度为30.004m的钢卷尺量距，每量一尺段就有使距离量短了0.004m的误差，其量距误差的符号不变，且与所量距离的长度成正比。因此，系统误差具有积累性。

系统误差对观测值的影响具有一定的数学或物理上的规律性，可以分类为周期性误差和单向性误差。如果这种规律性能够被找到，则系统误差对观测的影响可加以改正，或者用一定的测量方法加以抵消或削弱。

（2）偶然误差

在相同的观测条件下，对某一量进行重复观测，如果误差出现的符号和数值大小都不相同，从表面上看没有任何规律性，这种误差称为偶然误差。偶然误差是由人为所不能控制的因素或无法估计的因素（如人眼的分辨能力、仪器的极限精度和气象因素等）共同引起的测量误差，其数值的正负、大小纯属偶然。例如，在厘米分划的水准尺上读数，估读毫米数时，有时估读偏大，有时估读偏小。因此，多次重复观测，取其平均数，可以抵消部分偶然误差。

偶然误差是不可避免的，在相同的观测条件下对某一量进行重复观测，所出现的大量偶然误差具有统计规律。

（3）粗差

由于观测者的粗心或各种干扰造成的大于限差的误差称为粗大误差（简称粗差，或称错误或异常值），如瞄错目标、读错大数等。粗差是大于限差的误差，是由于观测者的粗心大意或受到干扰所造成的错误。错误应该可以避免，包含有错误的观测值应该舍弃，并重新进行观测。李德仁院士针对西方学者发现和消除粗差的倾向性方法，反其道而行之，从验后方差估计理论出发，创立误差可区分性理论与粗差探测方法，解决测量学中的百年难题，被国际测绘界称为"李德仁方法"。

（4）误差处理原则

为了提高观测成果的精度和防止错误的发生，在测量工作中，一般需要进行多于必要的观测，称为多余观测。例如，一段距离用往、返丈量，如果将往测作为必要观测，则返测就属于多余观测；又如，由三个地面点构成一个平面三角形，在三个点上进行水平角观测，其中两个角度属于必要观测，则第三个角度的观测就属于多余观测。有了多余观测，就可以发现观测值中的错误，以便将其剔除或重测。由于观测值中的偶然误差不可避免，有了多余观测，观测值之间必然产生矛盾（往返差、不符值、闭合差），根据差值的大小，可以评定测量的精度，差值如果大到一定程度，就认为观测值误差超限，应予重测(返工)，差值如果不超限，则按偶然误差的规律加以处理，称为闭合差的调整，以求得最可靠的数值。

至于观测值中的系统误差，应该尽可能按其产生的原因和规律加以改正、抵消或削弱。例如，用钢卷尺量距时，按其检定结果，对量得长度进行尺长改正。

3. 偶然误差的特性

测量误差理论主要讨论一系列具有偶然误差的观测值如何求得最可靠的结果和评定观测成果的精度。为此，需要对偶然误差的性质作进一步的讨论。

设某一量的真值为 X，在相同的观测条件下对此量进行 n 次观测，得到的观测值为 l_1，l_2，…，l_n，在每次观测中产生的偶然误差(又称"真误差")为 Δ_1，Δ_2，…，Δ_n，则定义

$$\Delta_i = X - l_i，\quad (i = 1，2，…，n) \tag{3-1}$$

从单个偶然误差来看，其符号的正负和数值的大小没有任何规律性。但是，如果观测的次数很多，就能发现隐藏在偶然性下面的必然规律。进行统计的数量越大，规律性也越明显。下面结合某观测实例，用统计方法进行说明和分析。

在某一测区，在相同的观测条件下共观测了 358 个三角形的全部内角，由于每个三角形内角之和的真值(180°)为已知，因此，可以按式(3-1)计算每个三角形内角之和的偶然误差 Δ(三角形闭合差)，将它们分为负误差和正误差，按误差绝对值由小到大依次排列。以误差区间 $d\Delta = 3''$ 进行误差个数 k 的统计，并计算其相对个数 k/n ($n = 358$)，k/n 称为误差出现的频率。偶然误差的统计见表 3-1。

表 3-1　　　　　　　　　　　　　　　　偶然误差的统计

误差区间 $d\Delta('')$	负误差		正误差		误差绝对值	
	k	k/n	k	k/n	k	k/n
0~3	45	0.126	46	0.128	91	0.254
3~6	40	0.112	41	0.115	81	0.226
6~9	33	0.092	33	0.092	66	0.184
9~12	23	0.064	21	0.059	44	0.123
12~15	17	0.047	16	0.045	33	0.092
15~18	13	0.036	13	0.036	26	0.073
18~21	6	0.017	5	0.014	11	0.031
21~24	4	0.011	2	0.006	6	0.017
24 以上	0	0	0	0	0	0
$\sum$	181	0.505	177	0.495	358	1.000

为了直观地表示偶然误差的正负和大小的分布情况，可以按表 3-1 的数据作图，如

图 3-1 所示。图 3-1 中以横坐标表示误差的正负和大小，以纵坐标表示误差出现于各区间的频率(k/n)除以区间($d\Delta$)，每一区间按纵坐标画成矩形小条，则每一小条矩形的面积代表误差出现于该区间的频率，而各小条矩形的面积总和等于 1。该图在统计学上称为频率直方图。

根据表 3-1 的统计数据可以归纳出偶然误差的特性如下：

① 在相同观测条件下的有限次观测中，偶然误差的绝对值不会超过一定的限值；

② 绝对值较小的误差出现的频率大，绝对值较大的误差出现的频率小；

③ 绝对值相等的正、负误差具有大致相等的出现频率；

④ 当观测次数无限增大时，偶然误差的理论平均值趋近于零，即偶然误差具有抵偿性。用公式表示为：

$$\lim_{n\to\infty} \frac{\Delta_1 + \Delta_2 + \cdots + \Delta_n}{n} = \lim_{n\to\infty} \frac{[\Delta]}{n} = 0 \tag{3-2}$$

式中，[ ]表示取括号中数值的代数和。

图 3-1 根据 358 个三角形角度观测值的闭合差画出的误差出现统计直方图，表现为中间高、两边低并向横轴逐渐逼近的对称图形，并不是一种特例，而是统计偶然误差时出现的普遍规律，并且可以用数学公式来表示。

若误差的个数无限增大（$n\to\infty$），同时又无限缩小误差的区间 $d\Delta$，则图 3-1 中各小长条矩形顶边的折线就逐渐成为一条光滑的曲线。该曲线在概率论中称为正态分布曲线或称误差分布曲线，它完整地表示了偶然误差出现的概率 P。即当 $n\to\infty$ 时，上述误差区间内误差出现的频率趋于稳定，成为误差出现的概率。

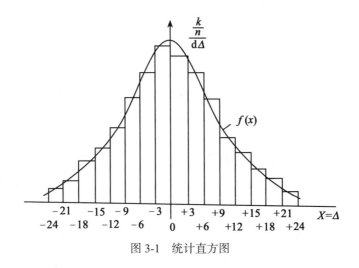

图 3-1 统计直方图

正态分布曲线的数学方程式为

$$f(\Delta) = \frac{1}{\sqrt{2\pi}\,\sigma} e^{-\frac{\Delta^2}{2\sigma^2}} \tag{3-3}$$

式中，圆周率 $\pi = 3.1416$，自然对数的底 $e = 2.7183$，σ 为标准差，标准差的平方 σ^2 为方差。方差为偶然误差平方的理论平均值：

$$\sigma^2 = \lim_{n \to \infty} \frac{\Delta_1^2 + \Delta_2^2 + \cdots + \Delta_n^2}{n} = \lim_{n \to \infty} \frac{[\Delta^2]}{n} \tag{3-4}$$

因此，标准差为

$$\sigma = \lim_{n \to \infty} \sqrt{\frac{[\Delta^2]}{n}} = \lim_{n \to \infty} \sqrt{\frac{[\Delta\Delta]}{n}} \tag{3-5}$$

由式(3-5)可知，标准差的大小决定于在一定条件下偶然误差出现的绝对值的大小。由于在计算标准差时取各个偶然误差的平方和，因此，当出现有较大绝对值的偶然误差时，会使得标准差明显增大。

式(3-3)称为正态分布的密度函数，以偶然误差 Δ 为自变量，以标准差 σ 为密度函数的唯一参数，σ 是曲线拐点的横坐标值。

3.1.2　衡量精度的指标

在相同的观测条件下，对某一量所进行的一组观测对应着一种误差分布，因此，这一组中的每一个观测值都具有相同的精度。可以方便地用某个数值来反映误差分布的密集或离散程度，这个数值就是下面将要介绍的几种衡量精度的指标。

1. 中误差

标准差的平方 σ^2 为方差，为了统一衡量在一定观测条件下观测结果的精度，取标准差 σ 作为依据是比较合适的。但是，在实际测量工作中，不可能对某一量作无穷多次观测，因此，在测量中定义按有限次观测的偶然误差求得的标准差为中误差，用 m 表示，即

$$m = \sqrt{\frac{\Delta_1^2 + \Delta_2^2 + \cdots + \Delta_n^2}{n}} = \sqrt{\frac{[\Delta\Delta]}{n}} \tag{3-6}$$

例 3-1　对 10 个三角形的内角进行了两组观测，根据两组观测值中的偶然误差(三角形的角度闭合差——真误差)，分别计算其中误差，列于表 3-2 中。

表 3-2　　　　　　　　　　　　**按观测值的真误差计算中误差**

次序	第一组观测值			第二组观测值		
	观测值	真误差 Δ''	Δ^2	观测值	真误差 Δ''	Δ^2
1	180°00′03″	−3	9	180°00′00″	0	0
2	180°00′02″	−2	4	179°59′59″	+1	1
3	179°59′58″	+2	4	180°00′07″	−7	49
4	179°59′56″	+4	16	180°00′02″	−2	4

次序	第一组观测值			第二组观测值		
	观测值	真误差 Δ''	Δ^2	观测值	真误差 Δ''	Δ^2
5	$180°00'01''$	-1	1	$180°00'01''$	-1	1
6	$180°00'00''$	0	0	$179°59'59''$	$+1$	1
7	$180°00'04''$	-4	16	$179°59'52''$	$+8$	64
8	$179°59'57''$	$+3$	9	$180°00'00''$	0	0
9	$179°59'58''$	$+2$	4	$179°59'57''$	$+3$	9
10	$180°00'03''$	-3	9	$180°00'01''$	-1	1
$\sum\mid\mid$		24	72		24	130
中误差	$m_1 = \sqrt{\dfrac{\sum\Delta^2}{10}} = 2.7''$			$m_2 = \sqrt{\dfrac{\sum\Delta^2}{10}} = 3.6''$		

由此可见，第二组观测值的中误差 m_2 大于第一组观测值的中误差 m_1。虽然这两组观测值的真误差绝对值之和是相等的，可是在第二组观测值中出现了较大的误差($-7''$，$+8''$)，因此，计算出来的中误差就较大，或者相对来说其精度较低。

在一组观测值中，如果标准差已经确定，就可以画出它所对应的偶然误差的正态分布曲线。按式(3-3)，当 $\Delta = 0$ 时，$f(\Delta)$ 有最大值。如果以中误差代替标准差，则其最大值为 $\dfrac{1}{\sqrt{2\pi}\,m}$。

当 m 较小时，曲线在纵轴方向的顶峰较高，在纵轴两侧迅速逼近横轴，表示小误差出现的频率较大，误差分布比较集中；当 m 较大时，曲线的顶峰较低，曲线形状平缓，表示误差分布比较离散。以上两种情况的正态分布曲线如图3-2所示。

2. 相对误差

在某些测量工作中，对观测值的精度仅用中误差来衡量还不能正确反映出观测值的质量。例如，用钢卷尺丈量200m和40m两段距离，量距的中误差都是2cm，但不能认为两者的精度是相同的，因为量距的误差与其长度有关，为此，用观测值的中误差与观测值之比的形式(称为相对中误差)来描述观测的质量，上述例子中，前者的相对中误差为0.02/200 = 1/10 000，而后者则为0.02/40 = 1/2 000，显然前者的量距精度高于后者。

3. 极限误差

由频率直方图(图3-1)可知：图中各矩形小条的面积代表误差出现在该区间中的频率，当统计误差的个数无限增加、误差区间无限减小时，频率逐渐趋于稳定而成为概率，直方图的顶边即形成正态分布曲线。因此，根据正态分布曲线，可以表示出误差出

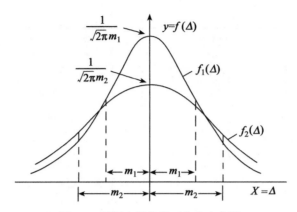

图 3-2　不同中误差的正态分布曲线

现在微小区间 $\mathrm{d}\Delta$ 中的概率：

$$p(\Delta) = f(\Delta) \cdot \mathrm{d}\Delta = \frac{1}{\sqrt{2\pi}\,m}\mathrm{e}^{-\frac{\Delta^2}{2m^2}}\mathrm{d}\Delta \tag{3-7}$$

对式(3-7)积分，可以得到偶然误差在任意大小区间中出现的概率。设以 k 倍中误差作为区间，则在此区间中误差出现的概率为

$$P(\,|\Delta| < km) = \int_{-km}^{+km} \frac{1}{\sqrt{2\pi}\,m}\mathrm{e}^{-\frac{\Delta^2}{2m^2}}\mathrm{d}\Delta \tag{3-8}$$

分别以 $k=1$，$k=2$，$k=3$ 代入式(3-8)，可得到偶然误差的绝对值不大于中误差、2 倍中误差和 3 倍中误差的概率：

$$P(\,|\Delta| \leqslant m) = 0.683 = 68.3\%$$
$$P(\,|\Delta| \leqslant 2m) = 0.954 = 95.4\%$$
$$P(\,|\Delta| \leqslant 3m) = 0.997 = 99.7\%$$

由此可见，偶然误差的绝对值大于 2 倍中误差的约占误差总数的 5%，而大于 3 倍中误差的仅占误差总数的 0.3%。一般进行的测量次数是有限的，大于 2 倍中误差的误差应很少出现，因此，以 2 倍中误差作为允许的误差极限，称为允许误差，简称限差，即

$$\Delta_{允} = 2m \tag{3-9}$$

现行的测量规范中通常取 2 倍中误差作为限差。

3.2　算术平均值及观测值的中误差

3.2.1　算术平均值

在相同的观测条件下，对某个未知量进行 n 次观测，其观测值分别为 l_1，l_2，$\cdots$，l_n，将这些观测值取算术平均值 $\bar{x}$，作为该量的最可靠的数值，称为最或是值：

$$\bar{x} = \frac{l_1 + l_2 + \cdots + l_n}{n} = \frac{[l]}{n} \tag{3-10}$$

多次观测而取其算术平均值的合理性和可靠性，可以用偶然误差的特性来证明：设某一量的真值为 X，各次观测值为 l_1，l_2，$\cdots$，l_n，其相应的真误差为 Δ_1，Δ_2，$\cdots$，Δ_n，则

$$\begin{cases} \Delta_1 = X - l_1 \\ \Delta_2 = X - l_2 \\ \cdots\cdots\cdots \\ \Delta_n = X - l_n \end{cases} \tag{3-11}$$

将上述等式相加，并除以 n，得到

$$\frac{[\Delta]}{n} = X - \frac{[l]}{n} \tag{3-12}$$

根据偶然误差的第 4 特性，当观测次数无限增多时，$\dfrac{[\Delta]}{n}$ 会趋近于零，即

$$\lim_{n \to \infty} \frac{[\Delta]}{n} = 0$$

也就是说，当观测次数无限增大时，观测值的算术平均值趋近于该量的真值。但是，在实际工作中，不可能对某一量进行无限次的观测，因此，就把有限次观测值的算术平均值作为该量的最或是值。

3.2.2 观测值的改正值

算术平均值与观测值之差称为观测值的改正值(v)：

$$\begin{cases} v_1 = \bar{x} - l_1 \\ v_2 = \bar{x} - l_2 \\ \cdots\cdots\cdots \\ v_n = \bar{x} - l_n \end{cases} \tag{3-13}$$

将上列等式相加，得

$$[v] = n\bar{x} - [l]$$

再根据式(3-10)，得到

$$[v] = n\frac{[l]}{n} - [l] = 0 \tag{3-14}$$

这表明，对一组观测值取算术平均值后，其改正值之和恒等于零。这一特性可以作为计算中的校核。

3.2.3 按观测值的改正值计算中误差

观测值的精度最理想的是以标准差 σ 来衡量，其数学表达式见式(3-5)。但是，由于在实际工作中不可能对某一量进行无穷多次观测，因此，只能根据有限次观测用估算

中误差 m 来衡量其精度，见式(3-6)。应用式(3-6)还需要具有观测对象的真值 X 已知、真误差 Δ_i 可以求得的条件。例如，用经纬仪观测平面三角形的三个内角，每个三角形的内角之和的真值(180°)为已知。

在一般情况下，观测值的真值 X 是不知道的，真误差 Δ_i 也就无法求得，此时，就不可能用式(3-6)求中误差。在同样的观测条件下对某一量进行多次观测，可以取其算术平均值 $\bar{x}$ 作为最或是值，也可以算得各个观测值的改正值 v_i；并且 $\bar{x}$ 在观测次数无限增多时将趋近于真值 X。对于有限的观测次数，以 $\bar{x}$ 代替 X，即相应于以改正值 v_i 代替真误差 Δ_i。参照式(3-6)，得到按观测值的改正值计算观测值的中误差的公式(此式也称为白塞尔公式)：

$$m = \sqrt{\frac{[vv]}{n-1}} \tag{3-15}$$

将式(3-15)与式(3-6)对照，可见除了以 $[vv]$ 代替 $[\Delta\Delta]$ 之外，还以 $(n-1)$ 代替 n。简单地解释为：在真值已知的情况下，所有 n 次观测值均为多余观测；在真值未知的情况下，则有一次观测值是必要的，其余 $(n-1)$ 次观测值是多余的。因此，n 和 $(n-1)$ 是分别代表真值已知和未知两种情况下的多余观测数。

式(3-15)可以根据偶然误差的特性来证明。根据式(3-1)式(3-13)：

$$\begin{cases} \Delta_1 = X - l_1, \\ \Delta_2 = X - l_2, \\ \cdots\cdots\cdots \\ \Delta_n = X - l_n, \end{cases} \qquad \begin{cases} v_1 = \bar{x} - l_1 \\ v_2 = \bar{x} - l_2 \\ \cdots\cdots\cdots \\ v_n = \bar{x} - l_n \end{cases}$$

将上列左右两式分别相减，得

$$\Delta_1 = v_1 + (X - \bar{x})$$
$$\Delta_2 = v_2 + (X - \bar{x})$$
$$\cdots$$
$$\Delta_n = v_n + (X - \bar{x})$$

上式各取其总和，并顾及 $[v] = 0$，得

$$[\Delta] = n(X - \bar{x})$$
$$X - \bar{x} = \frac{[\Delta]}{n}$$

取其平方和，顾及 $[v] = 0$ 得

$$[\Delta\Delta] = [vv] + n(X - \bar{x})^2$$

上式中

$$(X - \bar{x})^2 = \frac{[\Delta]^2}{n^2} = \frac{\Delta_1^2 + \Delta_2^2 + \cdots + \Delta_n^2}{n^2} + \frac{2(\Delta_1\Delta_2 + \Delta_1\Delta_3 + \cdots + \Delta_{n-1}\Delta_n)}{n^2}$$

上式中，右端第二项中 $\Delta_i\Delta_j(j \neq i)$ 为任意两个偶然误差的乘积，它仍然具有偶然误差的特性。根据偶然误差的第 4 特性，有

$$\lim_{n \to \infty} \frac{\Delta_1\Delta_2 + \Delta_1\Delta_3 + \cdots + \Delta_{n-1}\Delta_n}{n} = 0$$

当 n 为有限值时，上式的值为一微小量，除以 n 后，更可以忽略不计，因此

$$(X - \bar{x})^2 = \frac{[\Delta\Delta]}{n^2}$$

$$[\Delta\Delta] = [vv] + \frac{[\Delta\Delta]}{n}$$

$$\frac{[\Delta\Delta]}{n} = \frac{[vv]}{n-1}$$

根据上式，就可以将式(3-6)演化为式(3-15)。式(3-15)是对于某一未知量进行多次观测而评定其精度的公式。

例 3-2 对于某一水平距离，在相同条件下进行 6 次观测，求其算术平均值及观测值的中误差，计算在表 3-3 中进行。在计算算术平均值时，由于各个观测值大同小异，因此令其共同部分为 l_0，差异部分为 Δl_i，即

$$l_i = l_0 + \Delta l_i \tag{3-16}$$

则算术平均值的实用计算公式为

$$\bar{x} = l_0 + \frac{[\Delta l]}{n} \tag{3-17}$$

表 3-3   **按观测值的改正值计算中误差**

次序	观测值 l/m	Δl/cm	改正值 v/cm	vv/cm^2	计算 x, m
1	120.031	+3.1	−1.4	1.96	算术平均值:
2	120.025	+2.5	−0.8	0.64	$\bar{x} = l_0 + \dfrac{[\Delta l]}{n}$
3	119.983	−1.7	+3.4	11.56	= 120.017 (m)
4	120.047	+4.7	−3.0	9.00	观测值中误差:
5	120.040	+4.0	−2.3	5.29	$m = \sqrt{\dfrac{[vv]}{n-1}} = 3.0$
6	119.976	−2.4	+4.1	16.81	
Σ	(l_0 = 120.000)	10.2	0.0	45.26	(cm)

3.3 误差传播定律

3.3.1 观测值的函数

以上介绍对于某一个量(例如一个角度、一段距离)直接进行多次观测，以求得其

最或是值，计算观测值的中误差，作为衡量精度的指标。但是，在测量工作中，有一些需要知道的量并非为直接观测值，而是根据一些直接观测值用一定的数学公式（函数关系）计算而得，因此称这些量为观测值的函数。由于观测值中含有误差，使函数受其影响也含有误差，称之为误差传播。一般有下列一些函数关系：

1. 和差函数

待求量是一系列可直接观测量的加和或做差。例如，两点间的水平距离 D 分为 n 段来丈量，各段量得的长度分别为 d_1，d_2，$\cdots$，d_n，则 $D = d_1 + d_2 + \cdots + d_n$，即距离 D 是各分段观测值 d_1，d_2，$\cdots$，d_n 之和，这种函数称为和差函数。其一般形式为

$$Z = x_1 + x_2 + \cdots + x_n$$

2. 倍函数

待求量是可直接观测量的线性映射。例如，用直尺在 1∶1 000 的地形图上量得两点间的距离 d，其相应的实地距离 $D = 1\,000d$，则 D 是 d 的倍函数。其一般形式为

$$Z = mx$$

3. 线性函数

例如，计算算术平均值的公式为

$$\bar{x} = \frac{1}{n}(l_1 + l_2 + \cdots + l_n) = \frac{1}{n}l_1 + \frac{1}{n}l_2 + \cdots + \frac{1}{n}l_n$$

式中，在直接观测值 l_i 之前乘某一系数（不一定如上式一样是相同的系数），并取其代数和，因此，可以把算术平均值看成各个观测值的线性函数。和差函数和倍函数也属于线性函数。线性函数的一般形式为

$$Z = k_1 x_1 + k_2 x_2 + \cdots + k_n x_n$$

4. 一般函数

待求量是可直接观测量的线性和非线性映射。凡是在变量之间用数学运算符乘、除、乘方、开方、三角函数等组成的函数称为非线性函数，而一般函数是线性函数和非线性函数的总称。例如，已知直角三角形斜边 c 和一锐角 α，则可求出其对边 a 和邻边 b，公式为 $a = c \cdot \sin\alpha$，$b = c \cdot \cos\alpha$。凡是在变量之间用数学运算符乘、除、乘方、开方、三角函数等组成的函数称为非线性函数。线性函数和非线性函数总称为一般函数。其一般形式为

$$Z = f(x_1,\ x_2,\ \cdots,\ x_n) \tag{3-18}$$

根据观测值的中误差求观测值函数的中误差，需要用误差传播定律。误差传播定律是反映观测值的中误差与观测值函数的中误差之间关系的定律。它根据函数的形式把函数的中误差以一定的数学式表达出来。

3.3.2　一般函数的中误差

为了理解一般函数的误差传播规律，这里用测量长、宽求矩形地块面积来举例说明。在图 3-3 中，设直接量得矩形的长度 a 和宽度 b，求其面积 P，则

$$P = a \cdot b \tag{3-19}$$

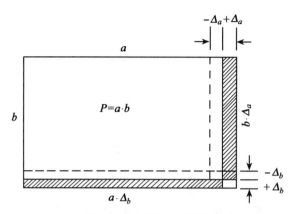

图 3-3 矩形的面积误差

式(3-19)是一个有两个自变量 a，b 的一般函数。设 a，b 中包含偶然误差 Δ_a，Δ_b，分析由此产生的面积误差 Δ_p。由于偶然误差是一种微小量，误差传播是一种微分关系，因此，将式(3-19)对 a，b 求偏微分：

$$dP = \frac{\partial P}{\partial a}da + \frac{\partial P}{\partial b}db \tag{3-20}$$
$$dP = b \cdot da + a \cdot db$$

将上式中的微分元素以偶然误差代替：

$$\Delta_P = b\Delta_a + a\Delta_b \tag{3-21}$$

将式(3-21)与图3-3相对照，可以看出：$b\Delta_a$ 与 $a\Delta_b$ 为两小块狭长矩形的面积，形成矩形的面积误差 Δ_P，至于 $\Delta_a\Delta_b$ 形成的一小块面积因属于更高阶的无穷小量，可以忽略不计。这就是上述微分公式的几何意义。

设对长 a 和宽 b 进行 n 次观测，则有下列一组偶然误差关系式成立：

$$\Delta_{P_1} = b\Delta_{a_1} + a\Delta_{b_1}$$
$$\Delta_{P_2} = b\Delta_{a_2} + a\Delta_{b_2}$$
$$\cdots\cdots\cdots\cdots\cdots$$
$$\Delta_{P_n} = b\Delta_{a_n} + a\Delta_{b_n}$$

取上列各式的平方和：

$$[\Delta_P\Delta_P] = b^2[\Delta_a\Delta_a] + a^2[\Delta_b\Delta_b] + 2ab[\Delta_a\Delta_b] \tag{3-22}$$

将上式除以 n：

$$\frac{[\Delta_P\Delta_P]}{n} = b^2\frac{[\Delta_a\Delta_a]}{n} + a^2\frac{[\Delta_b\Delta_b]}{n} + 2ab\frac{[\Delta_a\Delta_b]}{n} \tag{3-23}$$

两个不同的偶然误差的乘积仍然具有偶然误差的性质，根据偶然误差的第4特性，可知

$$\lim_{n\to\infty}\frac{[\Delta_a\Delta_b]}{n} = 0$$

因此，式(3-23)可改写为

$$\frac{\left[\Delta_P\Delta_P\right]}{n} = b^2\frac{\left[\Delta_a\Delta_a\right]}{n} + a^2\frac{\left[\Delta_b\Delta_b\right]}{n} \tag{3-24}$$

按中误差的定义，上式为

$$m_P^2 = b^2m_a^2 + a^2m_b^2$$

即面积 P 的中误差为

$$m_P = \sqrt{b^2m_a^2 + a^2m_b^2} \tag{3-25}$$

同理，可以推广到一般多元函数：

$$Z = f(x_1,\ x_2,\ \cdots,\ x_n) \tag{3-26}$$

式中，$x_1,\ x_2,\ \cdots,\ x_n$ 为独立变量(直接观测值也属于独立变量)，其中误差分别为 m_1，$m_2,\ \cdots,\ m_n$，求函数 Z 的中误差。

当 x_i 具有真误差 Δ_i 时，函数 Z 相应地产生真误差 Δ_Z，对式(3-26)求全微分，并以真误差的符号"Δ"替代微分符号"d"，得

$$\Delta_Z = \frac{\partial f}{\partial x_1}\Delta_{x_1} + \frac{\partial f}{\partial x_2}\Delta_{x_2} + \cdots + \frac{\partial f}{\partial x_n}\Delta_{x_n}$$

式中，$\frac{\partial f}{\partial x_i}(i=1,\ 2,\ \cdots,\ n)$ 是函数对各个变量所取的偏导数，对上式以中误差替代真误差并开根号可得

$$m_Z = \sqrt{\left(\frac{\partial f}{\partial x_1}\right)^2m_1^2 + \left(\frac{\partial f}{\partial x_2}\right)^2m_2^2 + \cdots + \left(\frac{\partial f}{\partial x_n}\right)^2m_n^2} \tag{3-27}$$

此式为误差传播定律的一般形式。其他函数，如线性函数、和差函数、倍函数等，都是上式的特例。

3.3.3　误差传播定律应用实例

例 3-3　线性函数的中误差计算，设有线性函数：

$$Z = k_1x_1 + k_2x_2 + \cdots + k_nx_n \tag{3-28}$$

式中，$k_1,\ k_2,\ \cdots,\ k_n$ 为任意常数，$x_1,\ x_2,\ \cdots,\ x_n$ 为独立变量，其中误差分别为 m_1，$m_2,\ \cdots,\ m_n$。按照误差传播定律，由于此时

$$\frac{\partial f}{\partial x_1} = k_1,\ \frac{\partial f}{\partial x_2} = k_2,\ \cdots,\ \frac{\partial f}{\partial x_n} = k_n,$$

得到线性函数的中误差：

$$m_Z = \sqrt{k_1^2m_1^2 + k_2^2m_2^2 + \cdots + k_n^2m_n^2} \tag{3-29}$$

对某一量进行 n 次等精度观测，其算术平均值可以写成式(3-28)。按式(3-29)，得

$$m_{\bar{x}} = \sqrt{\left(\frac{1}{n}\right)^2m_1^2 + \left(\frac{1}{n}\right)^2m_2^2 + \cdots + \left(\frac{1}{n}\right)^2m_n^2}$$

由于是等精度观测，因此，$m_1=m_2=\cdots=m_n=m$，m 为观测值的中误差。由此得到

按观测值的中误差计算算术平均值的中误差的公式：

$$m_{\bar{x}} = \frac{m}{\sqrt{n}} = \sqrt{\frac{[vv]}{n(n-1)}} \qquad (3\text{-}30)$$

由此可见，算术平均值的中误差是观测值中误差的 $\frac{1}{\sqrt{n}}$。因此，对于某一量进行多次等精度观测而取其算术平均值，是提高观测成果精度的有效方法。

表 3-3 的距离测量中，算得观测值中误差后，求其算术平均值的中误差

$$m_{\bar{x}} = \frac{m}{\sqrt{n}} = \frac{3.0}{\sqrt{6}} = 1.2 \text{ cm}$$

由此可见，1 次丈量的中误差为±3.0cm，其相对中误差为

$$\frac{0.03}{120} = \frac{1}{4\,000}$$

而 6 次丈量的算术平均值的中误差为 1.2cm，其相对中误差为

$$\frac{0.012}{120} = \frac{1}{10\,000}$$

其相对精度有明显提高。

例 3-4 坐标计算的精度，平面直角坐标的计算（坐标正算），首先是按两点间的坐标方位角 α 和水平距离 D 计算两点间的坐标增量 Δx 和 Δy，然后按其中一个已知点 A 的坐标计算另一个待定点 B 的坐标。设已知观测值 α 和 D 的中误差为 m_α 和 m_D，计算坐标增量中误差 $m_{\Delta x}$ 和 $m_{\Delta y}$。函数式为：

$$\Delta x = D\cos\alpha$$
$$\Delta y = D\sin\alpha$$

按误差传播定律，对上式求全微分，得到

$$\mathrm{d}\Delta x = \cos\alpha \cdot \mathrm{d}D - D\sin\alpha \cdot \mathrm{d}\alpha$$
$$\mathrm{d}\Delta y = \sin\alpha \cdot \mathrm{d}D + D\cos\alpha \cdot \mathrm{d}\alpha$$

化为中误差的表达式，并将方位角误差以角秒表示：

$$\begin{cases} m_{\Delta x} = \sqrt{\cos^2\alpha \cdot m_D^2 + (D\sin\alpha)^2 \dfrac{m_\alpha^2}{\rho''^2}} \\ m_{\Delta y} = \sqrt{\sin^2\alpha \cdot m_D^2 + (D\cos\alpha)^2 \dfrac{m_\alpha^2}{\rho''^2}} \end{cases} \qquad (3\text{-}31)$$

A、B 两点的相对点位中误差可由下式计算：

$$m_{AB} = \sqrt{m_{\Delta x}^2 + m_{\Delta y}^2} = \sqrt{m_D^2 + \left(D\frac{m_\alpha}{\rho''}\right)^2} \qquad (3\text{-}32)$$

上式右端根号内第一项为两点间的纵向误差，第二项为横向误差；即两点间的距离误差形成纵向误差，方位角误差形成横向误差。

例如，A、B 两点间的距离、方位角及其中误差为：

$$D = 360.440\text{m} + 0.030\text{m}, \qquad \alpha = 60°24'30'' + 16''$$

代入式(3-31)、式(3-32),算得的结果如下:

$$m_{\Delta x} = 0.028\text{mm}, \qquad m_{\Delta y} = 0.030\text{mm}, \qquad m_{AB} = 0.041\text{mm}$$

3.4　加权平均值及其精度评定

3.4.1　不等精度观测及观测值的权

对于某一未知的量,如何从 n 次等精度观测中确定未知量的最或是值(取算术平均值),以及评定其精度的问题,前面已作了叙述。但是在测量实践中,除了等精度观测以外,还有不等精度观测。例如,有一个待定水准点,需要从两个已知点经过两条不同长度的水准路线测定其高程,则从两条路线分别测得的高程是不等精度观测,不能简单地取其算术平均值,并据此评定其精度。这时,就需要引入"权"的概念来处理这个问题。

"权"的本义为秤锤,此处用作"权衡轻重"之意。某一观测值或观测值的函数的精度越高(中误差 m 越小),其权应越大。测量误差理论中,以 P 表示权,定义权与中误差的平方成反比:

$$P_i = \frac{C}{m_i^2} \tag{3-33}$$

式中,C 为任意正数。权等于 1 的中误差称为"单位权中误差",一般用 m_0(或 σ_0)表示。因此,权的另一种表达式为

$$P_i = \frac{m_0^2}{m_i^2} \tag{3-34}$$

中误差的另一种表达式为

$$m_i = m_0 \sqrt{\frac{1}{P_i}} \tag{3-35}$$

一般地,取一次观测、单位长度等的测量误差作为单位权中误差 m_0。

例如,设一次的水平角观测中误差 m_β 作为单位权中误差,则 N 次取算术平均值的水平角中误差为

$$m_{\beta(N)} = \frac{m_\beta}{\sqrt{N}} \tag{3-36}$$

按式(3-34),N 次水平角的权为

$$P_{\beta(N)} = \frac{N m_\beta^2}{m_\beta^2} = N \tag{3-37}$$

又比如,取 1km 路线的高差测量中误差 m_0 作为单位权中误差,则线路长度 L_{km} 的

高差测定的中误差为

$$m_H = m_0\sqrt{L} \qquad (3\text{-}38)$$

按式(3-34)，线路长度 L_{km} 的高差测定的权为

$$P_H = \frac{m_0^2}{m_0^2 L} = \frac{1}{L} \qquad (3\text{-}39)$$

3.4.2 加权平均值

对某一未知的量，L_1，L_2，$\cdots$，L_n 为一组不等精度的观测值，其中误差为 m_1，m_2，$\cdots$，m_n，按式(3-33)计算其权为 P_1，P_2，$\cdots$，P_n。按下式取其加权平均值，作为该量的最或是值：

$$x = \frac{P_1 L_1 + P_2 L_2 + \cdots + P_n L_n}{P_1 + P_2 + \cdots + P_n} = \frac{[PL]}{[P]} \qquad (3\text{-}40)$$

由于同一量的各个观测值都相近似，因此，计算加权平均值的实用公式为

$$L_i = L_0 + \Delta L_i \qquad (3\text{-}41)$$

$$x = L_0 + \frac{[P\Delta L]}{[P]} \qquad (3\text{-}42)$$

根据同一量的 n 次不等精度观测值，计算其加权平均值 x 后，用下式计算观测值的改正值：

$$\begin{cases} v_1 = x - L_1 \\ v_2 = x - L_2 \\ \cdots\cdots\cdots \\ v_n = x - L_n \end{cases} \qquad (3\text{-}43)$$

这些不等精度观测值的改正值，也应符合最小二乘原则。其数学表达式为

$$[Pvv] = [P(x-L)^2] = \min \qquad (3\text{-}44)$$

以 x 为自变量，对上式求一阶导数，并令其等于零：

$$\frac{d[Pvv]}{dx} = 2[P(x-L)] = 0$$

即

$$[P]x - [PL] = 0$$

$$x = \frac{[PL]}{[P]} \qquad (3\text{-}45)$$

此式即式(3-40)。此外，不等精度观测值的改正值还满足下列条件：

$$[Pv] = [P(x-L)] = [P]x - [PL] = 0 \qquad (3\text{-}46)$$

3.4.3 加权平均值的中误差

不等精度观测值的加权平均值计算公式(3-40)可以写成线性函数的形式：

$$x = \frac{P_1}{[P]}L_1 + \frac{P_2}{[P]}L_2 + \cdots + \frac{P_n}{[P]}L_n$$

43

根据线性函数的误差传播公式，得

$$m_x = \sqrt{\left(\frac{P_1}{[P]}\right)^2 m_1^2 + \left(\frac{P_2}{[P]}\right)^2 m_2^2 + \cdots + \left(\frac{P_n}{[P]}\right)^2 m_n^2}$$

按式(3-34)，上式中以 $m_i^2 = \dfrac{m_0^2}{P_i}$（$m_0$ 为单位权中误差），得

$$m_x = m_0 \sqrt{\frac{P_1}{[P]^2} + \frac{P_2}{[P]^2} + \cdots + \frac{P_n}{[P]^2}}$$

$$m_x = \frac{m_0}{\sqrt{[P]}} \tag{3-47}$$

按式(3-34)，加权平均值的权即为观测值的权之和：

$$P_x = [P] \tag{3-48}$$

3.4.4　单位权中误差的计算

根据一组对同一量的不等精度观测值，可以计算本组观测值的单位权中误差。由式(3-34)得

$$m_0^2 = P_i m_i^2 \tag{3-49}$$

对于同一量有 n 个不等精度观测值，则

$$m_0^2 = P_1 m_1^2$$
$$m_0^2 = P_2 m_2^2$$
$$\cdots\cdots\cdots\cdots$$
$$m_0^2 = P_n m_n^2$$

取其总和，得

$$m_0^2 = \frac{[Pm^2]}{n} = \frac{[Pmm]}{n}$$

用真误差 Δ_i 代替中误差 m_i，得到在观测量的真值已知的情况下用真误差求单位权中误差的公式：

$$m_0 = \sqrt{\frac{[P\Delta\Delta]}{n}} \tag{3-50}$$

在观测量的真值未知的情况下，用观测值的加权平均值 x 代替真值 X，用观测值的改正值 v_i 代替真误差 Δ_i，并仿照式(3-15)的推导，得到按不等精度观测值的改正值计算单位权中误差的公式：

$$m_0 = \sqrt{\frac{[Pvv]}{n-1}} \tag{3-51}$$

例 3-5　某水平角用同一经纬仪进行了 3 组观测，见表 3-4，各组分别观测了 2、4、6 次，计算不等精度的角度观测值的加权平均值、改正值、单位权中误差及加权平均值的中误差。本例以一次观测的权为单位权，所以求得的单位权中误差为角度一次观测的

中误差。

表 3-4   **加权平均值及其中误差的计算**

组号	次数	各组平均值 L	$\Delta L/('')$	权 P	$P\Delta L/('')$	改正值 $v/('')$	$Pv/('')$
1	2	40° 20′ 14″	4	2	8	+4	+8
2	4	40° 20′ 17″	7	4	28	+1	+4
3	6	40° 20′ 20″	10	6	60	−2	−12
		$L_0 = 40° 20′ 10″$		12	96		0
加权平均值 及其中误差		$x = 40° 20′ 10″ + \dfrac{96''}{12} = 40° 20′ 18''$ $[Pvv] = 60,\quad m_0 = \sqrt{\dfrac{60}{3-1}} = 5.5''$ $P_x = 12,\qquad m_x = \dfrac{5.5}{\sqrt{12}} = 1.6''$					

3.5 间接平差原理

在测量工程中，经常需要通过一系列观测值确定某些参数（又称未知数）的值。如图 3-4 所示，A 点高程 H_A 已知，观测了 L_1、L_2、L_3、L_4 和 L_5 各段高差，需要确定 B、C、D 三点的高程。由图 3-4 可知，每一个观测值都可表达成所选参数的函数，则称这样的函数式为误差方程，并以此为基础求得参数的估计值。这种计算方法称为间接平差法，又称为参数平差法。

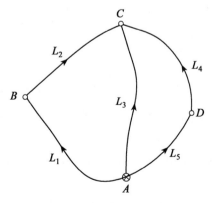

图 3-4   某水准网图形

3.5.1　间接平差原理

设某平差问题有 t 个未知数 x_1，x_2，$\cdots$，x_t，有 n 个观测值 L_1，L_2，$\cdots$，L_n，其相应的权为 p_1，p_2，$\cdots$，p_n，平差值方程的一般形式为

$$\begin{cases} L_1 + v_1 = a_1 x_1 + b_1 x_2 + \cdots + t_1 x_t + d \\ L_2 + v_2 = a_2 x_1 + b_2 x_2 + \cdots + t_2 x_t + d_2 \\ \cdots\cdots\cdots\cdots\cdots\cdots\cdots\cdots\cdots\cdots\cdots\cdots \\ L_n + v_n = a_n x_1 + b_n x_2 + \cdots + t_n x_t + d_n \end{cases} \tag{3-52}$$

式中，d_i 是方程中的常数。将已知的观测值 L_i 移至等号的右方，并令

$$l_i = d_i - L_i \tag{3-53}$$

即得一般形式的误差方程为

$$\begin{cases} v_1 = a_1 x_1 + b_1 x_2 + \cdots + t_1 x_t + l_1 \\ v_2 = a_2 x_1 + b_2 x_2 + \cdots + t_2 x_t + l_2 \\ \cdots\cdots\cdots\cdots\cdots\cdots\cdots\cdots\cdots\cdots\cdots\cdots \\ v_n = a_n x_1 + b_n x_2 + \cdots + t_n x_t + l_n \end{cases} \tag{3-54}$$

式中，a_i，b_i，c_i，l_i 是已知的系数和常数项。

在 $[Pvv] = \min$ 的原则下求未知数 x_1，x_2，$\cdots$，x_t，就是根据数学中求自由极值的理论，分别求 $[Pvv]$ 对 x_1，x_2，$\cdots$，x_t 的偏导数，并令其等于零，然后从这些等式中解出 x_1，x_2，$\cdots$，x_t。$[Pvv]$ 对 x_1，x_2，$\cdots$，x_t 的偏导数分别为

$$\begin{cases} \dfrac{\partial [Pvv]}{\partial x_1} = 2P_1 v_1 \dfrac{\partial v_1}{\partial x_1} + 2P_2 v_2 \dfrac{\partial v_2}{\partial x_1} + \cdots + 2P_n v_n \dfrac{\partial v_n}{\partial x_1} \\[2mm] \dfrac{\partial [Pvv]}{\partial x_2} = 2P_1 v_1 \dfrac{\partial v_1}{\partial x_2} + 2P_2 v_2 \dfrac{\partial v_2}{\partial x_2} + \cdots + 2P_n v_n \dfrac{\partial v_n}{\partial x_2} \\[2mm] \cdots\cdots\cdots\cdots\cdots\cdots\cdots\cdots\cdots\cdots\cdots\cdots \\[2mm] \dfrac{\partial [Pvv]}{\partial x_t} = 2P_1 v_1 \dfrac{\partial v_1}{\partial x_t} + 2P_2 v_2 \dfrac{\partial v_2}{\partial x_t} + \cdots + 2P_n v_n \dfrac{\partial v_n}{\partial x_t} \end{cases} \tag{3-55}$$

由式（3-54）知，

$$\frac{\partial v_i}{\partial x_1} = a_i, \quad \frac{\partial v_i}{\partial x_2} = b_i, \quad \cdots, \quad \frac{\partial v_i}{\partial x_t} = t_i \qquad (i = 1, 2, \cdots, n)$$

将这些关系式代入式（3-55），令各式等于零，并去掉公因子 2 得

$$\begin{cases} P_1 a_1 v_1 + P_2 a_2 v_2 + \cdots + P_n a_n v_n = [Pav] = 0 \\ P_1 b_1 v_1 + P_2 b_2 v_2 + \cdots + P_n b_n v_n = [Pbv] = 0 \\ \cdots\cdots\cdots\cdots\cdots\cdots\cdots\cdots\cdots\cdots\cdots\cdots \\ P_1 t_1 v_1 + P_2 t_2 v_2 + \cdots + P_n t_n v_n = [Ptv] = 0 \end{cases} \tag{3-56}$$

由上述三个方程，再联合式（3-54）的 n 个误差方程，就可以解得 n 个改正数 v 和 t 个未

知数 x。这 $n+t$ 个方程就是间接平差中的基础方程组。解算这组基础方程的方法，通常是将式(3-54)代入式(3-56)，得

$$\begin{cases} [Paa]x_1 + [Pab]x_2 + \cdots + [Pat]x_t + [Pal] = 0 \\ [Pab]x_1 + [Pbb]x_2 + \cdots + [Pbt]x_t + [Pbl] = 0 \\ \cdots\cdots\cdots\cdots\cdots\cdots\cdots\cdots\cdots\cdots\cdots\cdots\cdots \\ [Pat]x_1 + [Pbt]x_2 + \cdots + [Ptt]x_t + [Ptl] = 0 \end{cases} \qquad (3\text{-}57)$$

这就是用以解算未知数的方程组，称为法方程。它的个数与未知数的个数相同。由这组方程解得的未知数，代入式(3-54)求出一组相应的改正数 v，这一组 v 值一定满足 $[Pvv] = \min$ 的要求。所以，由法方程解出的未知数就是未知数的最或是值。如果把改正数 v 加到相应的观测值上，就可求得各观测量的平差值。

单位权中误差按下式计算

$$m_0 = \sqrt{\frac{[Pvv]}{n-t}} \qquad (3\text{-}58)$$

误差方程式(3-54)也可写成矩阵形式

$$V = B\hat{x} - l \qquad (3\text{-}59)$$

组成法方程为

$$B^{\mathrm{T}}PB\hat{x} - B^{\mathrm{T}}Pl = 0 \qquad (3\text{-}60)$$

其解为

$$\hat{x} = (B^{\mathrm{T}}PB)^{-1}B^{\mathrm{T}}Pl \qquad (3\text{-}61)$$

3.5.2 间接平差计算实例

在图 3-4 中，已知 $H_A = 237.483\mathrm{m}$，选取 B、C、D 三点高程 X_1、X_2、X_3 为参数，观测高差及各条路线的距离如下：

$$L_1 = 5.835\mathrm{m}, \qquad S_1 = 3.5\mathrm{km}$$
$$L_2 = 3.782\mathrm{m}, \qquad S_2 = 2.7\mathrm{km}$$
$$L_3 = 9.640\mathrm{m}, \qquad S_3 = 4.0\mathrm{km}$$
$$L_4 = 7.384\mathrm{m}, \qquad S_4 = 3.0\mathrm{km}$$
$$L_5 = 2.270\mathrm{m}, \qquad S_5 = 2.5\mathrm{km}$$

列出各个高差的平差值与各点高程之间的关系式为：

$$\begin{aligned} L_1 + v_1 &= X_1 & & - H_A \\ L_2 + v_2 &= -X_1 + X_2 \\ L_3 + v_3 &= X_2 & & - H_A \\ L_4 + v_4 &= X_2 - X_3 \\ L_5 + v_5 &= X_3 - H_A \end{aligned}$$

这就是平差值方程，其误差方程为：

$$v_1 = \quad X_1 \qquad\qquad - (H_A + L_1)$$
$$v_2 = - X_1 + X_2 + \qquad - L_2$$
$$v_3 = \qquad X_2 \qquad - (H_A + L_3)$$
$$v_4 = \qquad X_2 - X_3 - L_4$$
$$v_5 = \qquad\qquad X_3 - (H_A + L_5)$$

为便于计算，选取参数的近似值，令

$$X_1^0 = H_A + L_1 \qquad\qquad X_1 = X_1^0 + x_1$$
$$X_2^0 = H_A + L_3 \qquad\qquad X_2 = X_2^0 + x_2$$
$$X_3^0 = H_A + L_5 \qquad\qquad X_3 = X_3^0 + x_3$$

则得

$$v_1 = \quad x_1$$
$$v_2 = - x_1 + x_2 \qquad + 23$$
$$v_3 = \qquad + x_2$$
$$v_4 = \qquad x_2 - x_3 - 14$$
$$v_5 = \qquad\qquad + x_3$$

设 10km 的观测高差为单位权观测值，即按 $P_i = \dfrac{10}{S_i}$ 来定权，得各观测值的权分别为：$P_1 = 2.9$，$P_2 = 3.7$，$P_3 = 2.5$，$P_4 = 3.3$ 和 $P_5 = 4.0$。由此组成法方程为：

$$6.6x_1 - 3.7x_2 \qquad - 85.1 = 0$$
$$- 3.7x_1 + 9.5x_2 - 3.3x_3 + 38.9 = 0$$
$$- 3.3x_2 + 7.3x_3 + 46.2 = 0$$

解之得

$$x_1 = 11.75\text{mm}, \qquad X_1 = 243.329\ 8\text{m}$$
$$x_2 = - 2.04\text{mm}, \qquad X_2 = 247.121\ 0\text{m}$$
$$x_3 = - 7.25\text{mm}, \qquad X_3 = 239.745\ 8\text{m}$$

把求出的 x_1、x_2 及 x_3 代入误差方程得各观测值的改正数为

$$v_1 = 11.8\text{mm}, \qquad v_2 = 9.2\text{mm}, \qquad v_3 = - 2.0\text{mm}$$
$$v_4 = - 8.8\text{mm}, \qquad v_5 = - 7.2\text{mm}$$

将其加在相应的观测值上，即得各高差的平差值：

$$y_1 = L_1 + v_1 = 5.846\ 8\text{m}$$
$$y_2 = L_2 + v_2 = 3.791\ 2\text{m}$$
$$y_3 = L_3 + v_3 = 9.638\ 0\text{m}$$
$$y_4 = L_4 + v_4 = 7.375\ 2\text{m}$$
$$y_5 = L_5 + v_5 = 2.262\ 8\text{m}$$

按式(3-58)可计算出单位权中误差为：

$$m_0 = \sqrt{\frac{[Pvv]}{n-t}} = \sqrt{\frac{1\,189.88}{5-3}} = 24.4\,\text{mm}$$

习题与思考题

1. 产生测量误差的原因有哪些？

2. 测量误差分为哪几类？它们各有什么特点？测量中对它们的主要处理原则是什么？

3. 偶然误差有哪些特性？

4. 何谓标准差、中误差、极限误差和相对值误差？各适用于何种场合？

5. 对某一三角形的三个内角重复观测了 9 次，定义其闭合差 $\Delta = \alpha + \beta + \gamma - 180°$，其结果如下：$\Delta_1 = +3''$，$\Delta_2 = -5''$，$\Delta_3 = +6''$，$\Delta_4 = +1''$，$\Delta_5 = -3''$，$\Delta_6 = -4''$，$\Delta_7 = +3''$，$\Delta_8 = +7''$，$\Delta_9 = -8''$；求此三角形闭合差的中误差 m_Δ 以及三角形内角的测角中误差 m。

6. 对于某个水平角以等精度观测 5 个测回，观测值列于表 3-5。计算其算术平均值、一测回的中误差和算术平均值的中误差。

表 3-5　　　　　　　　　　　计算水平角算术平均值和中误差

次序	观测值 l	$\Delta l/('')$	改正值 $\nu/('')$	计算 $\bar{x}$, m, m_x
1	55°40′47″			
2	55°40′40″			
3	55°40′42″			
4	55°40′45″			
5	55°41′06″			

7. 对某段距离，用测距仪测定其水平距离 4 次，观测值列于表 3-6。计算其算术平均值、算术平均值的中误差及其相对中误差。

表 3-6　　　　　　　　　　　计算距离算术平均值和中误差

次序	观测值 l/m	$\Delta l/\text{mm}$	改正值 v/mm	计算 $\bar{x}$, $m_{\bar{x}}$, $\dfrac{m_{\bar{x}}}{\bar{x}}$
1	346.522			
2	346.548			
3	346.538			
4	346.552			

8. 在一个平面三角形中，观测其中两个水平角 α 和 β，其测角中误差均为 $\pm 20''$，计算第三个角 γ 及其中误差 m_γ。

9. 量得一圆形地物的直径为 64.780m±5mm，求圆周长度 S 及其中误差 m_s。

10. 某一矩形场地量得其长度 $a = 156.34\text{m} \pm 0.10\text{m}$，宽度 $b = 85.27\text{m} \pm 0.05\text{m}$，计算该矩形场地的面积 F 及其面积中误差 m_F。

11. 已知三角形三个内角 α、β、γ 的中误差 $m_\alpha = m_\beta = m_\gamma = 8.5''$，定义三角形角度闭合差为：$f = \alpha + \beta + \gamma - 180°$，$\alpha' = \alpha - f/3$；求 m_α'。

12. 已知用 J6 经纬仪一测回测量角的中误差 $m_\beta = 8.5''$，采用多次测量取平均值的方法可以提高观测角精度，如需使所测角的中误差达到 $\pm 6''$，需要观测几测回？

13. 已知 $h = D\sin\alpha + i - v$，$D = 100\text{m}$，$\alpha = 9°30'$；$m_D = 5.0\text{mm}$，$m_\alpha = 5.0''$，$m_i = m_v = 1.0\text{mm}$，计算中误差 m_h。

14. 何谓不等精度观测？何谓权？权有何实用意义？

15. 设三角形三个内角 α、β、γ，已知 α、β 之权分别为 4、2，α 角的中误差为 $9''$，

(1) 根据 α、β 计算 γ 角，求 γ 角之权；

(2) 计算单位权中误差 μ；

(3) 求 β、γ 角的中误差 m_β、m_γ。

16. 图 3-5 所示设为四等单节点水准网，其中，A，B，C，D 为已知高程的三等水准点，网中有 4 条线路汇集于节点 N，试按间接平差计算节点 N 的高程最或是值及其精度。

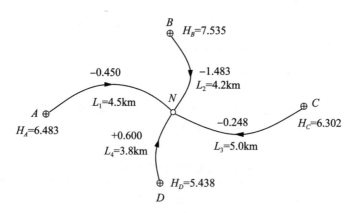

图 3-5 单结点水准网平差计算

第4章　测量基本方法和仪器

4.1　水准测量方法和水准仪

水准测量是测定地面点高程的主要方法之一。水准测量是使用水准仪和水准尺，根据水平视线测定两点之间的高差，从而由已知点的高程推求未知点的高程。

水准仪是用于水准测量的仪器，目前我国水准仪是按仪器所能达到的每千米往返测高差中数的偶然中误差这一精度指标划分的，共分 4 个等级，见表 4-1。表中"D"和"S"是"大地"和"水准仪"汉语拼音的第一个字母，通常在书写时可省略字母"D"，用"05""1""3"及"10"等数字表示该类仪器的精度。DS3 级和 DS10 级水准仪称为普通水准仪，用于国家三、四等水准及普通水准测量，DS05 级和 DS1 级水准仪称为精密水准仪，用于国家一、二等精密水准测量。水准仪按读数方法分为光学水准仪和电子水准仪。

表 4-1　　　　　　　　　　水准仪系列型号的分级及主要用途

水准仪系列型号	DS05	DS1	DS3	DS10
每千米往返测高差中数偶然中误差	≤0.5mm	≤1mm	≤3mm	≤10mm
主要用途	国家一等水准测量及地震监测	国家二等水准测量及其他精密水准测量	国家三、四等水准测量及一般工程水准测量	一般工程水准测量

4.1.1　水准测量方法

1. 水准测量原理

如图 4-1 所示，若已知 A 点的高程 H_A，求未知点 B 的高程 H_B。首先测出 A 点与 B 点之间的高差 h_{AB}，于是 B 点的高程 H_B 为：

$$H_B = H_A + h_{AB}$$

由此式可计算出 B 点的高程。

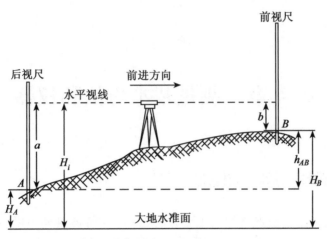

图 4-1　水准测量原理

测出高差 h_{AB} 的原理如下：在 A、B 两点上各竖立一根水准尺，并在 A、B 两点之间安置一台水准仪，根据水准仪提供的水平视线在水准尺上读数。设水准测量的前进方向是由 A 点向 B 点，则规定 A 点为后视点，其水准尺读数为 a，称为后视读数；B 点为前视点，其水准尺读数为 b，称为前视读数。则 A、B 两点间的高差为：

$$h_{AB} = a - b \qquad (4\text{-}1)$$

于是 B 点的高程 H_B 可按下式计算：

$$H_B = H_A + (a - b)$$

高差 h_{AB} 本身可正可负，当 a 大于 b 时，h_{AB} 值为正，这种情况是 B 点高于 A 点；当 a 小于 b 时，h_{AB} 值为负，即 B 点低于 A 点。

为了避免计算高差时发生正、负号的错误，在书写高差 h_{AB} 时必须注意 h 下标的写法。例如，h_{AB} 是表示由 A 点至 B 点的高差；而 h_{BA} 表示由 B 点至 A 点的高差，即

$$h_{AB} = - h_{BA}$$

从图 4-1 中还可以看出，B 点的高程也可以利用水准仪的视线高程 H_i（也称为仪器高程）来计算：

$$\begin{cases} H_i = H_A + a \\ H_B = H_A + (a - b) = H_i - b \end{cases} \qquad (4\text{-}2)$$

当安置一次水准仪根据一个已知高程的后视点，需求出若干个未知点的高程时，用上式计算较为方便，此法称为视线高法，它在建筑工程施工测量中经常应用。

图 4-1 所表示的水准测量是当 A、B 两点相距不远的情况，这时通过水准仪可以直接在水准尺上读数，且能保证一定的读数精度。如果两点之间的距离较远或高差较大时，仅安置一次仪器便不能测得它们的高差，这时需要加设若干个临时的立尺点，作为传递高程的过渡点，称为转点。如图 4-2 所示，欲求 A 点至 B 点的高差 h_{AB}，选择一条施测路线，用水准仪依次测出 $A1$ 的高差 h_{A1}、12 的高差 h_{12}，等等，

直到最后测出 nB 的高差 h_{nB}。每安置一次仪器，称为一个测站，而 1，2，…，n 等点即为转点。高差 h_{AB} 由下式算得：

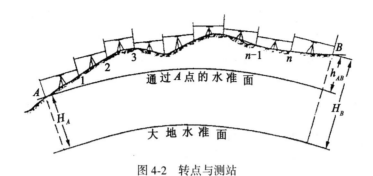

图 4-2　转点与测站

$$h_{AB} = h_{A1} + h_{12} + \cdots + h_{nB}$$

式中各测站的高差均为后视读数减去前视读数之值，即

$$\begin{cases} h_{A1} = a_1 - b_1 \\ h_{12} = a_2 - b_2 \\ \cdots\cdots\cdots\cdots \\ h_{nB} = a_{n+1} - b_{n+1} \end{cases}$$

式中等号右端用下标 1，2，…，n，$n+1$ 表示第一站、第二站、……、第 n 站、第 $n+1$ 站的后视读数和前视读数。因此，有

$$h_{AB} = (a_1 - b_1) + (a_2 - b_2) + \cdots + (a_{n+1} - b_{n+1})$$
$$= \sum_1^{n+1} (a - b) = \sum_1^{n+1} a - \sum_1^{n+1} b \tag{4-3}$$

在实际作业中可先算出各测站的高差，然后取它们的总和而得 h_{AB}。再用式(4-3)，即用后视读数之和减去前视读数之和来计算高差 h_{AB}，检核计算是否正确。

2. **地球曲率和大气垂直折光的影响**

由于水准测量的前、后视距离一般很短，所以在介绍上述水准测量原理时是把大地水准面(高程起算面)以及过 A 点和过 B 点的水准面都看作平面，把视线作为直线看待的。实际上，这些水准面都不是平面而是曲面，受大气垂直折光影响，视线也不是直线而是曲线，如图 4-3 所示的曲线 IN'、IM'。

为了讨论地球曲率对水准尺上读数的影响，现把水准面看作圆球面。由图 4-3 可知，A、B 两点间的高差为

$$h_{AB} = EA - FB$$

如果视线是水平的，即 IM 及 IN，则水准尺上的读数为 MA 和 NB，分别比正确读数 EA 和 FB 多了 ME 及 NF。这就是地球曲率的影响。若用 p_1、p_2(称为球差改正)分别表示 ME、NF 则上式可写成

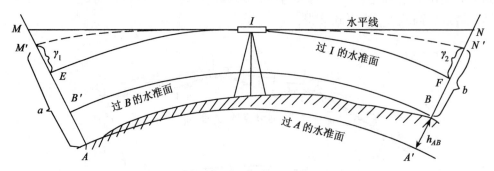

图 4-3　地球曲率和大气垂直折光对水准测量的影响

$$h_{AB} = (MA - p_1) - (NB - p_2)$$

由于大气垂直折光的影响，实际视线不是水平直线，而是曲线 IM' 和 IN'。实际视线的形状十分复杂，但当视线不太长时，可将其当作圆弧看待。如以 f_1、f_2（称为气差改正）分别表示大气垂直折光影响 MM'、NN'，则有

$$h_{AB} = (a + f_1 - p_1) - (b + f_2 - p_2) \tag{4-4}$$

（1）地球曲率对一根水准尺上读数的影响

在图 4-4 中，设通过仪器中心 I 的水准面的半径为 R，仪器至水准尺的弧长为 S，仪器至水准尺的切线长为 t，地球曲率对水准尺上读数的影响为 p。由式（2-26）可得

$$p = \frac{S^2}{2R} \tag{4-5}$$

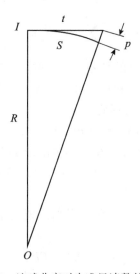

图 4-4　地球曲率对水准尺读数的影响

（2）大气垂直折光对一根水准尺上读数的影响

设弯曲视线的曲率为 $R' = \dfrac{R}{K}$，此处 K 为折光系数。由于 R' 远远大于 R，故 K 小于 1，则按式(4-5)的同样道理，可得

$$f = \frac{S^2}{2\dfrac{R}{K}} = K\frac{S^2}{2R} \qquad (4\text{-}6)$$

实际上，折光系数 K 的变化是复杂的，不仅因不同地区和不同方向而有差别，而且也随每天的时间、温度及其他自然条件的不同而变化，因此很难精确测定。我国大部分地区的大气垂直折光系数，通常取平均值 $K = 0.14$。

将地球曲率与大气垂直折光对一根水准尺读数的联合影响用 r 表示，称为球气差改正，简称两差改正。由于 $K < 1$，故 r 恒为正值，则

$$r = p - f = (1 - K)\frac{S^2}{2R} \qquad (4\text{-}7)$$

于是式(4-4)可写成

$$h = (a - b) - (r_1 - r_2) \qquad (4\text{-}8)$$

这就是考虑了地球曲率和大气垂直折光联合影响的水准测量计算高差公式。如取 $K = 0.14$，$S = 100\text{m}$，$R = 6371\text{km}$，则 $r = 0.7\text{mm}$。当前、后视距离 S_1 和 S_2 相等时，则 r_1 与 r_2 互相抵消。一般可根据水准测量的精度，将 S_1 与 S_2 之差限制在某一范围内，使 $(r_1 - r_2)$ 可忽略不计。

4.1.2 光学水准仪

1. 水准仪的基本部件

图 4-5 为一种 DS3 微倾式水准仪的外形和各部件名称。它主要由望远镜、水准器和基座三部分组成。

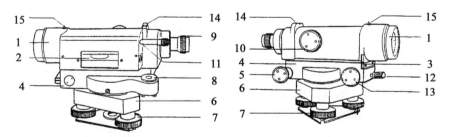

1. 望远镜物镜；2. 水准管；3. 弹簧片；4. 支架；5. 微倾螺旋；6. 基座；7. 脚螺旋；
8. 圆水准器；9. 望远镜目镜；10. 物镜调焦螺旋；11. 气泡观察镜；
12. 制动螺旋；13. 微动螺旋；14. 缺口；15. 准星

图 4-5 DS3 型微式水准仪

图中的望远镜物镜 1 和水准管 2 连成一个整体，在靠近望远镜物镜一端用一弹簧片 3 与支架 4 相连，转动微倾螺旋 5，可使顶杆升降，从而使望远镜和水准管相对于支架作上、下微倾，使水准管气泡居中，导致望远镜的视线水平。由于用微倾螺旋使望远镜上、下倾斜有一定限度，所以，应该使支架首先大致水平，支架的旋转轴即仪器的纵轴，插在基座 6 的轴套中，转动基座的三个脚螺旋 7，使支架上的圆水准器 8 的气泡居中，支架面大致水平。这时，再转动微倾螺旋，使水准管的气泡居中，望远镜的视线水平。

图 4-5 中的 9 是望远镜目镜调焦螺旋，转动它可使十字丝像清晰；10 是望远镜物镜调焦螺旋，转动它可使目标（水准尺）的像清晰。11 是水准管气泡观察镜。12 是制动螺旋，能控制水准仪在水平方向的转动，转紧它再旋转微动螺旋 13，可使望远镜在水平方向作微小的转动，便于瞄准目标。望远镜上方的缺口 14 和准星 15 是用于从望远镜外面寻找目标。

2. 测量望远镜的构造及其成像和瞄准原理

测量仪器上的望远镜是用于瞄准远处目标的，如图 4-6 所示，它主要由物镜 1、目镜 2、调焦透镜 3、十字丝分划板 4、物镜调焦螺旋 5 和目镜调焦螺旋 6 所组成。7 是从目镜中看到的放大后的十字丝像。CC_1 是物镜光心与十字丝交点的连线，称为视准轴。转动目镜调焦螺旋，可使十字丝像清晰。转动物镜调焦螺旋，可使目标在十字丝平面上成像，再经过目镜放大，便能精确地瞄准目标。

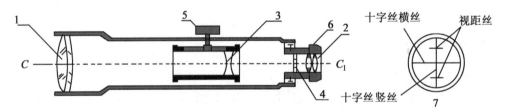

1. 物镜；2. 目镜；3. 调焦透镜；4. 十字丝分划板；
5. 物镜调焦螺旋；6. 目镜调焦螺旋；7. 十字丝放大像

图 4-6　测量望远镜

远处目标发出的光线经过物镜及调焦透镜的折射后，在十字丝平面上成一倒立的实像；经过目镜的放大，成放大倒立的虚像，若目镜中有转像装置，则成放大正立的虚像。该虚像对观测者眼睛的视角 β 比原目标的视角 α 扩大了若干倍，使观测者感到远处的目标移近了，这样，就可以提高瞄准精度。望远镜的放大倍率为：

$$V = \frac{\beta}{\alpha} \tag{4-9}$$

测量望远镜的放大倍率一般在 20 倍以上。

DS3 级水准仪望远镜中的十字丝分划板为刻在玻璃板上的三根横丝及一根纵丝，如图 4-6 中的"7"。中间的长横丝称为中丝，用于读取水准尺上分划的读数。上、下两根较短的横丝分别称为上丝和下丝,总称为视距丝,用以测定水准仪至水准尺的距离(视距)。

物镜与十字丝分划板之间的距离是固定不变的,而由目标发出光线通过物镜后,在望远镜内所成实像的位置随着目标的远近而改变。因此,需要转动物镜调焦螺旋移动调焦透镜,使目标像与十字丝平面相重合,如图 4-7(a)所示,此时,若观测者的眼睛作上、下(或左、右)移动(例如,在图中 1,2,3 位置),不会发觉目标像与十字丝有相对的移动。如果目标像与十字丝平面不重合,如图 4-7(b)所示,则观测者的眼睛移动时,就会发觉目标像与十字丝之间有相对移动,这种现象称为视差。

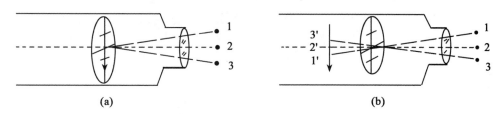

图 4-7 测量望远镜的瞄准与视差

有了视差,就不可能进行精确的瞄准和读数,因此,必须消除视差。消除视差的方法如下:先转动目镜调焦螺旋,使十字丝十分清晰;然后转动物镜调焦螺旋,使目标像(水准测量时,为水准尺尺面的分划和注字)十分清晰;上、下(或左、右)移动眼睛,如果目标像与十字丝之间已无相对移动,则视差已消除;否则,重新进行物镜、目镜调焦,直至目标像与十字丝无相对移动为止。

3. 水准器及其灵敏度

为了置平仪器,必须用水准器。水准器分为水准管和圆水准器两种。

(1)水准管

水准管是由玻璃圆管制成,其内壁被磨成一定半径的圆弧面,如图 4-8(a)所示,管内注满酒精或乙醚,加热封闭冷却后,管内形成空隙,被液体的蒸气充满,即为水准气泡。

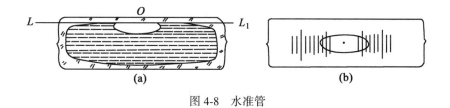

图 4-8 水准管

在水准管表面刻有 2mm 间隔的分划线,如图 4-8(b)所示,分划线与水准管的圆弧中点 O 成对称,O 点称为水准管的零点,通过零点作圆弧的纵向切线 LL_1,称为水准管轴。当气泡的中点与水准管的零点重合时，称为气泡居中。通常，根据水准管气泡两端与水准管分划线的位置对称来判断水准管气泡是否精确居中。

为了提高目估水准管气泡居中的精度，在水准仪的水准管上方安装一组符合棱镜，如图 4-9 所示，通过符合棱镜的反射作用，使气泡两端的影像反映在望远镜旁的符合气泡观察窗中。当气泡两端的半像吻合时，就表示气泡居中。

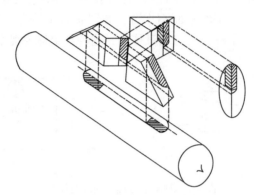

图 4-9　水准管和符合棱镜

水准管上两相邻分划线间的圆弧（弧长为 2mm）所对的圆心角，称为水准管分划值 τ（或称灵敏度）。分划值的实际意义，可以理解为当气泡移动 2mm 时，水准管轴所倾斜的角度，如图 4-10 所示，设水准管的曲率半径为 R（单位为 mm），则水准管分划值 τ（以秒为单位）定义为

$$\tau = \frac{2}{R}\rho \qquad (\tau \text{ 以秒为单位}) \tag{4-10}$$

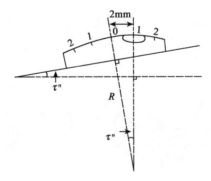

图 4-10　水准管分划值

式（4-10）说明分划值 τ 与水准管的曲率半径 R 成反比，R 越大，τ 越小，水准管的灵敏度越高，则置平仪器的精度也越高，反之置平精度就低。测量仪器上所用的水准管的分划值一般为 $6'' \sim 30''$，对于分划值为 $10''$ 或 $20''$ 的水准管，通常分别用 $10''/2$mm 或

$20''/2mm$ 来表示。

（2）圆水准器

圆水准器是将一圆柱形的玻璃盒装嵌在金属框内，如图 4-11 所示。与水准管一样，盒内装有酒精或乙醚，玻璃盒顶面内壁被磨成圆球面，中央刻有一个小圆圈，它的圆心 O 是圆水准器的零点，通过零点和球心的连线（O 点的法线）$L'L'_1$，称为圆水准轴。

当气泡居中时，圆水准轴就处于铅垂位置。圆水准器的分划值一般为 $5'/2mm \sim 10'/2mm$，灵敏度较低，用于粗略整平仪器，可使水准仪的纵轴大致处于铅垂位置，便于用微倾螺旋使水准管的气泡精确居中。

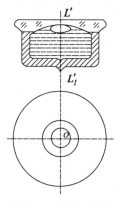

图 4-11　圆水准器

4. 自动安平水准仪

用水准仪进行水准测量的特点是，根据水准管的气泡居中而获得水平视线。因此，在水准尺上每次读数前都要用微倾螺旋将水准管气泡调至居中位置，这对于提高水准测量的速度和精度是很大的障碍。自动安平水准仪上没有水准管和微倾螺旋，使用时只需将水准仪上的圆水准器的气泡居中，在十字丝交点上读得的便是视线水平时应该得到的读数。因此，使用这种自动安平水准仪可以大大缩短水准测量的工作时间。同时由于水准仪整置不当，地面有微小的震动或脚架的不规则下沉等造成的视线不水平，可以由补偿器迅速调整而得到正确的读数。

如图 4-12 所示，视准轴已倾斜了一个 α 角，为使经过物镜光心的水平视线能通过十字丝交点，可采用以下两种办法：

其一，在光路中装置一个补偿器，使光线偏转一个 β 角而通过十字丝交点 A；由于 α 和 β 的值都很小，若

$$f \cdot \alpha = s \cdot \beta \tag{4-11}$$

成立，则能达到"补偿"的目的。

其二，若能使十字丝移至位置 B，也可达到"补偿"的目的。

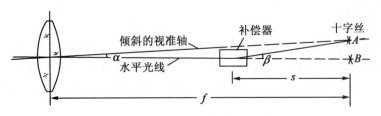

图 4-12　水准仪视线自动安平原理

5. 水准尺和尺垫

三、四等水准测量或普通水准测量所使用的水准尺是用优质木料或玻璃纤维合成材料制成，一般长 3～5m，按其构造不同可分为折尺、塔尺、直尺等数种。折尺可以对折，塔尺可以缩短，这两种尺运输方便，但用旧后的接头处容易损坏，影响尺长的精度，所以三、四等水准测量规定只能用直尺。为使尺子不弯曲，其横剖面做成丁字形、槽形、工字形等。尺面每隔 1cm 涂有黑白或红白相间的分格，每分米有数字注记。为倒像望远镜观测方便起见，注字常倒写。尺子底面钉以铁片，以防磨损。水准尺一般式样如图 4-13 所示。

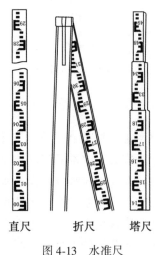

直尺　　折尺　　塔尺

图 4-13　水准尺

三、四等水准测量采用的尺长为 3m，是以厘米为分划单位的区格式双面水准尺。双面水准尺的一面分划黑白相间称为黑面尺（也叫主尺）。另一面分划红白相间称为红面尺（也叫辅助尺）。黑面分划的起始数字为"零"，而红面底部起始数字不是"零"，一般为 4 687mm 或 4 787mm。为使水准尺能更精确的处于竖直位置，在水准尺侧面装有圆水准器。

作为转点用的尺垫（或称尺台，如图 4-14（a）所示）是用生铁铸成，一般为三角形，中央有一个突起的圆顶，以便放置水准尺，下有三个尖脚可以插入土中。尺垫应重而坚固，方能稳定。在土质松软地区，尺垫不易放稳，可用尺桩(或称尺钉，如图4-14(b))作为转点。尺桩长约30cm，粗2~3cm，使用时打入土中，比尺垫稳固，但每次需用力打入，用后又需拔出。

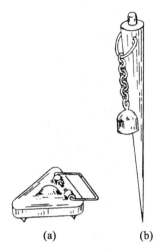

(a) (b)

图4-14 尺垫与尺桩

一、二等水准测量使用尺长更稳定的因瓦水准尺，这种水准尺的分划是在因瓦合金带上，因瓦合金带则以一定的拉力引张在木质尺身的沟槽中。这样，因瓦合金带的长度不会受木质尺身伸缩变形的影响。

因瓦水准标尺的分格值有10mm和5mm两种，如图4-15(a)、(b)所示，有两排分划，尺面右边一排称为基本分划，左边一排称为辅助分划，同一高度的基本分划与辅助分划读数相差一个常数，称为基辅差，通常又称为尺常数，水准测量作业时可以用以检查读数的正确性。分格值为5mm的因瓦水准尺分划注记比实际数值大了一倍，所以用这种水准标尺所测得高差值必须除以2才是实际的高差值。

6. 光学水准仪的使用

使用水准仪的基本操作包括安置水准仪、粗平、瞄准、精平等步骤。

(1)安置水准仪

在测站打开三脚架，张开三脚架且使架头大致水平，然后从仪器箱中取出水准仪，安放在三脚架头上，将三脚架中心连接螺旋旋入仪器基座的中心螺孔中，适度旋紧，使仪器固定在三脚架上。调整脚架使圆水准器气泡不要偏离中心太远。如果地面比较松软则将三脚架的三个脚尖踩实，使仪器稳定。

(2)粗平

粗平是用脚螺旋使圆水准器气泡居中，从而使仪器的竖轴大致铅垂。粗平的操作步骤如图4-16所示，图中1、2、3为三个脚螺旋，中间是圆水准器，虚线圆圈表示气泡所在的位置。首先用双手分别以相对方向(图中箭头所指方向)转动两个脚螺旋1、2，

61

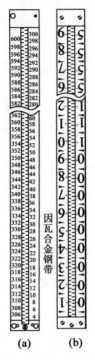

图 4-15　因瓦水准尺

气泡移动方向与左手大拇指旋转时的移动方向相同，使圆气泡移到 1、2 脚螺旋连线方向的中间，如图 4-16(a)所示。然后再转动第三个脚螺旋，使圆气泡居中，如图 4-16(b)所示。

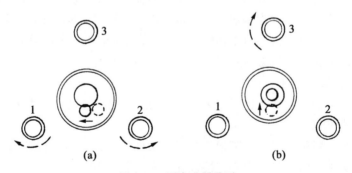

图 4-16　圆水准器整平

（3）瞄准

在用望远镜瞄准目标之前，必须先将十字丝调至清晰。瞄准目标应首先使用望远镜上的瞄准器，在基本瞄准水准尺后立即用制动螺旋将仪器制动。若望远镜内已经看到水准尺但成像不清晰，可以转动调焦螺旋至成像清晰，注意消除视差。最后，用微动螺旋转动望远镜使十字丝的竖丝对准水准尺的中间稍偏一点以便读数。

（4）精平

读数之前应用微倾螺旋调整水准管气泡居中，使视线精确水平（自动安平水准仪省去了这一步骤）。由于气泡的移动有惯性，所以转动微倾螺旋的速度不能快，特别在符合水准器的两端气泡影像将要吻合时尤应注意。只有当气泡已经稳定不动而又居中的时候才达到精平的目的。

（5）读数

仪器已经精平后即可在水准尺上读数。为了保证读数的准确性，并提高读数的速度，可以首先看好厘米的估读数（即毫米数），然后再将全部读数报出。一般习惯上是报 4 个数字，即米、分米、厘米、毫米，并且以毫米为单位，如图 4-17 所示。

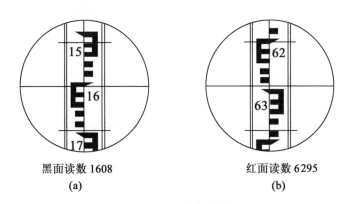

黑面读数 1608　　　　　　红面读数 6295
(a)　　　　　　　　　　　　(b)

图 4-17　水准仪读数

4.1.3　电子水准仪

电子水准仪，又称数字水准仪，是以自动安平水准仪为基础，在望远镜光路中增加了分光镜和光电探测器（CCD），采用条码水准标尺和图像处理系统构成的光机电测量一体化的水准仪。水准尺的分划用条纹编码代替厘米间隔的米制长度分划。线阵光电探测器将水准尺上的条码图像用电信号传送给信息处理机。信息经处理后即可求得水平视线的水准尺读数和视距值。因

电子水准仪结构

此，电子水准仪由光电设备自动探测水平视准轴的水准尺读数，从而实现水准观测自动化。图 4-18 列出了部分电子水准仪。电子水准仪与光学水准仪相比，它具有速度快、精度高、自动读数、使用方便、能减轻作业劳动强度、可自动记录存储测量数据、易于实现水准测量内外业一体化的优点。

1. 电子水准仪的一般结构

电子水准仪的望远镜光学部分和机械结构与光学自动安平水准仪基本相同。图 4-19 为徕卡 NA2002 电子水准仪望远镜的光学及主要部件结构略图。图中的部件较自动安平水准仪多了调焦发送器、补偿器监视、分光镜和线阵探测器 4 个部件。

调焦发送器的作用是测定调焦透镜的位置，由此计算仪器至水准尺的概略视距值。

徕卡DNA03

天宝DINI03

南方DL-2003A

图 4-18　部分电子水准仪

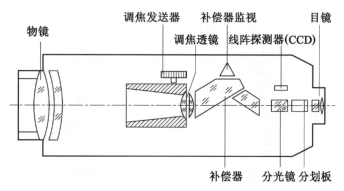

图 4-19　徕卡 NA2002 电子水准仪结构略图

补偿器监视的作用是监视补偿器在测量时的功能是否正常。分光镜则是将经由物镜进入望远镜的光分离成红外光和可见光两个部分。红外光传送给线阵探测器作标尺图像探测的光源，可见光源穿过十字丝分划板经目镜供观测员观测水准尺。基于 CCD 摄像原理的线阵探测器是仪器的核心部件之一，长约 6.5mm，由 256 个光敏二极管组成。每个光敏二极管的口径为 25μm，构成图像的一个像素。这样，水准尺上进入望远镜的条码图像将分成 256 个像素，并以模拟的视频信号输出。

2. 电子水准仪的读数原理

由于生产电子水准仪的各厂家采用不同的专利，测量标尺也各不相同，因此读数原理各异，以下分别介绍国际上主要几个厂家生产的电子水准仪的测量原理。目前电子水准仪读数方法有以下三种：相关法，如徕卡公司 DNA03、南方 DL-2003A 型电子水准仪；几何法，如蔡司的 DINI10、DINI20 型电子水准仪；相位法，如拓普康公司的 DL-101C 型电子水准仪。

（1）相关法基本原理

线阵探测器获得的水准尺上的条码图像信号（即测量信号），通过与仪器内预先设置的"已知代码"（参考信息）按信号相关方法进行比对，使测量信号移动以达到两信号最佳符合，从而获得标尺读数和视距读数，如图 4-20 所示。

进行数据相关处理时，要同时优化水准仪视线在标尺上的读数（即参数 h）和仪器到

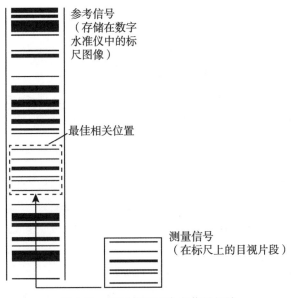

图 4-20　测量信号和参考信号相关

水准尺的距离(即参数 d)，因此，这是一个二维(d 和 h)离散相关函数。为了求得相关函数的峰值，需要在整条尺子上搜索。在这样一个大范围内搜索最大相关值大约要计算 50 000 个相关系数，较为费时。为此，采用了粗相关和精相关两次运算来完成此项工作。由于仪器距水准尺远近不同时，水准尺图像在视场中的大小也不相同，因此，粗相关的一个重要步骤就是用调焦发送器求得概略视距值，将测量信号的图像缩放到与参考信号大致相同的大小。即距离参数 d 由概略视距值确定，完成粗相关，这样可使相关运算次数减少约 80%。然后再按一定的步长完成精相关的运算工作，求得图像对比的最大相关值 h_0， 即水平视准轴在水准尺上的读数，同时求得精确的视距值 d。

（2）几何法基本原理

其标尺编码采用双相位码，标尺条码的片段如图 4-21 所示。

当人工照准标尺并调焦后，条码标尺的像经分光镜，一路成像在分划板上，供目视观测；一路成像在 CCD 探测器上，供电子读数。DINI 系列的标尺每 2cm 划分为一个测量间距，其中的码条构成一个码词。每个测量间距的边界由黑白过渡线组成，其下边界到标尺底部的高度，可由该测量间距中的码词判读出来。就像区格式标尺上的注记一样，选择较长的望远镜焦距以及分辨率较高的 CCD 线阵，CCD 的长度是分划板直径的好几倍，这就可以为几何法读数提供依据。

DINI 系列电子水准仪测量时，只利用对称于视线的 30cm 长的标尺截距来确定全部单次测量值，也就是只用 15 个测量间距来计算视距和视线高。虽然大于 30cm 的标尺截距也能获取，但原则上不用来求取测量值。在原理上 DINI 也可以用小于 30cm 的标尺截距进行测量，只要该截距足以读出码词。对 1.5m 的最短视距而言，最小的测量视场约为 10cm。此时，在从标尺起点或终点起约 6cm 的范围内不能读数。

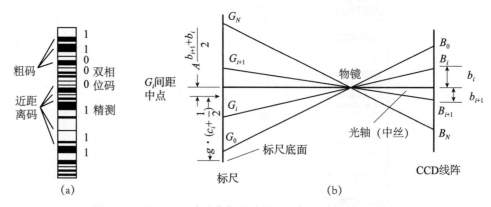

图 4-21　天宝 DINI 水准仪标尺片段和几何法读数原理示意图

几何法的计算原理如图 4-21(b)所示。图中 G_i 为测量间距的下边界，G_{i+1} 为上边界，它们在 CCD 行阵上的成像为 B_i 和 B_{i+1}。它们到光轴(中丝)的距离分别用 b_i 及 b_{i+1} 表示。CCD 上像素的宽度是已知的，这两距离在 CCD 上所占像素个数可以由 CCD 输出的信号得知，因此可以算出 b_i 和 b_{i+1}，也就是说 b_i 和 b_{i+1} 是计算视距和视线高的已知数。b_i 和 b_{i+1} 在光轴之上为负值，在光轴之下取正值。如果在标尺上看，则是在光轴之上为正，反之为负。

设 g 为测量间距长(2cm)，用第 i 个测量间距来测量时，则物像比为 A，具体地说，在此是测量间距与该间距在 CCD 上成像宽度之比，它可以由图 4-21 中的相似三角形得出，如下式：

$$A = \frac{g}{b_{i+1} - b_i} \tag{4-12}$$

于是视线高读数为：

$$H_i = g \cdot \left(c_i + \frac{1}{2} \right) - A \cdot \frac{(b_{i+1} + b_i)}{2} \tag{4-13}$$

式中：c_i 是第 i 个测量间距从标尺底部数起的序号，可由所属码词判读出来。式(4-13)右边两部分的几何意义已经标注在图 4-21 中，即 $g(C_i + 1/2)$ 是标尺上第 i 个测量间距的中点到标尺底面的距离；$A(b_{i+1} + b_i)/2$ 是标尺第 i 个测量间距的中点到仪器光轴也即视准轴的距离。

根据上述规则，b_{i+1} 是正值，b_i 是负值，图 4-21 中 $|b_{i+1}| < |b_i|$，因此该项是负值，故在式(4-13)中两项相加取负号。

为了提高测量精度，DINI 系列取 N 个测量间距的平均值来计算高度，也就是取标尺上中丝上下各 15cm 的范围即 15 个测量间距取平均来计算。于是物像比为：

$$A = g \cdot \frac{N}{b_N - b_0} \tag{4-14}$$

式中：b_N 和 b_0 分别为 CCD 行阵上 30cm 测量截距上下边界到光轴的距离。

视线高的计算公式则为：

$$H = \frac{1}{N} \sum_{i=0}^{N-1} \left(g \cdot \left(c_i + \frac{1}{2} \right) - A \frac{b_{i+1} + b_i}{2} \right) \tag{4-15}$$

由式(4-14)计算出物像比之后，由物像比可以计算视距，计算原理与用视距丝进行视距测量一样，所不同的是，此固定基线是在标尺上，而传统视距测量的基线是分划板上的上下视距丝的距离。

几何法通过高质量的标尺刻划和几何光学实现了标尺的自动读数，而不是靠电信号的相关处理，从而既保证了较高的测量精度又加快了测量速度。

3. 电子水准仪的使用

用电子水准仪进行水准测量，需配合相应的条码水准标尺。仪器的安置、整平、照准、调焦等步骤与光学水准仪一样。测量时，选取好测量模式，瞄准标尺，点击测量键开始测量，仪器将同时测量距离和标尺上的读数。距离和高差等结果就显示在屏幕上，并可按记录键保存测量结果。

电子水准仪也可像普通自动安平水准仪一样配合分划水准标尺使用，不过这时的测量精度低于电子测量的精度。特别是对于精密水准测量，作为普通自动安平水准仪使用时，其精度更低。

4.1.4 水准测量基本作业方法

水准测量方法

在进行连续水准测量时，若其中任何一个后视读数或前视读数有错误，都会影响高差的正确性。因此，在每一测站的水准测量中，为了能及时发现观测中的错误，通常采用双面尺法或两次仪器高法进行观测，以检查高差测定中可能发生的错误。

1. 两次仪器高法

在连续水准测量中，每一测站上用两次不同仪器高度的水平视线(改变仪器高度应在 10cm 以上)来测定相邻两点间的高差，据此检查观测和读数的正确性。

图 4-22 所示为用两次仪器高法进行水准测量的示意图，A、B 为水准点，1、2、3、…点为转点。第 1 站，水准仪安置在 A、1 中间，后视水准尺置于 A 上，前视水准尺置于转点 1 上。瞄准后视点水准尺，仪器精平后读数；然后瞄准前视点水准尺，仪器重新精平后读数，计算第一次仪器高 A、1 间的高差。重新安置水准仪(改变仪器高 10cm以上)，先瞄准前视点水准尺，仪器精平后读数；然后瞄准后视点水准尺，仪器重新精平后读数，计算第二次仪器高 A、1 间的高差。两次测得的高差允许差数为 ±5mm，作为检核。若符合要求，则取两次高差平均值作为测站的最终高差。两次仪器高法的观测程序为"后、前、前、后"。

在第 2 测站，水准仪安置在 1、2 中间，并将后视水准尺移置于转点 2。在转点 1 上的水准尺仍留原处，将尺面转向水准仪。观测程序与第 1 站完全相同，依次观测，直至最后一站。

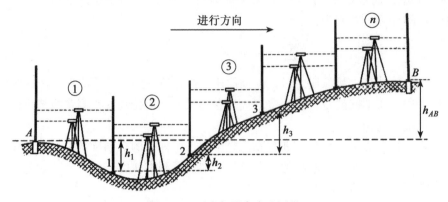

图 4-22　两次仪器高水准测量

2. 双面尺法

用双面尺法进行水准测量时，须用有红、黑两面分划的水准尺，在每一测站上需要观测后视和前视水准尺的红、黑面读数，并需通过规定的检核。在每一测站上，仪器经过粗平后的观测程序如下：

① 瞄准后视点水准尺黑面分划、精平、读数；
② 瞄准前视点水准尺黑面分划、精平、读数；
③ 瞄准前视点水准尺红面分划、精平、读数；
④ 瞄准后视点水准尺红面分划、精平、读数。

对于立尺点而言，其观测程序为"后、前、前、后"。对于后视或前视红、黑面读数都可进行一次检核，允许差数为±3mm，并分别计算后视和前视的红、黑面高差，两高差的允许差数为±5mm。这也是一次检核，若符合要求，则取红、黑面高差平均值作为测站的最终高差。

4.2　水准测量的误差分析和水准仪的检验校正

4.2.1　水准测量的误差分析

水准测量误差包括仪器误差、观测误差和外界条件的影响三个方面。

1. 仪器误差

仪器误差包括视准轴与水准管轴不平行的误差、交叉误差和水准尺误差。

（1）视准轴与水准管轴不平行的误差

水准仪在使用前，虽然经过检验校正，但实际上很难做到视准轴与水准管轴严格平行，视准轴与水准管轴在竖直面上投影的交角称 i 角，i 角的存在会给水准测量的观测结果带来误差，如图 4-23 所示。设 A、B 分别为同一测站的后视点和前视点，S_A、S_B 分别为后视和前视的距离，x_A、x_B 为由于视准轴与水准管轴不平行而引起的读数误差。如果不考虑地球曲率和大气垂直折光的影响，B 点对 A 点的高差为：

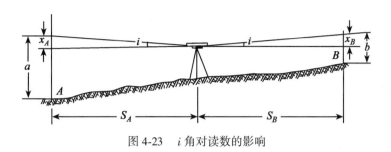

图 4-23　i 角对读数的影响

$$h_{AB} = (a - x_A) - (b - x_B) = (a - b) - (x_A - x_B)$$

因　　　　　　　　　　　$x = S\tan i$

故　　　$h_{AB} = (a - b) - (S_A - S_B)\tan i = (a - b) - (S_A - S_B)\dfrac{i}{\rho''}$　　　(4-16)

对于一测段则有　　$\sum h = \sum (a - b) - \dfrac{i}{\rho''} \times \sum (S_A - S_B)$

为使一个测站的 $x_A = x_B$，应使 $S_A = S_B$。实际上，要求使后、前视的距离正好相等是比较困难的，也是不必要的。所以，根据不同等级的精度要求，对每一测站的后、前视距离之差和每一测段的后、前视距离的累计差规定一个限值。这样，就可把残余 i 角对所测高差的影响限制在可以忽略的范围内。

残余 i 角也不是固定不变的，即使在同一测站上，后视和前视的 i 角往往由于太阳光照射的不同而不一样。为了避免这种误差的产生，在阳光下进行观测必须用伞遮住仪器。在照准同一测站的前、后视尺时，尽量避免调焦。

（2）交叉误差

视准轴与水准管轴在水平面上投影的交角，称交叉误差。交叉误差在水准测量中的影响，主要看它是否会引起视准轴不水平。假设水准仪在水准尺上读数时视准轴是水平的，那就完全用不着考虑视准轴和水准轴在水平面上的投影是否平行。可是水准测量时仪器旋转轴不严格竖直，两轴在水平面上的投影不平行可能会导致两轴在竖直面上不平行，即交叉误差转变为 i 角误差。

（3）水准尺误差

由于水准尺刻划不准确，尺长变化、弯曲等会影响水准测量的精度，因此，水准尺需经过检验才能使用。对水准尺的零点差，可在一测段中使测站数为偶数的方法予以消除。

2. 观测误差

观测误差主要包括有精平误差、调焦误差、估读误差和水准尺倾斜误差。

（1）精平误差

水准测量于读数前必须精平，精平的程度反映了视准轴水平程度。若水准器格值

$\tau = 20''/2\mathrm{mm}$，视线长度为 100m。如果整平时，水准管气泡偏离中心 0.5 格，则引起的读数误差可达 5mm，故气泡严格居中是正确读数的前提。

这种误差在前视和后视读数中是不相同的，而且数字是可观的，不容忽视。因此，水准测量时一定要严格精平，并果断、快速读数。

（2）调焦误差

在观测时，若在照准后、前尺之间调焦，将使在前、后尺读数时 i 角大小不一致，从而引起读数误差，前后视距相等可避免在一站中重复调焦。

（3）估读误差

普通水准测量中水准尺为厘米刻划，考虑仪器的基本性能，影响估读精度的因素主要与十字丝横丝的粗细、望远镜放大倍率及视线长度等因素有关。其中，视线长度影响较大，有关规范对不同等级水准测量时的视线均作了规定，作业时应认真执行。

（4）水准尺倾斜误差

在水准测量读数时，若水准尺在视线方向前后倾斜，观测员很难发现，由此造成水准尺读数总是偏大。视线越靠近尺的顶端，误差就越大。消除或减弱的办法是在水准尺上安装圆水准器，确保尺子铅垂。如果尺子上水准器不起作用，应采用"摇尺法"进行读数。读数时，尺子前、后俯仰摇动，使尺上读数缓慢改变，读变化中的最小读数，即尺子铅垂时的读数。

3. 外界环境的影响

（1）水准仪水准尺下沉误差

在土壤松软区测量时，水准仪在测站上随安置时间的增加而下沉。发生在两尺读数之间的下沉，会使后读数的尺子读数比应有读数小，造成高差测量误差。消除这种误差的方法是：仪器最好安置在坚实的地面，脚架踩实，快速观测，采用"后—前—前—后"的观测程序等方法均可减少仪器下沉的影响。观测间隔间将水准尺从尺垫上取下，减小下沉量；往返观测，取高差平均值减弱其影响。

（2）大气垂直折光的影响

视线在大气中穿过时，会受到大气垂直折光影响。一般视线离地面越近，光线的折射也就越大。观测时应尽量使视线保持在一定高度，一般规定视线须高出地面 0.3m，可减少大气垂直折光的影响。

（3）日照及风力引起的误差

这种影响是综合的，比较复杂。如光照会造成仪器各部分受热不均，使轴线关系改变，风大时会使仪器抖动，不易精平等都会引起误差。除选择好的天气测量外，观测时给仪器打伞遮光等都是消除和减弱其影响的好方法。

4.2.2　水准仪的检验与校正

根据水准测量的基本原理，要求水准仪具有一条水平视线，这个要求是水准仪构造上的一个极为重要的问题。此外，还要创造一些条件使仪器便于操作。例如，增设了一个圆水准器，利用它使水准仪初步安平。在正式作业之前必须对水准仪加以检验，视其是否满足所设想的要求。对某些不合要求的条件，应对仪器加以校正，使之符合要求。

1. 水准仪应满足的条件

水准仪的主要轴线如图 4-24 所示。CC 是望远镜的视准轴，LL 是水准管的水准轴，$L'L'$ 是圆水准器水准轴，VV 是仪器的旋转轴。

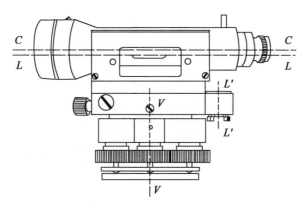

图 4-24　水准仪的主要轴线

水准仪应满足的主要条件有两个：一是水准管的水准轴应与望远镜的视准轴平行；二是望远镜的视准轴不因调焦而变动位置。水准仪应满足的次要条件也有两个：一是圆水准器的水准轴应与水准仪的旋转轴平行；二是十字丝的横丝应当垂直于仪器的旋转轴。

2. 水准仪的检验与校正

上述第二个主要条件，在于装置望远镜的透镜组是否正确，其中又以移动调焦透镜的机械结构的质量为主要因素，因此一般应由仪器制造商保证。对用于国家三、四等及普通水准测量的水准仪，应经常检验第一个主要条件和两个次要条件。对用于国家一、二等水准测量的精密水准仪尚应定期对第二个主要条件进行检验。本节只讲述第一个主要条件和两个次要条件的检验原理、检验和校正方法。

检验、校正的顺序应按下述原则进行：即前面检验的项目不受后面检验项目的影响。

（1）圆水准器的水准轴应与仪器的旋转轴平行的检验和校正

1）检验方法

先用脚螺旋将圆水准器气泡居中，然后将仪器旋转 180°，若气泡仍在居中位置，则表明此项条件已得到满足；若气泡有了偏移，则表明条件没有满足。根据上述检验原理可知，气泡偏移的长度代表了仪器旋转轴和水准轴的交角的两倍。

2）校正

如果在检验时发现仪器旋转轴与水准轴不平行，则应进行校正。校正工作可用装在圆水准器下面的校正螺丝来实现。校正螺丝一般有三个，如图 4-25 所示。操作时，按整平圆水准器那样的方法，分别调动三个校正螺丝使气泡向居中位置移动偏离长度的一半。如果操作完全准确，经过校正之后，水准轴 L' 将与仪器旋转轴 V 平行。如果此时用脚螺旋将仪器整平，则仪器旋转轴 V 处于竖直状态。实际上由于各种原因，例如，转动校正螺丝时振动了仪器，估计气泡的移动长度不准确等，校正工作要反复进行多次。而且每次校正工作都必须首先整平圆水准器，然后旋转仪器 180°，观察气泡的位置，确定是否需要再进行校正，直到将仪器整平后旋转仪器至任何位置，气泡都始终居中，校正工作才算结束。

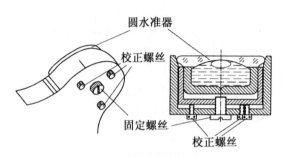

图 4-25　圆水准器校正螺丝

（2）望远镜视准轴应与水准管的水准轴平行的检验和校正

望远镜视准轴和水准管水准轴都是空间直线，如果它们互相平行，那么无论是在包含视准轴的竖直面上的投影还是在水平面上的投影都应该是平行的。对竖直面上投影是否平行的检验称为 i 角检验，水平面上投影是否平行的检验称为交叉误差检验。

对于水准测量，重要的是 i 角检验。如果 $i = 0$，则水准轴水平后，视准轴也是水平的，满足水准测量基本原理的要求。

1）检验 i 角的第一种方法

在较平坦的地方选定适当距离的两个点 A、B，并用木桩钉入地面或用尺垫代替。置水准仪于 A、B 的中间，使两端距离相等，如图 4-26（a）所示。此时测量的高差 h'_{AB} 是正确的，然后将水准仪置于两点的任一点附近，例如在 B 点附近，如图 4-26（b）所示。这时因距离不等，在测得的高差 h''_{AB} 中将有 i 角的影响，有

$$i = \frac{h''_{AB} - h'_{AB}}{S_A - S_B} \cdot \rho \tag{4-17}$$

规范规定，用于一、二等水准测量的仪器 i 角不得大于 15″；用于三、四等水准测量的仪器 i 角不得大于 20″，否则应进行校正。

因 A 点距仪器最远，i 角在读数上的影响最大。此时 i 角的读数影响为：

$$x_A = \frac{i}{\rho} \cdot S_A$$

有了 x_A 之值，即可对水准仪进行校正。校正工作应紧接着检验工作进行，即不要搬动 B 点一端的仪器，先算出在 A 点标尺上的正确读数 a_2：

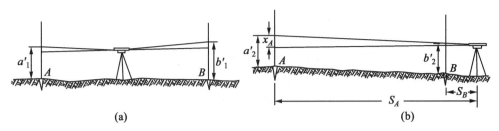

图 4-26 i 角检校方法之一

$$a_2 = a_2' - x_A$$

用微倾螺旋使读数对准 a_2，这时水准管气泡将不居中，调节上、下两个校正螺丝使气泡居中。实际操作时，需先将左(或右)边的螺丝(图 4-27)略微松开一些，使水准管能够活动，然后再校正上、下两螺丝。校正结束后仍应将左(或右)边的螺丝旋紧。

这种校正方法的实质是先将视线水平，即读数对准 a_2，然后校正水准轴至水平位置。检验校正应反复进行，直到符合要求为止。

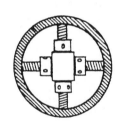

水准仪 i 角检验

图 4-27 水准管校正螺丝

2)检验 i 角的第二种方法

如图 4-28(a)将仪器置于 AB 延长线上 A 点一端，得 A、B 两点的第一次高差 h_{AB}'（$h_{AB}' = a_1' - b_1'$）；然后将仪器置于 AB 延长线 B 点一端，如图 4-28(b)所示，得 A、B 两点的第二次高差 h_{AB}''（$h_{AB}'' = a_2' - b_2'$）。两次测量的高差都有 i 角的影响，则

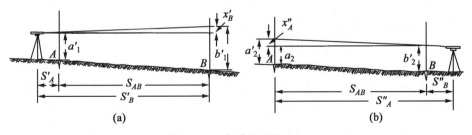

图 4-28 i 角检校方法之二

$$h''_{AB} - \frac{i}{\rho}(S''_A - S''_B) = h'_{AB} - \frac{i}{\rho}(S'_A - S'_B)$$

$$i = \frac{h''_{AB} - h'_{AB}}{(S''_A - S''_B) - (S'_A - S'_B)} \cdot \rho$$

两次仪器位置距水准尺的距离差相等，即

$$S_{AB} = S''_A - S''_B = -(S'_A - S'_B)$$

则

$$i = \frac{h''_{AB} - h'_{AB}}{2S_{AB}} \cdot \rho \tag{4-18}$$

为了下一步的校正工作，应求出较远一点尺子上的正确读数，若仪器在 B 点一端，则 A 点尺子上的读数误差为

$$x''_A = \frac{i}{\rho} \cdot S''_A$$

故正确读数为

$$a_2 = a'_2 - x''_A$$

若仪器在 A 点一端，则 B 点尺上的读数为：

$$x'_B = \frac{i}{\rho} \cdot S'_B$$

故正确读数为

$$b_1 = b'_1 - x'_B$$

校正时首先算出在远处标尺上的正确读数。仪器在 B 点一端，A 点尺上的正确读数为：

$$a_2 = a'_2 - x''_A$$

仪器在 A 点一端，B 点尺上的正确读数为：

$$b_1 = b'_1 - x'_B$$

用微倾螺旋使读数对准正确数值，仪器在 B 点一端，A 点尺上的读数为 a_2，若仪器在 A 点一端，则 B 点尺上的读数为 b_1，然后用水准管上、下校正螺丝将气泡居中。

3. 水准尺的一般检验

水准尺是水准测量所用仪器的重要组成部分，水准尺质量的好坏直接影响到水准测量的成果。如果尺的质量很差，甚至会造成返工。因此，对水准尺进行检验也是十分必要的。

（1）圆水准器的检验和校正

除一般检视外，还要检查圆水准器装置是否正确，检查与校正的方法有两种：一种是用一个垂球挂在水准尺上，使尺的边缘与垂线一致，用圆水准器的校正螺钉使气泡居中，这种操作应在室内或能避风的地方进行。另一种方法是安置一架经检校后的水准仪，在相距约 50m 处的尺垫上竖立水准尺，检查时观测者指挥持尺员将水准尺的边缘与望远镜中竖丝重合，利用圆水准器校正螺钉使气泡居中，然后将水准尺转动90°，重

新操作如前,这样至少要进行两次。此法可在室外进行。

(2)水准尺黑面与红面零点差数的测定

三、四等水准测量用的区格式木质水准尺上红黑面之零点差应为 4 687mm 或 4 787mm,但需加以检查,看是否正确。测定方法如下:安置好水准仪,在距水准仪约 20m 处打一个木桩,桩顶需钉一圆帽钉(亦可用尺垫),将水准尺竖直地放在圆帽钉头上(或尺垫上)。将水准仪上的水准管气泡严格居中,照准水准尺黑面进行读数,不动仪器随即将水准尺转 180° 使红面朝向仪器,进行红面读数。两读数之差即为水准尺红面与黑面零点差。

需在不同高度进行这样的测定 4 次而取平均值。两支水准尺应分别进行检查。

实际作业时应以测定之值作为黑、红面读数的常数差 K。

(3)水准尺黑面零点差的测定

水准尺黑面零点应与其底面相合,但由于制造和使用时磨损的关系,零点与尺底可能不一致。如果一对水准尺的此项数值相等,则在水准测量的高差中将能抵消。如果两支水准尺的此项数值不相等,则对偶数测站的水准测段同样能得到抵消,而在奇数测站才需引进零点差的改正。

测定的方法:将两水准尺水平放置,在两水准尺的底面上各贴一双面刀片,在两水准尺上 1m 范围内选择一清楚的同一读数的分划线,用检查尺量出从刀片至该线的距离。若第一根水准尺量得为 A_1,第二根水准尺量得为 A_2,则所求的零点差 z 为

$$z = A_2 - A_1$$

测定过程如图 4-29 所示。

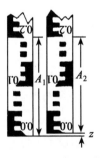

图 4-29 黑面零点差

4.3 角度测量方法和经纬仪

4.3.1 角度测量

角度测量是确定地面点位的基本测量工作之一,包括水平角测量和竖直角测量,用于角度测量的仪器是经纬仪。经纬仪依据度盘刻度和读数方式不同,分为游标经纬仪、

光学经纬仪及电子经纬仪。

我国大地测量仪器的总代号为汉语拼音字母"D"，经纬仪代号为"J"。经纬仪的类型很多，我国经纬仪系列是按野外"一测回方向观测中误差"这一精度指标划分为 DJ07、DJ1、DJ2、DJ6、DJ15 五个等级。例如，"DJ6"表示经纬仪一测回方向观测中误差为 6″，可简写为"J6"。

1. 水平角测量原理

所谓水平角，就是相交的两直线之间的夹角在水平面上的投影，角值为 0°～360°。例如，在图 4-30 中，角 AOC 为直线 OA 与 OC 之间的夹角，测量中所要观测的水平角是 AOC 角在水平面上的投影，即 $\angle A_1 B_1 C_1$，而不是斜面上的 $\angle AOC$。

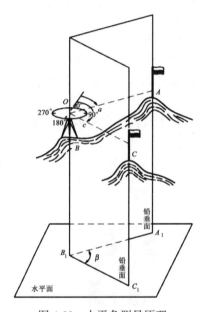

图 4-30　水平角测量原理

由图 4-30 可以看出，$\angle A_1 B_1 C_1$ 就是通过 OA 与 OC 的两竖面所形成的两面角。此两面角在两竖面交线 OB_1 上任意一点可进行量测。设想在竖线 OB_1 上的 O 点放置一个按顺时针注记的全圆量角器(称为度盘)，使其中心正好在 OB_1 竖线上，并成水平位置。从 OA 竖面与度盘的交线得一读数 a，再从 OC 竖面与度盘的交线得另一读数 b，则 b 减 a 就是圆心角 β，即

$$\beta = b - a \tag{4-19}$$

这个 β 就是水平角 $\angle A_1 B_1 C_1$ 的值。

2. 竖直角测量原理

竖直角是同一竖直面内目标方向与一特定方向之间的夹角。目标方向与水平方向间的夹角称为高度角，又称垂直角，一般用 α 表示。视线上倾所构成的仰角为正，视线下倾所构成的俯角为负，角值为 0°～90°。另一种是目标方向与天顶方向(即铅垂线的反方

向)所构成的角，称为天顶距，一般用 Z 表示，天顶距的大小为 $0° \sim 180°$，没有负值，如图 4-31 所示。

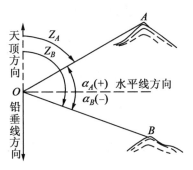

图 4-31　竖直角测量原理

根据竖直角的基本概念，测定竖直角必然也与观测水平角一样，其角值也是度盘上两个方向读数之差。所不同的是两方向中必须有一个是水平方向。不过，任何注记形式的竖直度盘(简称竖盘)，当视线水平时，其竖盘读数应为定值，正常状态时应是 90° 的整倍数。所以，在测定竖直角时只需对视线指向的目标点读取竖盘读数，即可计算出竖直角。

4.3.2　光学经纬仪

1. 经纬仪基本构造

经纬仪基本构造如图 4-32 所示。望远镜与竖盘固连，安装在仪器的支架上，这一部分称为仪器的照准部，属于仪器的上部。望远镜连同竖盘可绕横轴在垂直面内作转动，望远镜的视准轴应与横轴正交，横轴应通过竖盘的刻划中心。照准部的竖轴（照准部旋转轴)插入仪器基座的轴套内，照准部可作水平旋转。

照准部水准器的水准轴与竖轴正交，与横轴平行。当水准气泡居中时，仪器的竖轴应在铅垂线方向，此时仪器处在整平状态。

水平度盘安置在水平度盘轴套外围，水平度盘不与照准部旋转轴接触。水平度盘平面应与竖轴正交，竖轴应通过水平度盘的刻划中心。

水平度盘的读数设备安置在仪器的照准部上，当望远镜旋转照准目标时，视准轴由一目标转到另一目标，这时读数指标所指示的水平度盘数值的变化就是两目标间的水平角值。

2. 光学经纬仪的主要部件

（1）望远镜

测量望远镜是用于精确瞄准远处测量目标，与水准仪上的望远镜一样，经纬仪上的望远镜也是由物镜、调焦透镜、十字丝分划板和目镜等组成。

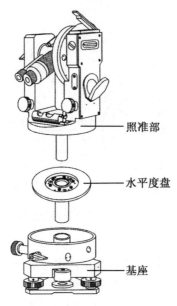

照准部

水平度盘

基座

图 4-32　经纬仪基本构造

（2）水准器

水准器有管状水准器（又称水准管）和圆水准器。

（3）水平度盘和竖直度盘

光学经纬仪的水平度盘和竖直度盘是用玻璃制成的，在度盘平面的圆周边缘刻有等间隔的分划线，两相邻分划线间距所对的圆心角称为度盘的格值，又称度盘的最小分格值。不足 1 个分格值的角值采用光学测微器测定。

竖盘注记形式较多，目前常见的注记形式为全圆注记，注记方向有顺时针与逆时针两类，图 4-33 和图 4-34 为比较多见的两种注记形式。当视线水平，竖盘指标水准管气泡居中时，盘左位置竖盘指标正确读数分别为 0°（图 4-33（a））和 90°（图 4-34（a））。

（4）读数设备

水平度盘分划和竖直度盘分划经读数光学系统，成像在读数显微镜中。通常用于光学经纬仪的读数设备和读数方法有下列几种：

1）分微尺读数装置

分微尺读数装置是在显微镜读数窗与场镜上设置一个带有分微尺的分划板，度盘上的分划线经显微镜物镜放大后成像于分微尺之上。分微尺 1°分划间的长度等于度盘的1 格，即 1°的宽度。图 4-35 是读数显微镜内所见到的度盘和分微尺的影像，上面注有"水平"（或 H）的窗口为水平度盘读数窗，下面注有"竖直"（或 V）的窗口为竖盘读数窗。其中长线和大号数字是度盘上的分划线及其注记，短线和小号数字为分微尺的分划线及其注记。

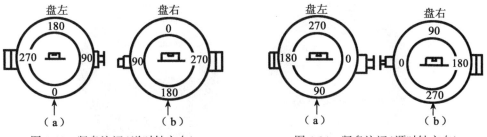

图 4-33　竖盘注记（逆时针方向）　　　图 4-34　竖盘注记（顺时针方向）

每个读数窗内的分微尺分成 60 小格，每小格代表 1′，每 10 小格注有数字，表示 10′ 的倍数，因此在分微尺上可直接读到 1′，估读到 0.1′，即 6″。这里需要注意的是，分微尺上的 0 分划线是指标线，它所指度盘上的位置就是应该读数的地方。

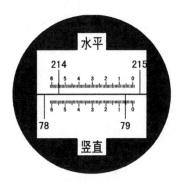

水平度盘读数为 214°54′42″

竖直度盘读数为 79°05′30″

图 4-35　分微尺测微器读数窗图

这种读数设备的读数精度因受显微镜放大率与分微尺长度的限制，一般仅用于 J6 以下的光学经纬仪。

2）双平板玻璃光学测微器

在 J2 光学经纬仪中，一般都采用对径分划线影像符合的读数（通常称为双指标读数）设备。它将度盘上相对 180° 的分划线，经过一系列棱镜和透镜的反射与折射，而显现于读数显微镜内，采用对径符合和测微显微镜原理进行读数。为了测微时获得度盘分划线的相对移动，广泛应用了双平板玻璃的光学测微器。它的基本原理是转动测微手轮时，一对平板玻璃作等量相反方向转动可使度盘分划线影像做相向移动而彼此接合，这个等量的相向移动量可在秒盘相应的转动量上显示出来。

威特 T2 光学经纬仪采用了双平板玻璃光学测微器。图 4-36（a）、（b）是威特 T2 光学经纬仪两种不同形式显微镜的读数视场，图 4-36（a）中读数为 "285°51′55.0″"，图 4-36（b）中读数为 "94°22′44.0″"。

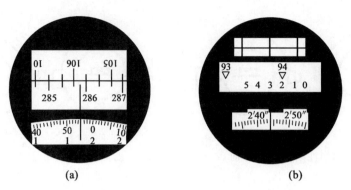

图 4-36　威特 T2 光学经纬仪两种显微镜读数视场

4.3.3　电子经纬仪

随着光电技术、计算机技术的发展，20 世纪 60 年代出现了电子经纬仪。电子经纬仪的轴系、望远镜和制动、微动构件与光学经纬仪类似，它与光学经纬仪的根本区别在于采用微处理机控制的电子测角系统代替光学读数系统，能自动显示测量数据。图 4-37 所示是南方 NT-023 电子经纬仪。

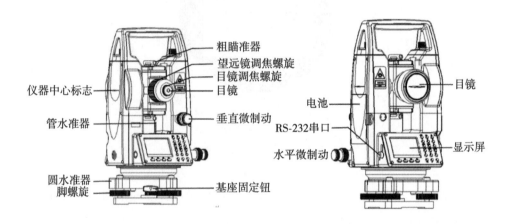

图 4-37　南方 NT-023 电子经纬仪

电子经纬仪测角读数系统有编码度盘测角系统、光栅度盘测角系统、条码度盘测角系统等。本书对后两种测角系统进行介绍。

1. 光栅度盘测角系统

在光学玻璃度盘的径向上均匀地刻制明暗相间的等角距细线条就构成光栅度盘。如图 4-38(a)所示，在玻璃圆盘的径向，均匀地按一定的密度刻划有交替的透明与不透明的辐射状条纹，条纹与间隙的宽度均为 a，这就构成了光栅度盘。如图 4-38(b)所示，如果将两块密度相同的光栅重叠，并使

电子测角
原理

它们的刻线相互倾斜一个很小的角度 θ，就会出现明暗相间的条纹，称为莫尔条纹。两光栅之间的夹角越小，条纹越粗，即相邻明条纹(或暗条纹)之间的间隔越大。条纹亮度按正弦周期性变化。

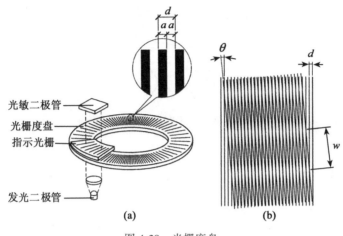

图 4-38　光栅度盘

设 d 是光栅度盘相对于固定光栅的移动量，w 是莫尔条纹在径向的移动量，两光栅间的夹角为 θ，则其关系式为：

$$w = d \cdot \cot\theta \tag{4-20}$$

由式(4-20)可知，只要两光栅之间的夹角较小，很小的光栅移动量就会产生很大的条纹移动量。

在图 4-38(a)中，光栅度盘下面是一个发光二极管，上面是一个可与光栅度盘形成莫尔条纹的指示光栅，指示光栅上面为光电管。若发光管、指示光栅和光电管的位置固定，当度盘随照准部转动时，由发光管发出的光信号通过莫尔条纹落到光电管上。度盘每转动一条光栅，莫尔条纹就移动一周期。通过莫尔条纹的光信号强度也变化一周期，所以光电管输出的电流就变化一周期。

在照准目标的过程中，仪器接收元件可累计出条纹的移动量，从而测出光栅的移动量，经转换最后得到角度值。

因为光栅度盘上没有绝对度数，只是累计移动光栅的条数计数，故称为增量式光栅度盘。

2. 条码度盘测角系统

条码度盘使用条码信息区分度盘的角度信息，条码度盘的测角原理如图 4-39 所示。由发光管发出的光线通过一定光路照亮度盘上的一组条形码，该条形码由一线性 CCD 阵列识别，经一个 8 位 A/D 转换器读出。

采用一次测量包含多组条码，在对径设置多个条码探测装置，以提高角度读数精度和消除度盘偏心差。

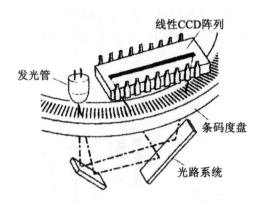

图 4-39 条码度盘的测角原理

4.3.4 角度观测方法

1. 经纬仪的安置

经纬仪安置包括对中和整平。对中的目的是使仪器的水平度盘中心与测站点标志中心处在同一铅垂线上；整平的目的是使仪器的竖轴竖直，并使水平度盘居于水平位置。安置经纬仪可使用垂球、光学对中器和激光对中器进行对中。

光学对中器是一个小型外调焦望远镜。当照准部水平时，对中器的视线经棱镜折射后，一段成铅垂方向，且与竖轴中心重合，如图 4-40 所示。若地面标志中心与光学对中器分划板中心相重合，这说明竖轴中心已位于所测角度顶点的铅垂线上。用光学对中器可使对中误差小于 1mm。

对中整平

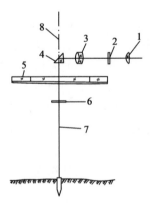

1. 目镜；2. 分划板；3. 物镜；4. 棱镜；5. 水平度盘；
6. 保护玻璃；7. 光学垂线；8. 竖轴中心
图 4-40 光学对中器光路图

操作如下：固定三脚架的一只脚于适当位置，两手分别握住另外两条架腿。在移动这两条架腿的同时，从光学对中器中观察，使对中器对准测站标志中心(为提高操作速度，可调整经纬仪脚螺旋使对中器对准标志中心）。此时照准部并不水平，调节三脚架的架腿高度，使照准部大致水平（若经纬仪带有圆水准器，可使其气泡居中）。

照准部大致水平之后，即可转动脚螺旋使照准部水准管气泡居中。经检查，若对中器十字丝已偏离标志中心，则平移（不可旋转）基座使精确对中。再检查整平是否已被破坏，若已被破坏则再用脚螺旋整平。此两项操作应反复进行，直至水准管气泡居中，同时光学垂线仍对准测站标志中心为止。

2. 水平角观测

在角度观测中，为了消除仪器的某些误差，需要用盘左和盘右两个位置进行观测。

盘左又称正镜，就是观测者对着望远镜的目镜时，竖盘在望远镜的左边；盘右又称倒镜，是指观测者对着望远镜的目镜时，竖盘在望远镜的右边。

常用的水平角观测方法有测回法和方向观测法两种。测站上有 3 个以上观测方向时，要用方向观测法观测水平方向值。

（1）测回法

如图 4-41 所示，在测站点 B，需要测出 BA，BC 两方向间的水平角 β，在 B 点安置经纬仪后，按下列照准顺序进行观测：

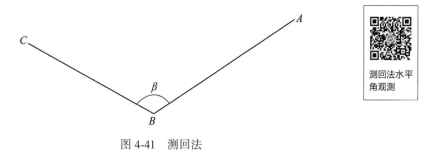

测回法水平角观测

图 4-41　测回法

① 盘左位置瞄准左目标 C，得读数 $c_左$；

② 松开照准部制动螺旋，顺时针方向转动照准部，瞄准右目标 A，得读数 $a_左$，则盘左位置所得半测回角值为：

$$\beta_左 = a_左 - c_左$$

③ 倒转望远镜成盘右位置，瞄准目标 A，得读数 $a_右$。

④ 逆时针方向转动照准部，瞄准左目标 C，得读数 $c_右$，则盘右半测回角值为：

$$\beta_右 = a_右 - c_右$$

用盘左、盘右两个位置观测水平角，可以抵消部分仪器误差对测角的影响，同时可作为观测过程中有无错误的检核。盘左瞄准目标称为正镜，盘右瞄准目标称为倒镜。

对于用 J6 级光学经纬仪，如果 $\beta_左$ 与 $\beta_右$ 的差数不大于 40″，则取盘左、盘右角的平均值作为一测回观测结果：

$$\beta = \frac{1}{2}(\beta_左 + \beta_右) \tag{4-21}$$

表4-2为测回法水平角观测记录实例。

表 4-2　　　　　　　　　　　　　　　**测回法水平角观测记录**

测站	目标	竖盘位置	水平度盘读数			半测回角值			一测回平均角值			备注
			°	′	″	°	′	″	°	′	″	
B	C	左	0	20	42	125	14	18	125	14	21	
	A		125	35	00							
	C	右	180	21	12	125	14	24				
	A		305	35	36							

（2）方向观测法

设在图 4-42 所示的测站 O 上，观测 O 到 A、B、C、D 各方向之间的水平角，用方向观测法的操作步骤如下：

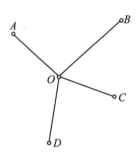

方向法水
平角观测

图 4-42　方向观测法

① 盘左观测：将度盘配置在 0°00′ 或稍大的读数处（其目的是便于计算），先观测所选定的起始方向（又称零方向）A，再按顺时针方向依次观测 B、C、D 各方向。每观测一个方向均读取水平度盘读数，并记入观测手簿。如果方向数超过 3 个，最后还要回到起始方向 A，读数并记录。这一步骤称为"归零"，其目的是检查水平度盘的位置在观测过程中是否发生变动。上述全部工作叫做盘左半测回或上半测回。

② 盘右观测：倒转望远镜，用盘右位置按逆时针方向依次照准 A、D、C、B、A，读数并记录。此为盘右半测回或下半测回。

上、下半测回合起来为一测回，表 4-3 为用 J6 经纬仪观测两个测回的方向观测法手簿的记录和计算示例。

由于半测回中零方向有前、后两次读数，两次读数之差称为半测回归零差。若不超过限差规定，则取平均值记于相应栏目（表 4-3 中 3、5 列）中。如第一测回盘左的 12″ 是 00″ 和 24″ 的平均数。

表 4-3   **J6 方向观测法记录、计算示例**

水平角观测手簿

作业日期   2014 年 5 月 10 日   观向   天气   晴朗

开始时刻   10 时 30 分   测站 o   测略   仪器   J6

结束时刻   10 时 50 分   方图   观测者   吴天

站点	读数				半测回方向			一测回平均方向			各测回平均方向			附注
	盘左		盘右											
1	2	3	4	5	6			7			8			9
第一测回	°	′ 12	°	″ 18	°	′	″	°	′	″	°	′	″	
A	0	01 06	180	01 18	0	00	00	0	00	00	0	00	00	
B	91	54 06	271	54 00	91	52	54	91	52	48	91	52	45	
							42							
C	153	32 48	333	32 48	153	31	36	153	31	33	153	31	33	
							30							
D	214	06 12	34	06 06	214	05	00	214	04	54	214	05	00	
					04		48							
A	0	01 18	180	01 18										
第二测回		24		30										
A	90	01 18	270	01 24	0	00	00	0	00	00				
B	181	54 00	01	54 18	91	52	36	91	52	42				
							48							
C	243	32 54	63	33 06	153	31	30	153	31	33				
							36							
D	304	06 36	124	06 30	214	05	12	214	05	06				
					05		00							
A	90	01 30	270	01 36										

为了便于以后的计算和比较，要把起始方向值改化成 0°00′00″，在第 6 列记载的半测回方向值中，是把原来的方向值减去起始方向 A 的两次读数平均值（12″）而算得的。

取同一方向两个半测回归零后方向的平均值，即得一测回平均方向值。如观测了多个测回，还需计算各测回同一方向归零后方向值之差，称为各测回方向差。该差值若在规定的限差内，取各测回同一方向的方向值之平均值为该方向的各测回平均方向值。

所需要的水平角可以从有关的两个方向观测值相减得到。

在使用 J2 等高精度经纬仪观测时，照准每一个目标后，测微器两次重合读数之差若小于限差规定，则取其平均数作为一个盘位的方向观测值。

每半测回观测完毕，应立即计算归零差，并检查是否超限。

使用 J2 等高精度经纬仪观测时，还需计算 2C 值（J6 仪器观测时不需此项计算），计算公式如下：

$$2C = L - (R \pm 180°) \tag{4-22}$$

式中，L 为盘左读数，R 为盘右读数，±180° 是顾及同一方向的盘右读数与盘左读数相差为 180°。

2C 值也是观测成果中一个有限差规定的项目，但它不是以 2C 的绝对值的大小作为是否超限的标准，而是以各个方向的 2C 的变化值（即最大值与最小值之差）作为是否超限的检查标准。

如果 2C 的变化值没有超限，则对每一个方向取盘左、盘右读数的平均值，记入相应方向的 $\frac{1}{2}(L + R \pm 180°)$ 栏内。

方向观测法的各项限差要求见表 4-4。

表 4-4　　　　　　　　　　　方向观测法的各项限差(″)

经纬仪型号	光学测微器两次重合读数差	半测回归零差	一测回内 2C 较差	同一方向值各测回较差
J1	1	6	9	6
J2	3	8	13	9
J6	—	18	—	24

3. 竖直角观测

（1）竖直角（高度角）的计算

竖盘注记形式有顺时针方向和逆时针方向两种。注记形式不同，由竖盘读数计算竖直角的公式也不同，但其基本原理是一样的。

竖直角是在同一竖直面内目标方向与水平方向间的夹角。所以要测定竖直角，必然与观测水平角一样也是两个方向读数之差。不过任何注记形

竖直角观测

式的竖盘，当视线水平时，不论是盘左还是盘右，其读数是个定值，正常状态应该是90°倍数。所以，测定竖直角时只需对视线指向的目标进行读数。

计算竖直角的公式无非是两个方向读数之差，问题是哪个读数减哪个读数以及视线水平时的读数为多少。

以仰角为例，只需先将望远镜放在大致水平位置观察竖盘读数，然后使望远镜逐渐上倾，观察读数是增加还是减少，就可得出竖直角计算的一般公式：

① 当望远镜视线上倾，竖盘读数增加，则竖直角 $\alpha =$ 瞄准目标时竖盘读数–视线水平时竖盘读数；

② 当望远镜视线上倾，竖盘读数减少，则竖直角 $\alpha =$ 视线水平时竖盘读数–瞄准目标时竖盘读数。

现以 J6 光学经纬仪的竖盘注记（顺时针方向）形式为例，由图 4-43 可知盘左、盘右视线水平时竖盘读数，当望远镜视线上倾，盘左时读数 L 减少；盘右时读数 R 增加。根据上述一般公式可得到这种竖盘的竖直角计算公式为：

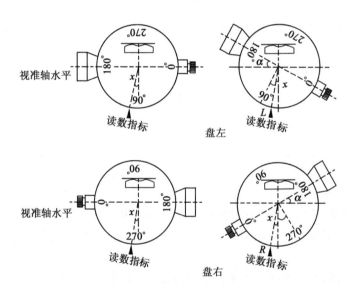

图 4-43　竖直角计算

$$\begin{cases} \alpha_{左} = 90° - L \\ \alpha_{右} = R - 270° \end{cases} \tag{4-23}$$

将盘左、盘右观测得到的竖直角 $\alpha_{左}$ 和 $\alpha_{右}$ 取平均值，即得竖直角 α 为：

$$\alpha = \frac{1}{2}(\alpha_{左} + \alpha_{右}) = \frac{1}{2}[(R - L) - 180°] \tag{4-24}$$

由上式计算出的值为"+"时，α 为仰角；为"–"时，α 为俯角。

（2）竖盘指标差

在推导竖直角计算公式时，认为当视线水平且竖盘指标水准管气泡居中时，其读数是 90° 的整倍数。但实际上这个条件有时是满足不了的。这是由于竖盘指标偏离了正确位置，使视线水平时的竖盘读数大了或小了一个数值 x，称这个偏离值 x 为竖盘指标差。

当指标偏移方向与竖盘注记方向一致时，则使读数增大一个 x 值，x 取正号；反之，指标偏移方向与竖盘注记方向相反时，则使读数减小一个 x 值，x 取负号。

仍以图 4-43 所示竖盘为例说明。如图 4-43 所示，当盘左视线水平且竖盘指标水准管气泡居中时，其竖盘指标读数不是 90°，而是 90° + x；同样，视线指向目标时的读数 L 也大了一个 x 值。此时，盘左观测的竖直角 $\alpha_左$ 应为：

$$\alpha_左 = 90° - (L - x) \tag{4-25}$$

同样，盘右观测的竖直角 $\alpha_右$ 应为：

$$\alpha_右 = (R - x) - 270° \tag{4-26}$$

两者取平均值得竖直角 α：

$$\alpha = \frac{1}{2}\left[(90° - L + x) + (R - 270° - x)\right] = \frac{1}{2}\left[(R - L) - 180°\right] \tag{4-27}$$

式(4-27)说明用盘左、盘右观测取平均值计算竖直角 α，其角值不受竖盘指标差的影响。

若将两式相减，则得

$$x = \frac{1}{2}\left[(L + R) - 360°\right] \tag{4-28}$$

式(4-28)为此种竖盘的竖盘指标差计算公式。

（3）中丝法观测竖直角

测竖直角时仅用十字丝的中丝照准目标。观测步骤如下：

①在测站上安置仪器，对中、整平。

②盘左位置瞄准目标，使十字丝的中丝切目标于某一位置(如为标尺，则读出中丝在尺上的读数；若照准的是觇标上某个位置，则应量取该中丝所截位置至地面点的高度，这就是目标高)。

③转动竖盘指标水准管微动螺旋，使竖盘指标水准管气泡居中，读取竖盘读数 L。

④盘右位置照准目标同一部位，步骤同②③，读取竖盘读数 R。

中丝法竖直角观测记录计算示例见表 4-5。

4. 竖盘指标自动归零装置

由于仪器整平不够完善，仪器的竖轴有残余的倾斜。为了克服由此而产生的竖盘读数误差，必须使竖盘指标水准管气泡居中。当水准管气泡居中时，指标就处于正确位置。然而每次读数时都必须使竖盘指标水准管气泡严格居中是十分费时的，因此有的光学经纬仪其竖盘指标采用了自动归零装置。所谓自动归零装置，即当经纬仪有微量的倾斜时，这种装置会自动地调整光路使读数为水准管气泡居中时的正确读数。正常情况下，这时的指标差为零。

表 4-5　　　　　　　　　　　　　　中丝法竖直角观测记录

测站点	仪器高/m	觇点	觇标高/m	竖盘位置	竖盘读数 ° ′ ″	指标差 ″	半测回竖角 ° ′ ″	一测回竖角 ° ′ ″	照准觇标位置图
No4	1.43	九峰山	4.10	左	59　20　30	15	30　39　30	30　39　45	觇标顶
				右	300　40　00		30　40　00		
		葛岭	4.40	左	71　44　12	12	18　15　48	18　16　00	觇标顶
				右	288　16　12		18　16　12		
		王家湾	3.82	左	124　03　42	18	−34　03　42	−34　03　24	觇标顶
				右	235　56　54		−34　03　06		

　　我国在 J2 型光学经纬仪的统一设计中，取消了竖盘指标水准器，而代之以光学补偿器，使得在竖轴有残余倾斜的情况下，竖盘的读数得到自动补偿。由此可以在观测时减少操作步骤和避免某些系统误差的影响。

　　光学补偿器可以采用不同的光学元件，现在介绍一种在竖盘读数系统的像方光路中设置平板玻璃的光学补偿器。

　　如图 4-44(a)所示，在读数系统的像方光路中设置平板玻璃。现将读数光路展直，如图 4-44(b)所示。当仪器竖轴没有残余倾斜时，O 为十字丝分划板中心位置，此时物方光轴在竖盘分划面上的 A 点；当仪器竖轴有残余 δ 倾斜时，则分划板中心移至 O'，则物方光轴移至 A' 点。如果平板玻璃依竖轴相同的方向倾斜 ε 角，则使来自度盘 A 点的光线经倾斜后的平板玻璃的折射并成像在 O' 处，也就是仪器竖轴有残余倾斜 δ 时，平板玻璃倾斜 ε，则在 O' 处可以得到度盘 A 点的正确读数。

　　应当指出的是，竖盘指标自动归零装置使用久了也会有所变动，也需检验有无指标差存在。若指标差超过规范规定则必须加以校正。

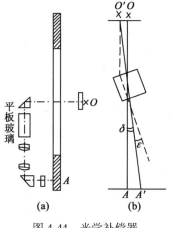

图 4-44　光学补偿器

4.4　距离测量方法和光电测距仪

地面上两点间的距离是指这两点沿铅垂线方向在水准面上投影点间的弧长。在测区面积不大的情况下，可用水平面代替水准面。两点间连线投影在水平面上的长度称为水平距离。不在同一水平面上的两点间连线的长度称为两点间的倾斜距离。

测量地面两点间的水平距离是确定地面点位的基本测量工作之一。距离测量的方法有多种，常用的距离测量方法有：钢尺量距、视距测量、光电测距，可根据不同的测距精度要求和作业条件(仪器、地形)选用相应的测距方法。

4.4.1　钢尺量距

钢尺是用于直接丈量的工具，它实际上是一卷钢带，带宽 10～15mm，厚 0.2～0.4mm，长度有 20m、30m、50m 三种，尺面的基本分划厘米、分米及米处均有毫米分划。

钢尺的尺长方程式是在一定拉力下(如对 30m 钢尺，拉力为 10kg)，钢尺长度与温度的函数关系，其形式为：

$$L = L_0 + \Delta L + \alpha(t - t_0)L_0 \tag{4-29}$$

式中，L 为钢尺在温度 t 时的实际长度；L_0 为钢尺的名义长；ΔL 为尺长改正数，即钢尺在温度 t_0 时实际长度与名义长度之差；α 为钢尺膨胀系数，即温度每变化 1℃时单位长度的变化率，其值一般为 $(1.15 \sim 1.25) \times 10^{-5}/℃$；$t$ 为钢尺量距时的温度；t_0 为钢尺检定时的标准温度。

尺长方程式在已知长度上对比得到，称为尺长检定，一般由专业的鉴定部门实施。

为将丈量距离改化成水平距离，即距离的高差改正，需测定相邻桩顶间的高差 h_i。

成果整理，对各段观测值进行尺长改正、温度改正、倾斜改正后相加即得所需距离

$$D = \sum l_i + \frac{\Delta L}{L_0}\sum l_i + \alpha(t - t_0)\sum l_i - \sum \frac{h_i^2}{2L_i} \tag{4-30}$$

4.4.2　视距法测距

视距测量是一种根据几何光学原理测出两点间距离的方法。普通视距测量所用的视距装置是测量仪器望远镜内十字丝分划板上的视距丝，视距丝是与十字丝横丝平行且间距相等的上、下两根短丝。普通水准测量是利用十字丝分划板上的视距丝和刻有厘米分划的视距尺(可用普通水准尺代替)，根据几何光学原理，测定两点间的水平距离。

由于十字丝分划板上、下视距丝的位置固定，因此通过视距丝的视线所形成的夹角(视角)也是不变的，所以这种方法又称为定角视距测量。

视线水平时，视距测量测得的是水平距离。如果视线是倾斜的，为求得水平距离，

还应测出竖直角。有了竖直角，也可以求得测站至目标的高差。所以说，视距测量也是一种能同时测得两点之间的距离和高差的测量方法。

普通视距测量测距简单，作业方便，观测速度快，一般不受地形条件的限制。但测程较短，测距精度较低，在比较好的外界条件下测距相对精度仅有 1/300 ~ 1/200。

1. 视准轴水平时的视距公式

内调焦望远镜的物镜系统是由物镜 L_1 和调焦透镜 L_2 两部分组成（如图 4-45 所示），当标尺 R 在不同的距离时，为使它的像落在十字丝平面上，必须移动 L_2。因此，物镜系统的焦距是变化的。下面就图 4-45 所示的情况讨论内调焦望远镜的视距公式。

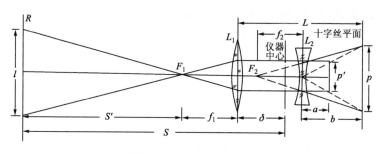

图 4-45　视距测量原理

设望远镜的视准轴水平，并瞄准一竖立的视距尺 R，由上、下视距丝在尺面的两个读数之差，即得到视距间隔。

由透镜的成像原理可得：

$$\frac{S'}{f_1} = \frac{l}{p'}$$

$$\frac{p}{p'} = \frac{b}{a}$$

$$\frac{1}{b} - \frac{1}{a} = \frac{1}{f_2}$$

由图 4-45 可知，标尺至仪器中心的距离 S 为：

$$S = \frac{f_1(f_2 - b)}{p \cdot f_2} \cdot l + f_1 + \delta \tag{4-31}$$

令

$$K = \frac{f_1(f_2 - b)}{p \cdot f_2}$$

则

$$S = K \cdot l + c \tag{4-32}$$

通常设计望远镜时，适当选择有关参数后，可使 $K = 100$，c 可忽略不计，于是式 (4-32) 为：

$$S = Kl = 100 \cdot l$$

2. 视准轴倾斜时的视距公式

当视准轴倾斜时，如尺子仍竖直立着，则视准轴不与尺子垂直，此时水平距离公式为

$$S = Kl \cos^2 \alpha \tag{4-33}$$

4.4.3　光电测距

光电测距的基本原理是通过测定光波在待测距离两端点间往返一次的传播时间 t，根据光波在大气中的传播速度 c，来计算两点间的距离。

光电测距
原理

若测定 A、B 两点间的距离 D，如图 4-46 所示，把测距仪安置在 A 点，反射镜安置在 B 点，则其距离 D 可按下式计算：

$$D = \frac{1}{2}ct \tag{4-34}$$

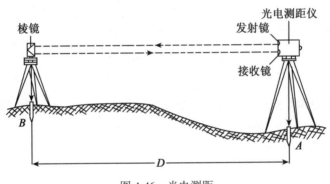

图 4-46　光电测距

众所周知，光的传播速度约为 $3 \times 10^5 \mathrm{km/s}$，因此对测定时间的精度要求就很高。根据测定时间方式的不同，光电测距仪又分为脉冲式测距仪和相位式测距仪。

脉冲式测距仪是通过直接测定光脉冲在测线上往返传播的时间来求得距离。

相位式测距仪是利用测相电路测定调制光在测线上往返传播所产生的相位差，间接测得时间，从而求出距离，测距精度较高。

短程红外光电测距仪（测程小于 5km）属于相位式测距仪，它是以砷化镓（GaAs）发光二极管作为光源，仪器灵巧轻便，广泛应用于控制测量、地形测量、地籍测量和工程测量。

短程相位式测距仪按测距标准偏差分为以下三级：

① I 级测距仪：$|m_D| \leqslant 3 + 2 \cdot D \cdot 10^{-6}$；

② II 级测距仪：$3 + 2 \cdot D \cdot 10^{-6} < |m_D| \leqslant 5 + 5 \cdot D \cdot 10^{-6}$；

③ III 级测距仪：$5 + 5 \cdot D \cdot 10^{-6} < |m_D| \leqslant 10 + 10 \cdot D \cdot 10^{-6}$。

测距标准偏差由下式计算：

$$m_D = (A + B \cdot D \cdot 10^{-6})$$

式中，m_D 为测距标准偏差；A 为固定误差；B 为比例误差系数；D 为被测距离值，单位均为 mm。

1. 脉冲式光电测距

脉冲式光电测距是通过直接测定光脉冲在测线上往返传播的时间 t，并按式(4-34)求得距离。

图 4-47 是脉冲式光电测距仪的工作原理图。仪器的工作过程大致如下：

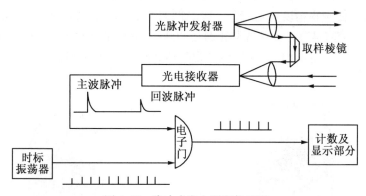

图 4-47　脉冲式光电测距仪原理

首先，由光脉冲发射器发射出一束光脉冲，经发射光学系统后射向被测目标。与此同时，由仪器内的取样棱镜取出一小部分光脉冲送入接收光学系统，再由光电接受器转换为电脉冲(称为主波脉冲)，作为计时的起点。从目标反射回来的光脉冲通过接收光学系统后，也被光电接受器接收并转换为电脉冲(称为回波脉冲)，作为计时的终点。因此，主波脉冲和回波脉冲之间的时间间隔就是光脉冲在测线上往返传播的时间 t。为了测定时间 t，将主波脉冲和回波脉冲先后(相隔时间 t)送入"门"电路，分别控制"电子门"的"开门"和"关门"。由时标振荡器不断地产生具有一定时间间隔 T 的电脉冲(称为时标脉冲)，如同钟表一样提供一个电子时钟。在测距之前，"电子门"是关闭的，时标脉冲不能通过"电子门"进入计数系统。测距时，在光脉冲发射的同一瞬间，主波脉冲把"电子门"打开，时标脉冲一个一个地通过"电子门"进入计数系统，当从目标反射回来的光脉冲到达测距仪时，回波脉冲立即把"电子门"关闭，时标脉冲就停止进入计数系统。由于每进入计数系统一个时标脉冲就要经过时间 T，所以，如果在"开门"(即光脉冲离开测距仪的时刻)和"关门"(即目标反射回来的光脉冲到达测距仪的时刻)之间有 n 个时标脉冲进入计数系统，则主波脉冲和回波脉冲之间的时间间隔 $t = nT$。由式(4-34)可求得待测距离 $D = \frac{1}{2}c \cdot nT$。令 $l = \frac{1}{2}cT$，表示在时间间隔 T 内光脉冲往返所走的一个单位距离，则有

$$D = nl \tag{4-35}$$

由上式可以看出，计数系统每记录一个时标脉冲，就等于记下一个单位距离 l，由于测距仪中 l 值是预先选定的(例如 0.1m)。因此，计数系统在计数通过"电子门"的时标脉冲个数 n 之后，就可以直接把待测距离 D 用数码管显示出来。

目前脉冲式测距仪，一般用固体激光器发射出高频率的光脉冲，因而这类仪器可以不用合作目标(如反射器)，直接用被测目标对光脉冲产生的漫反射进行测距。在地形测量中可实现无人跑尺，从而降低劳动强度，提高作业效率。特别是在悬崖峭壁的地方进行地形测量，此种仪器更具有实用意义。

随着电子技术的发展，出现具有独特时间测量方法的脉冲测距仪，采用细分一个时标脉冲的方法，使测距精度可达到毫米级。例如，南方测绘仪器公司生产的全站仪 NTS -300(RL)系列(图 4-48)，无棱镜测距时达 200m，测距精度±(5+3mm)；日本拓普康生产的 GPT7500 系列(图 4-49)，无棱镜测距时达 2000m，测距精度±(10+10ppm)。

图 4-48　NTS-300(RL)系列全站仪　　　　图 4-49　GPT7500 系列全站仪

2. 相位式光电测距

(1) 相位式光电测距基本原理

相位式光电测距是通过测量调制光在测线上往返传播所产生的相位移来求出距离 D。仪器的基本工作原理可用方框图 4-50 来说明。

由光源发出的光通过调制器后，成为光强随高频信号变化的调制光射向测线另一端的反光镜。经反光镜反射后被接受器所接收，然后由相位计将发射信号(又称参考信号)与接收信号(又称测距信号)进行相位比较，获得调制光在被测距离上往返传播所引起的相位移 φ。如将调制波的往程和返程摊平，则有如图 4-51 所示的波形。

由图 4-51 可见，调制光全程的相位变化值为：

$$\varphi = N \cdot 2\pi + \Delta\varphi = 2\pi\left(N + \frac{\Delta\varphi}{2\pi}\right) \tag{4-36}$$

对应的距离值为：

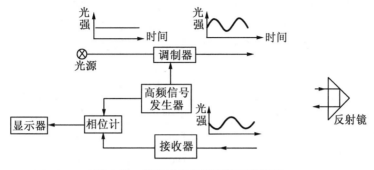

图 4-50　相位式光电测距仪工作原理

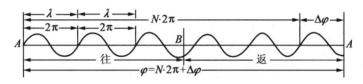

图 4-51　相位法测距的原理

$$D = \frac{\lambda}{2}(N + \Delta N) \tag{4-37}$$

式中，N 为相位移的整周期数或调制光整波长的个数，其值可为零或正整数；λ 为调制光的波长；$\Delta N = \Delta\varphi/2\pi$。而 $\Delta\varphi$ 为不足一个整周期的相位移尾数。

通常令 $u = \frac{\lambda}{2}$，则

$$D = u(N + \Delta N) \tag{4-38}$$

式 (4-38) 即为相位法测距的基本公式。这种测距方法的实质相当于用一把长度为 u 的尺子来丈量待测距离，如同用钢尺量距一样。这一根"尺子"称为"测尺"，$u = \frac{\lambda}{2}$ 称为测尺长度。

在相位式测距仪中，一般只能测定 $\Delta\varphi$ 而无法测定整周期数 N，因此使式 (4-38) 产生多值解，距离 D 无法确定。

（2）N 值的确定

由式 (4-38) 可以看出，当测尺长度 u 大于距离 D 时，则 $N = 0$，此时可求得确定的距离值，即 $D = u\frac{\Delta\varphi}{2\pi} = u\Delta N$。因此，为了扩大单值解的测程，就必须选用较长的测尺，即选用较低的调制频率。根据 $u = \frac{\lambda}{2} = \frac{c}{2f}$，取 $c = 3 \times 10^5 \text{km/s}$，可算出与测尺长度相应的测尺频率（即调制频率），见表 4-6。由于仪器测相误差对测距误差的影响随测尺长度的增加而增大，为了解决扩大测程与提高精度的矛盾，可以采用一组测尺共同测距，以

短测尺(又称精测尺)保证精度,用长测尺(又称粗测尺)保证测程,从而也解决了"多值性"的问题。如同钟表上用时、分、秒互相配合来确定 12 小时内的准确时刻一样。根据仪器的测程与精度要求,即可选定测尺的数目和测尺精度。

表 4-6 　　　　　　　　　　　　测尺频率与测距误差的关系

测尺频率	15MHz	1.5MHz	150kHz	15kHz
测尺长度	10m	100m	1km	10km
精度	1mm	1cm	10cm	1m

设仪器中采用了两把测尺配合测距,其中精测频率为 f_1, 相应的测尺长度 $u_1 = \dfrac{c}{2f_1}$;粗尺频率为 f_2, 相应的测尺长度为 $u_2 = \dfrac{c}{2f_2}$。若用两者测定同一距离,则由式(4-38)可写出下列方程组:

$$\begin{cases} D = u_1(N_1 + \Delta N_1) \\ D = u_2(N_2 + \Delta N_2) \end{cases} \tag{4-39}$$

将以上两式稍加变换即得

$$N_1 + \Delta N_1 = \frac{u_2}{u_1}(N_2 + \Delta N_2) = K(N_2 + \Delta N_2)$$

式中, $K = \dfrac{u_2}{u_1} = \dfrac{f_1}{f_2}$, 称为测尺放大系数。

若已知 $D < u_2$, 则 $N_2 = 0$。因为 N_1 为正整数, ΔN_1 为小于 1 的小数,等式两边的整数部分和小数部分应分别相等,所以有 $N_1 = K\Delta N_2$ 的整数部分。为了保证 N_1 值正确无误,测尺放大系数 K 应根据 ΔN_2 的测定精度来确定。

3. 全反射棱镜

激光测距仪、红外测距仪在进行距离测量时,一般需要与一个合作目标相配合才能工作,这种合作目标叫反射器。对激光测距仪和红外测距仪而言,大多采用全反射棱镜作为反射器,全反射棱镜也称为反光镜。

反射棱镜是用光学玻璃精心磨制成的四面体,如同从立方体玻璃上切下的一角,如图 4-52(a)、(b)所示。将图 4-52 中的(b)放大并转向,即成图 4-52(c)所示的情况。其中, ADB , ADC , BDC 三个面互相垂直,这三个面作为反射面对向入射光束。

假设入射光 L_i 从任意方向射入到棱镜的透射面 P_i 点,入射光 L_i 因玻璃的折射作用而射向 BDC 面的 P_1 点,并从 P_1 反射到 ADC 面的 P_2 点,从 P_2 点反射到 ADB 的 P_3 点,从 P_3 点再反射到 ABC 面的 P_r 点。入射光 L_i 便从透射面 ABC 的 P_r 点反射出来成为反射光 L_r。在理想情况下,反射光 L_r 的方向应平行于入射光 L_i 的方向,如果前述三面不能保证严格垂直,则给平行性带来误差,此项误差可用下式估算:

$$Q_r = 6.5n\Delta\alpha \tag{4-40}$$

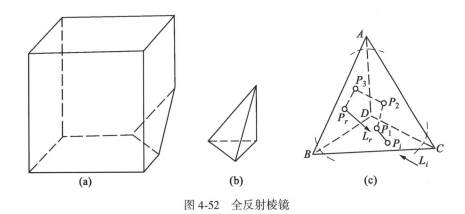

图 4-52　全反射棱镜

式中，n 为玻璃的折射率，$\Delta\alpha$ 为 3 个反射面实际夹角与 90° 之差；Q_r 为平行性误差。

例如，当 $\Delta\alpha = 2'$，取 $n \approx 1$ 时，则 $Q_r \approx 3''$。

实际应用的反光镜有单块棱镜、三棱镜等，也有由更多块棱镜组合而成的，适用于不同的距离。图 4-53 所示为各种棱镜组。

图 4-53　常用棱镜和棱镜组

4. 距离测量

测距时，将测距仪和反射镜分别安置在测线两端，并仔细对中。接通测距仪电源，然后照准反射镜，开始测距。为防止出现粗差和减少照准误差的影响，可进行若干个测回的观测。这里一测回的含义是指照准目标 1 次，读数 2~4 次。一测回内读数次数可根据仪器读数出现的离散程度和大气透明度作适当增减。根据不同精度要求和测量规范的规定确定测回数。往、返测回数各占总测回数的一半，在精度要求不高时，可只作单向观测。

测距读数值记入手簿中，接着读取竖盘读数，记入手簿的相应栏内。测距时应由温度计读取大气温度值，由气压计读取气压值。观测完毕可按气温和气压进行气象改正，按测线的竖直角值进行倾斜校正，最后求得测线的水平距离。

　　测距时应避免各种不利因素影响测距精度，如避开发热物体(散热塔、烟囱等)的上空及附近，安置测距仪的测站应避开受电磁场干扰，距离高压线应大于 5m，测距时的视线背景部分不应有反光物体等。要严格防止阳光直射测距仪的照准头，以免损坏仪器。

　　电磁波测距是在地球自然表面上进行的，所得长度是距离的初步值。出于建立控制网等目的，长度值应化算为标石间的水平距离，因而要进行一系列改正计算。这些改正计算大致可分为以下 3 类：一是仪器系统误差改正；二是大气折射率变化所引起的改正；三是归算改正。

　　仪器系统误差改正包括加常数改正、乘常数改正和周期误差改正。此外，电磁波在大气中传输时受气象条件的影响很大，因而要进行大气改正。

　　属于归算方面的改正主要有倾斜改正、归算到参考椭球面上的改正(简称归算改正)、投影到高斯平面上的改正(简称投影改正)。如果有偏心观测的成果，还要进行归心改正。对于较长距离(例如 10km 以上)，有时还要加入波道弯曲改正。下面讨论对短程光电测距仪测定的距离进行改正计算。

　　(1) 加常数改正

　　如图 4-54 所示，由于测距仪的距离起算中心与仪器的安置中心不一致，以及反射镜等效反射面与反射镜安置中心不一致，使仪器测得距离 $D_0 - d$ 与所要测定的实际距离 D 不相等，其差数与所测距离长短无关，称为测距仪的加常数，其值表示为：

$$k = D - (D_0 - d)$$

　　实际上，测距仪的加常数包含仪器加常数和反射镜常数，当测距仪和反射镜构成固定的一套设备后，其加常数可测出。由于加常数为一固定值，可预置在仪器中，使之测距时自动加以改正。但是仪器在使用一段时间以后，此加常数可能会有变化，应进行检验，测出加常数的变化值(称为剩余加常数)，必要时可对观测成果加以改正。

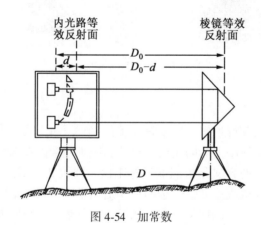

图 4-54　加常数

　　(2) 乘常数改正

　　测距仪在使用过程中，实际的调制光频率与设计的标准频率之间有偏差时，将会影响测距成果的精度，其影响与距离的长度成正比。

设 f 为标准频率，f' 为实际工作频率，频率偏差值为：

$$\Delta f = f' - f$$

乘常数为：

$$R = \frac{\Delta f}{f'} \tag{4-41}$$

乘常数改正值为：

$$\Delta D_R = - RD' \tag{4-42}$$

式中，D' 为实测距离值，以 km 为单位，R 单位为 mm/km。

由此可见，所谓乘常数，就是当频率偏离其标准值而引起的一个计算改正数的乘系数，也称为比例因子。乘常数可通过一定的检测方法求得，必要时可对观测成果进行改正。如果有小型频率计能直接测定实际工作频率，即可方便地求得乘常数改正值。

（3）气象改正

光的传播速度受大气状态（温度 t、气压 P、湿度 e）的影响。仪器制造时只能选取某个大气状态（假定大气状态）来定出调制光的波长，而实际测距时的大气状态一般不会与假定状态相同，因而使测尺长度发生变化，使得测距成果中含有系统误差，所以必须加气象改正。

大气改正数计算公式：

$$\Delta D_{tP} = \left(279 - \frac{0.29P}{1 + 0.003\,7t} \right) D' \tag{4-43}$$

式中，温度 t 以℃为单位；气压 P 以 hPa 为单位；观测距离 D' 以 km 为单位；改正数 ΔD_{tP} 以 mm 为单位。

改正后的斜距为：

$$D'' = D' + \Delta D_{tP}$$

各种光电测距仪所采用光波的波长有一定的数值（为 $0.8 \sim 0.9\mu m$），而大气的气温和气压则随时在变。因此，在光电测距作业中，需测定气温和气压，对所测距离进行气象改正。

不同型号的测距仪，气象改正公式的系数也不同，其他仪器的计算公式可按上述方法推求。在仪器使用说明书内给出了气象改正的计算公式。气象改正也可用附加在仪器使用说明书内的气象改正表，以测距时测定的气温和气压为引数直接查取气象改正值。

一般光电测距仪均具有气象自动改正功能。对某一型号的测距仪，波长一定，因此根据距离测量时测定的气温和气压，可以计算距离的气象改正系数 A，距离的气象改正值与距离的长度成正比，因此，测距仪的气象改正系数相当于另一个"乘常数"，单位取 mm/km，因此距离的气象改正值为：

$$\Delta D = AD'$$

对于单位 mm/km，为每公里改正 1mm，是百万分之一。例如，某测距仪说明书给出该仪器的气象改正系数为

$$A = \left(279 - \frac{0.290\,4p}{1 + 0.003\,66t} \right) \times 10^{-6}$$

式中，p 为气压(单位：mPa)；t 为气温(单位：℃)。

该式以 $p = 1\,013$mPa，$t = 15$℃ 为标准状态，此时 $A = 0$。但一般情况下，如 $p = 987$mPa，$t = 30$℃，代入上式，$A = +21 \times 10^{-6}$；对于斜距 $D' = 816.350$m 的情况下，其气象改正值为：

$$\Delta D = +21 \times 10^{-6} \times 816.350\text{m} = +17\text{mm}$$

由此可见，当实际气压和温度与仪器设定的标准气压温度偏差较大时，气象改正值还是比较大的，因此，在实际测量中，要仔细考虑气象改正问题。

气压改正除以气压为参数外，也可以高程作为参数。地球的表面围绕着大气，地势越高则大气压力越小。根据此原理测出某地气压的大小，就可以计算出某地高出海平面的高程。海平面上正常标准气压为 760mmHg(或 1\,013hPa)。大气压与海拔高度的关系是：高度增加，大气压减小。在海拔高度 3\,000m 范围内，每升高 12m，大气压减小约 1mmHg(约 1.33hPa)，如图 4-55 所示。

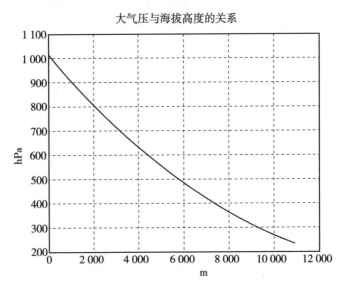

图 4-55　大气压与海拔高度的关系

(4) 倾斜改正

由测距仪测得的距离观测值经加常数、乘常数和气象改正后，得到改正后的倾斜距离：

$$D_{\alpha} = D' + K + \Delta D_R + \Delta D_{tP}$$

倾斜距离加倾斜改正后才能得到水平距离。当已知测线两端之间的高差 h 时，可按下式计算倾斜改正数：

$$\Delta D_h = -\frac{h^2}{2D_\alpha} - \frac{h^4}{8D_\alpha^3}$$

式中，h 为测距仪与反射棱镜中心之间的高差。则水平距离为：

$$S = D_\alpha + \Delta D_h \tag{4-44}$$

若测得测线的竖直角，可按下式直接计算水平距离：

$$S = D_\alpha \cdot \cos\alpha \tag{4-45}$$

（5）归算至大地水准面的改正

将水平距离归算至大地水准面的改正为：

$$\Delta S = -S\frac{H}{R} \tag{4-46}$$

式中的 H，当用式（4-45）计算 S 时为反射镜面的高程；当用式（4-44）计算 S 时为反射镜站与测站的平均高程。

4.5　水平角测量误差和光电测距误差

4.5.1　水平角观测误差

在水平角观测中有各种各样的误差来源，这些不同来源的误差对水平角的观测精度又有着不同的影响。下面就水平角观测中的几种主要误差来源加以说明。

1. 仪器误差

仪器误差有属于制造方面的，如度盘偏心、度盘刻划误差、水平度盘与竖轴不垂直等；有属于校正不完善的，如竖轴与照准部水准管轴不完全垂直，视准轴与横轴的残余误差等。这些误差中，有的可用适当的观测方法来消除或减少其影响，有的误差本身很小，对测角精度的影响不大。

度盘刻划误差和水平度盘平面不与竖轴垂直的误差，就目前生产的仪器来说，一般都很小，而且当观测的测回数不止一个时，还可以采用变换度盘位置的办法来减少度盘刻划误差的影响。

（1）度盘偏心差

度盘偏心是度盘分划线的中心与照准部旋转中心不重合所致。如图 4-56 所示，设 O' 为水平度盘的中心，O 为照准部旋转中心。如果不存在度盘偏心，O' 与 O 重合，当照准目标时，正确的读数为 M。由于存在度盘偏心，实际的度盘读数为 M'，比正确读数小了 δ：

$$\delta = \frac{e}{R} \cdot \rho \sin(M + \theta) \tag{4-47}$$

式中，R 为水平度盘分划的半径。

因 δ 很小，实际计算时可用实际读数 M' 代替 M。

由图 4-56 可知正确读数：$M = M' + \delta$

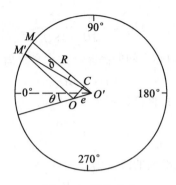

图 4-56 度盘偏心

故式(4-47)所得 δ 值为 M' 的改正数。式(4-47)说明，在度盘不同位置读数将有不同的读数改正数。

因 $\sin(M+\theta)=-\sin(180°+M+\theta)$ ，可知在度盘相差 180° 的两处（即对径分划）读数中的 δ ，其绝对值相同而符号相反，故取它们的平均值（顾及常数 180°）来消除度盘偏心的影响。可见，对于双指标读数的经纬仪，如 J2 级经纬仪，在度盘对径分划上读数取其平均值可以消除水平度盘偏心对水平度盘读数的影响。对于单指标读数的 J6 级经纬仪，取同一目标方向盘左、盘右读数的平均值，即相当于同一目标方向在水平度盘对径分划处读数取平均，故可以基本消除或大部分消除水平度盘偏心差的影响。

（2）视准轴误差

仪器的视准轴不与横轴正交所产生的误差称为视准轴误差。产生视准轴误差的主要原因有：望远镜的十字丝分划板安置不正确、望远镜调焦透镜运行时晃动、气温变化引起仪器部件的胀缩，特别是仪器受热不均匀使视准轴位置变化。

视准轴不垂直于横轴对水平方向的影响如图 4-57 所示。AO 为垂直于横轴的视准轴，由于存在视准轴误差 c ，视准轴实际瞄准了 A' ，此时 A 、A' 两点同高，竖直角为 α ，a 、a' 为 A 、A' 点在水平位置上的投影。$\angle aOa'=x_c$ 即为 c 角引起的目标 A 的读数误差。

由 $\mathrm{Rt}\triangle Oaa'$ 得

$$\sin x_c = \frac{aa'}{Oa'} \tag{4-48}$$

而
$$aa' = AA'$$
由 $\mathrm{Rt}\triangle OAA'$ 得

$$AA' = OA' \cdot \sin c$$

由 $\mathrm{Rt}\triangle A'a'O$ 得

$$Oa' = OA' \cdot \cos\alpha$$

将上述三式代入式(4-48)，并顾及 x_c 和 c 均为小角，得

$$x_c = \frac{c}{\cos\alpha} \tag{4-49}$$

一般规定盘左时视准轴物镜端向左偏斜的 c 值为正，向右偏斜为负，则对于同一目

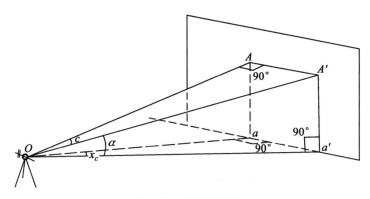

图 4-57　视准轴误差

标，若盘左观测时 c 为正（负），盘右观测即为负（正），而 α 值不变，故盘左、盘右的 x_c 值的绝对值相等而符号相反。

　　由式(4-49)知，x_c 的大小与竖直角 α 有关，α 越大，x_c 越大，且 "$+\alpha$" 与 "$-\alpha$" 的影响相同。$\alpha = 0$ 时，$x_c = c$。

　　令盘左时视准轴误差对水平方向读数的影响为 x_c，盘左观测时，正确的水平度盘读数为 L，有视准轴误差影响时的实际读数为 L'，则

$$L = L' - x_c \tag{4-50}$$

盘右观测时，正确的水平度盘读数为 R，有视准轴误差影响时的实际读数为 R'，则

$$R = R' + x_c \tag{4-51}$$

取盘左、盘右读数的平均数，得

$$A = \frac{1}{2}(L' + R' \pm 180°) \tag{4-52}$$

这就是说，视准轴误差 c 对盘左、盘右水平方向观测值的影响大小相等，符号相反，因此，取盘左、盘右实际读数的中数，就可以消除视准轴误差的影响。

　　当用方向法进行水平角观测时，除计算盘左、盘右读数的中数以取得一测回的方向观测值外，还必须计算盘左、盘右读数的差数。

　　由于　　　　　　　　　　　　$R = L \pm 180°$

则由式(4-50)和式(4-51)可得

$$L' - R' \pm 180° = 2x_c \tag{4-53}$$

由式(4-49)可知，当观测目标的竖直角 α 较小时，$\cos\alpha \approx 1$，故 $x_c \approx c$，则式(4-53)可写成

$$L' - R' \pm 180° = 2c \tag{4-54}$$

　　假如测站上各观测方向的竖直角相等或相差很小，外界因素的影响又较稳定，则由各方向所得的 $2c$ 值应相等或互差很小，实际在一测回中由各方向所得的 $2c$ 值并不相等。影响一测回中各方向 $2c$ 值不等的主要原因有照准和读数等偶然误差的影响。此外，在温度变化等因素的影响下仪器的视准轴位置的变化也会使各方向的 $2c$ 值不等而产生互差。因此，一测回中各方向 $2c$ 互差的大小在一定程度上反映了观测成果的质量。所

以规范规定，一测回中各方向 $2c$ 互差对于 J2 级仪器不得超过 $13''$。

视准轴误差对水平方向观测值的影响虽然可以在盘左、盘右读数的平均值中得到抵消，但 $2c$ 值如果太大，则不便于计算。所以规范规定，$2c$ 绝对值对于 J2 级仪器应不超过 $16''$，对于 J6 级仪器应不超过 $20''$，否则应进行校正。

（3）横轴倾斜误差

仪器的横轴与竖轴不垂直所产生的误差称为横轴倾斜误差。仪器支架两端不等高、横轴两端轴径不相等都会产生横轴倾斜误差。

竖轴垂直，横轴不与其正交而倾斜了一个 i 角，这个 i 角就是横轴倾斜误差。横轴倾斜误差对水平方向的影响如图 4-58 所示。H 为横轴水平（H_1H_1 位置）时视准轴照准的目标，h 为 H 点的水平投影，此时平面 HOh 为一竖面。若横轴 H_1H_1 倾斜一个 i 角至 A_1A_1 位置，竖面 HOh 将随之倾斜一个 i 角为倾斜面 AOh，此时水平位置不发生变动。A 点即为横轴倾斜时视准轴照准的目标，a 为 A 点的水平位置投影。$\angle hOa = x_i$ 即为因横轴倾斜 i 角而产生的水平方向读数影响。

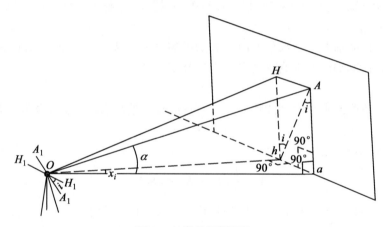

图 4-58 横轴倾斜误差

由 Rt$\triangle ahO$ 得

$$\sin x_i = \frac{ah}{aO}$$

由 Rt$\triangle Aah$ 得

$$ah = Aa \cdot \tan i$$

又由 Rt$\triangle AaO$ 得

$$aO = \frac{Aa}{\tan \alpha}$$

由上述三式，并顾及 x_i 及 i 均为小角，得

$$x_i = i \cdot \tan \alpha \tag{4-55}$$

今规定盘左时横轴左端低于另一端时的 i 角为正，高于另一端时为负，则对于同一

目标，在竖轴是竖直的情况下，因横轴不垂直于竖轴所引起的横轴倾斜，盘左观测时 i 角为正（负），盘右观测时 i 即为负（正），故盘左、盘右的 x_i 为绝对值相等而符号相反。

x_i 的大小与竖直角 α 有关，α 越大，x_i 越大；$\alpha = 0$ 时，$x_i = 0$，即对水平位置的目标，横轴不水平对水平方向没有影响。

令盘左时横轴倾斜误差对水平方向的影响为 x_i，在盘左观测时，正确的水平度盘读数为 L，有横轴倾斜误差的实际读数为 L'，则

$$L = L' - x_i$$

盘右观测时，正确的水平度盘读数为 R，有横轴倾斜误差影响时的实际读数为 R'，则

$$R = R' + x_i$$

取盘左、盘右读数的平均值，得

$$A = \frac{1}{2}(L' + R' \pm 180°) \tag{4-56}$$

即在盘左、盘右读数的平均值之中消除了横轴倾斜误差对水平方向读数的影响。

实际上在观测时，仪器的视准轴误差和横轴倾斜误差是同时存在的，正确读数应是：

$$L = L' - x_i - x_c$$
$$R = R' + x_i + x_c$$

由于 $R = L \pm 180°$，所以

$$L' - R' \pm 180° = 2(x_c + x_i) = 2\left(\frac{c}{\cos\alpha} + i\tan\alpha\right) \tag{4-57}$$

（4）竖轴倾斜误差

若视准轴与横轴正交，横轴垂直于竖轴，而竖轴与照准部水准管轴已垂直，仅由于仪器未严格整平而使竖轴不在竖直位置，竖轴偏离铅垂线一微小角度，这就是竖轴倾斜误差。

如图 4-59 所示，OT 为处于竖直位置的竖轴，此时横轴必在水平面 P 上，OT' 为倾斜了 V 角的竖轴位置，此时横轴必在倾斜平面 P' 上。由几何学知，P、P' 两平面的交线 O_1O_2 与平面 TOT' 垂直，若横轴位于此处，则无论 V 有多大，它也始终保持水平。除此以外，横轴在平面 P' 上的任何位置均将产生不同大小的倾斜，其中以垂直于 O_1O_2 的 ON' 位置的倾斜角最大，并等于竖轴的倾斜角 V。

任取一横轴位置 OR'，其倾斜角为 i_v，作 $R'N' \perp ON'$，将 N'、R' 两点投影在 P 上得 N、R，令 $\angle N'OR' = \beta$。由 Rt$\triangle R'RO$ 得

$$\sin i_v = \frac{R'R}{OR'}$$

因 $$R'R = N'N$$

由 Rt$\triangle N'NO$ 得

$$N'N = ON' \cdot \sin V$$

105

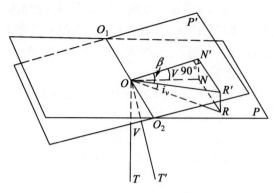

图 4-59　竖轴倾斜误差

由 Rt△ $R'N'O$ 得

$$OR' = \frac{ON'}{\cos\beta}$$

由此, 并顾及 V 和 i_v 均为小角, 得

$$i_v = V \cdot \cos\beta \tag{4-58}$$

注意到式(4-55) 和式(4-58), 竖轴倾斜对目标 A 的影响 x_v 为:

$$x_v = V \cdot \cos\beta \cdot \tan\alpha \tag{4-59}$$

2. 仪器对中误差

如图 4-60 所示, 设 O 为测站标志中心, O' 为仪器中心, β 为无对中误差时的角度(即正确的角度), β' 为有对中误差时的角度(即实测的角度), e 为对中误差。

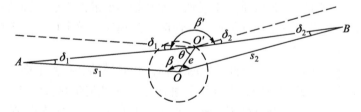

图 4-60　仪器对中误差

由图 4-60 知

$$\beta = \beta' - (\delta_1 + \delta_2)$$

而

$$\delta_1 = \frac{e \cdot \sin\theta}{s_1}\rho$$

$$\delta_2 = -\frac{e \cdot \sin(\beta' + \theta)}{s_2}\rho$$

上式中, θ 及 $\beta' + \theta$ 等角值均自 $O'O$ 方向起按顺时针方向计。

故

$$d\beta = \beta' - \beta = \delta_1 + \delta_2 = e \cdot \rho \left[\frac{\sin\theta}{s_1} - \frac{\sin(\beta' + \theta)}{s_2} \right] \tag{4-60}$$

实际上，O' 的位置可以在以 O 为圆心、e 为半径的圆周上的任意位置。因此 $d\beta$ 将有无限多个，即 θ 角每变化一个 $d\theta$ 值就有一个 $d\beta$。按中误差定义，可得 β 角的中误差

$$m_{\text{中}}^2 = \frac{[d\beta \cdot d\beta]}{\frac{2\pi}{d\theta}}$$

将式(4-60)代入，得

$$m_{\text{中}}^2 = \frac{\rho^2 \cdot e^2 \sum_0^{2\pi} \left[\frac{\sin\theta}{s_1} - \frac{\sin(\beta' + \theta)}{s_2} \right]^2}{\frac{2\pi}{d\theta}}$$

$$= \rho^2 \cdot \frac{e^2}{2\pi} \int_0^{2\pi} \left[\frac{\sin^2\theta}{s_2^2} + \frac{\sin^2(\beta' + \theta)}{s_2^2} - 2 \frac{\sin\theta \cdot \sin(\beta' + \theta)}{s_1 \cdot s_2} \right] d\theta$$

因为

$$\int_0^{2\pi} \sin^2\theta \cdot d\theta = \pi$$

$$\int_0^{2\pi} \sin^2(\beta' + \theta) d\theta = \pi$$

$$\int_0^{2\pi} \sin\theta \cdot \sin(\beta' + \theta) d\theta = \pi \cdot \cos\beta'$$

故

$$m_{\text{中}}^2 = \rho^2 \frac{e^2}{2\pi} \left(\frac{\pi}{s_1^2} + \frac{\pi}{s_2^2} - \frac{2\pi\cos\beta'}{s_1 \cdot s_2} \right)$$

$$= \rho^2 \frac{e^2}{2} \cdot \frac{s_1^2 + s_2^2 - 2s_1 s_2 \cos\beta'}{s_1^2 \cdot s_2^2} = \rho^2 \frac{e^2}{2} \cdot \frac{s_{AB}^2}{s_1^2 \cdot s_2^2}$$

即

$$m_{\text{中}} = \frac{e}{\sqrt{2}} \cdot \frac{s_{AB}}{s_1 \cdot s_2} \rho \tag{4-61}$$

由式(4-61)知，仪器对中误差对水平角的影响与两目标之间的距离 s_{AB} 成正比，即水平角在 180° 时影响最大，此时 $s_{AB} = s_1 + s_2$；而与测站至目标的距离 s_1 和 s_2 的乘积成反比，距离越短，影响越大。

为了减弱这种误差的影响，对于短边的角度要特别注意对中，把对中误差限制到最小的程度。

3. 目标偏心误差

目标偏心如图 4-61 所示，A、B 分别为标志实际中心，A'、B' 为照准的中心。β 为正确的角度，β' 为观测的角度。如图 4-61 所示的情况，照准目标 A' 的读数小于照准目标

A 的读数，即

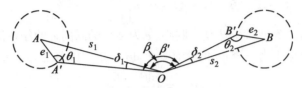

图 4-61　目标偏心误差

$$A' + \delta_1 = A$$

同样
$$B' + \delta_2 = B$$

则
$$\beta = B - A = B' + \delta_2 - A' - \delta_1 = \beta' + \delta_2 - \delta_1$$

而

$$\delta_1 = \frac{e_1}{s_1} \cdot \rho \cdot \sin\theta_1 \tag{4-62}$$

$$\delta_2 = \frac{e_2}{s_2} \cdot \rho \cdot \sin\theta_2 \tag{4-63}$$

故
$$\beta' - \beta = \delta_1 - \delta_2 = \frac{e_1 \cdot \rho}{s_1}\sin\theta_1 - \frac{e_2 \cdot \rho}{s_2}\sin\theta_2 \tag{4-64}$$

实际上 A' 的位置，可在以 A 为圆心、e_1 为半径的圆周上的任意位置，因此，δ_1 将有无限多个，则由目标偏心误差而引起的 A 方向的中误差为：

$$m_{\text{偏}A}^2 = \frac{[\delta_1\delta_1]}{\dfrac{2\pi}{\mathrm{d}\theta}}$$

将式(4-62)代入，得

$$m_{\text{偏}A}^2 = \frac{\rho^2\dfrac{e_1^2}{s_1^2}\sum\limits_0^{2\pi}\sin^2\theta_1}{\dfrac{2\pi}{\mathrm{d}\theta}} = \rho^2\frac{e_1^2}{2\pi s_1^2}\int_0^{2\pi}\sin^2\theta_1\mathrm{d}\theta_1$$

因
$$\int_0^{2\pi}\sin^2\theta_1\mathrm{d}\theta_1 = \pi$$

故
$$m_{\text{偏}A}^2 = \rho^2\frac{e_1^2}{2s_1^2} \tag{4-65}$$

同理，由式(4-63)，可得

$$m_{\text{偏}B}^2 = \rho^2\frac{e_2^2}{2s_2^2}$$

它们对水平角的影响为：

$$m_{偏} = \sqrt{m_{偏A}^2 + m_{偏B}^2} = \rho \frac{1}{\sqrt{2}} \sqrt{\frac{e_1^2}{s_1^2} + \frac{e_2^2}{s_2^2}} \tag{4-66}$$

由式(4-66)知,目标偏心误差对水平角的影响与测站至目标的距离 s_1 和 s_2 有关,距离越短,影响越大。

值得注意的是,目标偏心误差和仪器对中误差均属于"对中"性质的误差。就对中本身而言,它是偶然性误差,一旦目标标志和仪器已经安置,则对中误差的真值已经不再发生变化,因此无论水平角观测多少个测回,这两项误差分别在各测回之间均保持相同,绝不会因增加测回数而减小它们对水平角观测成果的影响。

4. 照准误差与读数误差

照准误差和读数误差纯属观测本身的误差。

影响照准精度的主要因素有:望远镜的放大率、目标与照准标志的形状以及人眼的判别能力,目标影像的亮度和清晰度等。如果只考虑望远镜放大率这一因素,则通过望远镜的照准误差为:

$$d\beta'' = \frac{\tau''}{v}$$

式中,τ'' 为人眼在理想状态下(目标的亮度适宜,清晰度也很好)瞄准的判别能力,v 为望远镜的放大率。例如,由经验数据得知,用视间隔为 $20''$ 的双丝来照准宽度为 $10''$ 的目标时,人眼的理想判别角是 $\tau'' = 10''$, 当 $v = 25$ 时,则在理想情况下

$$d\beta'' = \frac{10''}{25} = 0.4''$$

由于外界条件及其他因素的影响,$d\beta''$ 一般将增大一定的倍数 k, 即

$$d\beta'' = \frac{k \cdot \tau''}{v}$$

根据实验得知,当野外观测的亮度适宜,目标影像稳定,可取 $k = 1.5$;当用中等精度光学经纬仪(例如 J2 经纬仪)进行边长为 $2 \sim 8km$ 的水平角观测时,可取 $k = 3$。

读数误差主要取决于仪器的读数设备。对于用带分划尺的显微镜读数的 J6 光学经纬仪来说,估读的极限误差可以不超过分划值的 1/10,即可以不超过 $6''$。 如果照明情况不佳,显微镜的目镜未调好焦以及观测者的技术不熟练,估读的极限误差则可能大大超过此数。

5. 外界条件的影响

外界条件的影响很多,如大风会影响仪器的稳定,地面的辐射热会影响大气的稳定,大气的透明度会影响照准精度,温度变化会影响仪器的正常状态,地面坚实与否会影响仪器的稳定等,这些因素均将使测角的精度受到影响。要完全避免这些影响是不可能的,但如果选择有利的观测时间和避开不利的条件,可以使这些外界条件的影响降低到较小的程度。例如,观测视线应避免从建筑物旁、冒烟的烟囱上面和近水面的空间通过,这些地方都会因局部气温变化而使光线产生不规则的折射,使观测效果受到影响。

4.5.2 光电测距误差

由相位法测距的基本公式知

$$D = N\frac{c}{2nf} + \frac{\Delta\varphi}{2\pi} \cdot \frac{c}{2nf} + K \tag{4-67}$$

对式(4-67)取全微分后，转换成中误差表达式为：

$$m_D^2 = \left\{ \left(\frac{m_c}{c}\right)^2 + \left(\frac{m_n}{n}\right)^2 + \left(\frac{m_f}{f}\right)^2 \right\} D^2 + \left(\frac{\lambda}{4\pi}\right)^2 m_\varphi^2 + m_k^2 \tag{4-68}$$

式中，λ 为调制波的波长 $\left(\lambda = \dfrac{c}{f}\right)$；$m_c$ 为真空中光速值测定中误差；m_n 为折射率求定中误差；m_f 为测距频率中误差；m_φ 为相位测定中误差；m_k 为仪器中加常数测定中误差。

此外，理论研究和实践均表明：由于仪器内部信号的串扰会产生周期误差，设其测定的中误差为 m_A，因而测距误差较为完整的表达式应为：

$$m_D^2 = \left\{ \left(\frac{m_c}{c}\right)^2 + \left(\frac{m_n}{n}\right)^2 + \left(\frac{m_f}{f}\right)^2 \right\} D^2 + \left(\frac{\lambda}{4\pi}\right)^2 m_\varphi^2 + m_k^2 + m_A^2 \tag{4-69}$$

由式(4-69)可见，测距误差可分为以下两部分：一部分是与距离 D 成比例的误差，即光速值误差、大气折射率误差和测距频率误差，称为比例误差；另一部分是与距离无关的误差，即测相误差、加常数误差，称为固定误差。周期误差有其特殊性，它与距离有关，但不成比例，仪器设计和调试时可严格控制其数值，实用中如发现其数值较大而且稳定，可以对测距成果进行改正，这里暂不顾及。故一般将测距仪的精度表达式简写成：

$$m_D = (A + B \cdot D) \tag{4-70}$$

式中，A 为固定误差，以 mm 为单位；B 为比例误差系数，以 mm/km 为单位；D 为被测距离，以 km 为单位。

下面具体说明各项误差的来源、性质及其影响。

1. 比例误差

（1）大气折射率 n 的误差

已知大气中的光速为 $c = \dfrac{c_0}{n}$，可见大气折射率的变化将使光在大气中的传播速度发生变化，从而影响测尺长度，引起测距误差。

因为大气折射率是由空气的密度及大气中所含的水分决定的。而空气的密度又与气温、气压有关，所以大气折射率 n 是气温 t、气压 p 及湿度 e 的函数。

在一般气象条件下，对于 1km 的距离，温度变化 1℃所产生的测距误差为 0.95mm；气压变化 1hPa 所产生的测距误差为 0.27mm；湿度变化 1hPa 所产生的测距误差为 0.04mm。

假如计算 n 的公式正确无误，这时使大气折射率 n 产生误差主要有以下两个原因，一是气象参数 (t, p, e) 的测定误差；二是测站上测得的气象参数不能代表整个测程的气象参数所产生的气象代表性误差。至于测距时的实际气象条件不同于仪器设计时选用的基准气象条件所引起的折射率变化，可以用加入气象改正数的方法加以消除。

（2）调制频率 f 的误差

调制频率是由仪器的主控振荡器产生的。调制频率误差的来源主要有两个方面：一是装调仪器时频率校正的精确性不够；二是振荡器所用的晶体的频率稳定性不好。对于前者，由于是用高精度的数字频率计作频率校准的，其误差可以忽略不计。对于后者，则与主控振荡器所用的石英晶体的质量、老化过程以及是否采用恒温措施密切相关。

由于红外测距仪中都采用了精、粗测定值衔接的运算电路，所以作业前应对它的精测晶振频率进行校正，一般要求 $\dfrac{m_f}{f}$ 在 $(0.5 \sim 1.0) \times 10^{-6}$ 范围内。短期内它的影响可以忽略。对于粗测频率，只要求有 10^{-4} 的精度，一般石英晶体振荡器均可以满足要求。

2. 固定误差

固定误差通常都具有一定的数值，与测程无关。测程较长时，比例误差占主要地位，而测程较短时，固定误差可能处于突出地位。

（1）相位差 $\Delta\varphi$ 的测定误差

相位差 $\Delta\varphi$ 的测定误差简称为测相误差。测相误差是制约仪器精度的主要因素之一。在测距误差中，有些是通过检测求出其大小，然后在测量结果中进行校正。但这些误差的检测精度，又要受到测相误差的限制。所以，只有测相精度好的仪器，加之正确使用，才可以取得较好的测量成果。

（2）仪器常数误差

测距仪在已知长度的基线上检测时，已知的基线长度与实测结果之间存在一个固定不变的常数，通常称其为仪器加常数。

设 D 为被测距离，L_a 为光在测程上的往返光程，L_i 为光在内光路系统的有效光程，L_r 为光在反射镜内的相应于空气中的有效光程。外光路测量时的相位移 $\varphi_t = 2L_a + L_r$，而内光路测量的相位移 $\varphi_1 = L_i$。由于 $(2L_a + L_r - L_i)$ 不一定等于 $2D$，所以外、内光路所测相位之差 $(\varphi_t - \varphi_1)$ 不一定等于光在 2 倍距离上所产生的相位移。因此，由测距仪测得的距离值可能与实际距离有一固定的差值。这就是仪器加常数的由来。

多数仪器的加常数在出厂时已给出并进行了预置。但由于振动等原因，往往使加常数发生变化。所以作业前需要对其进行测定。此外，不同厂家的仪器所配反射镜亦不相同，使用时应注意配套。必须代用时，使用之前应该准确测定仪器加常数。

4.6 全站仪测量和全站仪的检验

全站仪是全站型电子速测仪的简称，它集电子经纬仪、光电测距仪和微处理器于一体。全站仪的发展经历了从组合式即光电测距仪与光学经纬仪组合，或光电测距仪与电子经纬仪组合，到整体式即将光电测距仪的光波发射接收系统的光轴和经纬仪的视准轴组合为同轴的整体式全站仪。全站仪可以同时测量角度和距离，并在此基础上扩展功能，因此全站仪得到了广泛应用。

4.6.1　全站仪的基本结构

认识全站仪

全站仪比电子经纬仪增加了许多特殊部件，这些特殊部件构成了全站仪在结构方面的特点。

（1）同轴望远镜

目前的全站仪采用望远镜光轴（视准轴）和测距光轴完全同轴的光学系统，如图4-62所示。在望远物镜与调焦透镜间设置分光棱镜系统，通过该系统实现望远镜的多功能，即既可瞄准目标，使之成像于十字丝分划板，进行角度测量。同时其测距部分的外光路系统又能使测距部分的光敏二极管发射的调制红外光在经物镜射向反光棱镜后，经同一路径反射回来，再经分光棱镜作用使回光被光电二极管接收；为测距需要在仪器内部另设一内光路系统，通过分光棱镜系统中的光导纤维将由光敏二极管发射的调制红外光传送给光电二极管接收，进而由内、外光路调制光的相位差间接计算光的传播时间，计算实测距离。

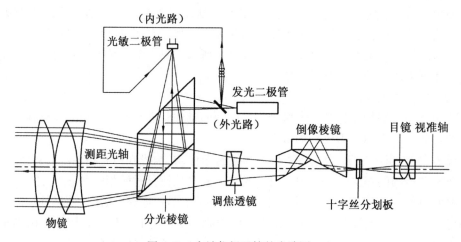

图 4-62　全站仪望远镜的光路图

同轴性使得望远镜一次瞄准即可实现同时测定水平角、垂直角和斜距等全部基本测量要素的测定功能。

（2）键盘

键盘是全站仪在测量时输入操作指令或数据的硬件，全站型仪器的键盘和显示屏均为双面式，便于正、倒镜作业时操作。

（3）通信接口

全站仪可以通过 RS-232C 通信接口和通信电缆将内存中存储的数据输入计算机，或将计算机中的数据和信息经通信电缆传输给全站仪，实现双向信息传输。

（4）全站仪电子电路

全站仪电子电路包括两部分，一部分是由光栅度盘或编码度盘、光电转换器、放大器、计数器、显示器和逻辑电路等组成的测角部分；另一部分是由发光二极管、接收二极管、电子电路组成的距离测量部分，二者之间用串行通信连接成一个整体，从而完成电子经纬仪及测距仪的全部功能。

全站仪由电子测角、电子测距、电子补偿、微机处理装置 4 大部分组成。其中微机处理装置是由微处理器、存储器、输入和输出部分组成。由微处理器对获取的倾斜距离、水平方向、天顶距、竖轴倾斜误差、视准轴误差、垂直度盘指标差、棱镜常数、气温、气压等信息加以处理，从而获得各项改正后的观测数据和计算数据。在仪器的存储器中固化了测量程序，测量过程有步骤地完成。仪器的设计框图如图 4-63 所示。

全站仪设置

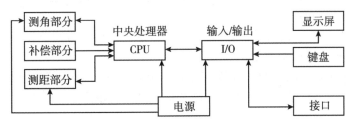

图 4-63　全站仪各组成部分框图

4.6.2　全站仪功能

由于全站仪可以同时完成水平角、垂直角和距离测量，加之仪器内部有固化的测量应用程序，因而可以现场完成多种测量工作，提高了野外测量的效率和质量。

1. 角度测量

全站仪具有电子经纬仪的测角系统，除一般的水平角和垂直角测量外，还具有以下附加功能：

全站仪角度
测量

① 水平角设置：将某方向水平读数设置为零或任意值；任意方向值的锁定（照准部旋转时方向值不变）；右角/左角的测量（照准部顺时针旋转时角值增大/照准部逆时针旋转时角值增大）；角度重复测量模式（多次测量取平均值）。

② 垂直角显示变换：可以用天顶距、高度角、倾斜角、坡度等方式显示垂直角。

③ 角度单位变换：可以 360°、400g 等方式显示角度。

④ 角度自动补偿：使用电子水准器，可以测定出仪器在各个方向的倾斜量，从而具有自动补偿竖轴误差、横轴误差和视准轴误差等对角度观测的影响。

2. 距离测量

（1）全站仪具有光电测距仪的测距系统，除了能测量仪器至反射棱镜的距离（斜距）外，还可根据全站仪的类型、反射棱镜数目和气象条件，改变其最大测程，以满足不同的测量目的和作业要求。

全站仪距离测量

（2）测距模式的变换

① 按具体情况，可设置为高精度测量和快速测量模式。

② 可选取距离测量的最小分辨率，通常有 1cm、1mm、0.1mm 几种。

③ 可选取测距次数，主要有：单次测量（能显示一次测量结果，然后停止测量）；连续测量（可进行不间断测量，只要按停止键，测量马上停止）；指定测量次数；多次测量平均值自动计算（根据所设定的测量次数，测量完成后显示平均值）。

（3）可设置测距精度和时间

主要有：精密测量（测量精度高，需要数秒测量时间）；简易测量（测量精度低，可快速测量）；跟踪测量（自动跟踪反射棱镜进行测量，测量精度低）。

（4）各种改正功能

在测距前设置相关参数，距离测量结果可自动进行棱镜常数改正、气象（温度和气压）改正和大气折射率误差等改正。

斜距归算功能：由测量的垂直角（天顶距）和斜距可计算出仪器至棱镜的平距和高差，并立即显示出来。如事先输入仪器高和棱镜高，测距测角后便可计算出测站点与目标点间平距和高差。

距离调阅功能：测距后，按功能键可以调阅斜距、平距和高差等信息。

3. 坐标测量

对仪器进行必要的参数设定后，全站仪可直接测定点的坐标和高程，如在地形测量数据采集时使用可大大提高作业效率。

全站仪坐标测量

首先，在一已知点安置仪器，输入测站点的坐标和高程，并输入仪器高，照准另一已知点（称为定向点或后视点）进行定向（此时仪器会将该方向的水平度盘读数与方位角对应起来），接着再照准目标点（也称为前视点）上的反射棱镜，输入棱镜高，按坐标测量键，即可得到目标点的坐标和高程。

4. 辅助功能

① 休眠和自动关机功能：当仪器长时间不操作时，为节省电能，仪器可自动进入休眠状态，需要操作时可按功能键唤醒，仪器恢复到先前状态。也可设置仪器在一定时间内无操作时自动关机，以免电池耗尽。

② 显示内容个性化：可根据用户的需要，设置显示的内容和页面。

③ 电子水准器：由仪器内部的倾斜传感器检测竖轴的倾斜状态，以数字和图形形式显示，指导测量员高精度置平仪器。

④ 照明系统：在夜晚或黑暗环境下观测时，仪器可对显示屏、操作面板和十字丝进行照明。

⑤ 导向光引导：在进行放样作业时，利用仪器发射的持续和闪烁可见光，引导持镜员快速找到方位。

⑥ 数据管理功能：测量数据可存储到仪器内存、扩展存储器（如 PC 卡），还可由数据输出端口实时输出到其他记录设备中，可实时查询测量数据。

4.6.3 自动全站仪

自动全站仪是一种能自动识别、照准和跟踪反射棱镜的全站仪，又称为测量机器人。长期以来，测量机器人一直被欧美等国家的仪器制造商垄断。近年来，随着我国测量机器人材料和工艺的发展，南方测绘、苏州一光等国产装备制造商在生产技术方面的突破，国产高端测量机器人逐步发展起来，摆脱了国外的垄断。图 4-64 是几种自动全站仪。

NS10   NTS591-2

图 4-64 几种自动全站仪

1. 自动全站仪自动目标识别与照准原理

自动全站仪由伺服马达驱动照准部和望远镜的转动和定位，在望远镜中有同轴自动识别装置，能自动照准棱镜进行测量。它的基本原理是：仪器向目标发射激光束，经反射棱镜返回，并被仪器中的 CCD 相机接收，从而计算出反射光点中心位置，得到水平方向和天顶距的改正数，最后启动马达，驱动全站仪转向棱镜，自动精确照准目标。为提高观测速度，望远镜基本照准棱镜后，计算出相对于精确照准棱镜的水平方向和天顶距的改正数，进行改正后，给出正确读数。下面以徕卡自动全站仪的自动目标识别（Automatic Target Recognition，ATR）技术为例，介绍自动目标识别与照准的原理。

自动目标识别（ATR）部件安装在全站仪的望远镜上，如图 4-65 所示。红外光束通过光学部件被同轴地投影在望远镜上从物镜发射出去，反射回来的光束形成光点由内置 CCD 传感器接收，其位置以 CCD 传感器中心作为参考点来精确地核定。假如 CCD 传感器中心与望远镜光轴的调整是正确的，则可从 CCD 传感器上光点的位置直接计算并输出以 ATR 方式测得的水平方向和竖直角。

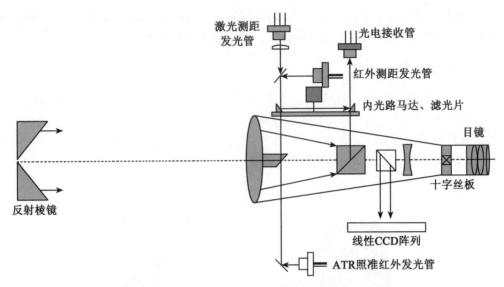

激光测距发光管

光电接收管

红外测距发光管

内光路马达、滤光片

目镜

十字丝板

线性CCD阵列

反射棱镜

ATR照准红外发光管

图 4-65　带 ATR 的望远镜结构示意图

ATR 自动目标识别与照准主要有三个过程：目标搜索过程、目标照准过程和测量过程。在人工粗略照准反射棱镜后启动 ATR，首先进行目标搜索过程。在视场内如没有发现反射棱镜，望远镜在马达的驱动下搜索目标，如图 4-66(a) 所示，一旦探测到反射棱镜，望远镜停止搜索，即刻进入目标照准过程。ATR 的 CCD 传感器接收到经棱镜反射回来的照准光点，如果该光点偏离反射棱镜中心，CCD 传感器则计算该偏离量，望远镜按该偏离量在马达的驱动下直接移向反射棱镜中心，如图 4-66(b) 所示。当望远镜十字丝中心偏离反射棱镜中心在预定的限差之内后，望远镜停止运动，ATR 测量十字丝中心和反射棱镜中心间的水平和垂直剩余偏差，并对水平和垂直度盘读数进行改正。因此，虽然在望远镜视场内看出十字丝中心没有精确地照准反射棱镜中心，但仪器显示的水平和垂直度盘读数实际上是以反射棱镜中心为准的。之所以采这种目标照准方式，主要是为了提高测量速度，因为要让望远镜十字丝中心准确定位于反射棱镜中心是比较困难的。ATR 需要一块反射棱镜配合进行目标识别，因此 ATR 的角度测量和距离测量同时进行。在每一次 ATR 测量过程中，十字丝中心相对棱镜中心的角度偏移量都重新测定，并相应改正水平和垂直度盘读数，进而精确地测量出距离。

2. 自动全站仪的测量方法

自动全站仪具有自动跟踪与识别目标的功能，在多方向和多测回角度、距离测量中使用，可直接用计算机控制进行自动观测。具体流程包括测站设置、限差设置、学习测量和自动测量等。

全站仪应用程序

(1)测站设置

测站设置时可以输入测站坐标、观测测回数、仪器高等信息。

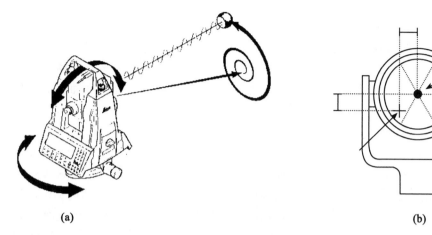

图 4-66　ATR 角度修正和照准

（2）限差设置

在自动测量之前可以进行各项限差的设置，如水平角多测回观测可以设置水平角 $2C$ 限差，半测回归零差，一测回 $2C$ 互差，测回间方向值之差等，设置完各项限差后，可以开始学习测量。

自动全站仪测量

（3）学习测量

在自动测量前，需要人工依次照准各个测量点，输入各个测量点的点号、棱镜高等信息，完成学习测量，此时仪器会自动确定各个测量点之间的相对关系，以便进行后续的自动测量。

（4）自动测量

在完成学习测量后，仪器即可按照预先设置的各项参数，自动照准各个测量点，完成后续测量工作，并将原始数据自动记录下来。在测量完成后，可以让仪器自动进行相关数据处理，或将仪器记录数据导入电脑中，再继续其他后处理工作。

4.6.4　全站仪轴系误差补偿

为了减小轴系误差对经纬仪角度观测的影响，一般采用盘左、盘右观测方法。随着电子技术和微处理技术的不断发展，目前大多数的全站仪都具有轴系误差自动补偿或改正的功能，实现仪器轴系误差对角度观测影响的自动修正。

竖轴倾斜是全站仪竖轴与铅垂线不平行所导致的水平方向和垂直方向的误差。由于全站仪与经纬仪类似存在轴系误差，会给测量结果带来偏差，但全站仪可以利用电子补偿技术来处理这一系统误差，根据系统误差规律对测量的结果进行误差修正，使系统误差降到最低。

人们将电子补偿器（微倾斜感应器）应用于全站仪，可使全站仪获得比传统水准器更高的精度，从而实现了仪器竖轴在倾斜状态下的误差自动补偿，也保证了观测值精度并不因仪器竖轴微倾斜而降低。

1. 全站仪补偿器的分类

补偿器是保证全站仪精度的关键部件，目的是探测出仪器在垂直和水平方向的倾斜量并对其进行改正，以提高角度测量的精度。全站仪补偿器目前主要有单轴补偿和双轴补偿，也有人提出了三轴补偿，即采用内置软件来改正横轴误差及视准轴误差对水平方向值的影响。

（1）单轴补偿

单轴补偿即对竖轴的补偿，只能补偿全站仪竖轴倾斜引起的垂直度盘的读数误差。如光学经纬仪上的簧片补偿器、吊丝补偿器、液体补偿器等。单轴补偿器的结构形式有多种，图 4-67 是某种型号全站仪的单轴补偿器系统，它使用电子气泡作为传感器，该系统在水准管中装有可导电的液体，并在玻璃壁上装有三个电极，在电子气泡的输入端输入一个某频率的反向交变电压，竖轴的倾斜引起气泡的倾斜，气泡的倾斜将导致输出端电压的变化，电压值会随着仪器的倾斜量的变化而变化，竖轴倾斜量的补偿值会根据输出电压值的大小变化作相应的调整，然后在竖直角读数器中进行修正。

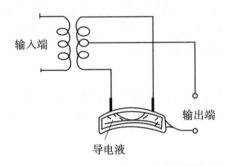

图 4-67　某种型号全站仪的单轴补偿器系统

（2）双轴补偿

由于技术方面的原因，早期的全站仪只补偿竖轴倾斜在视准轴方向的分量(常称纵向分量)对垂直度盘读数的影响，并称之为单轴补偿。在全站仪的角度测量中，竖轴的倾斜不仅会给竖直角的测量带来误差，而且也会给水平方向测量带来误差。随着 CCD 技术和微处理技术在全站仪中的不断应用，竖轴倾斜补偿技术已从单一考虑对垂直度盘读数的影响发展为同时考虑对垂直度盘和水平度盘读数的影响，因此有了双轴补偿的概念。

所谓双轴补偿是指自动补偿竖轴纵向(视准轴方向) 倾斜分量对垂直度盘读数的影响和竖横轴向(水平轴方向) 倾斜分量对水平度盘读数的影响，常用的双轴补偿器一般采用液体补偿器。

双轴液体补偿器工作原理如图 4-68 所示，图中是由发光管发出光。经物镜组发射到液体表面，全反射后，又经物镜组聚焦至接收光电二极管阵列器。并将光信号转换为电信号，还可以探测出光落点的位置，如光点不落在中间，其偏移量即反映了竖轴在纵向（沿视准轴方向）上的倾斜分量和横向（沿横轴方向）上的倾斜分量。位置变化信息传输到内部的微处理器处理，对所测的水平角和竖直角自动加以改正（补偿），从而提高采集数据的精度。精确的双轴液体补偿器，仪器整平到3′范围以内，其自动补偿精度可达0.1″，而没有安装双轴液体补偿器的仪器水准器的格值约为20″，仪器的置平精度相比之下太低，而且观测中水准器发生变化不能对观测值进行自动改正。因此，装有补偿器的仪器，不仅简化了角度测量的作业步骤，减轻了劳动强度，节约了作业时间，同时也提高了测量精度，这些也正是全站仪的优越性。

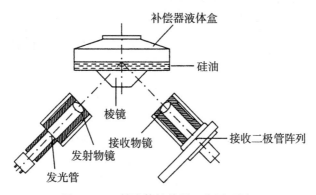

图 4-68　双轴液体补偿器工作原理图

2. 使用全站仪补偿装置进行水平度盘读数和垂直度盘读数改正

全站仪水平度盘读数改正值来自两部分：一是用双轴补偿方法来补偿竖轴倾斜引起的水平度盘的读数误差；二是以测定并存储的横轴倾斜误差和视准轴误差值，计算改正因横轴倾斜误差和视准轴误差引起的水平度盘的读数误差。

全站仪垂直度盘读数改正值也来自两部分：一是用双轴补偿方法来补偿竖轴倾斜引起的垂直度盘的读数误差；二是以测定并存储的垂直度盘指标差值，计算改正因垂直度盘指标差引起的垂直度盘的读数误差。因此，能否精确获取全站仪的水平度盘和垂直度盘读数，取决于双轴补偿器的准确度和视准轴误差、横轴倾斜误差及垂直指标差的精确测定。全站仪的水平度盘和垂直度盘读数的补偿与改正通常由功能选项来控制。

4.6.5　全站仪的检验

1. 经纬仪部分的检验

（1）照准部水准管轴垂直于竖轴的检验和校正

检验时先将仪器大致整平，转动照准部使其水准管与任意两个脚螺旋的连线平行，调整脚螺旋使气泡居中，然后将照准部旋转180°（可利用度盘读数），若气泡仍然居中，则说明条件满足，否则应进行校正。

检校原理如图4-69所示。若水准管轴与竖轴不垂直，倾斜了 α 角，当气泡居中时

竖轴就倾斜 α 角，如图 4-69（a）所示。

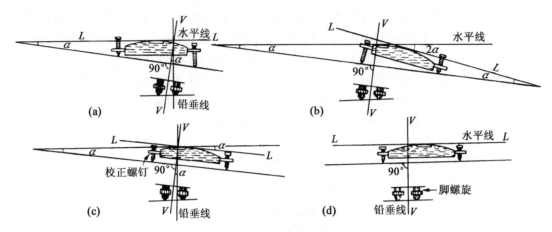

图 4-69　水准管检校原理

照准部旋转 180° 之后，仪器竖轴方向不变，如图 4-69（b）所示。可见水准管轴和水平线相差 2α 角，气泡偏离正中的格数是 2α 角的反映。

校正的目的是使水准管轴垂直于竖轴。由图 4-69（b）可见，校正时将 LL 向水平线方向转动一个 α 角，可得 $LL \perp VV$，即用校正针拨动水准管一端的校正螺钉，使气泡向正中间位置退回一半，如图 4-69（c）所示。为使竖轴竖直，再利用脚螺旋使气泡居中即可，如图 4-69（d）所示。此项检验与校正必须反复进行，直至满足条件为止。

（2）视准轴应垂直于横轴的检验

视准轴不垂直于横轴的误差 c，对水平位置目标的影响 $x_c = c$，且盘左、盘右的 x_c 绝对值相等而符号相反，此时横轴不水平的影响 $x_i = 0$。因此，此项条件的检验可这样进行：选择一水平位置的目标 A，用盘左、盘右观测之，取它们的读数差（顾及常数 180°）即得 2 倍的 c 值：

$$2c = L' - R' \pm 180°$$

若 c 为绝对值，对于 J2 经纬仪不超过 4″，对于 J6 经纬仪不超过 15″，则认为视准轴垂直于横轴的条件得到满足，否则需进行校正。

（3）竖盘指标差的检验

在实际工作中，如果指标差的绝对值太大，对于计算工作很不方便，因此在工作开始之前应对竖盘进行检验。若指标差超过限差，则必须进行校正。

全站仪 2c 值检验

仪器整平后，以望远镜盘左、盘右两个位置瞄准同一水平的明显目标，读取竖盘读数 L 和 R，读数时竖盘水准管气泡务必居中。由指标差计算公式（4-28）计算 x 的值，若超过规定限差则进行校正。

（4）光学对中器的检验

检验校正光学对中器的目的是使光学垂线与仪器旋转轴（竖轴）重合。图4-70所示为条件不满足的情形。如果把光学对中器绕竖轴旋转，光学垂线的轨迹将出现如图4-71所示的情形。图4-71(a)为光学垂线与竖轴交叉的情形，图4-71(b)为两者平行但不重合的情形。

检验方法如下：第一步，距光学对中器一定距离（例如通常架设仪器的高度1.3m），在一个平板上设一 A 点，使光学对中器分划板中心与之重合。然后绕竖轴旋转光学对中器180°，若分划板中心仍与 A 点重合，则可进行第二步检验；若分划板中心与另一点 B 重合，则应作第一步校正。使分划板中心与 AB 之中点重合。第二步，改变 A 点距光学对中器的距离（例如将平板向上移动，由1.3m缩短为1.0m），如图4-71中 A' 位置，进行与第一步相同的检验。若光学对中器旋转180°之后，分划板中心仍与 A' 重合，则表明条件已经满足；若分划板中心并不与 A' 重合而与 B' 重合，则应校正。

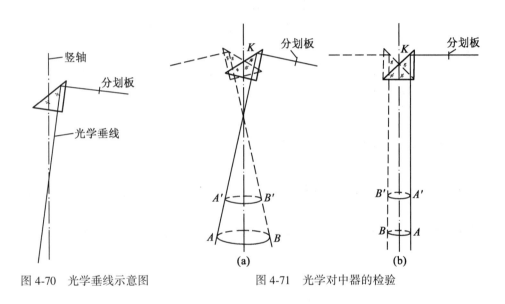

图4-70 光学垂线示意图   图4-71 光学对中器的检验

2. 测距仪部分的检验

（1）测距仪加常数简易测定

① 在通视良好且平坦的场地上，设置 A、B 两点，AB 长约200m，定出 AB 的中间点 C，如图4-72所示。分别在 A、B、C 三点上安置三脚架和基座，高度大致相等并严格对中。

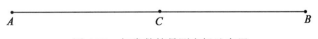

图4-72 加常数简易测定场地布置

② 测距仪依次安置在 A、C、B 三点上测距，观测时应使用同一反射棱镜。测距仪置 A 点时测量距离 D_{AC}、D_{AB}；测距仪置 C 点时测量距离 D_{AC}、D_{CB}；测距仪置 B 点时测量距离 D_{AB}、D_{CB}。

③ 分别计算 D_{AB}、D_{AC}、D_{CB} 的平均值，依下式计算加常数：

$$K = D_{AB} - (D_{AC} + D_{CB}) \tag{4-71}$$

此法适用于经常性的检测，但求出的加常数精度较低。

（2）用六段比较法测定测距仪的加、乘常数

比较法系通过被检测的仪器在基线场上取得观测值，将测定值与已知基线值进行比较，从而求得加常数 K 和乘常数 R 的方法。下面介绍"六段比较法"。

为提高测距精度，需增加多余观测，故采用全组合观测法，此法共需观测 21 个距离值。

在六段法中，点号一般取 0，1，2，3，4，5，6，则需测定的距离如下：

$$D_{01}D_{02}D_{03}D_{04}D_{05}D_{06}$$
$$D_{12}D_{13}D_{14}D_{15}D_{16}$$
$$D_{23}D_{24}D_{25}D_{26}$$
$$D_{34}D_{35}D_{36}$$
$$D_{45}D_{46}$$
$$D_{56}$$

为了全面考察仪器的性能，最好将 21 个被测量的长度大致均匀地分布于仪器的最佳测程以内。

设 $D_{01} \sim D_{56}$ 为 21 段距离观测值；$v_{01} \sim v_{56}$ 为 21 段距离改正数；$\overline{D}_{01} \sim \overline{D}_{56}$ 为 21 段基线值。

距离观测值加上距离改正数、加常数和乘常数改正数等于已知基线值，则

$$\begin{cases} D_{01} + v_{01} + K + D_{01}R = \overline{D}_{01} \\ D_{02} + v_{02} + K + D_{02}R = \overline{D}_{02} \\ \cdots\cdots\cdots\cdots\cdots\cdots\cdots\cdots\cdots \\ D_{56} + v_{56} + K + D_{56}R = \overline{D}_{56} \end{cases}$$

则误差方程式为：

$$\begin{cases} v_{01} = -K - D_{01}R + l_{01} \\ v_{02} = -K - D_{02}R + l_{02} \\ \cdots\cdots\cdots\cdots\cdots\cdots\cdots \\ v_{56} = -K - D_{56}R + l_{56} \end{cases} \tag{4-72}$$

式中，$l_{01} \sim l_{56}$ 为基线值与观测值之差，如 $l_{01} = \overline{D}_{01} \sim D_{01}$，进而可组成法方程式求得加常数 K 和乘常数 R。

4.7 三角高程测量

用水准测量的方法测定点与点之间的高差，即可由已知高程点求得另一点的高程。应用这种方法求地面点高程的精度较高，普遍用于建立国家高程控制点及测定高级地形控制点的高程。但对于地面高低起伏较大地区，用这种方法测定地面点的高程进程缓慢，有的甚至非常困难。这时在地面高低起伏较大或不便于水准测量的地区，常采用三角高程的测量方法传递高程。三角高程测量的基本思想是根据由测站向照准点所观测的竖直角（或天顶距）和它们之间的水平距离，计算测站点与照准点之间的高差。这种方法简便灵活，受地形条件的限制较少。

三角高程
测量

4.7.1 三角高程测量的基本原理

如图 4-73 所示，在地面上 A、B 两点间测定高差 h_{AB}，A 点设置仪器，在 B 点竖立标尺。量取望远镜旋转轴中心 I 至地面点上 A 点的仪器高 i，用望远镜中的十字丝的横丝照准 B 点标尺上的一点 M，它距 B 点的高度称为目标高 v，测出倾斜视线 IM 与水平视线 IN 间所夹的竖直角 α，若 A、B 两点间的水平距离已知为 D，则由图 4-73 可得两点间高差 h_{AB} 为：

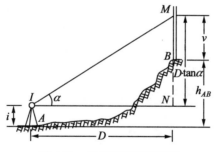

图 4-73 三角高程测量原理

$$h_{AB} = D \cdot \tan\alpha + i - v \tag{4-73}$$

若 A 点的高程已知为 H_A，则 B 点高程为：

$$H_B = H_A + h_{AB} = H_A + D \cdot \tan\alpha + i - v \tag{4-74}$$

具体应用上式时要注意竖直角的正负号，当 α 为仰角时取正号，相应的 $D \cdot \tan\alpha$ 也为正值，当 α 为俯角时取负号，相应的 $D \cdot \tan\alpha$ 也为负值。

若在 A 点设置全站仪（或经纬仪+光电测距仪），在 B 点安置棱镜，并分别量取仪器高 i 和棱镜高 v，测得两点间斜距 S 与竖直角 α 以计算两点间的高差，称为光电测距三角高程测量。A、B 两点间的高差可按下式计算：

$$h_{AB} = S \cdot \sin\alpha + i - v \tag{4-75}$$

凡仪器设置在已知高程点，观测该点与未知高程点之间的高差称为直觇；反之，仪器设在未知高程点，测定该点与已知高程点之间的高差称为反觇。

4.7.2　三角高程测量的基本公式

1. 单向观测计算高差的基本公式

在上述三角高程测量的计算中，没有考虑地球曲率与大气垂直折光对所测高差的影响，在 A、B 两点相距较远时，则必须顾及地球曲率和大气垂直折光的影响，二者对高差的影响称为球气差。由于空气密度随着所在位置的高程而变化，越到高空其密度越稀，当光线通过由下而上密度均匀变化着的大气层时，光线产生折射，形成一凹向地面的连续曲线，这称为大气折射(亦称大气垂直折光)。

如图 4-74 所示，设 D_0 为 A、B 两点间的实测水平距离。仪器置于 A 点，仪器高度为 i。B 为照准点，觇标高度为 v，R 为参考椭球面上 $\overset{\frown}{A'B'}$ 的曲率半径。$\overset{\frown}{PE}$、$\overset{\frown}{AF}$ 分别为过 P 点和 A 点的水准面。$\overline{PC}$ 是 $\overset{\frown}{PE}$ 在 P 点的切线，$\overset{\frown}{PN}$ 为光程曲线。当位于 P 点的望远镜指向与 $\overset{\frown}{PN}$ 相切的 PM 方向时，由于大气垂直折光的影响，由 N 点出射的光线正好落在望远镜的横丝上。这就是说，仪器置于 A 点测得 P 与 N 间的垂直角为 α。

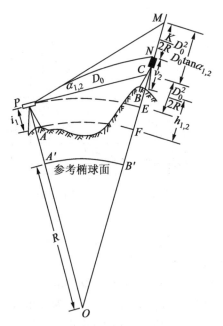

图 4-74　地球曲率和大气垂直折光的影响

由图 4-74 可明显地看出，A、B 两点间的高差为：

$$h_{12} = BF = MC + CE + EF - MN - NB \tag{4-76}$$

式中，EF 为仪器高 i；NB 为照准点的觇标高度 v；而 CE 和 MN 为地球曲率和大气垂直折光的影响，可表示为：

$$CE = \frac{1}{2R}D_0^2 \qquad MN = \frac{1}{2R'}D_0^2$$

式中，R' 为光程曲线 $\overset{\frown}{PN}$ 在 N 点的曲率半径。设 $\dfrac{R}{R'} = K$，则

$$MN = \frac{K}{2R}D_0^2$$

K 称为大气垂直折光系数。

由于 A、B 两点之间的水平距离 D_0 与曲率半径 R 的比值很小（当 $D_0 = 10\text{km}$ 时，D_0 所对的圆心角仅 $5'$ 多），故可认为 PC 近似垂直于 OM，即认为 $\angle PCM \approx 90°$，这样 $\triangle PCM$ 可视为直角三角形。则式(4-76)中的 MC 为：

$$MC = D_0 \tan\alpha$$

将各项代入式(4-76)，则 A、B 两地面点的高差为：

$$h_{12} = D_0\tan\alpha + \frac{1}{2R}D_0^2 + i - \frac{K}{2R}D_0^2 - v$$

$$= D_0\tan\alpha + \frac{1-K}{2R}D_0^2 + i - v$$

令式中 $\dfrac{1-K}{2R} = C$，C 一般称为球气差系数，则上式可写成：

$$h_{12} = D_0\tan\alpha + CD_0^2 + i - v \tag{4-77}$$

式(4-77)就是单向观测计算高差的基本公式。式中，竖直角 α、仪器高 i 和觇标高或棱镜高 v，均可由外业观测得到，D_0 为水平距离。

2. 对向观测计算高差的公式

一般要求三角高程测量进行对向观测，也就是在测站 A 上向 B 点观测竖直角 α_{12}，而在测站 B 上也向 A 点观测竖直角 α_{21}。按式(4-77)有下列两个计算高差的式子。

由测站 A 观测 B 点：

$$h_{12} = D_0\tan\alpha_{12} + C_{12}D_0^2 + i_1 - v_2$$

则测站 B 观测 A 点：

$$h_{21} = D_0\tan\alpha_{21} + C_{21}D_0^2 + i_2 - v_1$$

式中，i_1，v_1 和 i_2，v_2 分别为 A、B 点的仪器和觇标高度；C_{12} 和 C_{21} 为由 A 观测 B 和 B 观测 A 时的球气差系数。如果观测是在同样情况下进行的，特别是在同一时间作对向观测，则可以近似地假定折光系数 K 值对于对向观测是相同的，因此 $C_{12} = C_{21}$。在上面两个式子中，h_{12} 与 h_{21} 的大小相等而符号相反。

从以上两个式子可得对向观测计算高差的基本公式：

$$h_{12} = \frac{1}{2}D_0 \cdot (\tan\alpha_{12} - \tan\alpha_{21}) + \frac{1}{2}(i_1 + v_1) - \frac{1}{2}(i_2 + v_2) \tag{4-78}$$

实际作业中，常按单向观测高差取平均值进行计算。这样，可同时求得往返观测的闭合差，以检核观测的精度。

3. 电磁波测距三角高程测量的高差计算公式

电磁波测距仪技术的发展异常迅速，它的优点不仅在于测距精度高，而且使用十分方便，可以同时测定边长和竖直角，从而提高了作业效率，因此，当前利用电磁波测距仪进行三角高程测量已相当普遍。根据《国家三、四等水准测量规范》（GB/T 12898—2009），在山地以及沼泽、水网地区，可用电磁波测距三角高程测量进行四等水准测量。

电磁波测距三角高程测量单向观测计算高差公式为：

$$h = S\sin\alpha + (1 - K)\frac{S^2 \cos^2\alpha}{2R} + i - v \tag{4-79}$$

式中，h 为测站与测镜之间的高差；α 为竖直角；S 为经气象改正后的斜距；R 为地球半径；K 为大气垂直折光系数；i 为全站仪水平轴到地面点的高度；v 为反光镜瞄准中心到地面点的高度。

电磁波测距三角高程测量中间观测计算高差的公式为：

$$h_1 = S_1\sin\alpha_1 + (1 - K)\frac{S_1^2 \cos^2\alpha_1}{2R} + i - v_1$$

$$h_2 = S_2\sin\alpha_2 + (1 - K)\frac{S_2^2 \cos^2\alpha_2}{2R} + i - v_2$$

$$h = S_2\sin\alpha_2 - S_1\sin\alpha_1 + \frac{(1 - K)}{2R}(S_2^2 \cos^2\alpha_2 - S_1^2 \cos^2\alpha_1) + v_1 - v_2$$

如两边的距离大致相等，大气条件大致相同，则电磁波测距三角高程测量中间观测计算高差公式为：

$$h = S_2\sin\alpha_2 - S_1\sin\alpha_1 + v_1 - v_2 \tag{4-80}$$

电磁波测距三角高程测量对向观测计算高差公式为：

$$h = \frac{1}{2}(S_{12}\sin\alpha_{12} - S_{21}\sin\alpha_{21}) + \frac{1}{2}(i_1 + v_1) - \frac{1}{2}(i_2 + v_2) \tag{4-81}$$

随着高精度全站仪的出现，竖直角和测距的精度都有了显著的提高，采用对向观测，则可大大削弱大气垂直折光的影响。因此，利用高精度全站仪进行三角高程测量已被业界认可并得到推广。

4.7.3 三角高程测量的精度

三角高程测量的精度受竖直角观测误差、边长误差、大气垂直折光误差、仪器高和目标高的量测误差和垂线偏差变化等诸多因素的影响。其中，边长误差的大小取决于测量方法，若边长根据两点坐标反算求得或用测距仪测得，其精度是相当高的。对于仪器高和目标高的测定误差，用于测定地形控制点高程的三角高程测量，仅要求精度达到厘米级；当用光电测距三角高程测量代替四等水准测量时，仪器高和棱镜高的测定精度要求达到毫米级，用小钢卷尺认真地量测两次取平均，准确读数至1mm是不困难的，若采用对中杆量取仪器高和棱镜高，其误差可小于±1mm。因此，可认为三角高程测量的主要误差来源是竖直角观测误差、大气垂直折光系数的误差。

竖直角观测误差中有照准误差、读数误差及竖盘指标水准管气泡居中误差等。就现代仪器而言，主要是照准误差的影响。目标的形状、颜色、亮度、空气对流、空气能见度等都会影响照准精度，这给竖直角测定带来误差。竖直角观测误差对高差测定的影响与推算高差的边长成正比，边长越长，影响越大。

大气垂直折光的影响与观测条件密切相关，大气垂直折光系数 K，是随地区、气候、季节、地面覆盖物和视线超出地面高度等条件不同而变化的，要精确测定它的数值，目前尚不能实现。通过实验发现，K 值在一天内的变化是大致在中午前后数值最小，也较稳定，日出、日落时数值最大，变化也快。因而竖直角的观测时间最好在地方时 10 时至 16 时之间，此时 K 值在 0.08~0.14 之间。

在三角高程测量中折光影响与距离平方成正比，因此，根据分析论证，对于短边三角高程测量在 400m 以内的短距离传递高程，大气垂直折光的影响不是主要的。只要在最佳时刻测距和观测竖直角，采用合适的照准标志，精确地量取仪器高和目标高，达到毫米级的精度是可能的。

1. 观测高差中误差

根据各种不同地理条件的约 20 个测区的实测资料，对不同边长的三角高程测量的精度统计，得出下列经验公式

$$M_h = P \cdot s$$

式中，M_h 为对向观测高差中数的中误差；s 为边长，以 km 为单位；P 为每公里的高差中误差，以 m/km 为单位。

根据资料的统计结果表明，P 值一般在 0.013~0.022 之间变化，考虑到三角高程测量的精度，在不同类型的地区和不同的观测条件下，可能有较大的差异，现在从最不利观测条件来考虑，取 $P = 0.025$，即

$$M_h = 0.025s \tag{4-82}$$

式 (4-82) 说明高差中误差与边长成正比例的关系，对短边三角高程测量精度较高，边长愈长精度愈低，对于平均边长为 0.8km 时，高差中误差为 ±0.02m；平均边长为 0.4km 时，高差中误差为 ±0.01m。可见，三角高程测量用短边传递高程较为有利。

2. 对向观测高差闭合差的限差

同一条观测边上的对向观测高差的绝对值应相等，或者说对向观测高差之和应等于零，但实际上由于各种误差的影响不等于零，而产生所谓对向观测高差闭合差。对向观测也称往返测，所以对向观测高差闭合差也称往返测高差闭合差，以 Δ_h 表示

$$\Delta_h = h_{12} + h_{21}$$

以 m_Δ 表示闭合差 Δ_h 的中误差，以 m_{h0} 表示单向观测高差 h 的中误差，则

$$m_\Delta^2 = 2m_{h0}^2$$

取两倍中误差作为限差，则往返测观测高差闭合差的限差 m_f 为：

$$m_f = 2m_\Delta = 2\sqrt{2}\, m_{h0}$$

若以 M_h 表示对向观测高差中误差，则单向观测高差中误差为：

$$m_{h0} = \sqrt{2}\, M_h$$

顾及式(4-82)，则对向观测高差闭合差的限差为：

$$m_f = 2\sqrt{2} \times 0.025\sqrt{2}\, s = 0.1s \qquad (4\text{-}83)$$

式中，m_f 单位为 m，s 单位为 km。

3. 环线闭合差的限差

如果若干条对向观测边构成一个闭合环线，其观测高差的总和应该等于零，当这一条件不能满足时，就产生环线闭合差。最简单的环线是三角形，这时的环线闭合差就是三角形高差闭合差。以 m_W 表示环线闭合差中误差；M_{hi} 表示各边对向观测高差中数的中误差，则有：

$$m_W^2 = M_{h1}^2 + M_{h2}^2 + M_{h3}^2$$

对向观测高差中误差 M_{hi} 可用式(4-82)代入，再取两倍中误差作为限差，则环线闭合差限差 W 为：

$$W = 2m_W = \pm 0.05\sqrt{\sum s_i^2} \qquad (4\text{-}84)$$

4. 垂线偏差对三角高程测量的影响

大地水准面上某点的垂线相对于椭球面的法线并不重合，两者之间有一夹角，即为垂线偏差。在推导三角高程测量的基本公式时，假定测站点的垂线和法线方向是一致的，并未顾及垂线偏差对于观测垂直角的影响。研究表明，单向观测时，如果沿着视线方向的垂线偏差变化很小，可以认为不受垂线偏差的影响。对向观测时，只要沿着视线方向的垂线偏差变化均匀，也可以认为不受影响。但在山区或地形起伏大的地区，影响还是相当大的。

4.8 卫星定位系统

4.8.1 全球导航卫星系统

全球导航卫星系统(Global Navigation Satellite System，GNSS)，是能在地球表面或近地空间的任何地点为用户提供全天候的三维坐标和速度以及时间信息的空基无线电导航定位系统。从 20 世纪 90 年代中期开始，国际民航组织、国际移动卫星组织、欧洲空间局等倡导发展完全由民间控制的、多个卫星导航系统组成的全球导航卫星系统。

1992 年 5 月，在国际民航组织(ICAO)未来空中导航系统(FANS)会议上，对全球导航卫星系统(GNSS)定义为：它是一个全球性的位置和时间测定系统，包括一种或几种卫星星座、机载接收机和系统完备性监视。GNSS研制开发将分步实施，第一步以GPS/GLONASS卫星导航系统为依托，建立由地球同步卫星移动通信导航卫星系统（INMARSAT）、完备性监视系统（GAIT）以及接收机完备性监视系统（RAIM）组成的混合系统，以提高卫星导航系统的完备性和服务的可靠性；第二步将建成纯民间控制的GNSS系统，该系统由多种中高轨道全球导航卫星和既能用于导航定位又能用于移动通信的静地卫星构成。

当前，全球导航卫星定位系统（GNSS）除了广泛应用的美国GPS外，还有已存在的俄罗斯GLONASS系统、中国北斗卫星导航系统（BDS）和欧洲GALILEO系统。以下主要对GPS系统、GLONASS系统和北斗卫星导航系统（BDS）进行简要介绍。

1. GPS（Global Positioning System）

GPS是美国第二代导航定位系统。1957年10月，世界上第一颗卫星发射成功后，科学家开始着手进行卫星定位和导航的研究工作。1958年底，美国海军武器实验室委托霍布金斯大学应用物理实验室研究美国军用舰艇导航服务的卫星系统，即海军导航卫星系统（Navy Navigation Satellite System，NNSS）。这一系统于1964年1月研制成功，成为世界上第一个卫星导航系统。由于存在较大的缺陷，如卫星数目少而出现卫星发送的无线电信号的突然间断，观测所需等待卫星出现的时间较长，以及高精度定位虽然可以达到1m，但需要40次以上的卫星观测（数天），且需要使用精密星历等。这些都不能满足当前实时、动态、精确的定位需要。因此，美国宣布终止该系统的研制与应用，并于1973年12月17日开始建立新的卫星导航定位系统。1978年第一颗试验卫星发射成功，1994年顺利完成了24颗卫星的布设。该系统全称为"卫星授时与测距导航系统（Navigation by Satellite Timing and Ranging Global Positioning System，NAVSTARGPS）"，简称全球定位系统（GPS）。GPS是GNSS系统中发展较成熟、应用广泛的卫星定位系统。GPS定位系统由三部分组成，即GPS空间部分（卫星和星座）、地面监控部分（地面监控系统）和用户部分（GPS接收机）。

（1）空间部分

GPS卫星的主体呈圆柱形，两侧有太阳能帆板，能自动对日定向。太阳能电池为卫星提供工作用电。每颗卫星装有微处理器、大容量的存储器和4台原子钟（发射标准频率、提供高精度的时间标准）。

GPS卫星的基本功能是：

① 接收和存储由地面监控站发来的导航信息，接收并执行监控站的控制指令；

② 进行部分必要的数据处理工作；

③ 通过高精度的原子钟提供精密的时间标准；

④ 向用户发送导航电文与定位信息；

⑤ 在地面站的指令下调整卫星姿态和启用备用卫星。

GPS卫星星座由24颗卫星组成，其中包括3颗备用卫星。卫星分布在6个轨道平面内，每个轨道平面内分布有4颗卫星。卫星轨道面相对地球赤道面的倾角约为55°，

卫星平均高度约为 20 200km，卫星运行周期为 11h58min。卫星的分布情况如图 4-75
所示。

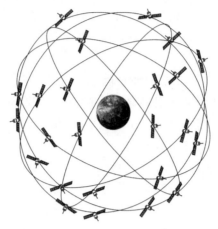

图 4-75　GPS 卫星星座

卫星在空间的上述配置，可在地球上任何地点、任何时刻均至少可以同时观测到 4
颗卫星。因此，GPS 是一种全球性、全天候、连续实时的导航定位系统。

（2）地面监控部分

在导航定位中，首先必须知道卫星的位置，而位置是由卫星星历计算出来的。地面
监控系统测量和计算每颗卫星的星历，编辑成导航电文发送给卫星，然后由卫星实时地
播送给用户，这就是卫星提供的广播星历。

GPS 的地面监控部分主要是由分布在全球的 5 个地面站组成，其中包括卫星监测
站、主控站和信息注入站。

主控站位于科罗拉多斯普林斯（Colorado Springs）的联合空间执行中心（CSOC），3
个注入站分别设在大西洋、印度洋和太平洋的三个美国军事基地上，即大西洋的阿松森
（Ascension）岛、印度洋的迪戈加西亚（Diego Garcia）和太平洋的卡瓦加兰（Kwajalein），5
个监测站设在主控站和 3 个注入站以及夏威夷岛上。

地面监控部分总的功能是：确定卫星轨道，保持 GPS 处于同一时间标准，监视卫
星"健康"状况。

（3）用户部分

用户部分即 GPS 接收机，GPS 接收机包括接收机主机、天线和电源，其主要功能
是接收 GPS 卫星发射的信号，以获得必要的导航和定位信息，并经初步数据处理而实
现实时的导航与定位。

GPS 接收机品牌有很多，图 4-76 是几种 GPS 接收机。

GPS 定位采用 WGS-84 坐标系，属地心坐标系。WGS-84 坐标系采用 1980 年国际大
地测量与地球物理联合会第 17 届大会推荐的椭球参数，坐标系的原点位于地球质心，

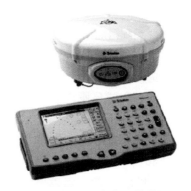

Leica 1200系列GPS接收机　　　　Trimble 5800系列GPS接收机

图 4-76　几种 GPS 接收机

Z 轴指向 BIH1984.0 定义的协议地球极(CIP)，X 轴指向 BIH1984.0 所定义的零子午面与 CIP 赤道的交点，Y 轴垂直于 X、Z 轴构成右手直角坐标系。

2. GLONASS

苏联海军在 1965 年开始建立 CICADA 卫星导航系统，即第一代卫星导航系统，当时的卫星导航系统也有与 NNSS 系统类似的不足。随后，1978 年苏联开始研制建立全球导航卫星系统(GLONASS)，1982 年 10 月开始发射导航卫星，自 1982 年至 1987 年，共发射了 27 颗 GLONASS 试验卫星。该系统与 GPS 系统极为相似。它由 24 颗卫星组成卫星星座(21 颗工作卫星和 3 颗在轨备用卫星)，均匀地分布在 3 个轨道平面内，如图 4-77所示。卫星高度为 19 100km，轨道倾角为 64.8°，卫星的运行周期为 11 时 15 分。GLONASS 卫星的这种空间配置，保证地球上任何地点、任何时刻均至少可以同时观测 5 颗卫星。

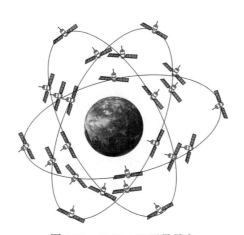

图 4-77　GLONASS 卫星星座

3. 中国北斗卫星导航系统

北斗卫星导航系统(BeiDou Navigation Satellite System，BDS)是中国自行研制的全球卫星定位与通信系统，是继美国全球定位系统(GPS)和俄罗斯 GLONASS 之后第三个成熟的卫星导航系统，是联合国卫星导航委员会已认定的供应商。系统由空间端、地面端和用户端组成，可在全球范围内全天候、全天时地为各类用户提供高精度、高可靠定位、导航、授时服务，并具短报文通信能力。北斗卫星导航系统空间端计划由 35 颗卫星组成，包括 5 颗静止轨道卫星和 30 颗非静止轨道卫星。5 颗静止轨道卫星定点位置为东经 58.75°、80°、110.5°、140°、160°，30 颗非静止轨道卫星又细分为 27 颗中轨道卫星(MEO)和 3 颗倾斜同步轨道卫星(IGSO)，27 颗 MEO 卫星平均分布在倾角为 55°的三个平面上，如图 4-78 所示。北斗系统地面端包括数个主控站(MCS)、数据上传站、监测站网络，监测站连续跟踪北斗卫星和接收观测数据，用于轨道确定和估计钟差。主控站(MCS)把所有监测站的数据收集起来，经过处理后生产卫星导航信息、广域差分改正数和完备性信息。主控站(MCS)生成的所有信息和卫星控制命令通过数据上传站发给北斗卫星。

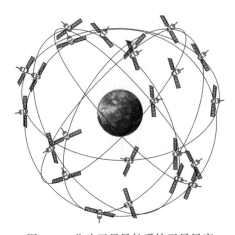

图 4-78　北斗卫星导航系统卫星星座

北斗系统的坐标基准采用的是 CGCS2000 国家大地坐标系统。北斗的时间系统为北斗导航卫星系统时间(BDT)，是一个连续的时间系统。CGCS2000 与 GPS 的 WGS-84 坐标系在原点、尺度、定向及定向的定义都是相同的，参考椭球非常相近，4 个椭球常数中唯有扁率 f 有微小差异。BDT 和 GPST 都采用原子时，秒长定义一样，不同的是二者时间系统的起算点不同，BDT 是从 2006 年 1 月 1 日 00：00 开始起算，没有闰秒问题。BDT 和 GPST 除了相差 1 356 周外，还始终保持一个 14s 的系统差(GPST 与世界协调时之间的闰秒差异)。北斗系统的用户终端包括多种北斗用户接收机，可同时兼容其他导航定位卫星系统，满足多种不同的应用需求。

北斗系统具有以下特点：一是北斗系统空间段采用三种轨道卫星组成的混合星座，

与其他卫星导航系统相比高轨卫星更多，抗遮挡能力强，尤其低纬度地区性能特点更为明显。二是北斗系统提供多个频点的导航信号，能够通过多频信号组合使用等方式提高服务精度。三是北斗系统创新融合了导航与通信能力，具有实时导航、快速定位、精确授时、位置报告和短报文通信服务五大功能。

北斗导航卫星系统按照"三步走"的发展战略稳步推进。具体如下：

第一步：2000年建成了北斗卫星导航试验系统，即北斗一号系统，使中国成为世界上第三个拥有自主卫星导航系统的国家（区域有源定位）。

第二步：2012年建成北斗二号系统，形成覆盖亚太大部分地区的服务能力（区域无源定位）。

第三步：2020年左右建成北斗三号系统，形成全球覆盖能力（全球无源定位）。

4.8.2 卫星定位基本原理与误差来源

1. 卫星定位的基本原理

卫星定位的基本原理是把卫星视为一种飞行的动态已知点，在其瞬间位置已知的情况下（星历提供），以卫星和用户的接收机天线相位中心之间的距离为观测量，进行空间距离的后方交会，从而确定出用户所在的位置，如图4-79所示。

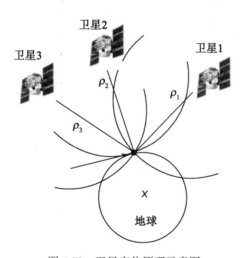

图4-79 卫星定位原理示意图

图4-79中卫星1在t_{e1}时刻发出信号，接收机在t_r时刻接收到卫星1发射的信号，那么，站星间的距离ρ_1可以表示为信号传播时间及其传播速度的乘积：

$$\rho_1 = (t_r - t_{e1}) \times c \tag{4-85}$$

同理，获得卫星2和卫星3的ρ_2和ρ_3，然后以卫星为球心，以站星间的距离作半径，作3个球，那么交点就是用户所在的位置：

$$\rho_r^s = \sqrt{(X_s - X_r)^2 + (Y_s - Y_r)^2 + (Z_s - Z_r)^2} \tag{4-86}$$

式中，(X_s, Y_s, Z_s) 为卫星在地固坐标系下的瞬间位置，(X_r, Y_r, Z_r) 为用户所在的位置。实现定位时需要观测到 4 颗以上的 GPS 卫星，并将接收机钟差作为未知参数，进行用户接收机的位置计算。

2. 卫星定位测量的误差

(1) 误差的分类

卫星定位是通过地面接收设备接收卫星发射的导航定位信息来确定地面点的三维坐标。可见测量结果的误差来源于卫星、信号的传播过程和接收设备。卫星定位测量误差可分为三类：与卫星有关的误差，与卫星信号传播有关的误差，与卫星信号接收机有关的误差。

与卫星有关的误差主要包括卫星的星历误差和卫星钟误差以及相对论效应误差和卫星天线相位中心偏差，可在测量中采取一定的措施消除或减弱这些误差，或采用某种数学模型对其进行改正。

与卫星信号传播有关的误差主要包括电离层延迟误差、对流层延迟误差和多路径效应误差。电离层延迟误差和对流层延迟误差即信号通过电离层和对流层时，传播速度发生变化而产生时延，使测量结果产生系统误差，在卫星定位测量中，可以采取一定的措施消除或减弱，或采用某种数学模型对其进行改正。在卫星定位测量中，测站周围的反射物所反射的卫星信号进入接收机天线，将和直接来自卫星的信号产生叠加，从而使观测值产生偏差，即为多路径效应误差，多路径效应误差取决于测站周围的观测环境，具有一定的随机性，属于偶然误差。为了减弱多路径误差，测站位置应远离大面积平静水面，测站附近不应有高大建筑物，测站点不宜选在山坡、山谷和盆地中。

与卫星信号接收机有关的误差主要包括接收机的观测噪声、接收机的时钟误差和接收机天线相位中心偏差。接收机的观测误差具有随机性质，是一种偶然误差，通过增加观测量可以明显减弱其影响。接收机时钟误差是指接收机内部安装的高精度石英钟的钟面时间相对于卫星标准时间的偏差，是一种系统误差，但可采取一定的措施予以消除或减弱。在卫星定位测量中，是以接收机天线相位中心代表接收机位置的，由于天线相位中心随着卫星信号强度和输入方向的不同而发生变化，致使其偏离天线几何中心而产生系统误差。

(2) 消除、削弱上述误差影响的措施和方法

上述各项误差对测距的影响可达数十米，有时甚至可超过百米，比观测噪声大几个数量级，因此必须加以消除和削弱。消除或削弱这些误差所造成的影响的方法主要有：

①建立误差改正模型：

误差改正模型既可以是通过对误差特性、机理以及产生的原因进行研究分析、推导而建立起来的理论公式，也可以是通过大量观测数据的分析、拟合而建立起来的经验公式。在大多数情况下是同时采用两种方法建立的综合模型(各种对流层折射模型则大体上属于综合模型)。

由于改正模型本身的误差以及所获取的改正模型各参数的误差，仍会有一部分偏差残留在观测值中，这些残留的偏差通常仍比偶然误差要大得多，严重影响卫星的定位

精度。

②求差法：

仔细分析误差对观测值或平差结果的影响，安排适当的观测纲要和数据处理方法（如同步观测、相对定位等），利用误差在观测值之间的相关性或在定位结果之间的相关性，通过求差来消除或削弱其影响的方法称为求差法。

例如，当两站对同一卫星进行同步观测时，观测值中都包含了共同的卫星钟误差，将观测值在接收机间求差即可消除此项误差。同样，一台接收机对多颗卫星进行同步观测时，将观测值在卫星间求差即可消除接收机钟误差的影响。

又如，目前广播星历的误差可达数十米，这种误差属于起算数据的误差，并不影响观测值，不能通过观测值相减来消除。利用相距不太远的两个测站上的同步观测值进行相对定位时，由于两站至卫星的几何图形十分相似，因而星历误差对两站坐标的影响也很相似。利用这种相关性在求坐标差时就能把共同的坐标误差基本消除掉。

③选择较好的硬件和较好的观测条件：

有的误差（如多路径误差）既不能采用求差方法来解决也无法建立改正模型，削弱它的唯一办法是选用较好的天线，仔细选择测站，远离反射物和干扰源。

4.8.3 卫星定位方法

1. 卫星定位基本模式

卫星定位模式根据分类标准的不同分为静态定位和动态定位或者绝对定位和相对定位。

（1）静态定位和动态定位

按照用户接收机天线在定位过程中所处的状态，分为静态定位和动态定位两类。

① 静态定位：在定位过程中，接收机天线的位置是固定的，处于静止状态。其特点是观测时间较长，有大量的重复观测，其定位的可靠性强、精度高。主要应用于测定板块运动、监测地壳形变、大地测量、精密工程测量、地球动力学及地震监测等领域。

② 动态定位：在定位过程中，接收机天线处于运动状态。其特点是可以实时地测得运动载体的位置，多余观测量少，定位精度较静态定位低。目前广泛应用于飞机、船舶、车辆的导航中。

（2）绝对定位与相对定位

按照参考点的不同位置，分为绝对定位和相对定位两类。

① 绝对定位（也称单点定位）：是以地球质心为参照点，只需一台接收机，独立确定待定点在地球参考框架坐标系中的绝对位置。其组织实施简单，但定位精度较低（受星历误差、星钟误差及卫星信号在大气传播中的延迟误差的影响比较显著）。该定位模式在船舶、飞机的导航，地质矿产勘探，暗礁定位，建立浮标，海洋捕鱼及低精度测量领域应用广泛。近几年来发展起来的精密单点定位（PPP）技术可以用来提高绝对定位的精度。

② 相对定位：以地面某固定点为参考点，利用两台以上接收机，同时观测同一组卫星，确定各观测站在地球参考框架坐标系统中的相对位置或基线向量。其优点：由于各站同步观测同一组卫星，误差对各站观测量的影响相同或大体相同，对各站求差（线性组合）可以消除或减弱这些误差的影响，从而提高了相对定位的精度；缺点：内外业组织实施较复杂。主要应用于大地测量、工程测量、地壳形变监测等精密定位领域。

在绝对定位和相对定位中，又都分别包含静态定位和动态定位两种方式。在动态相对定位中，当前应用较广的有差分定位和 RTK，差分卫星定位是以测距码观测值为主的实时动态相对定位，精度低；RTK 以载波相位观测值为主的实时动态相对定位，可实时获得厘米级的定位精度。

利用卫星定位，无论采取何种模式都是通过观测卫星获得某种观测量来实现的。目前广泛采用的基本观测量主要有两种，即测距码观测量和载波相位观测量，根据两种观测量均可得出站星间的距离。不同的观测量对应不同的定位方法，即利用测距码观测量进行定位的方法，一般称为伪距法测量（定位）；而利用载波相位观测量进行定位的方法，一般称为载波相位测量。本节重点介绍利用这两种定位方法进行静态定位的基本原理。

2. 静态绝对定位

（1）伪距测量和定位

如图 4-80 所示，卫星依据自己的时钟发出某一结构的测距码 $u(t)$，该测距码经过 Δt 时间传播后到达接收机，接收机接收到的测距码为 $u(t-\Delta t)$。接收机在自己的时钟控制下产生一结构完全相同的复制码 $u'(t)$，并通过时延器使其延迟时间 τ，得到 $u'(t-\tau)$。两测距码在相关器进行相关处理，经积分器即可输出两信号间的自相关系数：

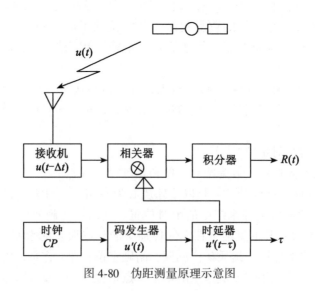

图 4-80　伪距测量原理示意图

$$R(t) = \frac{1}{T} \int_T u(t - \Delta t) u'(t - \tau) \mathrm{d}t \tag{4-87}$$

在积分式中，直到两测距码的自相关系数 $R(t) = 1$ 为止，此时，复制码已和接收到的来自卫星的测距码对齐，复制码的延迟时间 τ 就等于卫星信号的传播时间 Δt。将 τ 乘以光速 c 后即可求得卫星至接收机的伪距。

上述码相关法测量的距离，之所以称为伪距有两个原因：

① 卫星钟和接收机钟不完全同步；

② 由于信号并不是在真空中传播，因而观测值 τ 中也包含了大气传播延迟误差。

因而在 $R(t) = \max \approx 1$ 的情况下求得的时延 τ 就不严格等于卫星信号的传播时间 Δt，故将求得的时延 τ 和真空中的光速 c 的乘积 $\tilde{\rho}$ 称为伪距。以此作为观测值，建立 $\tilde{\rho}$ 与站星间真正几何距离 ρ 间的关系，称为观测方程。伪距法定位观测方程，经推证可得到：

$$\rho = \tilde{\rho} - cv_{t^a} + cv_{t_b} + \delta\rho_{\mathrm{ion}} + \delta\rho_{\mathrm{trop}} \tag{4-88}$$

式中：v_{t^a}、v_{t_b} 分别为卫星钟和接收机钟的改正数；$\delta\rho_{\mathrm{ion}}$、$\delta\rho_{\mathrm{trop}}$ 分别为电离层和对流层折射对站星距离的改正。

将式(4-88)中 ρ 写成站星坐标的函数：卫星坐标为 (x, y, z)，接收机坐标为 (X, Y, Z) 则

$$[(x_i - X)^2 + (y_i - Y)^2 + (z_i - Z)^2]^{\frac{1}{2}} - cv_{t_b} = \tilde{\rho}_i - cv_{t_i^a} + (\delta\rho_i)_{\mathrm{ion}} + (\delta\rho_i)_{\mathrm{trop}}$$
$$\tag{4-89}$$

上式即为伪距定位法的数学模型(观测方程)。

这样，任一观测时刻，用户至少要测定 4 颗卫星的距离，以解算出 4 个未知数，即用户三个坐标参数和一个接收机钟差参数；当卫星数大于 4 时，用最小二乘法求解未知数的最或是值。

(2) 载波相位测量和定位

伪距测量是以测距码为量测信号的，量测精度是一个码元长度的百分之一。由于测距码的码元长度较长，因此量测精度较低(C/A 码为 3m，P 码为 30cm)。载波的波长要短得多(λ_{L1} 约为 19cm，λ_{L2} 约为 24cm)，对载波进行相位测量，可以达到很高的精度。目前大地型接收机的载波相位测量精度一般为 1~2mm。但载波信号是一种周期性的正弦信号，相位测量只能测定其不足一个波长的部分，因而存在整周不确定性问题，即整周未知数，而整周模糊度的解算过程复杂。

由于 GPS 信号中已用相位调制的方法在载波上调制了测距码和导航电文，因而接收到的载波的相位已不再连续，所以在进行载波相位测量之前，首先要进行解调工作，设法将调制在载波上的测距码和导航电文去掉，重新获得纯净的载波，此过程即所谓的载波重建。

如图 4-81 所示，若卫星 S 发出一载波信号，该信号向各处传播。设某一瞬间，该信号在接收机 R 处的相位为 φ_R，在卫星 S 处的相位为 φ_S。φ_R 和 φ_S 为从某一起始点开始

计算的包括整周数在内的载波相位，为方便计算，均以周数为单位。若载波的波长为 λ，则卫星 S 至接收机 R 间的距离为：

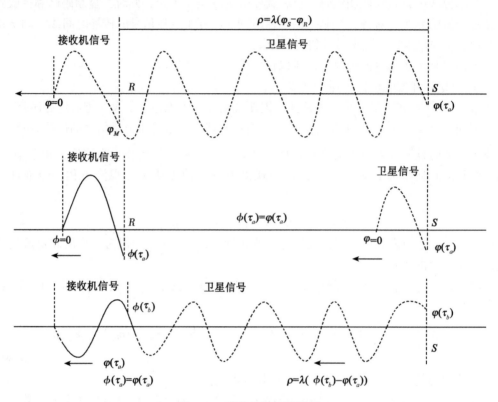

图 4-81　载波相位测量原理

$$\rho = \lambda(\varphi_S - \varphi_R) \tag{4-90}$$

但因无法观测 φ_S，因此该方法无法实施。

如果接收机的振荡器能产生一个频率与初相和卫星载波信号完全相同的基准信号，问题即可解决，因为任何一个瞬间在接收机处的基准信号的相位等于卫星处载波信号的相位。因而，$(\varphi_S - \varphi_R)$ 等于接收机产生的基准信号的相位和接收到的来自卫星的载波信号相位之差，

$$(\varphi_S - \varphi_R) = \phi(\tau_b) - \varphi(\tau_a) \tag{4-91}$$

即某一瞬间的载波相位测量值指的是该瞬间接收机所产生的基准信号的相位 $\phi(\tau_b)$ 和接收到的来自卫星的载波信号的相位 $\varphi(\tau_a)$ 之差。

因此，根据某一瞬间的载波相位测量值可求出该瞬间从卫星到接收机的距离。

t_i 时刻载波相位实际观测值为：

$$\varphi(t_i) = N_0 + \text{Int}^i(\phi) + \text{Fr}^i(\phi) \tag{4-92}$$

式中：N_0 为相位差的整周数，因为载波只是一种单纯的正弦波，不带有任何识别标记，

因而无法判断正在量测的是第几周的信号，于是在载波相位测量中便出现了整周未知数，需通过其他途径进行求解；$\text{Int}^i(\phi)$ 为 $t_0 \sim t_i$ 时段的整周变化数，可由计数器累计而成，如果由于某种原因，如信号暂时受阻而中断，计数器无法连续计数，当信号被重新跟踪后，整周计数中将丢失某一量而变得不正确，这种现象称为整周跳变(简称周跳)。

$\text{Fr}^i(\phi)$ 为 t_i 时刻不足一周的小数部分，仪器的实际量测值。

因此，载波测量的实际观测值为

$$\tilde{\varphi} = \text{Int}^i(\varphi) + \text{Fr}^i(\varphi) \tag{4-93}$$

由上所述，某一瞬间的载波相位测量值指的是该瞬间接收机所产生的基准信号的相位 $\phi(\tau_b)$ 和接收到的来自卫星的载波信号的相位 $\varphi(\tau_a)$ 之差：$(\varphi_S - \varphi_R) = \phi(\tau_b) - \varphi(\tau_a)$，从载波相位测量的这一基本原理出发，考虑卫星钟差及接收机钟差改正，信号在大气传播的折射改正，建立在实际情况下载波相位测量的观测方程：

$$\tilde{\varphi} = \frac{f}{c}(\rho - \delta\rho_{\text{ion}} - \delta\rho_{\text{trop}}) + fv_{t^a} - fv_{t_b} - N_0 \tag{4-94}$$

将上式中的 ρ 表达成卫星位置(x, y, z)和接收机位置(X, Y, Z)的函数并引入近似值：$X = X_0 + v_X$，$Y = Y_0 + v_Y$，$Z = Z_0 + v_Z$，将其在(X_0, Y_0, Z_0)处用一阶泰勒级数展开，则上式为

$$\frac{f}{c}\frac{x - X_0}{\rho_0}v_X + \frac{f}{c}\frac{y - Y_0}{\rho_0}v_Y + \frac{f}{c}\frac{z - Z_0}{\rho_0}v_Z - fv_{t^a} + fv_{t_b} + N_0 = \frac{f}{c}(\rho_0 - \delta\rho_{\text{ion}} - \delta\rho_{\text{trop}}) - \tilde{\varphi}$$
$$\tag{4-95}$$

上式中各符号的意义如前所述。等号左边为未知参数，右边的各项均为已知值。需要指出的是，星钟改正数虽可用导航电文中给出的改正系数 a_0、a_1、a_2进行计算，但其精度只有 20ns 左右，无法满足大地测量的要求，故要引入观测瞬间卫星钟的钟差这一改正数作为未知数。

3. 静态相对定位

用两台接收机分别安置在基线的两端点，其位置静止不动，同步观测相同的 4 颗以上 GPS 卫星，确定基线两端点的相对位置，这种定位模式称为静态相对定位。在实际工作中，常常将接收机数目扩展到 3 台以上，同时测定若干条基线(图 4-82)。这样做不仅考虑了工作效率，而且增加了观测条件，提高了观测结果的可靠性。

在两台或多台接收机同步观测相同卫星的情况下，卫星的轨道误差、卫星钟差、接收机钟差以及电离层和对流层的延迟误差对观测量的影响具有一定的相关性，利用这些观测量的不同组合(求差)进行相对定位，可有效地消除或削弱相关误差的影响，从而提高相对定位的精度。

(1)单差模型(站间单差)

式(4-94)是载波相位测量的基本观测方程，将两接收机载波相位测量的基本观测值求一次差后，可获得单差的基本观测方程：

$$\Delta\varphi_{ij}^p = \frac{f}{c}\rho_j^p - \frac{f}{c}\rho_i^p + l_{ij}^p - \frac{f}{c}(\delta\rho_{\text{ion}})_{ij}^p - \frac{f}{c}(\delta\rho_{\text{trop}})_{ij}^p - fV_{T_{ji}} - (N_0)_{ij}^p \tag{4-96}$$

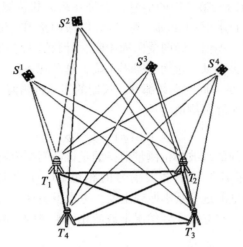

图 4-82　多台接收机静态相对定位作业

　　此外，在进行 GPS 相对定位时，必须有一个点的坐标已知，才能根据卫星位置和观测值求出基线向量。

　　设已知 i 点坐标为：$(X_i,\ Y_i,\ Z_i)^{\mathrm{T}}$，基线向量为 $(\Delta X_{ij},\ \Delta Y_{ij},\ \Delta Z_{ij})^{\mathrm{T}}$，基线向量近似值为 $(\Delta X_{ij}^0,\ \Delta Y_{ij}^0,\ \Delta Z_{ij}^0)^{\mathrm{T}}$，基线向量改正数为 $(V_{\Delta X_{ij}},\ V_{\Delta Y_{ij}},\ V_{\Delta Z_{ij}})$。则 j 点坐标为：

$$X_j = X_i + \Delta X_{ij} = X_i + \Delta X_{ij}^0 + V_{\Delta X_{ij}} = X_j^0 + V_{\Delta X_{ij}}$$

$$Y_j = Y_i + \Delta Y_{ij} = Y_i + \Delta Y_{ij}^0 + V_{\Delta Y_{ij}} = Y_j^0 + V_{\Delta Y_{ij}}$$

$$Z_j = Z_i + \Delta Z_{ij} = Z_i + \Delta Z_{ij}^0 + V_{\Delta Z_{ij}} = Z_j^0 + V_{\Delta Z_{ij}}$$

　　将基本观测方程(4-96)中的 ρ_j^p 按一阶泰勒级数展开，线性化后的单差观测方程为：

$$\begin{aligned}
\Delta\varphi_{ij}^p ={}& \frac{f}{c}\frac{X_j^0 - x^p}{(\rho_j^p)_0}V_{\Delta X_{ij}} + \frac{f}{c}\frac{Y_j^0 - y^p}{(\rho_j^p)_0}V_{\Delta Y_{ij}} + \frac{f}{c}\frac{Z_j^0 - z^p}{(\rho_j^p)_0}V_{\Delta Z_{ij}} \\
& - fV_{T_{ij}} - (N_0)_{ij}^{\,p} + \frac{f}{c}(\rho_j^p)_0 - \frac{f}{c}\rho_j^p + l_{ij}^p \\
& - \frac{f}{c}(\delta\rho_{\mathrm{ion}})_{ij}^{\,p} - \frac{f}{c}(\delta\rho_{\mathrm{trop}})_{ij}^{\,p}
\end{aligned} \tag{4-97}$$

i 点坐标通常可由大地坐标转换为 WGS-84 坐标或取较长时间的单点定位结果。

　　(2) 双差模型(站星间双差)

　　继续在接收机和卫星间求二次差，可得到双差模型：

$$\begin{aligned}
\Delta\varphi_{ij} ={}& \frac{f}{c}\left(\frac{X_j^0 - x^q}{(\rho_j^q)_0} - \frac{X_j^0 - x^p}{(\rho_j^p)_0}\right)V_{\Delta X_{ij}} \\
& + \frac{f}{c}\left(\frac{Y_j^0 - y^q}{(\rho_j^q)_0} - \frac{Y_j^0 - y^p}{(\rho_j^p)_0}\right)V_{\Delta Y_{ij}}
\end{aligned}$$

$$+ \frac{f}{c}\left(\frac{Z_j^0 - z^q}{(\rho_j^q)_0} - \frac{Z_j^0 - z^p}{(\rho_j^p)_0}\right)V_{\Delta Z_{ij}}$$

$$- (N_0)_{ij}^{pq} - \frac{f}{c}\left[\rho_i^{pq} + (\delta\rho_{\text{ion}})_{ij}^{pq} + (\delta\rho_{\text{trop}})_{ij}^{pq}\right] + l_{ij}^{pq} \qquad (4\text{-}98)$$

在接收机和卫星间求二次差后，消除了接收机钟差及卫星钟差，大大削弱了电离层延迟误差、对流层延迟误差和卫星轨道误差等误差，仅有基线向量的改正数和整周未知数。随机商业软件大多采用此模型进行基线向量的解算。

如果继续在接收机、卫星和历元间求三次差，可消去整周未知数，但通过求三次差后，方程数大大减少，故解算结果的精度不是很高，通常被用来作为基线向量的初次解。

（3）整周跳变和整周未知数的确定

整周跳变和整周未知数的确定是载波相位测量中的特有问题。由前述的载波相位测量可知，完整的载波相位测量值是由 N_0，$\text{Int}(\phi)$ 和 $\text{Fr}(\phi)$ 三部分组成的，虽然 $\text{Fr}(\phi)$ 能以极高的精度测定，但这只有在正确无误地确定 N_0 和 $\text{Int}(\phi)$ 的情况下才有意义。整周跳变的探测与修复和整周未知数的确定的具体方法请参阅有关书籍。

4. 卫星实时动态差分定位

在数字测图和工程测量中，应用较为广泛的载波相位实时动态差分定位技术，又称为实时动态（Real Time Kinematic，RTK）定位技术，在一定的范围内，能实时提供用户点位的三维实用坐标，并达厘米级的定位精度。

RTK 的工作原理是在两台接收机间加上一套无线电通信系统，将相对独立的接收机连成一个有机的整体；基准站把接收到的伪距、载波相位观测值和基准站的一些信息（如基准站的坐标和天线高等）都通过通信系统传送到流动站；流动站在接收卫星信号的同时，也接收基准站传送来的数据并进行处理：将基准站的载波信号与自身接收到的载波信号进行差分处理，即可实时求解出两站间的基线向量，同时输入相应的坐标，转换参数和投影参数，即可求得实用的未知点坐标。

（1）流动站位置的坐标计算程序

① 流动站首先进行初始化。静态观测若干历元，快速确定整周未知数，这一过程即为初始化过程；

② 流动站将接收到的载波相位观测值和基准站的载波相位观测值进行差分处理，类似静态观测的数据处理，即将求出的整周未知数代入双差模型，实时求解出基线向量；

③ 由传输得到的基准站的 WGS-84 地心坐标 (x_b, y_b, z_b)，就可求得流动站的地心坐标：

$$\begin{pmatrix} x_u \\ y_u \\ z_u \end{pmatrix}_{84} = \begin{pmatrix} x_b \\ y_b \\ z_b \end{pmatrix}_{84} + \begin{pmatrix} \delta x \\ \delta y \\ \delta z \end{pmatrix} \qquad (4\text{-}99)$$

④ 利用当地坐标系与 WGS-84 地心坐标系的转换参数（七参数），就可得到当地坐

标系的空间直角坐标：

$$\begin{pmatrix} x \\ y \\ z \end{pmatrix}_{\text{local}} = \begin{pmatrix} x \\ y \\ z \end{pmatrix}_{84} - \begin{pmatrix} 1 & 0 & 0 & 0 & -z & y & x \\ 0 & 1 & 0 & z & 0 & -x & y \\ 0 & 0 & 1 & -y & x & 0 & z \end{pmatrix} \begin{pmatrix} \Delta x \\ \Delta y \\ \Delta z \\ \alpha \\ \beta \\ \gamma \\ m \end{pmatrix} \tag{4-100}$$

当然，也可将流动站的 WGS-84 地心坐标转换为实用的二维平面直角坐标。一般转换参数未知，则可利用公共点的两套坐标代入上式，反求出转换参数，再用上式求出非重合点的坐标。

（2）RTK 测量的基本方法

① 在基准站安置卫星接收机（图 4-83），进行基准站设置，包括基准站接收机模式、坐标系、投影方式、电台通信相关参数、接收机天线高度等。在基准站设置仪器时，应注意以下问题：基准站上仪器架设要严格对中、整平；卫星天线、信号发射天线、主机、电源等应连接正确无误；量取基准站接收机天线高，量取两次以上，符合限差要求记录均值；基准站接收机的定向指北线应指向正北，偏差不大于 10 度。

② 进行流动站设置（图 4-84），包括流动站接收机模式、电台通信相关参数、接收机天线高度等设置。

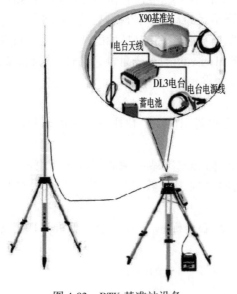

图 4-83　RTK 基准站设备

图 4-84　RTK 流动站设备

③ 使用流动站在测量范围内至少 3 个已知控制点上进行测量，求卫星定位坐标与

实地坐标系间的转换参数(有的称为点校正),并进行设置。

④ 实测流动点坐标,将其与检测点的已知坐标进行对比,其差应在允许范围内。

⑤ 流动接收机继续进行未知点的测量工作。

5. 网络 RTK 系统

常规 RTK 技术有着一定的局限性,使得其在应用中受到限制,主要表现为:用户需要架设本地的参考站,误差随距离增长,流动站和参考站的位置和距离受到限制(<15km),可靠性和可行性随距离降低。

为了弥补常规 RTK 所存在的缺陷,达到区域范围内厘米级、精度均匀的实时动态定位,网络 RTK 技术(CORS)应运而生。

CORS 系统是连续运行参考站(Continuous Operational Reference Station, CORS)系统的缩写,以 CORS 系统为基础可建立网络 RTK 系统。网络 RTK 系统,可以定义为一个或若干个固定的、连续运行的卫星定位系统参考站,利用现代计算机、数据通信和互联网(LAN/WAN)技术组成的网络,实时地向不同类型、不同需求、不同层次的用户自动地提供经过检验的不同类型的卫星定位观测值(载波相位、伪距),各种改正数,状态信息以及其他有关卫星定位服务项目的系统。网络 RTK 系统由基准站网(CORS 网)、数据处理中心、数据传输系统、定位导航数据播发系统、用户应用系统 5 个部分组成,各基准站与监控分析中心间通过数据传输系统连接成一体,形成专用网络。

①基准站网:由范围内均匀分布的基准站组成,负责采集卫星观测数据并输送至数据处理中心,同时提供系统完好性监测服务。

②数据处理中心:用于接收各基准站数据,进行数据处理,形成多基准站差分定位用户数据,组成一定格式的数据文件,再分发给用户。数据处理中心是 CORS 的核心单元,也是高精度实时动态定位得以实现的关键所在。中心 24 小时连续不断地根据各基准站所采集的实时观测数据在区域内进行整体建模解算,自动生成一个对应于流动站点位的虚拟参考站(包括基准站坐标和卫星观测值信息),并通过现有的数据通信网络和无线数据播发网,向各类需要测量和导航的用户以国际通用格式提供码相位/载波相位差分修正信息,以便实时解算出流动站的精确点位。

③数据传输系统:各基准站数据通过光纤专线传输至监控分析中心,该系统包括数据传输硬件设备及软件控制模块。

④定位导航数据播发系统:系统通过移动网络、UHF 电台、Internet 等形式向用户播发定位导航数据。

⑤用户应用系统:包括用户信息接收系统、网络型 RTK 定位系统、事后和快速精密定位系统以及自主式导航系统和监控定位系统等。按照应用的精度不同,用户服务子系统可以分为毫米级用户系统、厘米级用户系统、分米级用户系统、米级用户系统等;而按照用户的应用不同,可以分为测绘与工程用户(厘米和分米级)、车辆导航与定位用户(米级)、高精度用户(事后处理)、气象用户等几类。

目前应用较广的网络 RTK 服务技术有虚拟参考站、FKP 和主辅站技术(MAC)。其各自的数学模型和定位方法有一定的差异,但在基准站架设和改正模型的建立方面基本原理是相同的。

(1)虚拟参考站技术

Herbert Landau 等提出了虚拟参考站(Virtual Reference Stations，VRS)的概念和技术。VRS 方法是通过与流动站用户相邻的几个基准站(一般是三个)之间的基线计算各项观测误差，来消除或大大削弱这些误差项对流动站定位带来的影响。数据处理中心根据流动站发来的用户近似坐标判断出该站位于哪三个基准站所组成的三角形内。然后，根据插值方法建立一个对应于流动站点位的虚拟参考站(VRS)，将这个虚拟参考站的观测数据传输给流动站用户，流动站用户利用虚拟参考站的数据与自身的观测数据进行差分定位。服务区每一个流动站用户对应着一个不同的虚拟参考站，由于虚拟参考站发送的是标准格式的信息，因此流动站用户并不需要知道基准站所采用的参考模型。基准站需要根据流动站的坐标建立相应的局部改正数模型，所以，流动站用户必须将自己的概略位置坐标信息发送给数据处理中心，即流动站用户需要配备双向数据通信设备，可解决 RTK 作业距离上的限制问题，并保证了用户的精度。

其实虚拟参考站技术就是利用各基准站的坐标和实时观测数据解算该区域实时误差模型，然后用一定的数学模型和流动站概略坐标，模拟出一个临近流动站的虚拟参考站的观测数据，建立观测方程，解算虚拟参考站到流动站间这一超短基线。一般虚拟参考站位置就是流动站登录时上传的概略坐标，这样由于单点定位的精度，使得虚拟参考站到流动站的距离一般为几米到几十米之间，如果将流动站发送给处理中心的观测值进行双差处理后建立虚拟参考站的话，这一基线长度甚至只有几米。

对于临近的点，可以只设一个虚拟参考站。开一次机，用户和数据中心通信初使化一次，确定一个虚拟参考站。当移动站和虚拟参考站之间的距离超出一定范围时，数据中心重新确定虚拟参考站。

(2)FKP 技术

FKP 是德文 Flachcn Korrcctur Paramctcr 的简称，也称为区域误差改正参数，是由德国专家最早提出来的。该方法基于状态空间模型(State Space Model，SSM)，其主要过程是数据处理中心首先计算出网内电离层延迟和几何信号的误差影响，再将这些误差影响描述成南北方向和东西方向的区域参数，并以广播的方式发播出去，最后流动站用户根据这些参数和自身的位置计算流动站观测值的误差改正数。

FKP 和虚拟参考站技术最大的不同就是定位方法，一个是利用虚拟观测值和流动站观测值做单基线解算，一个是利用改正后的观测值加入各基准站做多基线解算。

(3)MAC 技术

瑞士的 Leica 公司提出主辅站技术(Master-Auxiliary Concept，MAC)。主辅站方法的基本概念是基准站网以高度压缩的形式，将所有相关的、代表整周模糊度水平的观测数据，比如色散性的和非色散性的差分改正数，作为网络的改正数据播发给流动站用户。数据处理中心首先进行基准站网的数据处理，辅站相对于主参考站改正数差计算，然后把主参考站改正数和辅站与主参考站改正数差发送给流动站。

为了降低基准站系统网络中数据的播发量，主辅站方法发送其中一个基准站作为主参考站的全部改正数及坐标信息，对于辅参考站，播发的是相对于主参考站的差分改正数及坐标差。主参考站与每一个辅站之间的差分信息从数量上来说要少得多，而且，能够以较少的数据量来表达这些信息。

对于用户来说，主参考站并不要求是距离最近的那个基准站。因为主参考站仅仅是为了方便进行数据传输，在差分改正数的计算中并没有任何特殊的作用。如果由于某种原因，主参考站传来的数据不再具有有效性，或者根本无法获取主参考站的数据，那么，可以选择任何一个辅站作为主参考站。

习题与思考题

1. 简述水准测量的原理。

2. 水准测量时，转点的作用是什么？

3. 地球曲率和大气垂直折光对水准测量有何影响？如何抵消或削弱球气差？

4. 水准仪由哪些主要部分构成？各部分分别有什么用途？

5. 测量望远镜由哪些主要部分构成？各部分分别有什么用途？

6. 何谓视准轴？何谓视差？如何消除视差？

7. 何谓水准管轴？何谓圆水准轴？何谓水准管的分划值？水准管的分划值与其灵敏度的关系如何？

8. 自动安平水准仪的特点有哪些？其自动安平的原理是什么？

9. 水准尺的种类有哪些？尺垫有何作用？

10. 简述使用水准仪的基本操作步骤。

11. 数字水准仪、水准管水准仪、自动安平水准仪三者的主要不同点是什么？

12. 水准测量时为何要使前后视距离尽量相等？

13. 水准测量的主要误差来源有哪些？

14. 水准仪在测量时应满足哪些条件？

15. 何谓水准仪的 i 角？试述 i 角检验的一种方法。

16. A、B 两点相距 80 米，水准仪置于 AB 中点，观测 A 尺上读数 $a = 1.246\mathrm{m}$，观测 B 尺上读数 $b = 0.782\mathrm{m}$；将水准仪移至 AB 延长线上的 C 点，BC 长为 $10\mathrm{m}$，再观测 A 尺上读数 $a' = 2.654\mathrm{m}$，观测 B 尺上读数 $b' = 2.278\mathrm{m}$，试求：

①该水准仪的 i 角值(算至 $0.1''$)；

②水准仪在 C 点时，A 尺上的正确读数(算至 mm)。

17. 水准尺的检验工作有哪些？

18. 何谓水准仪的交叉误差？交叉误差对高差的影响是否可以用前后视距离相等的方法消除，为什么？

19. 进行水准测量时，设 A 为后视点，B 为前视点，后视水准尺读数 $a = 1.124\mathrm{m}$，前视水准尺读数 $b = 1.428\mathrm{m}$，问 A、B 两点的高差为多少？已知 A 点的高程为 $20.016\mathrm{m}$，问 B 点的高程为多少？

20. 什么是水平角？简述水平角测量原理。

21. 什么是竖直角？简述竖直角测量原理。

22. 经纬仪有哪些主要部分组成？各有什么作用？

23. 经纬仪分为哪几类？何谓光学经纬仪？何谓电子经纬仪？

24. 简述光学经纬仪度盘读数中测微器的原理。

25. 简述光栅度盘测角系统的测角原理。

26. 安置经纬仪时，为什么要进行对中和整平？

27. 水平角观测方法有哪些？各适用于何种条件？

28. 试述方向法观测水平角的步骤。

29. 方向观测法中有哪些限差？

30. 何谓竖盘指标差？在观测中如何抵消指标差？

31. 角度观测为何要用正、倒镜观测？

32. 写出钢尺尺长方程式，说明各符号的意义。

33. 钢尺量距的成果整理步骤有哪些？

34. 试述视距法测距的基本原理。

35. 光电测距仪的基本原理是什么？光电测距成果整理时，要进行哪些改正？

36. 试述光电测距的主要误差来源及其影响。

37. 何谓光电测距的加常数和乘常数？

38. 光电测距仪应进行哪些项目的检定？

39. 水平角观测的主要误差来源有哪些？如何消除或削弱其影响？

40. 经纬仪的主要轴线需要满足哪些条件？

41. 何谓经纬仪的横轴倾斜误差？说明其对水平方向的影响。

42. 何谓经纬仪的竖轴倾斜误差？说明其对水平方向的影响。

43. 何谓全站仪？其结构上具有哪些特点？

44. 自动全站仪和普通全站仪的主要区别是什么？

45. 试述自动全站仪自动目标识别与照准过程。

46. 试述自动全站仪进行多方向和多测回角度、距离测量的流程。

47. 三角高程测量的基本原理是什么？

48. 远距离三角高程测量要进行哪些改正？

49. 试述三角高程测量的误差来源及其减弱措施。

50. 简述全球定位系统(GPS)的组成以及各部分的作用。

51. 简述卫星定位的原理及其优点。

52. 何谓伪距单点定位？何谓载波相位相对定位？

53. 卫星定位测量中有哪些误差来源？如何消除或削弱这些误差的影响？

54. 试述实时动态(RTK)定位的工作原理。

55. 试述网络RTK系统的组成以及各部分的作用。

第5章 控制测量

5.1 概述

任何一种测量工作都会产生误差，所以必须采取一定的程序和方法，即遵循一定的测量实施原则，以防止误差的积累。例如，从一个碎部点开始逐点进行测量，最后虽然也能得到欲测点的坐标，但由于前一点的测量误差，必然会传递到下一点，这样积累起来，最后误差有可能达到不可容许的程度，因此这种做法显然是不对的。为了防止误差的积累，提高测量精度，在实际测量中必须遵循"从整体到局部，先控制后碎部"的测量实施原则，即先在测区内建立控制网，再以控制网为基础，分别从各个控制点开始测量控制点附近的碎部点。

在测量工作中，首先在测区内选择一些具有控制意义的点，组成一定的几何图形，形成测区的骨架，用相对精确的测量手段和计算方法，在统一坐标系中，确定这些点的平面坐标和高程，然后以它为基础来测定其他地面点的点位或进行施工放样，或其他测量工作。其中，这些具有控制意义的点称为控制点，由控制点组成的几何图形称为控制网，对控制网进行布设、观测、计算，确定控制点位置的工作称为控制测量。

通过控制测量可以确定地球的形状和大小。在地形测量中，专门为地形图测绘而进行的控制测量工作称为图根控制测量；在工程建设中，专门为工程施工而进行的控制测量称为施工控制测量。由此可见，控制测量起到控制全局和限制误差积累的作用，为各项具体测量工作和科学研究提供依据。

控制测量分为平面控制测量和高程控制测量。在传统测量工作中，平面控制网与高程控制网通常分别单独布设；目前，有时候也将两种控制网合起来布设成三维控制网。

测定控制点平面坐标的过程即为平面控制测量。平面控制测量是将控制点以一定的基本几何图形形式构成网状，通过观测网中的角度、距离，并依据起算数据推算各控制点坐标的过程。测定控制点之高程的过程称为高程控制测量，通过观测控制点之间的高差，并依据起算数据计算各控制点的高程。

5.1.1 平面控制测量方法及控制网的建立

1. 平面控制测量方法

平面控制测量通常采用 GNSS 控制测量、导线测量、三角网测量和交会测量等方法。必要时，还要进行天文测量。目前，GNSS 控制测量和导线测量已成为建立平面控制网的主要方法。

（1）GNSS 控制测量

应用 GNSS 定位技术建立的控制网称为 GNSS 控制网，既可以与常规的大地测量一样，地面布设控制点，采用 GNSS 定位技术建立控制网，也可以在一些地面点上安置固定的 GNSS 接收机，长期连续接收卫星信号，建立 CORS 系统，形成以永久基站为控制点的网络，满足城乡建设、自然资源调查、生态环境监测、防灾减灾、交通建设及监控，资源开发及利用等控制测量的需要。2020 年 7 月 31 日，习近平总书记宣布北斗三号全球卫星导航系统正式开通。这意味着北斗卫星导航系统应用进入新纪元，成功摆脱美国 GPS 多年的限制，也成为国家新型基础设施，为国家经济社会高质量发展提供了时空基准保障。

（2）导线测量

将控制点用直线连接起来形成折线，称为导线，这些控制点称为导线点，点间的折线边称为导线边，相邻导线边之间的夹角称为转折角（又称导线折角、导线角）。另外，与坐标方位角已知的导线边（称为定向边）相连接的转折角，称为连接角（又称定向角）。通过观测导线边的边长和转折角，根据起算数据经计算而获得导线点的平面坐标，即为导线测量，如图 5-1 所示。

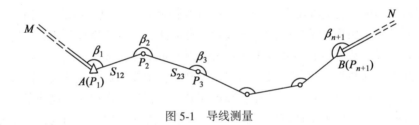

图 5-1　导线测量

（3）三角形网测量

三角形网测量是在地面上选定一系列的控制点，构成相互连接的若干个三角形，组成各种网（锁）状图形。通过观测三角形的内角或（和）边长，再根据已知控制点的坐标、起始边的边长和坐标方位角，经解算三角形和坐标方位角推算可得到三角形各边的边长和坐标方位角，进而由直角坐标正算公式计算待定点的平面坐标。三角形的各个顶点称为三角点，各三角形连成网状的称为三角网（图 5-2），连成锁状的称为三角锁（图 5-3）。由于三角形网要求每点与较多的相邻点相互通视，所以在通视困难的地区通常需要建造觇标。

三角形网测量是传统布设和加密控制网的主要方法。在电磁波测距仪普及之前，由于测角要比量边容易得多，因而三角测量是建立平面控制网的最基本方法。由于全站仪的应用，目前三角形网测量以边、角测量较为实用。随着 GNSS 技术在控制测量中的普遍应用，目前国家平面控制网、城市平面控制网、工程平面控制网已很少应用三角形网测量方法，只是在小范围内或地下工程测量中采用三角形网测量方法布设和加密控制网。

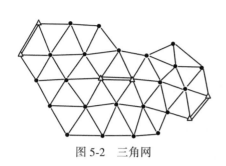

图 5-2　三角网

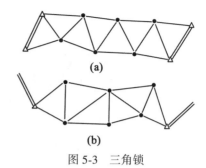

图 5-3　三角锁

（4）交会测量

交会测量是根据多个已知点的平面坐标，通过测定已知点到某待定点的方向、距离，以推求此待定点平面坐标的测量方法。通过观测水平角确定交会点平面位置的称为测角交会；通过测边确定交会点平面位置的称为测边交会；通过边长和水平角同测来确定交会点平面位置的称为边角交会。

（5）天文测量

天文测量是在地面点上架设仪器，通过观测天体（如恒星）并记录观测瞬间的时刻，来确定地面点的天文经度、天文纬度和该点至相邻点的方位角。天文经度、纬度的观测结果，可以用来推算天文大地垂线偏差，用于将地面上的观测值归算到天文椭球面上。由天文经度、纬度和方位角的观测成果，可以推算大地方位角，用来控制地面大地网中方位误差的积累。

2. 平面控制网的建立

在全国范围内布设的平面控制网，称为国家平面控制网，我国原有国家平面控制网主要按三角网方法布设，按精度高低分为四个等级，其中一等三角网精度最高，二、三、四等精度逐级降低。目前提供使用的国家平面控制网含三角点、导线点共 154 348 个，构成 1954 北京坐标系统、1980 西安坐标系两套系统。一等三角网由沿经线、纬线方向的三角锁构成，并在锁段交叉处测定起始边，如图 5-4 所示，三角形平均边长为 20~25km。一等三角网不仅作为低等级平面控制网的基础，还为研究地球形状和大小提供重要的科学资料；二等三角网布设在一等三角锁所围成的范围内，构成全面三角网，平均边长为 13km。二等三角网是扩展低等平面控制网的基础；三、四等三角网的布设采用插网和插点的方法，作为一、二等三角网的进一步加密，三等三角网平均边长为 8km，四等三角网平均边长为 2~6km。四等三角点每点控制面积约为 15~20km²，可以满足 1∶1 万和 1∶5 万比例尺地形测图需要。

20 世纪 80 年代末，GPS 控制测量开始在我国用于建立平面控制网。GPS 控制测量按精度和用途分为 A、B、C、D、E 级。在全国范围内，已建立了国家（GPS）A 级网 28 个点、B 级网 818 个点。

"2000 国家 GPS 控制网"是由原国家测绘局布设的高精度 GPS A、B 级网，总参测绘局布设的 GPS 一、二级网，中国地震局、总参测绘局、中国科学院、原国家测绘局

149

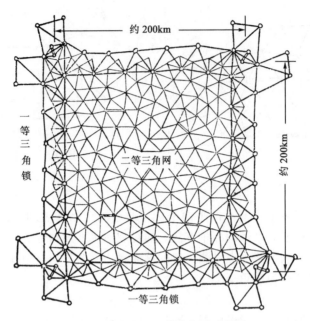

图 5-4　国家一、二等三角网示意图

共建的中国地壳运动观测网组成。该控制网整合了上述三个大型的、有重要影响力的 GPS 观测网的成果，共 2 609 个点，通过联合处理将其归于一个坐标参考框架，形成了紧密的联系体系，可满足现代测量技术对地心坐标的需求，同时为建立我国新一代的地心坐标系统打下了坚实的基础。

在城市地区，为满足 1∶500~1∶2 000 比例尺地形测图和城市建设施工放样的需要，应进一步布设城市平面控制网。城市平面控制网在国家控制网的控制下布设，按城市范围大小布设不同精度等级的平面控制网。城市平面控制网分为二等、三等、四等及一、二、三级。城市平面控制网的首级网应与国家控制网联测。

在小于 10km² 的范围内建立的控制网，称为小区域控制网。在这个范围内，水准面可视为水平面，采用平面直角坐标系，计算控制点的坐标，不需将测量成果归算到高斯平面上。小区域平面控制网，应尽可能与国家控制网或城市控制网联测，将国家或城市高级控制点坐标作为小区域控制网的起算和校核数据。如果测区内或测区附近无高级控制点，或联测较为困难，也可建立独立平面控制网。

3. 平面控制测量的一般作业步骤

平面控制测量作业包括技术设计、实地选点、标石埋设、观测和平差计算等主要步骤。在常规的高等级平面控制测量中，当某些方向受到地形条件限制不能使相邻控制点间直接通视时，需要在控制点上建造测标。采用 GNSS 控制测量建立平面控制网，由于不要求相邻控制点间通视，因此不需要建立测标。

平面控制测量的技术设计主要包括精度指标的确定和控制网的网形设计。在实际工作中,控制网的等级和精度标准应根据测区大小和控制网的用途来确定。当测区范围较大时,为了既能使控制网形成一个整体,又能相互独立地进行工作,必须采用"从整体到局部,分级布网,逐级控制"的布网程序。若测区面积不大,也可布设同级全面网。控制网网形设计是在收集测区的地形图、已有控制点成果及测区的人文、地理、气象、交通、电力等资料的基础上,进行控制网的图上设计。首先在地形图上标出已有的控制点和测区范围,再根据测量目的对控制网的具体要求,结合地形条件在图上设计出控制网的形式和选定控制点的位置,然后到实地踏勘,判明图上标定的已知点是否与实地相符,并查明标石是否完好;查看预选的路线和控制点点位是否合适,通视是否良好;如有必要再作适当的调整并在图上标明。根据图上设计的控制网方案,到实地选点,确定控制点的最适宜位置。控制点点位一般应满足以下要求:点位稳定,等级控制点应能长期保存;便于扩展、加密和观测。经选点确定的控制点点位,要进行标石埋设,将它们在地面上固定下来。控制点的测量成果以标石中心的标志为准,因此标石的埋设、保存至关重要。标石类型很多,按控制网种类、等级和埋设地区地表条件的不同而有所差别,图 5-5、图 5-6、图 5-7 是一些平面控制点标石埋设图。

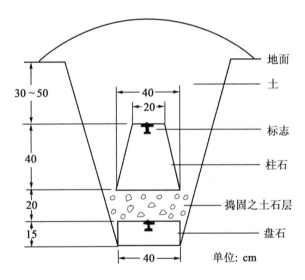

图 5-5　国家三、四等三角点埋设图

控制网中控制点的平面坐标是由起算数据和观测数据经平差计算得到的。控制网中只有一套必要起算数据(三角网中已知一个点的坐标、一条边的边长和一边的坐标方位角)的控制网称为独立网。如果控制网中多于一套必要起算数据,则这种控制网称为附合网。控制网中的观测数据按控制网的种类不同而不同,有水平角或方向、边长、竖直角或天顶距。观测工作完成后,应对观测数据进行检核,以保证观测成果满足要求,然后进行平差计算。对于高等级控制网需进行严密平差计算(由测量平差课程讲述),而低等级的控制网(如图根控制网)允许采用近似平差计算。

平面控制测量作业应遵循的测量规范有《全球定位系统(GPS)测量规范》《国家三角测量和精密导线测量规范》《城市测量规范》以及《工程测量标准》等。

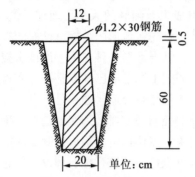

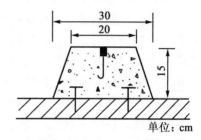

图 5-6　城市一、二级小三角点标石埋设图　　图 5-7　城市建筑物上各等级平面控制点标石埋设图

4. 平面控制点坐标计算基础

在控制网平差计算中,必须进行坐标方位角的推算和平面直角坐标的正、反算。

(1)坐标方位角的推算

如图 5-8 所示,已知直线 AB 的坐标方位角为 α_{AB}, B 点处的转折角为 β, 当 β 为左角时(图 5-8(a)),则直线 BC 的坐标方位角 α_{BC} 为

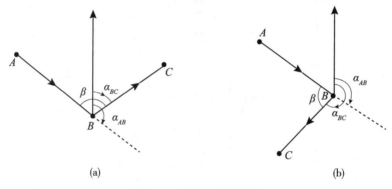

(a)　　　　　　　　　　　　　　　(b)

图 5-8　坐标方位角推算

$$\alpha_{BC} = \alpha_{AB} + \beta - 180° \tag{5-1}$$

当 β 为右角时(图 5-8(b)),则直线 BC 的坐标方位角 α_{BC} 为:

$$\alpha_{BC} = \alpha_{AB} - \beta + 180° \tag{5-2}$$

由式(5-1)、式(5-2)可得出推算坐标方位角的一般公式为

$$\alpha_{前} = \alpha_{后} \pm \beta \pm 180° \tag{5-3}$$

式(5-3)中,β 为左角时,其前取"+",β 为右角时,其前取"−"。如果推算出的坐标方位角大于 360°,则应减去 360°,如果出现负值,则应加上 360°。

（2）平面直角坐标正、反算

如图5-9所示，设 A 为已知点，B 为未知点，当 A 点坐标（x_A，y_A）、A 点至 B 点的水平距离 S_{AB} 和坐标方位角 α_{AB} 均为已知时，则可求得 B 点坐标（x_B，y_B）。通常称为坐标正算问题。由图5-9可知

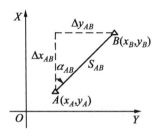

图 5-9　坐标正、反算

$$\begin{cases} x_B = x_A + \Delta x_{AB} \\ y_B = y_A + \Delta y_{AB} \end{cases} \tag{5-4}$$

式中

$$\begin{cases} \Delta x_{AB} = S_{AB} \cdot \cos\alpha_{AB} \\ \Delta y_{AB} = S_{AB} \cdot \sin\alpha_{AB} \end{cases} \tag{5-5}$$

所以，式(5-4)亦可写成

$$\begin{cases} x_B = x_A + S_{AB} \cdot \cos\alpha_{AB} \\ y_B = y_A + S_{AB} \cdot \sin\alpha_{AB} \end{cases} \tag{5-6}$$

式中，Δx_{AB} 为纵坐标增量、Δy_{AB} 为横坐标增量。

直线的坐标方位角和水平距离可根据两端点的已知坐标反算出来，这称之为坐标反算问题。如图5-9所示，设 A、B 两已知点的坐标分别为（x_A，y_A）和（x_B，y_B），则直线 AB 的坐标方位角 α_{AB} 和水平距离 S_{AB} 为

$$\alpha_{AB} = \arctan\frac{\Delta y_{AB}}{\Delta x_{AB}} \tag{5-7}$$

$$S_{AB} = \frac{\Delta y_{AB}}{\sin\alpha_{AB}} = \frac{\Delta x_{AB}}{\cos\alpha_{AB}} = \sqrt{\Delta x_{AB}^2 + \Delta y_{AB}^2} \tag{5-8}$$

上两式中，$\Delta x_{AB} = x_B - x_A$；$\Delta y_{AB} = y_B - y_A$。

由式(5-8)能算出多个 S_{AB}，可作相互校核。

应当指出，由式(5-7)计算得到的并不一定是坐标方位角，应根据 Δy_{AB}、Δx_{AB} 的符号将其转化为坐标方位角，其转化方法见表5-1。

表 5-1 坐标方位角的转化

Δy_{AB}	Δx_{AB}	坐标方位角
+	+	α_{AB}
+	−	$180° - \alpha_{AB}$
−	−	$180° + \alpha_{AB}$
−	+	$360° - \alpha_{AB}$

5. 1. 2　高程控制测量方法及控制网的建立

高程控制主要通过水准测量方法建立，而在地势起伏大、直接利用水准测量较困难的地区建立低精度的高程控制网，以及图根高程控制网，可采用三角高程测量方法建立。目前，GNSS 高程控制测量也得到了广泛应用。

在全国范围内采用水准测量方法建立的高程控制网，称为国家水准网。国家水准网遵循从整体到局部、由高级到低级、逐级控制、逐级加密的原则分 4 个等级布设，各等级水准网一般要求自身构成闭合环线或闭合于高一级水准路线上构成环形。目前提供使用的 1985 国家高程系统共有水准点成果 114 041 个，水准路线长度为416 619. 1km。国家一、二等水准网采用精密水准测量建立，是研究地球形状和大小、海洋平均海水面变化的重要资料，同时根据重复测量的结果，可以研究地壳的垂直形变规律，是地震预报的重要资料。国家一等水准网布设示意图如图 5-10 所示。一等水准环线的周长，东部地区应不大于 1 600km，西部地区应不大于 2 000km，二等水准网在一等水准环内沿公路、大路布设，二等水准环线的周长一般应不大于750km。国家三、四等水准网在一、二等水准网的基础上进一步加密，直接为地形测图和工程建设提供高程控制点。

在国家水准测量的基础上，城市高程控制测量分为二、三、四等，根据城市范围的大小，城市首级高程控制网可布设成二等或三等水准网，用三等或四等水准网作进一步加密，四等以下再直接布设为测绘大比例尺地形图用的图根水准网。

在小区域范围内建立高程控制网，应根据测区面积大小和工程要求，采用分级建立的方法。一般情况下，是以国家或城市等级水准点为基础，在整个测区建立三、四等水准网或水准路线，用图根水准测量或三角高程测量测定图根点的高程。

国家高程系统现采用"1985 国家高程基准"。城市和工程高程控制，凡有条件的都应采用国家高程系统。

高程控制测量作业应遵循的测量规范有《国家一、二等水准测量规范》《国家三、四等水准测量规范》《城市测量规范》以及《工程测量标准》等。

审图号：GS(2024)0014 号

图 5-10　国家一等水准网布设示意图

　　水准路线上每隔一定距离应布设水准点。水准点分为基岩水准点、基本水准点和普通水准点。在国家一、二等水准路线上一般 40km 布设一个基本水准点，4~8km 布设一个普通水准点。三、四等水准路线上一般 4~8km 布设一个普通水准点。

　　水准点应选在坚固稳定便于长期保存的地方，点位应埋设永久性标石。标石和标志埋设应稳固耐久，标石的底部应在冻土层以下。三、四等水准路线上的混凝土普通水准标石如图 5-11 所示，水准点标志也可在已建多年牢固的永久性建筑物上凿埋，如图5-12所示。

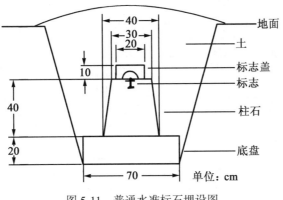

图 5-11　普通水准标石埋设图

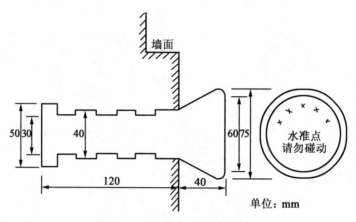

图 5-12 墙脚水准标志埋设图

5.2 导线测量及精度分析

5.2.1 导线测量

由于导线测量布设简单，每点仅需与前、后两点通视，精度均匀，适于布设在隐蔽地区和建筑物多而通视困难的城市，以及带状区域(如铁路、公路等)的控制测量。由于全站仪的广泛应用，使得导线测量的精度和自动化程度均有提高，所以导线测量成为建立平面控制测量的常用方法。依据《工程测量标准》(GB 50026—2020)，各等级导线测量的主要技术要求见表 5-2。

表 5-2 各等级导线测量的主要技术要求

等级	导线长度/km	平均边长/m	测角中误差/(″)	测距中误差/mm	测回数(仪器等级)				方位角闭合差/(″)	导线全长相对闭合差
					0.5″	1″	2″	6″		
三等	14	3000	1.8	20	4	6	10	—	$3.6\sqrt{n}$	1/55 000
四等	9	1500	2.5	18	2	4	6	—	$5\sqrt{n}$	1/35 000
一级	4	500	5	15	—	—	2	4	$10\sqrt{n}$	1/15 000
二级	2.4	250	8	15	—	—	1	3	$16\sqrt{n}$	1/10 000
三级	1.2	100	12	15	—	—	1	2	$24\sqrt{n}$	1/5 000

注：n 为测站数。

1. 导线的布设

导线可被布设成单一导线和导线网。两条以上导线的汇聚点，称为导线的结点。单一导线与导线网的区别，在于导线网具有结点，而单一导线则不具有结点。

导线（网）布设

按照不同的情况和要求，单一导线可被布设为附合导线、闭合导线和支导线。导线网可被布设为自由导线网和附合导线网。

（1）附合导线

如图 5-13(a)所示，导线起始于一个已知控制点，经过若干个未知点，而终止于另一个已知控制点。已知控制点上可以有一条边或几条边定向边与之相连接，也可以没有定向边与之相连接。

（2）闭合导线

如图 5-13(b)所示，由一个已知控制点出发，经过若干个未知点，最终又回到这一点，形成一个闭合多边形。在闭合导线的已知控制点上至少应有一条定向边与之相连接。应该指出，由于闭合导线是一种可靠性极差的控制网图形，在实际测量工作中应避免单独使用。

（3）支导线

如图 5-13(c)所示，从一个已知控制点出发，经过若干个未知点，既不附合于另一个已知控制点，也不闭合于原来的起始控制点。由于支导线缺乏检核条件，故一般只限于地形测量的图根导线中采用，但不应多于 4 条边，长度不应超过表 5-3 中规定的 1/2，最大边长不应超过表 5-2 中平均边长的 2 倍。

（4）附合导线网

如图 5-13(d)所示，附合导线网具有一个以上已知控制点或具有附合条件。

（5）自由导线网

如图 5-13(e)所示，自由导线网仅有一个已知控制点和一个起始方位角。

导线网中只含有一个结点的导线网，称之为单结点导线网，多于一个结点的导线网，称之为多结点导线网。应该指出，与闭合导线类似，自由导线网是一种可靠性极差的控制网图形，在实际测量工作中应避免单独使用。

2. 导线的观测

导线的观测包括转折角和导线边的观测。

（1）转折角的观测

转折角的观测一般采用测回法进行。当导线点上应观测的方向数多于两个时，应采用方向观测法进行。

在进行三、四等导线转折角观测，只有两个方向时，宜按左、右角观测，在总测回数中应以奇数测回和偶数测回分别观测导线前进方向的左角和右角。左角和右角分别取中数后，再按式(5-9)计算圆周角闭合差 Δ，Δ 值对于三、四等导线应分别不超过±3″和±5.0″。

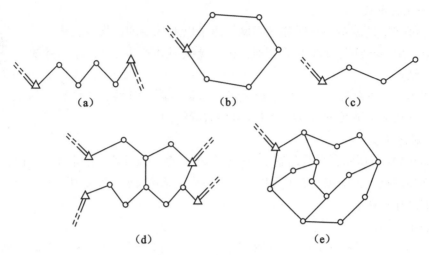

图 5-13 导线的布设形式

$$\Delta = \beta_左 + \beta_右 - 360° \tag{5-9}$$

在进行一、二和三级导线转折角观测时，一般观测导线前进方向的左角。对于闭合导线，若按逆时针方向进行观测，则观测的导线角既是闭合多边形的内角，又是导线前进方向的左角。对于支导线，水平角观测的首站应联测 2 个已知方向，其他站应分别观测导线前进方向的左角和右角，以增加检核条件。由左角和右角观测值按式(5-9)计算圆周角闭合差 Δ，若该闭合差在限差范围内，则取闭合差的 1/2（反号）对左角进行改正。

当观测短边之间的转折角时，测站偏心和目标偏心对转折角的影响将十分明显。因此，应对所用仪器、觇牌和光学对中器进行严格检校，并且要特别仔细地进行对中和精确照准。

(2)导线边长观测

导线边长可采用电磁波测距仪测量，亦可采用全站仪在测取导线角的同时测取导线边的边长。导线边长应往返观测，以增加检核条件。电磁波测距仪测量的通常是斜距，还需观测竖直角，用以将倾斜距离改化为水平距离，必要时还应将其归算到椭球面上和高斯平面上。

往返观测值较差在限差范围内时取中数作为该边长的观测值，否则，应进行检查分析，找出超限原因，必要时重测。

(3)三联脚架法导线观测

三联脚架法通常使用三个既能安置全站仪又能安置觇牌的脚架，基座应有通用的光学对中器。如图 5-14 所示，将全站仪安置在测站 i 的基座中，带有觇牌的反射棱镜安置在后视点 $i-1$ 和前视点 $i+1$ 的基座中，进行导线测量。迁站时，导线点 i 和 $i+1$ 的脚架和基座不动，将全站仪和带有觇牌

导线观测

的反射棱镜对调，即在导线点 $i+1$ 上安置全站仪，在导线点 i 的基座上安置带有觇牌的反射棱镜，并将导线点 $i-1$ 上的脚架迁至导线点 $i+2$ 处并予以安置，这样直到测完整条导线为止。

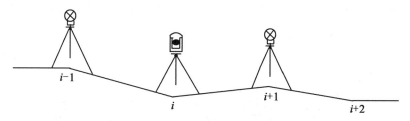

图 5-14 三联脚架法导线观测

在观测者精心安置仪器的情况下，三联脚架法可以减弱仪器和目标对中误差对测角和测距的影响，从而提高导线的观测精度，减少了坐标传递误差。

3. 导线的近似平差计算

导线测量的目的是获得各导线点的平面直角坐标。计算的起始数据是已知点坐标、已知坐标方位角，观测数据为导线的转折角观测值和边长观测值。通常情况下，三、四等导线测量应进行严密平差计算，对于一、二、三级导线及其以下等级的图根导线允许以单一导线、单节点导线网进行近似平差计算。导线近似平差的基本思路是将角度误差和边长误差分别进行平差处理，先进行角度闭合差的分配，在此基础上再进行坐标闭合差的分配，通过调整坐标闭合差，以达到处理角度剩余误差和边长误差的目的。

在进行导线测量平差计算之前，要按照规范要求对外业观测成果进行检查和验算，对边长进行加常数改正、乘常数改正、气象改正和倾斜改正，以消除系统误差的影响，确保观测成果无误并符合限差要求。图根导线平差计算时，角值应取至秒，边长和坐标应取至厘米。

（1）支导线的计算

以图 5-15 为例，支导线计算步骤如下：

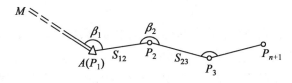

图 5-15 支导线计算

①设直线 MA 的坐标方位角为 α_{MA}，按式（5-3）计算各导线边的坐标方位角。
②由各边的坐标方位角和边长，按式（5-5）计算各相邻导线点的坐标增量。
③按式（5-4）依次推算 P_2，P_3，$\cdots$，P_{n+1} 各导线点的坐标。

（2）仅有一个连接角的附合导线的计算

如图 5-16 所示为仅有一个连接角的附合导线，A、B 为已知点，P_2，P_3，$\cdots$，P_n 为待定点，β_i（$i = 1$，2，$\cdots$，n）为转折角，S_{ij} 为导线的边长。导线的计算顺序与支导线相同，但其最后一点为已知点 B，故最后求得的坐标 x'_B 和 y'_B 的值由于观测角度和边长存在误差，必然与已知的坐标 x_B 和 y_B 不同，它将产生坐标闭合差 f_x、f_y，即

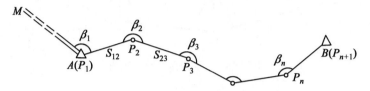

图 5-16　仅有一个连接角的附合导线计算

$$\begin{cases} f_x = x'_B - x_B \\ f_y = y'_B - y_B \end{cases} \tag{5-10}$$

可见，这种导线较之支导线增加了一项处理坐标闭合差的计算，最简便的处理方法是按各导线边的长度成比例地改正它们的坐标增量，其改正数按式（5-11）计算。在计算无误的情况下，由于计算误差的存在，导致计算出的改正数之和（绝对值）可能不等于坐标闭合差（绝对值），应进行强制改正，保证改正数之和与坐标闭合差等值反号。

$$\begin{cases} v_{\Delta x_{ij}} = \dfrac{-f_x}{\sum S} \cdot S_{ij} \\ v_{\Delta y_{ij}} = \dfrac{-f_y}{\sum S} \cdot S_{ij} \end{cases} \tag{5-11}$$

改正后的坐标增量为

$$\begin{cases} \Delta x_{ij} = \Delta x'_{ij} + v_{\Delta x_{ij}} \\ \Delta y_{ij} = \Delta y'_{ij} + v_{\Delta y_{ij}} \end{cases} \tag{5-12}$$

求得改正后的坐标增量后，即可按式（5-4）依次推算 P_2，P_3，$\cdots$，$B(P_{n+1})$ 各导线点的坐标，此时，B 点的坐标应等于已知值。

在仅有一个连接角的附合导线计算中，导线全长相对闭合差是评定导线精度的重要指标，它是全长绝对闭合差 f_S 与其导线全长 $\sum S$ 的比值，通常用 k 表示，即

$$k = \dfrac{1}{\dfrac{\sum S}{f_S}} \tag{5-13}$$

式中, $f_S = \sqrt{f_x^2 + f_y^2}$。

(3) 具有两个连接角的附合导线计算

如图 5-17 所示为具有两个连接角的附合导线, 由于 B 点观测了连接角, 因此可由已知坐标方位角 α_{MA} 推求 BN 的坐标方位角 α'_{BN}, 由于各转折角存在观测误差, 使得 α'_{BN} 不等于已知坐标方位角 α_{BN}, 而产生坐标方位角闭合差 f_β, 即

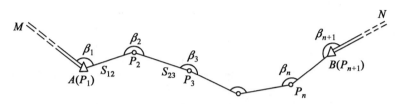

图 5-17 具有两个连接角的附合导线计算

$$f_\beta = \alpha'_{BN} - \alpha_{BN} \tag{5-14}$$

由于各转折角都是按等精度观测的, 所以坐标方位角闭合差 f_β 可平均分配到每个转折角观测值上, 即每个转折角观测值应加上改正数 v_{β_i}, β_i 为左角时, 其改正数按式(5-15)计算, β_i 为右角时, 其改正数按式(5-16)计算。在计算无误的情况下, 计算误差可能引起角度改正数之和(绝对值)与闭合差(绝对值)不等, 应进行强制改正, 保证改正数之和与坐标方位角闭合差等值反号。

$$v_{\beta_i} = \frac{-f_\beta}{n+1} \tag{5-15}$$

$$v_{\beta_i} = \frac{f_\beta}{n+1} \tag{5-16}$$

各转折角的观测值改正后的导线计算, 与仅有一个连接角的附合导线的计算相同。

具有两个连接角的附合导线的精度可用坐标方位角闭合差和导线全长相对闭合差来评定, 在图根导线测量中, 通常以坐标方位角闭合差不应超过其限值来控制其测角精度。坐标方位角闭合差的限值, 一般应为相应等级测角中误差先验值 m_β 的 $2\sqrt{n+1}$ 倍, 即

$$f_{\beta容} = 2 \cdot m_\beta \sqrt{n+1} \tag{5-17}$$

导线全长相对闭合差的计算与仅有一个连接角的附合导线相同。

具有两个连接角的附合图根导线算例见表 5-3。

(4) 单一闭合导线的计算

如图 5-18 所示为单一闭合导线, 由于角度观测值存在误差, 使得多边形内角和的计算值不等于其理论值, 而产生角度闭合差, 即

表 5-3　　　　　　　　　　　　　具有两个连接角的附合图根导线计算

点名	观测角 /(° ′ ″)	坐标方位角 /(° ′ ″)	边长 S /m	Δx /m	Δy /m	x /m	y /m
M		237 59 30		+4 −207.91	−4 +88.21		
A(P₁)	+7 99 01 00	157 00 37	225.85	+2 −113.57	−2 +80.20	2 507.69	1 215.63
P₂	+7 167 45 36	144 46 20	139.03	+3 +6.13	−3 +172.46	2 299.82	1 303.80
P₃	+7 123 11 24	87 57 51	172.57	+2 −12.73	−1 +99.26	2 186.27	1 383.98
P₄	+7 189 20 36	97 18 34	100.07	+2 −13.02	−2 +101.65	2 192.43	1 556.41
P₅	+7 179 59 18	97 17 59	102.48	$\sum = -341.10$	$\sum = +541.78$	2 179.72	1 655.66
B(P₆)	+7 129 27 24	46 45 30	$\sum = 740.00$	$f_x = -0.13\text{m}$ $f_y = +0.12\text{m}$		2 166.72	1 757.29
N				$f_S = \sqrt{f_x^2 + f_y^2} = 0.18\text{m}$		$x_B - x_A$ = −340.97m	$y_B - y_A$ = +541.66m
$\sum$	888 45 18	$\alpha_n - \alpha_0 = -191°14'00''$					

$f_\beta = -42''$　　$f_{\beta容} = \pm 40'' \sqrt{6} = \pm 97''$			$K = \dfrac{f_S}{\sum S} = \dfrac{0.18}{740.00} = \dfrac{1}{4\ 100} < \dfrac{1}{4\ 000}$

$$f_\beta = [\beta_内]_1^n - (n - 2) \cdot 180° \tag{5-18}$$

其角度观测值改正数 v_{β_i} 按式(5-19)计算，计算出的改正数之和与角度闭合差应保证等值反号。

$$v_{\beta_i} = \frac{-f_\beta}{n} \tag{5-19}$$

角度改正后的导线计算，与仅有一个连接角的附合导线的计算相同，只是在计算坐标闭合差时，采用式(5-20)计算。

$$\begin{cases} f_x = [\Delta x]_1^n \\ f_y = [\Delta y]_1^n \end{cases} \tag{5-20}$$

式中，Δx_i、Δy_i 分别为各导线边的坐标增量。

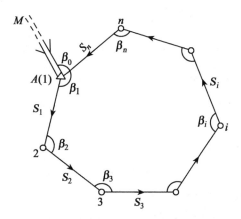

图 5-18　单一闭合导线计算

闭合导线的精度评定与具有两个连接角附合导线精度评定相同，可采用角度闭合差和导线全长相对闭合差来评定。

（5）无连接角附合导线的计算

由于无连接角导线没有观测导线两端的连接角，致使推算各导线边的方位角发生困难。解决这一问题的途径是：首先假定导线第一条边的坐标方位角为起始方向，依次推算出各导线边的假定坐标方位角，然后按支导线的计算方法推求各导线点的假定坐标。由于起始边的定向不正确以及转折角和导线边观测误差的影响，导致终点的假定坐标与已知坐标不相等。为消除这一矛盾，可用导线固定边的已知长度和已知方位角分别作为导线的尺度标准和定向标准对导线进行缩放和旋转，使终点的假定坐标与已知坐标相等，进而计算出各导线点的坐标平差值。

如图 5-19 所示为一无连接角导线，$A(x_A, y_A)$、$B(x_B, y_B)$ 为已知点，S_{AB}、α_{AB} 分别为导线两端已知点之间的边长和坐标方位角；β_i、S_i 分别为导线转折角和导线边的观测值；(x'_i, y'_i) 和 (x_i, y_i) 分别为导线点坐标计算的假定值和平差值。

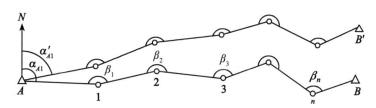

图 5-19　无连接角附合导线计算

设起始边 $A1$ 的假定坐标方位角为 α'_{A1}，根据导线角的观测值可推算各导线边的假定坐标方位角，进而计算各导线边假定坐标增量，最终算得固定边 AB 的假定坐标增量 $\Delta x'_{AB}$、$\Delta y'_{AB}$。由此可计算出已知点之间的边长计算值 S'_{AB} 和坐标方位角计算值 α'_{AB}。

若令导线的旋转角为 δ，缩放比为 Q，则有：

$$\frac{S_{A1}}{S'_{A1}} = \frac{S_{A2}}{S'_{A2}} = \cdots = \frac{S_{Ai}}{S'_{Ai}} = \cdots = \frac{S_{AB}}{S'_{AB}} = Q \tag{5-21}$$

$$\alpha_{A1} - \alpha'_{A1} = \alpha_{A2} - \alpha'_{A2} = \cdots = \alpha_{Ai} - \alpha'_{Ai} = \cdots = \alpha_{AB} - \alpha'_{AB} = \delta \tag{5-22}$$

由于 $\Delta x_{Ai} = x_i - x_A = S_{Ai} \cdot \cos\alpha_{Ai}$；$\Delta y_{Ai} = y_i - y_A = S_{Ai} \cdot \sin\alpha_{Ai}$，顾及式(5-21)式(5-22)，得

$$\Delta x_{Ai} = Q \cdot S'_{Ai} \cdot \cos(\alpha'_{Ai} + \delta)$$
$$= Q \cdot S'_{Ai}(\cos\alpha'_{Ai} \cdot \cos\delta - \sin\alpha'_{Ai} \cdot \sin\delta)$$
$$\Delta y_{Ai} = Q \cdot S'_{Ai} \cdot \sin(\alpha'_{Ai} + \delta)$$
$$= Q \cdot S'_{Ai}(\sin\alpha'_{Ai} \cdot \cos\delta + \cos\alpha'_{Ai} \cdot \sin\delta)$$

令 $Q_1 = Q \cdot \cos\delta$；$Q_2 = Q \cdot \sin\delta$，则有

$$\begin{cases} \Delta x_{Ai} = Q_1 \cdot \Delta x'_{Ai} - Q_2 \cdot \Delta y'_{Ai} \\ \Delta y_{Ai} = Q_1 \cdot \Delta y'_{Ai} + Q_2 \cdot \Delta x'_{Ai} \end{cases} \tag{5-23}$$

当导线点 i 为终点 B 时，式(5-23)可变为

$$\begin{cases} \Delta x_{AB} = Q_1 \cdot \Delta x'_{AB} - Q_2 \cdot \Delta y'_{AB} \\ \Delta y_{AB} = Q_1 \cdot \Delta y'_{AB} + Q_2 \cdot \Delta x'_{AB} \end{cases}$$

在上式中，Δx_{AB}、Δy_{AB} 为已知值，$\Delta x'_{AB}$、$\Delta y'_{AB}$ 为坐标增量计算值。由此解出 Q_1 和 Q_2，即

$$\begin{cases} Q_1 = \dfrac{\Delta x'_{AB} \cdot \Delta x_{AB} + \Delta y'_{AB} \cdot \Delta y_{AB}}{(\Delta x'_{AB})^2 + (\Delta y'_{AB})^2} \\ Q_2 = \dfrac{\Delta x'_{AB} \cdot \Delta y_{AB} - \Delta y'_{AB} \cdot \Delta x_{AB}}{(\Delta x'_{AB})^2 + (\Delta y'_{AB})^2} \end{cases}$$

将 Q_1、Q_2 代入式(5-23)，可得计算各导线点坐标的公式

$$\begin{cases} x_i = x_A + Q_1(x'_i - x_A) - Q_2(y'_i - y_A) \\ y_i = y_A + Q_1(y'_i - y_A) + Q_2(x'_i - x_A) \end{cases} \tag{5-24}$$

无连接角导线的精度可采用固定边长相对闭合差 k 来评定，即

$$k = \frac{1}{\dfrac{S_{AB}}{|f_S|}} \tag{5-25}$$

式中，$f_S = S'_{AB} - S_{AB}$，S'_{AB}、S_{AB} 可按式(5-8)计算。

无连接角导线算例见表 5-4。

（6）单结点导线网的近似平差

如图 5-20 所示为单结点导线网，A、B、C 为已知点，AA'、BB'、CC' 为已知方向，J 为结点，其计算步骤如下：

表 5-4　　　　　　　　　　　　　　　　　　无连接角导线计算表

点名	观测角值 /(° ′ ″)	观测边长 /m	假定坐标方位角 /(° ′ ″)	假定坐标增量		假定坐标		坐标平差值	
				$\Delta x'$ /m	$\Delta y'$ /m	x' /m	y' /m	x /m	y /m
A								5 264.106	5 004.762
		220.179	87 27 10	+9.785	+219.961				
1	175 21 42					5 273.891	5 224.723	5 269.981	5 224.868
		197.917	82 48 51	+24.757	+196.362				
2	191 05 34					5 298.648	5 421.085	5 291.246	5 421.644
		217.634	93 54 25	−14.829	+217.128				
3	168 42 12					5 283.819	5 638.213	5 272.560	5 638.480
		186.208	82 36 37	+23.950	+184.661				
4	220 16 41					5 307.769	5 822.874	5 293.226	5 823.542
		222.716	122 53 18	−120.936	+187.021				
5	146 17 44					5 186.833	6 009.895	5 168.982	6 008.390
		157.812	89 11 02	+2.234	+156.796				
B						5 189.067	6 166.691	5 168.430	6 165.205

D_{AB} = 1 164.380m　　D'_{AB} = 1 164.350m　　　　　　Q_1 = 0.999 868 67　　　　Q_2 = 0.017 769 46

$$f_D = D'_{AB} - D_{AB} = -0.03 \text{m} \qquad k = \frac{|f_D|}{D_{AB}} = \frac{1}{38\ 800}$$

1）角度平差

首先选定与结点连接的任一导线边作为结边。一般选在边数较多的一条导线上（如 JJ'）。由已知方向及转折角观测值分别沿线路 Z_1、Z_2、Z_3 推算结边的坐标方位角 α_1、α_2、α_3，设各条线路的转折角个数分别为 n_1、n_2、n_3，则结边的坐标方位角 α_1、α_2、α_3 的权为 $P_{\alpha_1} = \dfrac{C_1}{n_1}$、$P_{\alpha_2} = \dfrac{C_1}{n_2}$、$P_{\alpha_3} = \dfrac{C_1}{n_3}$（$C_1$ 为任选的常数），按加权平均值原理即可算得结边 JJ' 的坐标方位角的最或是值为

$$\alpha_{JJ'} = \frac{P_{\alpha_1} \cdot \alpha_1 + P_{\alpha_2} \cdot \alpha_2 + P_{\alpha_3} \cdot \alpha_3}{P_{\alpha_1} + P_{\alpha_2} + P_{\alpha_3}} \tag{5-26}$$

算得结边的坐标方位角最或是值后，则将三个已知方向到结边 JJ' 的导线作为三条附合导线，计算其角度闭合差，并改正各转折角的观测值，进而算出各导线边的坐标方位角的平差值。

2）坐标平差

由已知点及各边的观测边长和坐标方位角分别沿各线路计算结点的坐标为 (x_1, y_1)、(x_2, y_2)、(x_3, y_3)。设线路的导线边总长为 S_1、S_2、S_3，则各线路推算结点坐标的权分别为 $P_1 = \dfrac{C_2}{S_1}$、$P_2 = \dfrac{C_2}{S_2}$、$P_3 = \dfrac{C_2}{S_3}$（C_2 任选的常数），则结点坐标的最或然值为：

$$\begin{cases} x_J = \dfrac{P_1 \cdot x_1 + P_2 \cdot x_2 + P_3 \cdot x_3}{P_1 + P_2 + P_3} \\[3mm] y_J = \dfrac{P_1 \cdot y_1 + P_2 \cdot y_2 + P_3 \cdot y_3}{P_1 + P_2 + P_3} \end{cases} \tag{5-27}$$

算得结点 J 的坐标平差值后，可将其视为已知值，将 Z_1、Z_2、Z_3 作为三条附合导线分别计算其坐标闭合差、坐标增量改正数和各导线点的坐标。

3）精度评定

①角度观测值的精度评定：

在导线网近似平差中，角度观测值的精度评定，一般按独立的附合环结（如图 5-20 中 Z_1 与 Z_2、Z_2 与 Z_3、Z_1 与 Z_3 组成的三个附合环结）的两个角度闭合差 f_{β_i} 计算测角中误差 μ_β，即

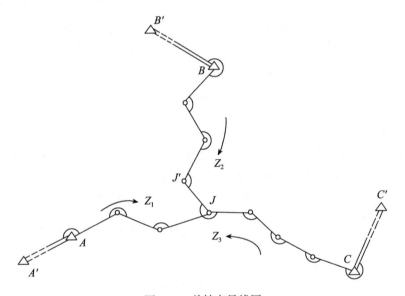

图 5-20　单结点导线网

$$\mu_\beta = \sqrt{\frac{1}{r} \left[\frac{f_\beta f_\beta}{n'} \right]} \tag{5-28}$$

也可以按导线结（如图 5-20 中 Z_1、Z_2、Z_3）的角度改正数计算测角中误差，即

$$\mu_\beta = \sqrt{\frac{1}{r} \left[\frac{v_\beta v_\beta}{n''} \right]} \tag{5-29}$$

式中，n'、n'' 分别为参与计算附合环结角度闭合差和计算导线结角度改正数的转折角的个数；r 为独立的角度闭合差个数（对于单结点导线网应为汇集于结点的导线结条数减 1）。

②点位精度评定：

设 μ_x、μ_y 为导线网纵、横坐标增量每公里中误差，一般按独立的附合环节的坐标闭合差计算，即

$$\mu_x = \sqrt{\frac{1}{r}\left[\frac{f_x f_x}{[S]'}\right]} , \quad \mu_y = \sqrt{\frac{1}{r}\left[\frac{f_y f_y}{[S]'}\right]} \tag{5-30}$$

也可以按各导线结的坐标增量改正数计算，即

$$\mu_x = \sqrt{\frac{1}{r}\left[\frac{v_x v_x}{[S]''}\right]} , \quad \mu_y = \sqrt{\frac{1}{r}\left[\frac{v_y v_y}{[S]''}\right]} \tag{5-31}$$

式中，$[S]'$、$[S]''$ 分别为参与计算附合环节坐标闭合差和计算导线结坐标增量改正数的导线边的总长。

由此，可计算导线每公里点位中误差为：

$$\mu_{km} = \sqrt{\mu_x^2 + \mu_y^2} \tag{5-32}$$

结点 J 的点位中误差为：

$$m_i = \mu_{km}\sqrt{\frac{1}{P_J}} \tag{5-33}$$

式中，$P_J = P_1 + P_2 + P_3$。

5.2.2 单一导线测量的精度分析

1. 直伸等边支导线终点的中误差

如图 5-21 所示为一直伸等边支导线，$A(P_1)$ 是已知点，P_2，P_3，$\cdots$，P_{n+1} 是未知导线点，β_1，β_2，$\cdots$，β_n 是转折角等精度观测值，s 是导线各边的边长。

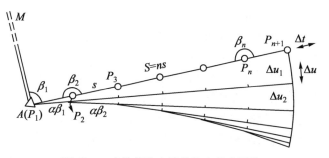

图 5-21　直伸等边支导线终点的中误差

由于测边有误差，将使导线点在导线长度方向产生位移，这种位移称为纵向位移，相应的中误差称为纵向中误差，以 m_t 表示。由于测角有误差，将使导线点在导线长度的垂直方向产生位移，这种位移称为横向误差，相应的中误差称为横向中误差，以 m_u 表示。

先讨论测角误差与测边误差对导线终点 P_{n+1} 的影响：设距离量测的单位权中误差为

μ，当导线终点 P_{n+1} 离开已知点 A 的长度为 $S = ns$ 时，距离的量测中误差为

$$m_s = \mu\sqrt{S}$$

距离的量测中误差，也就是导线终点 P_{n+1} 在导线纵向的中误差，即

$$m_t = m_s = \mu\sqrt{S} \tag{5-34}$$

下面再讨论测角误差的影响：当第一个转折角 β_1 有误差 $\mathrm{d}\beta_1$，其他转折角假设都无观测误差时，将使导线终点 P_{n+1} 产生横向位移 Δu_1，而 $\Delta u_1 = ns\dfrac{\mathrm{d}\beta_1}{\rho}$。同样，当第二个转折角 β_2 有误差 $\mathrm{d}\beta_2$，其他转折角假设都无观测误差时，将使导线终点 P_{n+1} 产生横向位移 Δu_2，而 $\Delta u_2 = (n-1)s\dfrac{\mathrm{d}\beta_2}{\rho}$。依次类推，由于 β_1，β_2，$\cdots$，β_n 产生 $\mathrm{d}\beta_1$，$\mathrm{d}\beta_2$，$\cdots$，$\mathrm{d}\beta_n$，将使导线终点 P_{n+1} 产生横向位移的真误差为

$$\begin{aligned}
\Delta u &= \Delta u_1 + \Delta u_2 + \cdots + \Delta u_n \\
&= ns\frac{\mathrm{d}\beta_1}{\rho} + (n-1)s\frac{\mathrm{d}\beta_2}{\rho} + \cdots + s\frac{\mathrm{d}\beta_n}{\rho}
\end{aligned} \tag{5-35}$$

导线终点 P_{n+1} 的横向中误差为

$$\begin{aligned}
m_u &= \frac{m_\beta \cdot s}{\rho}\sqrt{n^2 + (n-1)^2 + \cdots + 1^2} \\
&= \frac{m_\beta \cdot s}{\rho}\sqrt{\frac{n(n+1)(2n+1)}{6}} \approx \frac{m_\beta \cdot S}{\rho}\sqrt{\frac{n+1.5}{3}}
\end{aligned} \tag{5-36}$$

导线终点 P_{n+1} 的点位中误差为

$$M_{P_{n+1}} = \sqrt{m_t^2 + m_u^2} = \sqrt{\mu^2 S + \left(\frac{m_\beta \cdot S}{\rho}\right)^2 \cdot \frac{n+1.5}{3}} \tag{5-37}$$

由式(5-34)、式(5-36)可看出：当导线长度增加时，横向中误差比纵向中误差增加得快，所以要提高导线的精度就应该减少导线转折点的数量，或适当地提高测角精度。

2. 直伸等边附合导线闭合差的中误差

对于起闭于两个已知点 A、B 之间的附合直伸等边导线，如图 5-22 所示，它的两端都由已知坐标方位角控制，坐标计算时，首先要配赋坐标方位角闭合差，然后再计算导线的坐标闭合差。附合导线闭合差与支导线终点点位中误差的不同之处在于，前者的角度是经过坐标方位角闭合差配赋过的，而后者没有经过任何配赋。

对直伸附合导线，由于角度经过坐标方位角闭合差的配赋，角度的精度被提高了，因此角度误差所引起的导线横向中误差也会减小，但不能减小由于距离量测误差所引起的导线纵向中误差。所以讨论直伸附合导线闭合差时，只需讨论角度经过坐标方位角闭合差配赋后，角度误差对导线终点的影响，而距离量测误差对终点的影响与支导线相同，即 $m_t = \mu\sqrt{S}$。

设导线转折角的观测值为 $\beta_i(i = 1, 2, \cdots, n+1)$，$\beta_i$ 的真误差为 $\mathrm{d}\beta_i$，改正数为 v_i，经过坐标方位角闭合差配赋后的角度值为 β_i'，其真误差为 $\mathrm{d}\beta_i'$。

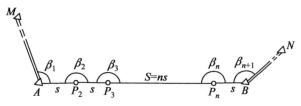

图 5-22 直伸等边附合导线

图 5-22 中附合导线的坐标方位角应满足的条件为

$$\alpha_{MA} + [\beta'] - (n + 1) 180° - \alpha_{BN} = 0$$

或

$$[v] + f_\beta = 0$$

式中，$f_\beta = \alpha_{MA} + [\beta] - (n + 1) 180° - \alpha_{BN}$

当观测角是等精度、只考虑坐标方位角条件时，角度改正数等于坐标方位角闭合差平均值的反号(以导线左角为例，其结论对右角亦同)，即

$$v_1 = v_2 = \cdots = v_{n+1} = -\frac{f_\beta}{n + 1}$$

经过坐标方位角闭合差配赋的角度为

$$\beta'_i = \beta_i + v_i = \beta_i - \frac{f_\beta}{n + 1}$$

$$= \beta_i - \frac{1}{n + 1}\{\alpha_{MA} + [\beta] - (n + 1) 180° - \alpha_{BN}\}$$

所以，β'_i 的误差 $d\beta'_i$ 为

$$d\beta'_i = d\beta_i - \frac{1}{n + 1}[d\beta] \tag{5-38}$$

将式(5-35)中的 $d\beta_i$ 用 $d\beta'_i$ 替换就可以求得终点横向位移真误差 Δu 为

$$\Delta u = ns\frac{d\beta'_1}{\rho} + (n - 1)s\frac{d\beta'_2}{\rho} + \cdots + s\frac{d\beta'_n}{\rho}$$

顾及式(5-38)，上式为

$$\Delta u = \frac{s}{\rho}\left\{n\left(d\beta_1 - \frac{1}{n + 1}[d\beta]\right) + (n - 1)\left(d\beta_2 - \frac{1}{n + 1}[d\beta]\right) + \cdots + \left(d\beta_n - \frac{1}{n + 1}[d\beta]\right)\right\}$$

$$= \frac{s}{\rho}\left\{nd\beta_1 + (n - 1)d\beta_2 + \cdots + d\beta_n - \frac{n + (n - 1) + \cdots + 1}{n + 1}[d\beta]\right\}$$

$$= \frac{s}{\rho}\left\{nd\beta_1 + (n - 1)d\beta_2 + \cdots + d\beta_n - \frac{n}{2}[d\beta]\right\}$$

$$= \frac{s}{\rho}\left\{\frac{n}{2}d\beta_1 + \left(\frac{n}{2} - 1\right)d\beta_2 + \cdots - \left(\frac{n}{2} - 1\right)d\beta_n - \frac{n}{2}d\beta_{n+1}\right\}$$

根据上式，得出横向中误差 m_u 为

$$m_u = \frac{m_\beta \cdot s}{\rho} \sqrt{2\left\{\left(\frac{n}{2}\right)^2 + \left(\frac{n}{2} - 1\right)^2 + \cdots + 2^2 + 1^2\right\}}$$

$$= \frac{m_\beta \cdot s}{\rho} \sqrt{2 \times \frac{n(n+1)(n+2)}{24}}$$

$$\approx \frac{m_\beta \cdot S}{\rho} \sqrt{\frac{n+3}{12}}$$

所以，直伸附合导线闭合差的中误差为：

$$M = \sqrt{m_t^2 + m_u^2} = \sqrt{\mu^2 S + \left(\frac{S \cdot m_\beta}{\rho}\right)^2 \cdot \frac{n+3}{12}} \tag{5-39}$$

由上式可以看出，当 S 为定值时，导线边数 n 愈多（即每条导线边愈短），则对 M（或横向中误差）的影响愈大，所以在布设导线时，应避免使用短边并限制导线边的总数。

比较式(5-39)和式(5-37)可以看出：直伸等边附合导线的横向中误差约为同样情形的支导线的横向中误差的一半，或者说，当导线转折角经坐标方位角闭合差配赋后，由此计算导线点的坐标，其横向中误差比转折角未经改正减少一半。

3. 直伸等边附合导线最弱点的中误差

对于直伸附合导线而言，导线的纵向和横向中误差最大的地方是导线的中间点 K（图 5-23），K 点到已知点 A、B 的距离都是 $S/2$。导线点 K 的最后坐标可以这样求出，即从已知点 A、B 分别推算 K 的两组坐标，而取其平均值。然后从已知点 A（或 B）求出 K 点的点位中误差，再按求算术平均值中误差的公式，求 K 点最后坐标的中误差。

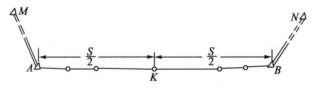

图 5-23　直伸等边附合导线最弱点

从已知点 A（或 B）推算得的 K 点的点位中误差 m'_K，是将 $S/2$、$n/2$ 分别代替式(5-39)中的 S、n 而求得，即

$$m'_K = \sqrt{\mu^2 \frac{S}{2} + \left(\frac{S \cdot m_\beta}{\rho}\right)^2 \cdot \frac{n+6}{96}}$$

而 K 点最后坐标的点位中误差为

$$m_K = \frac{m'_K}{\sqrt{2}} = \frac{1}{2}\sqrt{\mu^2 S + \left(\frac{S \cdot m_\beta}{\rho}\right)^2 \cdot \frac{n+6}{48}} \tag{5-40}$$

5.3 三角形网测量与交会测量

5.3.1 三角形网测量

三角形网是以三角形为基本图形构成的测量控制网。按观测值的不同,三角形网测量分为三角测量、三边测量和边角测量。三角测量观测各三角形内角和少数边长(称为基线),三边测量观测所有的三角形边长和少量用于确定方位角的角度,而边角测量是在三角测量中多测一些边或在三边测量中多测一些角度或观测三角网中的所有角度和边长。由于全站仪边、角同测,常采用边角测量三角形网。

《工程测量标准》和《城市测量规范》中规定,三角形网测量的等级分为二、三、四等和一、二级。《工程测量标准》规定,各等级三角形网测量的主要技术要求,应符合表 5-5 的规定。

表 5-5 三角形网测量的主要技术要求

等级	平均边长/km	测角中误差/(")	测边相对中误差	最弱边边长相对中误差	测回数			三角形最大闭合差/(")
					0.5"级仪器	2"级仪器	6"级仪器	
二等	9	1	1/250 000	1/120 000	9	—	—	3.5
三等	4.5	1.8	1/150 000	1/70 000	4	9	—	7
四等	2	2.5	1/100 000	1/40 000	2	6	—	9
一级	1	5	1/40 000	1/20 000	—	2	4	15
二级	0.5	10	1/20 000	1/10 000	—	1	2	30

1. 三角形网的布设和观测

三角形网由一系列连续的三角形构成,单个图形可以是单三角形、双对角线四边形(又称大地四边形)和中心多边形,如图 5-24 所示。

(a)单三角形　　　(b)大地四边形　　　(c)中心多边形

图 5-24 三角形网的单个图形

三角形网布设应重视图形结构，首级控制网中的三角形，布设为近似等边三角形，其三角形的内角不应大于 100° 且不宜小于 30°。

三角形网的水平角观测宜采用方向观测法。采用全站仪观测时应边、角同测，对向观测的边长应计算平距，往返较差符合精度要求后取平均值作为观测值。

2. 边角三角形网的数据处理

（1）三角形网的条件闭合差的计算

三角形网外业观测结束后，应计算三角形网的各项条件闭合差，包括三角形闭合差、大地四边形及中心多边形极条件闭合差、三角形中观测值与计算值之间的较差等，当三角形网为附合网时，还有方位角闭合差和坐标闭合差。各项条件闭合差不应大于规范规定的相应限值。

1）计算三角形角度闭合差

三角形角度闭合差为：$\omega_i = a_i + b_i + c_i - 180°$

由三角形角度闭合差计算测角中误差的公式为：

$$m = \sqrt{\frac{[\omega\omega]}{3n}} \tag{5-41}$$

式中，n 为三角形个数。

2）计算大地四边形、中心多边形极条件闭合差

在大地四边形、中心多边形中，任一边的边长均可通过两条路线求得。由于用来推算的各角含有误差，因而所得的边长不相等。极条件是在这些图形中当由两条不同路线推求同一条边长时，保证其所得结果完全相同的条件。一个大地四边形只有一个独立的极条件，一个中心多边形也只有一个独立的极条件。一个中心多边形如图 5-25 所示，选取 O 为极点则可写出：

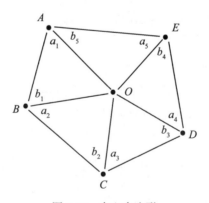

图 5-25　中心多边形

$$\frac{OA}{OB} \cdot \frac{OB}{OC} \cdot \frac{OC}{OD} \cdot \frac{OD}{OE} \cdot \frac{OE}{OA} = 1$$

用正弦定律来表示极条件

$$\frac{\sin b_1 \cdot \sin b_2 \cdot \sin b_3 \cdot \sin b_4 \cdot \sin b_5}{\sin a_1 \cdot \sin a_2 \cdot \sin a_3 \cdot \sin a_4 \cdot \sin a_5} = 1 \tag{5-42}$$

极条件闭合差为：

$$\omega = \left(1 - \frac{\sin b_1 \cdot \sin b_2 \cdot \sin b_3 \cdot \sin b_4 \cdot \sin b_5}{\sin a_1 \cdot \sin a_2 \cdot \sin a_3 \cdot \sin a_4 \cdot \sin a_5}\right) \cdot \rho'' \tag{5-43}$$

3）计算三角形中观测值与计算值之间的较差

如图 5-26 所示，在三角形中观测了全部方向和边长，a、b、c 为观测角，s_a、s_b、s_c 为观测边长。根据三角形余弦定理，由观测边长可计算出三角形的角度，但由于观测值含有误差，使计算所得的角度和观测角度之间出现较差。例如，计算值 c' 与观测角 c 的较差为：

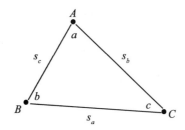

图 5-26　边、角全部观测的三角形

$$dc = \arccos\left(\frac{s_a^2 + s_b^2 - s_c^2}{2s_a s_b}\right) - c \tag{5-44}$$

（2）三角形网的平差计算

三角形网平差通常采用间接平差。选择待定点的坐标为未知参数，以方向值和边长作为独立观测值，由必要的起算数据和观测值计算各待定点的近似坐标，按近似坐标计算各待定边的近似坐标方位角和近似边长。列出每个方向和边长观测值的误差方程式，若是附合三角形网，还应列出附合条件方程式。由误差方程式以及附加条件方程式组成法方程式，解法方程式计算各待定点的坐标，并评定精度。这里仅给出误差方程式。

1）方向误差方程式

设由测站 k 观测方向 i 的方向观测值为 N'_{ki}，则方向 ki 的坐标方位角平差值 α_{ki} 的方程为：

$$\alpha_{ki} = Z_k + N_{ki} = Z_k^0 + \zeta_k + N'_{ki} + v_{ki} \tag{5-45}$$

式中，Z_k 为定向角平差值，Z_k^0 为定向角近似值，ζ_k 为定向角改正数，N_{ki} 为 ki 方向观测值平差值，v_{ki} 为方向观测值改正数。

设 k、i 两点的近似坐标分别为 (x_k^0, y_k^0) 及 (x_i^0, y_i^0)，相应的改正数为 δx_k，δy_k 及 δx_i，δy_i，则根据平面坐标反算公式得：

$$\alpha_{ki} = \arctan\frac{y_i - y_k}{x_i - x_k} = \arctan\frac{(y_i^0 + \delta y_i) - (y_k^0 + \delta y_k)}{(x_i^0 + \delta x_i) - (x_k^0 + \delta x_k)}$$

将上式按泰勒级数展开，并保留一次项，得：

$$\alpha_{ki} = \alpha_{ki}^0 + \delta\alpha_{ki} \tag{5-46}$$

$$\alpha_{ki}^0 = \arctan\frac{y_i^0 - y_k^0}{x_i^0 - x_k^0}$$

$$\delta\alpha_{ki} = \frac{\Delta y_{ki}^0}{(S_{ki}^0)^2}\delta x_k - \frac{\Delta x_{ki}^0}{(S_{ki}^0)^2}\delta y_k - \frac{\Delta y_{ki}^0}{(S_{ki}^0)^2}\delta x_i + \frac{\Delta x_{ki}^0}{(S_{ki}^0)^2}\delta y_i$$

式中，α_{ki}^0 为 ki 边的近似方位角，S_{ki}^0 为近似距离。

将式(5-46)代入式(5-45)，经整理，并取 S 以千米为单位，坐标改正数 δx_k，δy_k 及 δx_i，δy_i 以分米为单位，则

$$v_{ki}'' = -\zeta_k + a_{ki}\delta x_k + b_{ki}\delta y_k - a_{ki}\delta x_i - b_{ki}\delta y_i + l_{ki} \tag{5-47}$$

式中，

$$a_{ki} = \frac{\rho''\sin\alpha_{ki}^0}{10^4 S_{ki}^0} \quad b_{ki} = \frac{\rho''\cos\alpha_{ki}^0}{10^4 S_{ki}^0} \quad l_{ki} = \alpha_{ki}^0 - N_{ki}' - Z_k^0$$

式(5-47)为方向误差方程式的一般形式，常数项 l 中包含的测站定向角近似值 Z_k^0，通常是取该测站上各方向(包括零方向)定向角的平均值。亦即

$$Z_k^0 = \frac{1}{n_k}\sum_{j=1}^{n_k}(\alpha_{kj}^0 - N_{kj}')$$

式中，n_k 为测站 k 上的方向数。

式(5-47)中含有测站定向角未知数 ζ_k，其系数为 -1，为减少未知数的个数，可以用一组消去了定向角未知数 ζ_k 的虚拟误差方程组来代替测站 k 观测方向的误差方程式组，即

$$\begin{cases} v_{k1}' = a_{k1}\cdot\delta x_k + b_{k1}\cdot\delta y_k - a_{k1}\cdot\delta x_1 - b_{k1}\cdot\delta y_1 + l_{k1} \\ v_{k2}' = a_{k2}\cdot\delta x_k + b_{k2}\cdot\delta y_k - a_{k2}\cdot\delta x_2 - b_{k2}\cdot\delta y_2 + l_{k2} \\ \cdots\cdots\cdots\cdots\cdots\cdots\cdots\cdots\cdots\cdots\cdots\cdots\cdots\cdots\cdots\cdots\cdots\cdots \\ v_{kn}' = a_{kn}\cdot\delta x_k + b_{kn}\cdot\delta y_k - a_{kn}\cdot\delta x_n - b_{kn}\cdot\delta y_n + l_{kn} \\ v_k' = [a]_k\cdot\delta x_k + [b]_k\cdot\delta y_k - [a\cdot\delta x]_k - [b\cdot\delta y]_k + [l]_k \end{cases} \tag{5-48}$$

虚拟误差方程组中增加了一个和方程式 v_k'。设方向观测值中误差为 m_α，选择比例常数为 μ，方向观测值的权为 $P_\alpha = \mu^2/m_\alpha^2$，则和方程式的权为 $P_M = -\frac{1}{n}\cdot\mu^2/m_\alpha^2$。

2)边长误差方程式

设 k、i 两点的边长观测值为 S_{ki}，其改正数为 $v_{S_{ki}}$，根据边长计算公式，得：

$$S_{ki} + v_{S_{ki}} = \sqrt{[(x_i^0 + \delta x_i) - (x_k^0 + \delta x_k)]^2 + [(y_i^0 + \delta y_i) - (y_k^0 + \delta y_k)]^2}$$

将上式按泰勒级数展开，并保留一次项，即得误差方程

$$v_{S_{ki}} = c_{ki}\cdot\delta x_k + d_{ki}\cdot\delta y_k - c_{ki}\cdot\delta x_i - d_{ki}\cdot\delta y_i + l_{S_{ki}} \tag{5-49}$$

式中，

$$c_{ki} = -\frac{\Delta x_{ki}^0}{S_{ki}^0} = -\cos\alpha_{ki}$$

$$d_{ki} = -\frac{\Delta y_{ki}^0}{S_{ki}^0} = -\sin\alpha_{ki}$$

$$l_{S_{ki}} = S_{ki}^0 - S_{ki}$$

式中，

$$S_{ki}^0 = \sqrt{(x_i^0 - x_k^0)^2 + (y_i^0 - y_k^0)^2}$$

式(5-49)为边长误差方程式的一般形式。设边长观测值中误差为 m_s，选用与确定方向观测值权相同的比例常数 μ，则边长观测值的权为 $P_s = \dfrac{\mu^2}{m_s^2}$。

5.3.2　交会测量

交会测量是加密控制点常用的方法，它可以在数个已知控制点上设站，分别向待定点观测方向或距离，也可以在待定点上设置站向数个的已知控制点观测方向或距离，而后计算待定点的坐标。常用的交会测量方法有前方交会、后方交会、测边交会和自由设站法。

1. 前方交会

在已知控制点 A、B 上设站观测水平角 α、β，根据已知点坐标和观测角值，计算待定点 P 的坐标，称为前方交会（图 5-27）。在前方交会图中，由未知点至相邻两已知点间的夹角称为交会角。当交会角过小（或过大）时，待定点的精度较差，交会角一般应大于30°并小于150°。

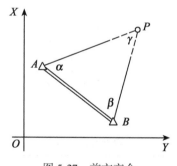

图 5-27　前方交会

如图 5-27 所示，根据已知点 A 的坐标(x_A, y_A) 和点 B 坐标(x_B, y_B)，通过平面直角坐标反算，可获得 AB 边的坐标方位角 α_{AB} 和边长 S_{AB}，由坐标方位角 α_{AB} 和观测角 α 可推算出坐标方位角 α_{AP}，由正弦定理可得 AP 的边长 S_{AP}。由此，根据平面直角坐标正算公式，即可求得待定点 P 的坐标，即

$$\begin{cases} x_P = x_A + S_{AP} \cdot \cos\alpha_{AP} \\ y_P = y_A + S_{AP} \cdot \sin\alpha_{AP} \end{cases}$$

当 A、B、P 按逆时针编号时，$\alpha_{AP} = \alpha_{AB} - \alpha$，将其代入上式，得

$$\begin{cases} x_P = x_A + S_{AP} \cdot \cos(\alpha_{AB} - \alpha) = x_A + S_{AP} \cdot (\cos\alpha_{AB}\cos\alpha + \sin\alpha_{AB}\sin\alpha) \\ y_P = y_A + S_{AP} \cdot \sin(\alpha_{AB} - \alpha) = y_A + S_{AP} \cdot (\sin\alpha_{AB}\cos\alpha - \cos\alpha_{AB}\sin\alpha) \end{cases}$$

顾及 $x_B - x_A = S_{AB} \cdot \cos\alpha_{AB}$；$y_B - y_A = S_{AB} \cdot \sin\alpha_{AB}$，则有

$$\begin{cases} x_P = x_A + \dfrac{S_{AP} \cdot \sin\alpha}{S_{AB}}[(x_B - x_A) \cdot \cot\alpha + (y_B - y_A)] \\ y_P = y_A + \dfrac{S_{AP} \cdot \sin\alpha}{S_{AB}}[(y_B - y_A) \cdot \cot\alpha - (x_B - x_A)] \end{cases} \quad (5\text{-}50)$$

由正弦定理可知：

$$\frac{S_{AP} \cdot \sin\alpha}{S_{AB}} = \frac{\sin\beta}{\sin P}\sin\alpha = \frac{\sin\alpha \cdot \sin\beta}{\sin(\alpha + \beta)} = \frac{1}{\cot\alpha + \cot\beta}$$

将上式代入式(5-50)，并整理得

$$\begin{cases} x_P = \dfrac{x_A \cdot \cot\beta + x_B \cdot \cot\alpha + (y_B - y_A)}{\cot\alpha + \cot\beta} \\ y_P = \dfrac{y_A \cdot \cot\beta + y_B \cdot \cot\alpha - (x_B - x_A)}{\cot\alpha + \cot\beta} \end{cases} \quad (5\text{-}51)$$

式(5-51)即为前方交会计算公式，通常称为余切公式，是平面坐标计算的基本公式之一。

在此应指出：式(5-51)是在假定△ABP 的点号 A(已知点)、B(已知点)、P(待定点)按逆时针编号的情况下推导出的。若 A、B、P 按顺时针编号，则相应的余切公式为

$$\begin{cases} x_P = \dfrac{x_A \cdot \cot\beta + x_B \cdot \cot\alpha - (y_B - y_A)}{\cot\alpha + \cot\beta} \\ y_P = \dfrac{y_A \cdot \cot\beta + y_B \cdot \cot\alpha + (x_B - x_A)}{\cot\alpha + \cot\beta} \end{cases} \quad (5\text{-}52)$$

前方交会算例见表5-6。

表 5-6 前方交会计算

点名	观测角值 /(° ′ ″)		角之余切		纵坐标/m		横坐标/m	
P					x_P	52 396.761	y_P	86 053.636
A	α_1	72 06 12	$\cot\alpha_1$	0.322 927	x_A	52 845.150	y_A	86 244.670
B	β_1	69 01 00	$\cot\beta_1$	0.383 530	x_B	52 874.730	y_B	85 918.350
			$\sum$	0.706 457				

单三角形和前方交会的图形基本上是一致的，所不同的是单三角形在待定点上多观测了一个 γ 角(见图5-27)。由于观测角均有误差，三个观测角之和一般不等于180°，

它们的差值为三角形闭合差，即

$$\omega = \alpha + \beta + \gamma - 180°$$

将闭合差反号平均分配作为各观测角的改正数，$\nu_1 = \nu_2 = \nu_3 = -\dfrac{\omega}{3}$。观测角经改正后，就可以用与前方交会相同的公式计算待定点 P 的坐标。

2. 后方交会

仅在待定点 P 设站，向三个已知控制点观测两个水平夹角 α、β，从而计算待定点的坐标，称为后方交会。后方交会如图 5-28 所示，图中 A、B、C 为已知控制点，P 为待定点。如果观测了 PA 和 PC 之间的夹角 α，以及 PB 和 PC 之间的夹角 β，这样 P 点同时位于三角形 PAC 和三角形 PBC 的两个外接圆上，必定是两个外接圆的两个交点之一。由于 C 点也是两个交点之一，则 P 点便唯一确定。后方交会的前提是待定点 P 不能位于由已知点 A、B、C 所决定的外接圆(称为危险圆)的圆周上，否则 P 点将不能唯一确定，若接近危险圆(待定点 P 至危险圆圆周的距离小于危险圆半径的五分之一)，确定 P 点的可靠性将很低，野外布设时应尽量避免上述情况。后方交会的布设，待定点 P 可以在已知点组成的三角形 ABC 之外，也可以在其内。

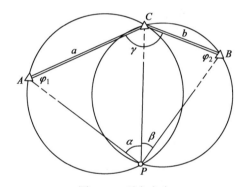

图 5-28　后方交会

在图 5-28 中，可由 A、B、C 三点的坐标，反算其边长和坐标方位角，得到边长 a、b 以及角度 γ，若能求出角 φ_1 和 φ_2，则可按前方交会求得 P 点的坐标。由图 5-28 可知

$$\varphi_1 + \varphi_2 = 360° - (\alpha + \beta + \gamma) \tag{5-53}$$

由正弦定理可知

$$\frac{a \cdot \sin\varphi_1}{\sin\alpha} = \frac{b \cdot \sin\varphi_2}{\sin\beta}$$

则

$$\frac{\sin\varphi_1}{\sin\varphi_2} = \frac{b \cdot \sin\alpha}{a \cdot \sin\beta}$$

令

$$\theta = \varphi_1 + \varphi_2 = 360° - (\alpha + \beta + \gamma)$$

$$\kappa = \frac{\sin\varphi_1}{\sin\varphi_2} = \frac{b \cdot \sin\alpha}{a \cdot \sin\beta}$$

即

$$\begin{cases} \kappa = \dfrac{\sin(\theta - \varphi_2)}{\sin\varphi_2} = \sin\theta \cdot \cot\varphi_2 - \cos\theta \\[3mm] \tan\varphi_2 = \dfrac{\sin\theta}{\kappa + \cos\theta} \end{cases} \tag{5-54}$$

由式(5-54)求得 φ_2 后，代入式(5-53)求得 φ_1，即可按前方交会计算 P 点坐标。

后方交会的计算方法很多，下面给出另一种计算公式(推证略)。这种计算公式的形式与广义算术平均值的计算式相同，故又被称为仿权公式。

P 点的坐标按下式计算：

$$\begin{cases} x_P = \dfrac{P_A \cdot x_A + P_B \cdot x_B + P_C \cdot x_C}{P_A + P_B + P_C} \\[3mm] y_P = \dfrac{P_A \cdot y_A + P_B \cdot y_B + P_C \cdot y_C}{P_A + P_B + P_C} \end{cases} \tag{5-55}$$

式中：

$$\begin{cases} P_A = \dfrac{1}{\cot A - \cot\alpha} \\[3mm] P_B = \dfrac{1}{\cot B - \cot\beta} \\[3mm] P_C = \dfrac{1}{\cot C - \cot\gamma} \end{cases}$$

为计算方便，采用以上仿权公式计算后方交会点坐标时规定：已知点 A、B、C 所构成的三角形内角相应命名为 A、B、C(如表 5-7 中的示意图所示)，在 P 点对 A、B、C 三点观测的水平方向值为 R_a、R_b、R_c，构成的三个水平角为 α、β、γ。三角形三内角 A、B、C 由已知点坐标反算的坐标方位角相减求得，P 点上的三个水平角 α、β、γ 由观测方向 R_a、R_b、R_c 相减求得，则

$$\begin{cases} A = \alpha_{AC} - \alpha_{AB} \\ B = \alpha_{BA} - \alpha_{BC} \\ C = \alpha_{CB} - \alpha_{CA} \end{cases} \tag{5-56}$$

$$\begin{cases} \alpha = R_c - R_b \\ \beta = R_a - R_c \\ \gamma = R_b - R_a \end{cases} \tag{5-57}$$

在采用式(5-55)计算后方交会的坐标时，A、B、C 和 P 的排列顺序可不作规定，但 α、β、γ 的编号必须与 A、B、C 的编号相对应。后方交会点坐标按仿权公式计算的算例见表5-7。

表 5-7 后方交会计算

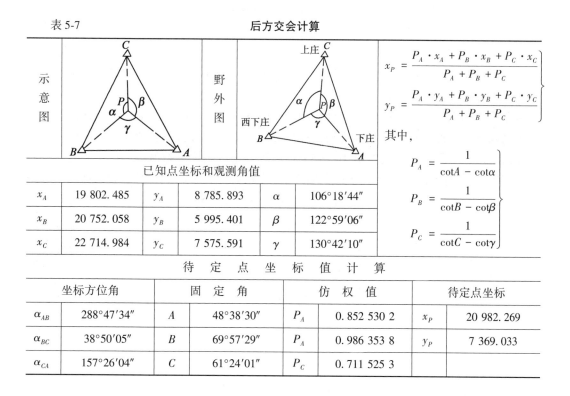

示意图			野外图			$x_P = \dfrac{P_A \cdot x_A + P_B \cdot x_B + P_C \cdot x_C}{P_A + P_B + P_C}$ $y_P = \dfrac{P_A \cdot y_A + P_B \cdot y_B + P_C \cdot y_C}{P_A + P_B + P_C}$
已知点坐标和观测角值						其中,
x_A	19 802.485	y_A	8 785.893	α	106°18′44″	$P_A = \dfrac{1}{\cot A - \cot \alpha}$
x_B	20 752.058	y_B	5 995.401	β	122°59′06″	$P_B = \dfrac{1}{\cot B - \cot \beta}$
x_C	22 714.984	y_C	7 575.591	γ	130°42′10″	$P_C = \dfrac{1}{\cot C - \cot \gamma}$

待 定 点 坐 标 值 计 算

坐标方位角		固 定 角		仿 权 值		待定点坐标	
α_{AB}	288°47′34″	A	48°38′30″	P_A	0.852 530 2	x_P	20 982.269
α_{BC}	38°50′05″	B	69°57′29″	P_A	0.986 353 8	y_P	7 369.033
α_{CA}	157°26′04″	C	61°24′01″	P_C	0.711 525 3		

3. 测边交会

在交会测量中，除了观测水平角外，也可测量边长交会定点，通常采用测边交会法。如图5-29所示，A、B 为已知点，P 为待定点，A、B 按逆时针排列，a、b 为边长观测值。

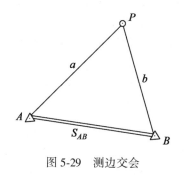

图 5-29 测边交会

由已知点反算边的坐标方位角和边长为 α_{AB} 和 S_{AB}。在 $\triangle ABP$ 中，由余弦定理得

$$\cos A = \frac{S_{AB}^2 + a^2 - b^2}{2a \cdot S_{AB}}$$

顾及 $\alpha_{AP} = \alpha_{AB} - A$，则

$$\begin{cases} x_P = x_A + a \cdot \cos\alpha_{AP} \\ y_P = y_A + a \cdot \sin\alpha_{AP} \end{cases} \tag{5-58}$$

4. 自由设站

自由设站法是在待定控制点上设站，向多个已知控制点(一般 3~5 个)观测方向和距离，并按间接平差方法计算待定点坐标的一种控制测量方法。间接平差以待定点的坐标平差值作为未知参数，按后方交会或测边交会计算待定点的近似坐标，并计算待定点到各已知点的近似坐标方位角和边长，根据方向观测值和边长观测值建立方向误差方程式和边长误差方程式，然后按最小二乘原理计算待定点坐标平差值。

如图 5-30 所示，待定控制点 K，观测若干个已知点的方向和边长。设由测站 k 观测方向 i 的方向观测值为 N_{ki}，边长观测值为 S_{ki}，则按式(5-47)列出方向误差方程式为：

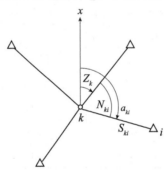

图 5-30　自由设站示意图

$$v_{ki}'' = -\zeta_k + a_{ki}\delta x_k + b_{ki}\delta y_k - a_{ki}\delta x_i - b_{ki}\delta y_i + l_{ki}$$

当观测已知点时，有 $\delta x_i = \delta y_i = 0$，则上式可变为：

$$v_{ki}'' = -\zeta_k + a_{ki}\delta x_k + b_{ki}\delta y_k + l_{ki} \tag{5-59}$$

式(5-59)中含有测站定向角未知数 ζ_k，其系数为 -1，为减少未知数的个数，可以用一组消去了定向角未知数 ζ_k 的虚拟误差方程组来代替测站 k 观测方向的误差方程式组，即

$$\begin{cases} v_{k1}' = a_{k1} \cdot \delta x_k + b_{k1} \cdot \delta y_k + l_{k1} \\ v_{k2}' = a_{k2} \cdot \delta x_k + b_{k2} \cdot \delta y_k + l_{k2} \\ \cdots\cdots\cdots\cdots\cdots\cdots\cdots\cdots\cdots \\ v_{kn}' = a_{kn} \cdot \delta x_k + b_{kn} \cdot \delta y_k + l_{kn} \\ v_k' = [a]_k \cdot \delta x_k + [b]_k \cdot \delta y_k + [l]_k \end{cases} \tag{5-60}$$

虚拟误差方程组中增加了一个和方程式 v_k'。设方向观测值中误差为 m_α，选择比例常数为 m_α，方向观测值的权为 $P_\alpha = \dfrac{m_\alpha^2}{m_\alpha^2} = 1$，则和方程式的权为 $P_M = -\dfrac{1}{n}$。

按式(5-49)列出边长误差方程式为：

$$v_{S_{ki}} = c_{ki} \cdot \delta x_k + d_{ki} \cdot \delta y_k - c_{ki} \cdot \delta x_i - d_{ki} \cdot \delta y_i + l_{S_{ki}} \tag{5-61}$$

当观测已知点时，有 $\delta x_i = \delta y_i = 0$，则

$$v_{S_{ki}} = c_{ki} \cdot \delta x_k + d_{ki} \cdot \delta y_k + l_{S_{ki}} \tag{5-62}$$

设边长观测值中误差为 m_s，选用同一比例常数为 m_α，则边长观测值的权为 $P_S = \dfrac{m_\alpha^2}{m_S^2}$。

假设以上各种误差方程式中 δx_k 的系数以 A_i 表示，δy_k 的系数以 B_i 表示，常数项以 L_i 表示，权以 P_i 表示，则观测方向和边长的误差方程式可写为：

$$v_i = A_i \cdot \delta x_k + B_i \cdot \delta y_k + L_i$$

按间接平差原理，组成法方程式，计算待定点的坐标改正数，法方程为：

$$[PAA] \cdot \delta x_k + [PAB] \cdot \delta y_k + [PAL] = 0$$

$$[PAB] \cdot \delta x_k + [PBB] \cdot \delta y_k + [PBL] = 0$$

解法方程，得

$$\delta x_k = \frac{[PAB] \cdot [PBL] - [PBB] \cdot [PAL]}{[PAA] \cdot [PBB] - [PAB]^2}$$

$$\delta y_k = \frac{[PAB] \cdot [PAL] - [PAA] \cdot [PBL]}{[PAA] \cdot [PBB] - [PAB]^2}$$

待定点坐标平差值为

$$\begin{cases} x_k = x_k^0 + \dfrac{\delta x_k}{10} \\[2mm] y_k = y_k^0 + \dfrac{\delta y_k}{10} \end{cases} \tag{5-63}$$

自由设站当观测值多于 2 个已知控制点方向和边长时，可求出每个方向上产生的点位偏差，各方向的点位偏差可按下式计算

$$\Delta_{ki} = \sqrt{(v_{ki} \cdot S_{ki} / \rho'')^2 + v_{S_{ki}}^2}$$

自由设站当观测值只有方向(一般不少于 4 个)，则为方向后方交会；当观测值只有边长(一般不少于 3 个)，则为边长后方交会。

5.4　卫星定位平面控制测量

目前，GNSS 定位技术被广泛应用于建立各种级别、不同用途的 GNSS 控制网，成为了控制测量的主要方法。相较导线测量等常规方法，GNSS 在布设控制网方面具有测量精度高、选点灵活、不需要造标、费用低、全天候作业、观测时间短、观测和数据处理全自动化等特点。但由于 GNSS 定位技术要求测站上空开阔，以便接收卫星信号，由此，GNSS 控制测量不适合隐蔽地区。

GNSS 控制测量包括静态控制测量和实时动态控制测量(RTK)。

5.4.1 GNSS 静态控制测量

GNSS 静态控制测量的工作内容包括控制网的技术设计、外业观测和GNSS 数据处理。

GNSS 静态控制测量

1. GNSS 控制网的技术设计

（1）GNSS 控制网的精度指标

根据《工程测量标准》，GNSS 网划分为二、三、四等网和一、二级网。网的主要技术要求应符合表 5-8 的规定。

表 5-8　　　　　　　　　　　GNSS 网的主要技术要求

等 级	平均边长/km	a/mm	$b(1\times10^{-6})$	约束点间的边长相对中误差	约束平差后最弱边相对中误差
二等	9	≤10	≤2	≤1/250 000	≤1/120 000
三等	4.5	≤10	≤5	≤1/150 000	≤1/70 000
四等	2	≤10	≤10	≤1/100 000	≤1/40 000
一级	1	≤10	≤20	≤1/40 000	≤1/20 000
二级	0.5	≤10	≤40	≤1/20 000	≤1/10 000

注：a 表示固定误差；b 表示比例误差系数。

（2）GNSS 控制网的图形设计

在采用静态相对定位测量方法时，需要两台或两台以上的 GNSS 接收机在相同的时间段内同时连续跟踪相同的卫星组，即实施所谓的同步观测。同步观测时各 GNSS 点组成的图形称为同步图形（图 5-31）。

1）基本概念

①观测时段：接收机开始接收卫星信号到停止接收，连续观测的时间间隔称为观测时段，简称时段。

②同步观测：2 台或 2 台以上接收机同时对同一组卫星进行的观测。

③同步观测环：3 台或 3 台以上接收机同步观测所获得的基线向量构成的闭合环。

④异步观测环：由非同步观测获得的基线向量构成的闭合环。

2）多台接收机构成的同步图形

由多台接收机同步观测同一组卫星，此时由同步边构成的几何图形，称为同步图形（环），如图 5-31 所示。

同步环形成的基线数与接收机的台数有关，若有 N 台 GNSS 接收机，则同步环形成的基线数为：

$$基线总数 = N(N-1)/2$$

但其中，独立基线数=$N-1$，如 3 台接收机，测得的同步环，其独立基线数为 2，这是

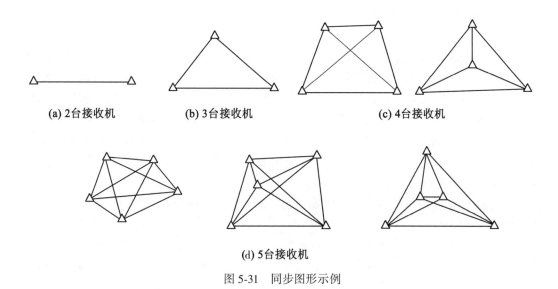

(a) 2台接收机　　(b) 3台接收机　　(c) 4台接收机

(d) 5台接收机

图 5-31　同步图形示例

由于第三条基线可以由前两条基线计算得到。

3）多台接收机构成的异步图形设计

当控制网的点数比较多时，此时需将多个同步环相互连接，构成 GNSS 网。

GNSS 网的精度和可靠性取决于网的结构（与几何图形的形状及点的位置无关），而网的结构取决于同步环的连接方式（增加同步观测图形和提高观测精度是提高 GNSS 成果精度的基础）。这是由于不同的连接方式将产生不同的多余观测，多余观测多，则网的精度高、可靠性强。但应同时考虑工作量的大小，从而可进一步地进行优化设计。

GNSS 网的连接方式有：点连接（图 5-32（a））、边连接（图 5-32（b））、边点混合连接（图 5-32（c））、网连接等。点连接即相邻同步环间仅有一个点相连接而构成的异步网图；边连接即相邻同步环间由一条边相连接而构成的异步环网图；边点混合连接即既有点连接又有边连接的 GNSS 网；网连接即相邻同步环间有 3 个以上公共点相连接，相邻同步图形间存在互相重叠的部分，即某一同步图形的一部分是另一同步图形中的一部分。这种布网方式需要 N≥4 这样密集的布网方法，其几何强度和可靠性指标是相当高的，但其观测工作量及作业经费均较高，仅适用于网点精度要求较高的测量任务。

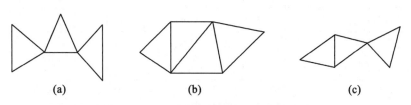

(a)　　　　　　(b)　　　　　　(c)

图 5-32　GNSS 基线向量网布网的连接方式

2. GNSS 控制测量的外业工作

（1）选点

由于 GNSS 观测是通过接收天空卫星信号实现定位测量，一般不要求观测站之间相互通视。而且，由于 GNSS 观测精度主要受观测卫星的几何状况的影响，与地面点构成的几何状况无关。因此，网的图形选择也较灵活。所以，选点工作较常规控制测量简单方便。但由于 GNSS 点位的适当选择，对保证整个测绘工作的顺利进行具有重要的影响。所以，应根据本次控制测量的目的、精度、密度要求，在充分收集和了解测区范围、地理情况以及原有控制点的精度、分布和保存情况的基础上，进行 GNSS 点位的选定与布设。在 GNSS 点位的选点工作中，一般应注意：

①点位应紧扣测量目的布设。例如：测绘地形图，点位应尽量均匀；线路测量点位应为带状点对。

②应考虑便于其他测量手段联测和扩展，最好能与相邻 1~2 个点通视。

③点应选在交通方便、便于到达的地方，便于安置接收机设备。视野开阔，视场内周围障碍物的高度角一般应小于 15°。

④点位应远离大功率无线电发射源（如电视台、电台、微波站等）和高压输电线，以避免周围磁场对 GNSS 信号的干扰。

⑤点位附近不应有对电磁波反射强烈的物体，例如：大面积水域、镜面建筑物等，以减少路径效应的影响。

⑥点位应选在地面基础坚固的地方，以便于保存。

⑦点位选定后，均应按规定绘制点之记，其主要内容应包括点位及点位略图，点位交通情况以及选点情况等。

（2）外业观测

《工程测量标准》规定，GNSS 测量各等级作业的基本技术要求应符合表5-9的规定。

表 5-9   **GNSS 测量各等级作业的基本技术要求**

等　级		二等	三等	四等	一级	二级
接收机类型		多频	多频或双频	多频或双频	双频或单频	双频或单频
仪器标称精度		3mm+1×10⁻⁶	5mm+2×10⁻⁶	5mm+2×10⁻⁶	10mm+5×10⁻⁶	10mm+5×10⁻⁶
观测量		载波相位	载波相位	载波相位	载波相位	载波相位
卫星高度角(°)	静态	≥15	≥15	≥15	≥15	≥15
有效观测卫星数		≥5	≥5	≥4	≥4	≥4
有效观测时段长度(min)		≥30	≥20	≥15	≥10	≥10
数据采样间隔(s)		10~30	10~30	10~30	5~15	5~15
PDOP		≤6	≤6	≤6	≤8	≤8

GNSS 测量的观测步骤如下：

①观测组应严格按规定的时间进行作业。

②安置天线：将天线架设在三脚架上，进行整平对中，天线的定向标志线应指向正北。观测前、后应各量一次天线高，两次较差不应大于 3mm，取平均值作为最终成果。

③开机观测：用电缆将接收机与天线进行连接，启动接收机进行观测；接收机锁定卫星并开始记录数据后，可按操作手册的要求进行输入和查询操作。

④观测记录：GNSS 观测记录形式有以下两种：一种由 GNSS 接收机自动记录在存储介质上；另一种是外业观测手簿，在接收机启动前和观测过程中由观测者填写，包括控制点点名、接收机序列号、仪器高、开关机时间等相关测站信息，记录格式参见有关规范。

3. GNSS 测量数据处理

GNSS 测量数据处理可以分为观测值的粗加工、预处理、基线向量解算（相对定位处理）和 GNSS 网或其与地面网数据的联合处理等基本步骤，其过程如图 5-33 所示。

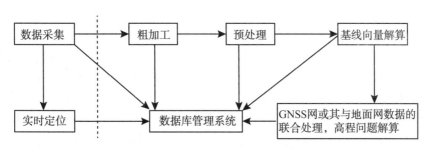

图 5-33 GNSS 测量数据处理的基本流程

（1）数据预处理

数据预处理是将接收机采集的数据通过传输、分流，并解译成相应的数据文件，通过预处理将各类接收机的数据文件标准化，形成平差计算所需的文件。预处理的主要目的在于：

①对数据进行平滑滤波，剔除粗差，删除无效或无用的数据；

②统一数据文件格式，将各类接收机的数据文件加工成彼此兼容的标准化文件；

③GNSS 卫星轨道方程的标准化，一般用一多项式拟合观测时段内的星历数据（广播星历或精密星历）；

④诊断整周跳变点，发现并恢复整周跳变，使观测值复原；

⑤对观测值进行各种模型改正，最常见的是大气折射模型改正。

（2）基线向量的解算

基线向量：如图 5-34 所示，两台 GNSS 接收机 i 和 j 之间的相对位置，即基线 ij，可以用某一坐标系下的三维直角坐标增量或大地坐标增量来表示，因此，它是既有长度又有方向特性的矢量。

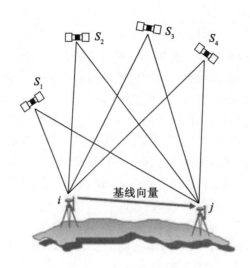

图 5-34　基线向量图

基线解算一般采用双差模型,有单基线和多基线两种解算模式。

GNSS 控制测量外观测的全部数据应经同步环、异步环和复测基线检核,满足同步环各坐标分量闭合差及环线全长闭合差、异步环各坐标分量闭合差及环线全长闭合差、复测基线的长度较差的要求。

(3)GNSS 网平差

GNSS 网平差的类型有多种,根据平差的坐标空间维数,可将 GNSS 网平差分为三维平差和二维平差;根据平差时所采用的观测值和起算数据的类型,可将平差分为无约束平差、约束平差和联合平差等。

1)三维平差与二维平差

①三维平差:平差在三维空间坐标系中进行,观测值为三维空间中的基线向量,解算出的结果为点的三维空间坐标。GNSS 网的三维平差,一般在三维空间直角坐标系或三维空间大地坐标系下进行。

②二维平差:平差在二维平面坐标系下进行,观测值为二维基线向量,解算出的结果为点的二维平面坐标。二维平差一般适合于小范围 GNSS 网的平差。

2)无约束平差、约束平差和联合平差

①无约束平差:GNSS 网平差时,不引入外部起算数据,而是在 WGS-84 坐标系下进行的平差计算。

②约束平差:GNSS 网平差时,引入外部起算数据(如 2000 国家大地坐标系或地方坐标系的坐标、边长和方位)所进行的平差计算。

③联合平差:平差时所采用的观测值除了 GNSS 观测值以外,还采用了地面常规观测值,这些地面常规观测值包括边长、方向、角度等。

5.4.2　GNSS 实时动态控制测量（RTK）

GNSS 动态
定位测量

GNSS 实时动态控制测量可采用网络 RTK 测量和单基准站 RTK 测量方法，按《工程测量标准》规定，一、二级 GNSS 控制测量主要技术要求见表5-10。

表 5-10　　　　　　　一、二级 GNSS 控制网动态测量的主要技术要求

等级	相邻点间距 /m	平面点位中误差 /mm	边长相对中误差	测回数
一	≥500	≤50	≤1/30 000	≥4
二	≥250		≤1/14 000	≥3

注：1. 网络 RTK 测量应在连续运行基准站系统的有效服务范围内；

2. 对天通视困难地区，相邻点间距离可缩短至表中的 2/3，但边长中误差不应大于20mm。

网络 RTK 测量要求各设备连接要牢固可靠、电源充足、存储空间充足，接收机内置参数正确。坐标系统转换时，计算转换参数的控制点应均匀分布在测区及周边，平面坐标转化的残差绝对值不应超过 20mm。RTK 观测前接收机设置的平面收敛阈值不应超过 20mm，垂直收敛阈值不应超过 30mm，观测前应进行初始化，观测值应在得到固定解且收敛稳定后开始记录，每测回的观测时间不少于 10s，测回间应对接收机重新初始化，测回间的时间间隔应在 60s 以上，测回间的平面坐标分量较差不应超过 20mm、垂直坐标分量较差不应超过 30mm。

单基准站 RTK 测量，基准站应设置在已知点上，卫星截止高度角不低于 10°，基准站电台电源充足，发射频率应符合国家无线电使用管理规定，基准站电台与流动站接收机电台频率应保持一致。RTK 作业期间，不得进行更改基准站设置、改变仪器高度、改变 GNSS 天线位置等操作。

RTK 测量要及时将外业采集的数据传输到计算机，并进行数据备份和处理。外业观测记录及原始观测数据应及时保存，不得进行任何形式的剔除和改动。当 RTK 测量成果的点位相对关系不满足需求时，可利用实测的边长、角度和高差对 RTK 成果进行修正。

5.5　水准高程控制测量

5.5.1　水准测量路线的布设

水准测量
路线布设

水准测量路线的布设分为单一水准路线和水准网。单一水准路线的形式有三种，即附合水准路线、闭合水准路线和支水准路线。如果是从一个已知高程的水准点开始，沿一条路线进行水准测量，以测定其他若干水准

点的高程，最后联测至另外一个已知高程的水准点上，称为附合水准路线（图 5-35 (a)）。从一个已知高程的水准点开始，沿一条环形路线进行水准测量，测定沿线若干水准点的高程，最后又回到起始水准点上，称之为闭合水准路线（图 5-35(b)）。如果最后没有联测到已知高程的水准点，则称为支水准路线（图5-35(c)）。为了对水准测量成果进行检核，支水准路线必须进行往返观测或单程双转点观测。

水准网是由若干条单一水准路线相互连接构成的。单一路线相互连接的交点称为节点。在水准网中，如果只有一个已知高程的水准点，则称为独立水准网（图 5-35(d)）；如果已知高程的水准点的数目多于一个，则称为附合水准网（图 5-35(e)）。

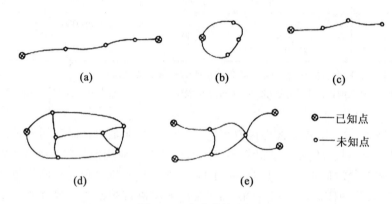

图 5-35　水准路线布设

5.5.2　水准测量精度要求

国家一、二、三、四等水准测量精度，每千米水准测量的偶然中误差 M_Δ（按式 (5-64)计算）和全中误差 M_w（按式(5-65)计算）不应超过表 5-11 规定的数值。

$$M_\Delta = \sqrt{\frac{1}{4n}\left[\frac{\Delta\Delta}{R}\right]} \tag{5-64}$$

式中，Δ 为测段往返测高差不符值，单位为毫米（mm）；R 为测段长度，单位为千米（km）；n 为测段数。

表 5-11　　　　　　　　　　　每千米水准测量的偶然中误差和全中误差

测量等级	一等	二等	三等	四等
偶然中误差 M_Δ /mm	0.45	1.0	3.0	5.0
全中误差 M_W /mm	1.0	2.0	6.0	10.0

$$M_W = \sqrt{\frac{1}{N}\left[\frac{WW}{F}\right]} \tag{5-65}$$

式中，W 为经过各项改正后的水准环闭合差，单位为毫米（mm）；F 为水准环线周长，单位为千米（km）；N 为水准环数。

水准测量往返测高差不符值与环线闭合差的限差应不超过表 5-12 的规定。

表 5-12 **水准测量往返测高差不符值与环线闭合差的限差**

等 级	测段、路线往返测高差不符值	附合路线闭合差	环线闭合差	检测已测测段高差之差
一 等	$\pm 1.8\sqrt{K}$	—	$\pm 2\sqrt{L}$	$\pm 3\sqrt{R}$
二 等	$\pm 4\sqrt{K}$	$\pm 4\sqrt{L}$	$\pm 4\sqrt{L}$	$\pm 6\sqrt{R}$
三 等	$\pm 12\sqrt{K}$	$\pm 12\sqrt{L}$	$\pm 12\sqrt{L}$	$\pm 20\sqrt{R}$
四 等	$\pm 20\sqrt{K}$	$\pm 20\sqrt{L}$	$\pm 20\sqrt{L}$	$\pm 30\sqrt{R}$

注：K 为线路或测段长度，单位为 km；L 为附合路线（或环线）长度，单位为 km；F 为环线长度，单位为 km；R 为检测测段长度，单位为 km。

5.5.3 三、四等水准测量

四等水准
测量

三等水准测量观测采用中丝读数法，进行往返观测，当用光学测微法观测时，也可以用单程双转点法观测。四等水准测量采用中丝读数法，当水准路线为附合路线或闭合路线时，可只进行单程观测。支水准路线应往返测或单程双转点观测。

三、四等水准测量的观测限差见表 5-13。三、四等水准测量的水准尺，通常采用木质的两面有分划的红黑面双面标尺，表 5-13 中的红黑面读数差，即指一根标尺的两面读数去掉常数之后所容许的差数。

表 5-13 **三、四等水准测量作业限差**

等级	仪器类型	视线长度/m	视线高度	前后视距差/m	前后视距差累计/m	红黑面（基辅）读数差/mm	红黑面（基辅）所测高差之差/mm	数字水准仪重复测量次数	检测间歇点高差之差/mm
三等	DS3	≤75	三丝能读数	≤2.0	≤5.0	2.0	3.0	≥3 次	3.0
	DS1、DS05	≤100				1.0	1.5		
四等	DS3	≤100	三丝能读数	≤3.0	≤10.0	3.0	5.0	≥2 次	5.0

注：相位法数字水准仪重复观测次数可以为此表中数值减少一次。所有数字水准仪，在地面震动较大时，应暂时停止测量，直至震动消失，无法回避时应增加重复观测次数。

1. 测站上观测顺序和方法

三(四)等水准测量每测站照准标尺分划顺序为:

①照准后视标尺黑面,进行视距丝、中丝读数,并记入记录手簿的(1)、(2)和(3)栏(见表5-14);

表 5-14　　　　　　　　　　　三(四)等水准测量观测手簿

往测:自Ⅲ宜新3 至Ⅲ宜新4　　　　　　　　　　2015 年 8 月 2 日

时刻:始: 8 时 05 分　　　　　　　　　　　　　　天气:晴

　　　末: 8 时 35 分　　　　　　　　　　　　　　成像:清晰

测站编号	后尺 下丝/上丝 后距 视距差 d	前尺 下丝/上丝 前距 $\sum d$	方向及尺号	标尺读数		K+黑减红	高差中数	备考
				黑面	红面			
	(1)	(5)	后	(3)	(8)	(10)		
	(2)	(6)	前	(4)	(7)	(9)		
	(12)	(13)	后−前	(16)	(17)	(11)		
	(14)	(15)						
1	1 571	0 739	后 5	1 384	6 171	0		
	1 197	0 363	前 6	0 551	5 239	−1		
	374	376	后−前	+0 833	+0 932	+1	+0 832.5	
	−0.2	−0.2						
2	2 121	2 196	后 6	1 934	6 621	0		
	1 747	1 821	前 5	2 008	6 796	−1		
	374	375	后−前	−0 074	−0 175	+1	−0 074.5	
	−0.1	−0.3						
3	1 914	2 055	后 5	1 726	6 513	0		
	1 539	1 678	前 6	1 866	6 554	−1		
	375	377	后−前	−0 140	−0 041	+1	−0 140.5	
	−0.2	−0.5						

测站编号	后尺 下丝 上丝	前尺 下丝 上丝	方向及尺号	标尺读数		K+黑减红	高差中数	备考
	后距	前距		黑面	红面			
	视距差 d	∑d						
4	1 965	2 141	后 6	1 832	6 519	0		
	1 700	1 874	前 5	2 007	6 793	+1		
	265	267	后-前	-0 175	-0 274	-1	-0 174.5	
	-0.2	-0.7						
5	0 089	0 124	后 5	0 054	4 842	-1		
	0 020	0 050	前 6	0 087	4 775	-1		
	69	74	后-前	-0 033	+0 067	0	-0 033.0	
	-0.5	-1.2						
6	2 111	2 186	后 6	1 924	6 611	0		
	1 737	1 811	前 5	1 998	6 786	-1		
	374	375	后-前	-0 074	-0 175	+1	-0 074.5	
	-0.1	-1.3						

②照准前视标尺黑面,进行中丝、视距丝读数,并记入记录手簿的(4)、(5)和(6)栏;

③照准前视标尺红面,进行中丝读数,并记入记录手簿的(7)栏;

④照准后视标尺红面,进行中丝读数,并记入记录手簿的(8)栏。

这样的顺序简称为"后前前后"(黑、黑、红、红)。

四等水准测量每站观测顺序也可为"后后前前"(黑、红、黑、红)。

无论何种顺序,视距丝和中丝的读数均应在水准管气泡居中时读取。三、四等水准测量的观测记录及计算的示例见表5-14。表中带括号的号码为观测读数和计算的顺序。(1)~(8)为观测数据,其余为计算数据。

2. 测站上的计算与校核

视距部分:

$$(12)=(1)-(2)$$
$$(13)=(5)-(6)$$

$$(14) = (12) - (13)$$
$$(15) = 本站的(14) + 前站的(15)$$

（12）为后视距离，（13）为前视距离，（14）为前后视距离差，（15）前后视距累计差。

高差部分：

$$(9) = (4) + K - (7)$$
$$(10) = (3) + K - (8)$$
$$(11) = (10) - (9)$$

（10）及（9）分别为后、前视标尺的黑红面读数之差，（11）为黑红面所测高差之差。

K 为后、前视标尺的红黑面零点的差数；表 5-14 的示例中，5 号尺的 $K = 4787$，6 号尺的 $K = 4687$。

$$(16) = (3) - (4)$$
$$(17) = (8) - (7)$$

（16）为黑面所算得的高差，（17）为红面所算得的高差。由于两根尺子红黑面零点差不同，所以（16）并不等于（17）（表 5-14 的示例（16）与（17）应相差 100），借此（11）尚可作一次检核计算，即

$$(11) = (16) \pm 100 - (17)$$

3. 观测结束后的计算与校核

视距部分：

$$(15) = \sum(12) - \sum(13) \quad 总视距 = \sum(12) + \sum(13)$$

高差部分：

$$\sum(3) - \sum(4) = \sum(16) = h_黑$$
$$\sum\{(3) + K\} - \sum(8) = \sum(10)$$
$$\sum(8) - \sum(7) = \sum(17) = h_红$$
$$\sum\{(4) + K\} - \sum(7) = \sum(9)$$
$$h_中 = \frac{1}{2}(h_黑 + h_红)$$

$h_黑$、$h_红$ 分别为一测段黑面、红面所得高差；$h_中$ 为高差中数。

若测站上有关观测限差超限，在本站检查发现后可立即重测。若迁站后才检查发现，则应从水准点或间歇点起，重新观测。

4. 测量成果的重测与取舍

水准测量结果若超出表 5-12、表 5-13 规定的限差，均应重测，作业人员应对超限原因作具体分析，并按下列原则进行重测与取舍。

①测段往返测高差不符值超限，应先就可靠程度较小的往测或返测进行整测段重测。若重测的高差与同方向原测高差的不符值超过往返测高差不符值的限差，但与

另一单程的高差不符值未超出限差，则取用重测成果；若重测的高差与同方向原测高差的不符值不超过往返测高差不符值的限差，且其中数与另一单程原测高差的不符值亦不超出限差，则取此同方向中数作为该单程的高差。若超出上述限差，则应重测另一单程。

②单程双转点观测中，测段左右路线高差不符值超限时，可只重测一个单程单线，并与原测结果中符合限差的一个取中数采用；若重测结果与原测结果均符合限差，则取三个单线结果的中数；当重测结果与原测两个单线结果都超限时，应分析原因，再重测一个单程单线。

③当由往返高差（或左右路线高差）不符值计算的每公里水准测量的偶然中误差 M_Δ 超限时，应重测不符值较大的某些测段。

④环线闭合差超限时，应先重测路线上可靠程度较小的测段，即往返测高差不符值较大或观测条件差的测段。附合路线闭合差超限时，应分析原因重测有关测段。在高差过大等地区，宜加入重力异常改正。

5.5.4 精密水准测量

精密水准测量一般指国家一、二等水准测量。一、二等水准测量观测采用精密水准仪和因瓦水准尺，用光学测微法读数进行往返观测。国家一、二等水准测量各项限差见表 5-15 和表 5-16。

二等水准测量

表 5-15 　　　　　　　精密水准测量视线长度、视距差、视线高度的要求　　　　单位：m

等级	仪器类型	视线长度		前后视距差		任一测站上前后视距累积差		视线高度		数字水准仪重复测量次数
		光学	数字	光学	数字	光学	数字	光学（下丝读数）	数字	
一等	DSZ05 DS05	≤30	≥4且≤30	≤0.5	≤1.0	≤1.5	≤3.0	≥0.5	≤2.8且≥0.65	≥3次
二等	DSZ1 DS1	≤50	≥3且≤50	≤1.0	≤1.5	≤3.0	≤6.0	≥0.3	≤2.8且≥0.55	≥3次

注：下丝为近地面的视距丝。几何法数字水准仪视线高度的高端限差一、二等允许到 2.85m，相位法数字水准仪重复测量次数可以为上表中数值减少一次。所有的数字水准仪，在地面震动较大时，应随时增加重复测量次数。

表 5-16　　　　　　　　　　　　　　精密水准测量测站观测限差　　　　　　　　　单位：mm

等级	上、下丝读数平均值与中丝读数的差		基辅分划读数的差	基辅分划读数所测高差的差	检测间歇点高差的差
	0.5cm 刻画标尺	1cm 刻画标尺			
一等	1.5	3.0	0.3	0.4	0.7
二等	1.5	3.0	0.4	0.6	1.0

下面以二等水准测量中往测奇数站"后前前后"的观测程序为例来说明一个测站的观测步骤。

①整平仪器，要求望远镜在任何方向时，符合水准气泡两端影像的分离量不超过 1cm。

②将望远镜对准后视水准标尺，在符合水准气泡两端的影像分离量不大于 2mm 的条件下，分别用上、下丝照准水准标尺的基本分划进行视距读数，并记入记录手簿的(1)和(2)栏，见表 5-17，视距第四位由测微器直接读取；然后，转动倾斜螺旋使符合水准气泡两端的影像精确符合，再转动测微螺旋用楔形丝照准水准标尺上的基本分划，并读取水准标尺基本分划和测微器读数，记入手簿的第(3)栏，测微器读数取至整格，即在测微器中不需要进行估读。

表 5-17　　　　　　　　　　　　　一、二等水准测量记录手簿

测自 I 宜柳 2 至 I 宜柳 3　　　　　　　　　　　　　　　2012 年 8 月 20 日

时刻　始 9 时 05 分　末＿时＿分　　　　　　　　　　成　　像：清晰

温度：24.5℃　云量：3　　　　　　　　　　　　　　风向风速：微风

天气：晴　土质：　硬土　　　　　　　　　　　　　　太阳方向：左

测站编号	后尺　下丝 上丝	前尺　下丝 上丝	方向及尺号	标尺读数		基+ K 减辅（一减二）	备考
	后距	前距		基本分划（一次）	辅助分划（二次）		
	视距差 d	∑d					
奇	(1)	(5)	后	(3)	(8)	(14)	
	(2)	(6)	前	(4)	(7)	(13)	
	(9)	(10)	后-前	(15)	(16)	(17)	
	(11)	(12)	h	(18)			
1	2 406	1 809	后 31	219.83	521.38	0	
	1 986	1 391	前 32	160.06	461.63	−2	
	420	418	后-前	+059.77	+059.75	+2	
	+2	+2	h	+059.760			

续表

测站编号	后尺 下丝 上丝	前尺 下丝 上丝	方向及尺号	标尺读数 基本分划(一次)	辅助分划(二次)	基+K 减辅 (一减二)	备考
	后距	前距					
	视距差 d	∑d					
2	1 800	1 639	后32	157.40	458.95	0	
	1 351	1 189	前31	141.40	442.92	+3	
	449	450	后-前	+016.00	-016.03	-3	
	-1	+1	h	+016.015			
3	1 825	1 962	后31	160.32	461.88	-1	
	1 383	1 523	前32	174.27	475.82	0	
	442	439	后-前	-013.94	-013.94	-1	
	+3	+4	h	-013.945			
4	1 728	1 884	后32	150.81	452.36	0	
	1 285	1 439	前31	166.19	467.74	0	
	443	445	后-前	-015.38	-015.38	0	
	-2	+2	h	-015.380			
检查计算			后	688.36	1 894.57		
			前	641.92	1 848.11		
	1754	1752	后-前	+046.44	+046.46		
			h	+046.450			

③旋转望远镜照准前视水准标尺,并使符合水准气泡两端的影像精确符合,用楔形丝照准水准标尺上的基本分划,读取基本分划和测微器读数,记入手簿第(4)栏,然后用上、下丝照准基本分划进行视距读数,记入手簿第(5)和(6)栏。

④用水平微动螺旋使望远镜照准前视水准标尺上的辅助分划,使符合水准气泡两端影像精确符合,进行辅助分划和测微器读数,记入手簿第(7)栏。

⑤旋转望远镜照准后视水准标尺上的辅助分划,使符合水准气泡的影像精确符合,进行辅助分划和测微器读数,记入手簿第(8)栏。

以上就是一个测站上全部操作与观测过程。

表5-17中第(1)至(8)栏是读数的记录部分,(9)至(18)栏是计算部分,现以往测奇数测站的观测程序为例,来说明计算内容与计算步骤。

视距部分的计算:

$$(9)=(1)-(2)$$
$$(10)=(5)-(6)$$

$$(11) = (9) - (10)$$
$$(12) = (11) + 前站(12)$$

高差部分计算与检核：

$$(14) = (3) + K - (8)$$

式中，K 为基辅差(对于威特 N3 水准标尺而言 $K = 3.0155\text{m}$)

$$(13) = (4) + K - (7)$$
$$(15) = (3) - (4)$$
$$(16) = (8) - (7)$$
$$(17) = (14) - (13) = (15) - (16) \text{检核}$$
$$(18) = \frac{1}{2}\{(15) + (16)\}$$

表 5-17 中的观测数据系用威特 N3 精密水准仪测得的，当用 S1 型或 Ni004 精密水准仪进行观测时，由于与这种水准仪配套的水准标尺无辅助分划，故在记录表格中基本分划与辅助分划的记录栏内，分别记入第一次和第二次读数。

在两相邻测站上，应按奇、偶数测站的观测顺序进行观测：

往测：奇数站为后—前—前—后；偶数站为前—后—后—前。

返测：奇数站为前—后—后—前；偶数站为后—前—前—后。

在一测段的水准测量路线上，测站数应为偶数。每一测段的水准路线应进行往测与返测，且应分别在上午和下午观测。

5.5.5　水准观测中的注意事项

①观测前应将仪器置于露天阴影处 30 分钟，使仪器与外界气温趋于一致；观测时应用测伞遮蔽阳光；迁站时应罩以仪器罩。使用数字水准仪前，应进行预热，预热不少于 20 次单次测量。

②对气泡式水准仪，观测前应测出倾斜螺旋的置平零点，并做标记；随着气温变化，应随时调整置平零点的位置。对于自动安平水准仪的圆水准器，应严格置平。

③在连续各测站上安置水准仪的三脚架时，应使其中两脚与水准路线的方向平行，而第三脚轮换置于路线方向的左侧与右侧。

④除路线拐弯处外，每一测站上仪器和前后视标尺的 3 个位置，应尽可能接近于一条直线。不应为了增加标尺读数，而把尺桩(台)安置在壕坑中。

⑤在同一测站上观测时，不得重复调焦。转动仪器的倾斜螺旋和测微轮时，其最后旋转方向均应为旋进。

⑥每一测段的往测与返测，其测站数均应为偶数，否则应加入标尺零点差改正。由往测转为返测时，2 根标尺必须互换位置，并应重新整置仪器。

⑦在高差甚大的地区进行三、四等水准测量时，应尽可能使用 DS3 级以上的仪器和标尺施测。

⑧对于数字水准仪，应避免望远镜直接对着太阳；尽量避免视线被遮挡，遮挡不要

超过标尺在望远镜中截长的 20%；仪器只能在厂方规定的温度范围内工作；确信震动源造成的震动消失后，才能启动测量键。

⑨在观测工作间歇时，最好能结束在固定的水准点上，否则应选择 2 个坚稳可靠的固定点作为间歇点。间歇后，应对 2 个间歇点的高差进行检测，检测结果符合要求（见表5-19）后从间歇点起测。数字水准仪测量间隙可用建立新测段等方法检测，检测有困难时宜收测在固定点上。

5.5.6 水准测量路线的计算

水准测量路线计算的目的是为了检查外业观测成果质量，消除观测数据中的系统误差，对偶然误差进行平差处理，以及对观测成果和平差结果进行精度评定。通常按下列步骤进行：

①首先按照规范要求对外业观测成果进行检查与核算，确保无误并符合限差要求。

②经过各项改正计算，消除观测数据中的系统误差。其中包括水准标尺 1m 长度的改正和对三等以上的观测高差加入正常位水准面不平行改正，从而计算出消除系统误差后的观测高差。

③对观测精度进行评定，其中包括计算附合路线闭合差、往返测不符值，进而计算每公里高差中数的偶然中误差 M_Δ（式(5-64)）和全中误差 M_w（式(5-65)）。

④以消除系统误差后的观测高差为观测数据，对水准路线或水准网进行平差计算，求出高差的平差值和各待定点平差后的高程值。

⑤对平差后的高差和高程进行精度评定，计算出高差和高程的中误差。

水准网平差的基本方法有以最小二乘原理为基础的条件平差法、间接平差法和单一水准路线平差法、单结点水准网平差法、等权代替水准网平差法等。

1. 单一附合水准路线平差

如图 5-36 所示为单一附合水准路线。A、B 为高程已知的水准点，点 1，2，3，…，$n-1$ 为待定高程的水准点，经观测和概算后的各测段高差为 h_i（$i=1$，2，3，…，n）。平差计算步骤如下：

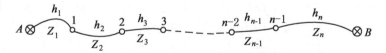

图 5-36　单一附合水准路线

（1）求待定点最或然高程

由于存在测量误差，观测高差之和一般不等于 A、B 两点间的高差，其差值称为路线的高程闭合差 f_h，即

$$f_h = H_A + h_1 + h_2 + h_3 + \cdots + h_n - H_B = [h] - (H_B - H_A) \tag{5-66}$$

显然，各测段的观测高差改正数 v_i 之和应与闭合差等值反号，即

$$[v_i] + f_h = 0 \tag{5-67}$$

根据水准测量的定权公式,可知各测段观测高差之权为:

$$P_i = \frac{C}{L_i} \quad \text{或} \quad P_i = \frac{C}{n_i} \tag{5-68}$$

式中, C 为定权的任意常数, L_i 为测段的水准路线长度, n_i 为测段的测站数。

由最小二乘原理可导出:各测段高差改正数的大小,应与其权倒数成正比。再顾及式(5-68)可知,各测段高差改正数应与路线长度或测站数成正比,即

$$v_i = -\frac{f_h}{[L]} \cdot L_i \quad \text{或} \quad v_i = -\frac{f_h}{[n]} \cdot n_i \tag{5-69}$$

求出各测段观测高差的改正数后,即可计算各测段观测高差的平差值 $\bar{h}_i$ 和各待定点高程平差值 H_i,即

$$\begin{cases} \bar{h}_i = h_i + v_i \\ H_i = H_A + \bar{h}_1 + \bar{h}_2 + \cdots + \bar{h}_i \end{cases} \tag{5-70}$$

(2)精度评定

单位权中误差为:

$$\mu = \sqrt{\frac{[Pvv]}{N-t}}$$

式中, N 为测段数, t 为待定水准点的个数。

任一点高程中误差为:

$$m_i = \frac{\mu}{\sqrt{P_i}}$$

式中, $P_i = \dfrac{C}{[L]_1^i} + \dfrac{C}{[L]_{i+1}^n}$

由此可见,单一附合水准路线点的平差计算可这样进行:将该水准路线的高程闭合差反号、按与水准路线长度(或测站数)成正比例地分配到各测段的观测高差上,然后,按改正后的高差计算各水准点的高程。

在单一附合水准路线平差计算时应注意到:①按式(5-66)计算附合水准路线的高差闭合差,应与相应等级的限差相比较。若超限,要查明原因,并按情况分别进行相应处理;若不超限,则可继续下面的计算;②按式(5-69)计算各测段观测高差改正数时,改正数的取位一般与观测高差取位相同。改正数的总和应恰好与路线高程闭合差等值且反号;③逐点计算各待定水准点的高程平差值,直到另一已知高程点,此时计算值应等于已知值。

(3)算例

单一附合水准路线平差计算在表5-18中, A、B 为已知高程点,1和2为待定水准点。

表 5-18　　　　　　　　　　　单一附合水准路线平差计算表

点名	观测高差 h/m	距离 L/km	权 ($p = \dfrac{1}{L}$)	高差改正数 v/mm	最或然高程 H/m	Pvv
(1)	(2)	(3)	(4)	(5)	(6)	(7)
A					47.231	
	+7.231	4.5	0.22	+8		14.08
1					54.470	
	-4.326	7.2	0.14	+13		23.66
2					50.157	
	-8.251	7.0	0.14	+12		20.16
B					41.918	
$\sum$	-5.346	18.7		+33		57.90

$$f_h = \sum h + (H_A - H_B) = -5.346 + (47.231 - 41.918) = -33\text{mm}$$

单位权中误差为：$\mu = \sqrt{\dfrac{[Pvv]}{N-t}} = \sqrt{\dfrac{57.90}{3-2}} = 7.6\text{mm}$

1 点高程中误差为：$m_1 = \dfrac{\mu}{\sqrt{P_1}} = \dfrac{7.6}{\sqrt{0.29}} = 13.9\text{mm}$

2 点高程中误差为：$m_2 = \dfrac{\mu}{\sqrt{P_2}} = \dfrac{7.6}{\sqrt{0.23}} = 15.8\text{mm}$

2. 单一闭合水准路线的平差

单一闭合水准路线可以看作首尾相连的附合水准路线。因此，闭合水准路线的平差计算与附合水准路线相同，只是路线高程闭合差的计算公式略有不同。在式(5-66)中，若顾及 $H_A = H_B$，则可得：

$$f_h = h_1 + h_2 + \cdots + h_n = [h] \tag{5-71}$$

式(5-71)即为单一闭合水准路线高程闭合差的计算公式。

3. 单结点水准网平差

单结点水准网平差的基本思路是：先求出结点的高程平差值，将其视为已知值，然后将单结点水准网分解成若干条单一附合水准路线，并按单一附合水准路线进行平差，求出各路线上待定点的高程平差值，进而评定其精度。

设单结点水准网由三条路线组成，如图 5-37 所示，A、B、C 为三个已知点，D 为结点，各路线观测高差为 h_i，其路线长度为 L_i。

(1)计算结点高程平差值

从已知点 A_1、A_2、A_3 出发，沿 1、2、3 路线分别计算结点的高程为 H_i，其对应的权为 P_i，则

$$\begin{cases} H_i = H_{A_i} + h_i \\ P_i = \dfrac{C}{L_i} \end{cases} \quad (i = 1, 2, 3) \tag{5-72}$$

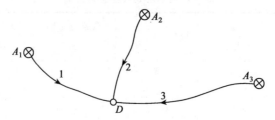

图 5-37 单结点水准网平差

然后，按带权平均值原理，求出结点的高程平差值，即

$$H_D = \frac{P_1 \cdot H_1 + P_2 \cdot H_2 + P_3 \cdot H_3}{P_1 + P_2 + P_3}$$

或

$$H_D = H_0 + \frac{[P\delta]}{[P]} \tag{5-73}$$

式中，H_0 为 D 点的近似高程，$\delta_1 = H_1 - H_0$，$\delta_2 = H_2 - H_0$，$\delta_3 = H_3 - H_0$。

（2）计算各水准路线上的待定点高程

计算出结点高程平差值后，可将其视为已知值，这样即可将各水准路线视为单一附合水准路线进行平差。各条水准路线总的改正数 v_i 和高程闭合差 f_i 为：

$$v_i = -f_i = H_D - H_i \ (i = 1, \ 2, \ 3) \tag{5-74}$$

然后即可按式(5-69)计算各测段的观测高差改正数，进而按式(5-70)计算观测高差的平差值和待定水准点的高程。

（3）精度评定

①计算单位权中误差：

$$\mu = \sqrt{\frac{[Pvv]}{n-1}}$$

式中，n 为水准路线数，v_i 为各条水准路线的高差改正数。

②计算结点高程平差值中误差 m_D：

$$m_D = \frac{\mu}{\sqrt{P_D}}$$

式中，$P_D = P_1 + P_2 + P_3$。

（4）算例

如图 5-37 所示的单结点水准网，已知数据、观测数据、计算数据列于表 5-19 中。

4. 水准网的间接平差计算

水准网的间接平差以待求点的高程为参数，高差为观测值，进行间接平差计算，平差计算参见 3.5 节中的间接平差实例。

表 5-19 **单结点水准网平差计算表**

路线编号	已知点	已知点高程/m	观测高差 h/m	线长 L/km	权 $P=\dfrac{100}{L}$	节点近似高程/m	δ/mm	$P\delta$	v/mm	Pvv
(1)	(2)	(3)	(4)	(5)	(6)	(7)	(8)	(9)	(10)	(11)
1	A_1	62.193	−0.652	17.4	5.7	61.541	+18	102.6	+10	570.0
2	A_2	74.381	−12.851	12.9	7.8	61.530	+7	54.6	−1	7.8
3	A_3	69.276	−7.753	16.1	6.2	61.523	0	0	−8	396.8
Σ				46.4	19.7	$H_0=$ 61.523		157.2		974.6

结点 D 的最或然高程：$H_D = H_0 + \dfrac{[P\delta]}{[P]} = 61.523 + \dfrac{157.2}{19.7} \times 10^{-3} = 61.531\text{m}$

单位权中误差：$\mu = \sqrt{\dfrac{[Pvv]}{n-1}} = \sqrt{\dfrac{974.6}{3-1}} = 22.1\text{mm}$

结点 D 的高程中误差：$m_D = \dfrac{\mu}{\sqrt{P_D}} = \dfrac{22.1}{\sqrt{19.7}} = 5.0\text{mm}$

5.6 三角高程和卫星定位高程测量

通常情况下，在进行几何水准测量确有困难的山地以及沼泽、水网地区，四等水准路线或支线可用电磁波测距高程导线(以下简称高程导线)进行测量。随着全站仪测量精度的提高和三角高程测量方法的改进，三角高程测量的精度亦持续提高，可以满足二、三等水准测量精度要求。

《城市测量规范》规定，在平原和丘陵地区的四等高程控制测量，可采用卫星定位测量方法。

5.6.1 高程导线

1. 高程导线的布设

高程导线即将若干未知高点以平面导线的形式连接于已知高程点之间，在每个设站点上观测垂直角、斜距，并量取仪器高和棱镜高，利用三角高程计算公式计算未知点的高程。高程导线可布设为每一照准点安置仪器进行对向观测(每点设站)的路线，也可布设为每隔一照准点安置仪器(隔点设站)的路线，如图 5-38 所示。隔点设站时，每站应变换仪器高度并观测两次，前后视线长度之差不应大于 100m。高程导线视线长一般不大于 700m，最长不超过 1 000m，视线高度和离开障碍物的距离不小于 1.5m。高程导线的观测结果应不超过表 5-20 规定的各项限差。

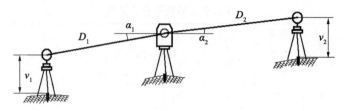

图 5-38 隔点设站高程导线

表 5-20 <td></td> **高程导线测量的限差 (mm)**

观测方法	两测站对向观测 高差不符值	两照准点间两次 观测高差不符值	附合路线或 环线闭合差	检测已测测段 高差之差
每点设站	$\pm 45\sqrt{D}$	—	与四等水准测量限差相同	
隔点设站	—	$\pm 12\sqrt{D}$		

注：D 为测站间或照准点间的观测水平距离，单位为 km。

2. 高程导线的观测

高程导线边长应采用不低于 Ⅱ 级精度的测距仪观测两测回，测回间较差不超过 15mm。每测站应读取气温、气压值。垂直角观测应采用 DJ2 级经纬仪按中丝法观测 4 个测回，测回间较差和指标差较差均不应大于 5″。在观测前后，仪器高、棱镜高各量测一次，两次互差不应大于 3mm，结果应取用中数。

高程导线
（网）观测

3. 高程导线的计算

在高程导线计算前，首先应检查外业观测数据，确认记录计算无误，再进行高程导线计算。观测的斜距应进行加常数、乘常数和气象改正。

每点设站时，相邻测站间单向观测高差按式（5-75）计算：

$$h = D\sin\alpha + (1 - K)\frac{D^2\cos^2\alpha}{2R} + i - v \tag{5-75}$$

计算各边的往、返测高差较差，较差不大于两测站对向观测高差不符值限差时，取往返高差的平均值作为相邻测站间的高差：

$$h = \frac{1}{2}(h_1 - h_2)$$

隔点设站时，相邻照准点间的高差为：

$$h = D_2\sin\alpha_2 - D_1\sin\alpha_1 + \frac{(1 - K)}{2R}(D_2^2\cos^2\alpha_2 - D_1\cos\alpha_1) + v_1 - v_2 \tag{5-76}$$

式中，脚标 1、2 分别为后视和前视标号；D_1、D_2 为经过各项改正后的倾斜距离；α_1、α_2 为垂直角观测值；K 为当地的大气折光系数；R 为地球平均曲率半径；v_1、v_2 为棱镜高。

计算高程导线的闭合差，方法与水准路线相同。当高程导线的闭合差符合规范要求时，进行高程误差配赋求各待定点的高程。方法与水准路线相同。所不同的是定权方法不同，即三角高程测量高差的权与边长的平方成反比，高程导线单向观测边的高差的权为：

$$P = \frac{C}{2S^2}$$

而双向观测边的高差的权为：

$$P = \frac{C}{S^2}$$

式中，S 为边长，以千米为单位，C 为常数。

但在实际作业中，习惯上采取与水准路线相同的方法。

5.6.2 精密三角高程测量

在测距三角高程测量中，当采用两台全站仪同时做对向观测时，一般情况下可认为大气折光系数基本相同，能使电磁波测距三角高程测量得到更高的精度。电磁波测距三角高程测量对向观测计算高差公式为：

$$h = \frac{1}{2}(D_{12}\sin\alpha_{12} - D_{21}\sin\alpha_{21}) + \frac{1}{2}(i_1 + \nu_1) - \frac{1}{2}(i_2 + \nu_2) \tag{5-77}$$

式中，除由两台全站仪观测的斜距 D_{12}、D_{21} 及垂直角 α_{12}、α_{21} 外，还要精确地量取仪器高和棱镜高。在精密三角高程测量作业中要将仪器高和棱镜高量测到小于 1.0mm 是极其困难的。因此，采取一定的作业方法，在一个测段三角高程测量中使得各站的仪器高和棱镜高能够相互抵消，就可以不用量测仪器高和棱镜高。

为使一个测段三角高程测量中各站的仪器高和棱镜高能够相互抵消，采用以下的作业方法进行测量：

①由两台高精度自动全站仪，在仪器把手上安置测距棱镜，以实现同时对向观测。

②如图 5-39 所示，进行设站观测，1，2，3，…，N 位置是按实地情况选择的架设仪器站，12，23，…，是对向观测边。A、B 为水准点，1 为起始站，N 为结束站。

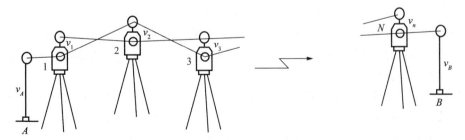

图 5-39 精密三角高程测量示意图

③架设全站仪于 1、2 位置，在水准点 A 上架设定长棱镜杆，1 位置全站仪离水准点 A 10~20m。

④在 1 位置上的全站仪对 A 点棱镜观测斜距和垂直角，则可计算 A 点到 1 位置上全站仪中心的高差：

$$h_{A1} = - D_{1A} \cdot \sin\alpha_{1A} + \nu_A$$

⑤在 1、2 位置上的全站仪进行对向观测，两仪器中心间的高差为：

$$h_{12} = 0.5 \cdot [(D_{12} \cdot \sin\alpha_{12} - D_{21} \cdot \sin\alpha_{21}) + (\nu_1 - \nu_2)]$$

⑥将 1 位置上的全站仪迁至 3 位置。在 2、3 位置上的全站仪进行对向观测，两仪器中心间的高差为：

$$h_{23} = 0.5 \cdot [(D_{23} \cdot \sin\alpha_{23} - D_{32} \cdot \sin\alpha_{32}) + (\nu_2 - \nu_3)]$$

⑦总是将后点上的全站仪移至前一点，直到测段结束。必须注意的是：对向观测的边数一定是偶数条边。这样，在结束站 N 架设的仪器即为起始站所架设的仪器。N 位置全站仪离水准点 B 点 10~20m，在水准点 B 上架设与水准点 A 上相同高度的棱镜杆。

⑧在 N 位置上的全站仪先进行对向观测。然后，观测水准点 B 上的棱镜斜距和垂直角，则可计算 N 位置上全站仪中心到水准点 B 的高差：

$$h_{NB} = D_{NB} \cdot \sin\alpha_{NB} - \nu_B$$

⑨水准点 A 到水准点 B 之间的高差为：

$$h_{AB} = h_{A1} + h_{12} + h_{23} + \cdots + h_{NB}$$

由于，$\nu_A = \nu_B$，$\nu_1 = \nu_3 = \cdots = \nu_n$，$\nu_2 = \nu_4 = \cdots = \nu_{n-1}$，则

$$h_{AB} = - D_{1A} \cdot \sin\alpha_{1A} + 0.5 \cdot (D_{12} \cdot \sin\alpha_{12} - D_{21} \cdot \sin\alpha_{21}) +$$
$$0.5 \cdot (D_{23} \cdot \sin\alpha_{23} - D_{32} \cdot \sin\alpha_{32}) + \cdots + D_{NB} \cdot \sin\alpha_{NB} \tag{5-78}$$

式(5-78)是计算 AB 之间高差的公式。式中已没有仪器高和棱镜高，因此一个测段中只要对向观测的边数是偶数，就能避免量测仪器高和棱镜高。

5.6.3　卫星定位高程测量

采用 GNSS 技术虽然可以同时确定地面点的三维位置，但其所确定的高程是以参考椭球面为基准的大地高，而不是在实际应用中广泛采用的正常高。由第 2 章式(2-21)，正常高和大地高有如下关系：

$$H_常 = H - \zeta_H$$

若能够获得相应点的高程异常，即可将大地高转化为正常高。由此可以看出，GNSS 高程测量包括两方面的内容：一方面是采用 GNSS 方法确定大地高，另一方面是采用其他技术方法确定高程异常。

确定地面点大地水准面差距或高程异常的方法有：大地水准面模型法、重力测量法、区域几何内插法、曲面拟合法、整体平差法、区域似大地水准面法等。

在局部范围内，高程异常与所在点的平面位置有关，可将高程异常表示为点位的函数，若采用二次曲面拟合，则可将曲面拟合模型表达为：

$$\zeta = a_0 + a_1 x + a_2 y + a_3 x^2 + a_4 y^2 + a_5 xy \tag{5-79}$$

式中，x、y 为二维坐标；a_i 为多项式系数。

利用测区中一些具有水准资料的所谓公共点上大地高和正常高，可以计算出这些点的高程异常 ζ。二次多项式曲面拟合法需确定 6 个参数，则至少需要 6 个公共点。若存在 $m(m>6)$ 个公共点，则可列出误差方程式，组成方程式解算拟合系数。

$$V_i = a_0 + a_1 x_i + a_2 y_i + a_3 x_i^2 + a_4 y_i^2 + a_5 x_i y_i - \zeta_i \tag{5-80}$$

采用最小二乘的方法确定多项式系数的最佳估值，则

$$x = (B^T B)^{-1} B^T \zeta \tag{5-81}$$

式中

$$x = \begin{bmatrix} a_0 & a_1 & a_2 & a_3 & a_4 & a_5 \end{bmatrix}^T$$

$$\zeta = \begin{bmatrix} \zeta_1 & \zeta_2 & \cdots & \zeta_m \end{bmatrix}^T$$

$$B = \begin{bmatrix} 1 & x_1 & y_1 & x_1^2 & y_1^2 & x_1 y_1 \\ 1 & x_2 & y_2 & x_2^2 & y_2^2 & x_2 y_2 \\ \vdots & \vdots & \vdots & \vdots & \vdots & \vdots \\ 1 & x_m & y_m & x_m^2 & y_m^2 & x_m y_m \end{bmatrix}$$

在求得拟合系数后，则在任一卫星定位的点上拟合后的高程异常值为

$$\zeta_k = a_0 + a_1 x_k + a_2 y_k + a_3 x_k^2 + a_4 y_k^2 + a_5 x_k y_k \tag{5-82}$$

它与该点已知的正常高之间的偏差，即为该点的拟合误差，由各点的拟合误差大小可以判定其拟合效果。更为可靠的检查方法是，选择若干个具有已知正常高的卫星定位点不参与拟合，同样可按拟合模型得出的拟合系数求得正常高的推算值，推算值和已知的正常高比较，可更好地检查拟合效果。

拟合效果与诸多因素有关，如测区大小、地形、拟合点的数量和分布。参与拟合的水准联测点宜大致均匀分布在整个测区，具有足够多的点，对于地势平坦、面积又不大的测区，经拟合后的卫星定位点的正常高往往能达到较高的精度。

5.7 跨河高程测量

凡跨越江河、洼地、山谷等障碍地段的水准测量，统称为跨河水准测量。由于跨江河、洼地、山谷等障碍物的视线较长，使观测时前、后视线不能相等，仪器 i 角误差的影响随着视线长度的增长而增长，跨越障碍物的视线大大加长，必然使大气垂直折光的影响增大，这种影响随着地面覆盖物、水面情况和视线高度等因素的不同而不同，同时还随着空气温度的变化而变化；视线长度的增大，水准标尺上的分划在望远镜中所成的像就显得非常小，甚至无法辩认，因而也就难以精确照准水准标尺分划和无法读数。基于上述原因，水准测量规范规定：当一、二等水准路线跨越江河、峡谷、湖泊、洼地等障碍物的视线长度在 100m 以内，三、四等水准测量视线长度在 200m 以内时，可用一般观测方法进行施测，但在测站上应变换一次仪器高，观测两次的高差之差应不超过 1.5mm（一、二等水准）或 7mm（三、四等水准），取用两次观测高差的中数。当一、二

等水准路线视线长度超过 100m，三、四等水准测量视线长度超过 200m 时，则应根据视线长度和仪器设备情况，选用特殊的方法进行观测。下面仅介绍光学测微法、测距三角高程法和 GNSS 测量法跨河水准测量。

5.7.1　跨河场地布设

跨河场地应选择在水面较窄、土质坚实、便于设站的河段。尽可能有较高的视线高度，安置标尺和仪器点应尽量等高（测距三角高程法除外）。两岸仪器及标尺构成如图 5-40 所示的"Z"字形、平行四边形、等腰梯形、大地四边形。图形布设时，在图 5-40 中，I_1、I_2 及 b_1、b_2 分别为两岸安置仪器和标尺的位置。在图 5-40(a)中应使近尺视线长度 $I_1b_1 \approx I_2b_2$，且其距离为 20m 左右；在图 5-40(b)、(c)、(d)中，应使跨河视线长度 $I_1b_2 \approx I_2b_1(AC \approx BD)$，近尺视线长度 $I_1b_1 \approx I_2b_2(AB \approx CD)$，且其距离为 10m 左右。

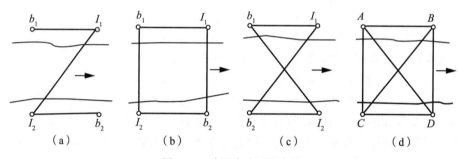

图 5-40　跨河水准测量布设

采用 GNSS 测量法跨河水准测量时，应选择在地形较为平坦的平原、丘陵且河流两岸地貌形态基本一致地区进行。海拔超过 500m 的地区不宜采用；跨河两端的高差变化超过 70m/km 时，不宜采用一等 GNSS 跨河水准测量，跨河两端的高差变化超过 130m/km 时，不宜采用二等 GNSS 跨河水准测量。GNSS 跨河水准点应布设在跨河水准测线附近，应满足 GNSS 测量对点位选取的基本要去，应便于水准联测。如图 5-41 所示，非跨河点(A_1、A_2、D_1、D_2)宜布设在跨河点(B、C)的延长线上，如图 5-41(a)所示。各点之间的距离应大致相等，非跨河点偏离跨河水准轴线的垂距及其互差，一等跨河水准不大于 BC 距离的 1/50，二等跨河水准不大于 BC 距离的 1/25，当地形和点位环境受到限制时，同岸的非跨河点 A_1、A_2 和 D_1、D_2 可以在同一个位置附近布设，A_1、A_2 和 D_1、D_2 应与跨河水准轴线对称，如图 5-41(b)所示。偏离跨河水准轴线的垂距不大于 BC 距离的 1/4，对于一、二等跨河水准，垂距互差分别不大于 BC 距离的 1/50 和 1/25。

5.7.2　觇板制作

为了能照准较远距离的水准标尺分划并进行读数，须采用预制有加粗标志线的特制觇板，如图 5-42 所示。觇板可采用铝板制作，涂成白色，在其上画有一个黑色的矩形

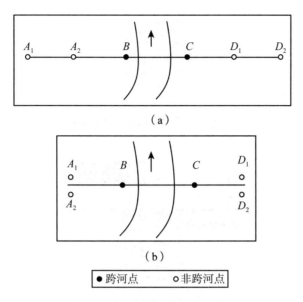

图 5-41 GNSS 跨河水准点的布设

标志线，矩形标志线的宽度按所跨越距离而定，一般取跨越距离的 1/25 000，矩形标志线的长度约为宽度的 5 倍。觇板中央开以矩形小窗口，在小窗口中央装有一条用马尾丝或细铜丝制作的水平指标线。指标线应恰好平分矩形标志线的宽度，即与标志线的上、下边线等距。觇板的背面装有夹具，可使觇板沿水准标尺尺面上下滑动，并能用螺旋将觇板固定在水准标尺的任一位置。

5.7.3 观测方法

1. 光学测微法

光学测微法最大视线长度为 500m（四等水准可到 1 000m）。当用一台水准仪观测时，采用如图 5-40(a) 所示的形式布设为佳。水准仪在 I_1 点设站，先照准本岸 b_1 点标尺的基本分划两次，并使用测微器进行读数，设读数为 B_1；再照准对岸 I_2 点标尺，使气泡精密符合，指挥对岸扶尺员将觇板尺面上下移动，待标志线到望远镜楔形丝中央时，再读取觇板指标线在水准尺上的读数，设读数为 A_1。然后在不触动望远镜调焦位置的情况下，将水准仪立即移至河对岸 I_2 点设站，先照准对岸 I_1 点标尺，按同样方法读取觇板指标线在水准尺上的读数，设读数为 B_2；再照准本岸 b_2 标尺的基本分划两次，并使用测微器进行读数，设读数为 A_2。b_1 点至 b_2 点的高差按下式计算：

$$h_{b_1b_2} = \frac{1}{2}\{(B_1 - A_1) + (B_2 - A_2) + (h_{b_1l_1} + h_{b_2l_2})\} \tag{5-83}$$

式中，$h_{b_1l_1}$、$h_{b_2l_2}$ 分别为 b_1 点至 I_1 点和 b_2 点至 I_2 已测定的高差。

为了更好地减弱以至消除水准仪 i 角的误差影响和大气折光的影响，最好用两台同型号的水准仪在两岸同时进行观测，可采用图 5-40(b) 和 (c) 的布置方案。水准仪位置

207

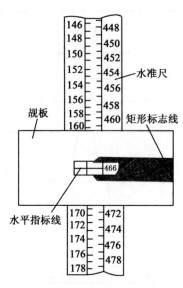

图 5-42　觇板示意图

在 I 点,标尺位置在 b 点。一岸观测完后,两岸对调仪器再进行观测。

2. 测距三角高程法

测距三角高程法是使用两台经纬仪(或全站仪)对向观测,测定偏离水平视线的标志倾角,用测距仪量测距离,求出两岸高差。按图 5-40(d)大地四边形布设跨河点,A、B、C、D 为仪器、标尺交替两用点。测距三角高程法可用于 $500 \sim 3\,500\text{m}$ 的跨河水准测量。

垂直角观测:

① 在 A、C 点上设站,同时观测本岸近标尺,而后同步观测对岸远标尺(大地四边形对角线);

② A 点仪器不动,将 C 点仪器迁至 D 点,两岸仪器同步观测对岸远标尺(大地四边形跨河平形边);

③ D 点仪器不动,观测本岸近标尺,此时将 A 点仪器迁至 B 点,然后两岸仪器同步观测对岸远标尺(大地四边形对角线);

④ B 点仪器不动,观测本岸近标尺,此时将 D 点仪器重新迁至 C 点,接着两岸仪器同步观测对岸远标尺(大地四边形跨河平形边)。

⑤两岸对调观测员、仪器、标尺,按上述步骤再进行观测。跨河长度较长时,应进行多次测量。

3. GNSS 测量法

(1)观测要求

一、二等 GNSS 跨河水准测量应采用标称精度不低于 $5\text{mm}+1\times10^{-6}\text{D}$ 的双频 GNSS 接收机进行观测,同步观测的接收机不少于 4 台,观测应符合表 5-21 的规定。一等、二等 GNSS 跨河水准测量的所有观测时段应分别在 72 小时、48 小时之内完成。

表 5-21　　　　　　一等、二等 GNSS 跨河水准测量的观测要求

项目	等级	
	一等	二等
卫星截止高度角/(°)	≥15	≥15
同时观测有效卫星数/个	≥4	≥4
有效观测卫星总数/个	≥9	≥6
观测时段数/个	6S	4S
时段长度/h	2	2
采样间隔/s	10	≤10
PDOP	≤6	≤6

（2）GNSS 跨河水准测量的高差计算

GNSS 跨河水准测量完毕后，按照 GNSS 网平差的流程进行基线解算和网平差，获得所有非跨河点和跨河点的大地高，结合水准联测所得到的正常高，计算跨河点之间的高差。

设 α_{AB}、α_{CD} 分别为 AB、CD 方向的高程异常变化率，单位为 m/km，则有

$$\begin{cases} \alpha_{AB} = \dfrac{\Delta H_{GAB} - \Delta H_{rAB}}{S_{AB}} \\ \alpha_{CD} = \dfrac{\Delta H_{GCD} - \Delta H_{rCD}}{S_{CD}} \end{cases} \tag{5-84}$$

式中，ΔH_{GAB}、ΔH_{GCD} 分别为 AB、CD 之间的大地高差，单位为 m；ΔH_{rAB}、ΔH_{rCD} 分别为 AB、CD 之间的正常高高差，单位为 m；S_{AB}、S_{CD} 分别为 AB、CD 之间的距离，单位为 km。由同岸的每一个非跨河水准点都可以求出高程异常变化率，当河流两岸高程异常变化率不超过限差规定时，取河流两岸的高程异常变化率的平均值作为跨河段的高程异常变化率 α_{BC}，则跨河段 B、C 两点的正常高之差为

$$\Delta H_{rBC} = \Delta H_{GBC} - \alpha_{BC} S_{BC} \tag{5-85}$$

式（5-85）等式右端的第二部分就是跨河段 BC 的高程异常之差，即

$$\Delta \zeta_{BC} = \alpha_{BC} S_{BC}$$

习题与思考题

1. 控制测量的目的是什么？

209

2. 测量工作应遵循的组织原则是什么？

3. 建立平面控制网的方法有哪些？

4. 何谓国家平面控制网？何谓城市平面控制网？

5. 简述控制测量的一般作业步骤。

6. 何谓坐标正、反算？试分别写出其计算公式？

7. 高程控制测量的主要方法有哪些？各有何优缺点？

8. 何谓 GNSS 同步观测环？何谓 GNSS 异步观测环？

9. 试述 GNSS 控制网测量的观测步骤。

10. 何谓导线测量？它有哪几种布设形式？试比较它们的优缺点。

11. 何谓三联脚架法？它有何优点？简述其外业工作的作业程序。

12. 试述导线测量内业计算的步骤。

13. 图 5-43 所示为一附合导线，起算数据及观测数据如下：

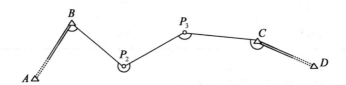

图 5-43　计算导线示意图

起算数据：$x_B = 200.000$m，$x_C = 155.372$m，$\alpha_{AB} = 45°00'00''$

$y_B = 200.000$m，$y_C = 756.066$m，$\alpha_{CD} = 116°44'48''$

观测数据　$\beta_B = 120°30'00''$

$\beta_2 = 212°15'30''$，$D_{B2} = 297.26$m

$\beta_3 = 145°10'00''$，$D_{23} = 187.81$m

$\beta_C = 170°18'30''$，$D_{3C} = 93.40$m

（1）试计算导线各点的坐标及导线全长相对闭合差。

（2）若在导线两端已知点 B、C 上均未测连接角，试按无定向附合导线计算 P_2、P_3 点的坐标。

14. 图 5-44 所示为一直伸等边附合导线，其导线边长均为 300m，每条边的相对中误差为 1∶5 000，测角中误差为 30″，试计算：

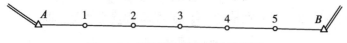

图 5-44　直伸等边附合导线示意图

（1）导线纵向、横向闭合差的中误差；

（2）导线全长闭合差的中误差以及导线最弱点的点位中误差。

15. 何谓前方交会？何谓后方交会？何谓危险圆？何谓测边交会？何谓自由设站？

16. 如图 5-45 所示为一前方交会，试计算 P 的坐标。起算数据和观测数据分别见表 5-22 和表 5-23。

表 5-22　起 算 数 据

点名	X/m	Y/m
A	3 646.35	1 054.54
B	3 873.96	1 772.68
C	4 538.45	1 862.57

表 5-23　观 测 数 据

角号	角值
α_1	64°03′30″
β_1	59°46′40″
α_2	55°30′36″
β_2	72°44′47″

17. 如图 5-46 所示，A、B 两点为已知点。试用前方交会计算交会点 P 的坐标。起算数据和观测数据见表 5-24 和表 5-25。

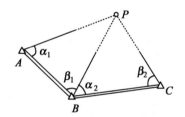

图 5-45　前方交会计算示意图 1

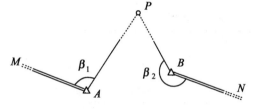

图 5-46　前方交会计算示意图 2

表 5-24　起 算 数 据

点名	X/m	Y/m	坐标方位角
M			
			100°16′24″
A	847.63	954.48	
N			
			279°38′36″
B	959.78	1 741.18	

表 5-25　观 测 数 据

角号	角值
β_1	127°41′42″
β_2	224°08′18″

18. 试计算图 5-47 中后方交会点 P 的坐标。起算数据及观测数据分别见表 5-26 和表 5-27。

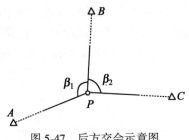

图 5-47 后方交会示意图

表 5-26   起 算 数 据

点名	X/m	Y/m
A	390.64	4 988.00
B	3 463.19	8 081.48
C	291.84	7 723.18

表 5-27   观 测 数 据

角号	角值
β_1	151°46′52″
β_2	76°57′10″

19. 试计算图 5-48 中 P 点的坐标。起算数据和观测数据见表 5-28 和表 5-29。

表 5-28   起 算 数 据

点名	X/m	Y/m
A	7 520.17	6 604.88
B	5 903.01	8 119.56

表 5-29   观 测 数 据

角号	角值
α	44°46′36″
β	86°04′05″
γ	49°09′10″

20. 试计算图 5-49 测边交会中 P 点的坐标。起算数据和观测数据分别见表 5-30 和表 5-31。

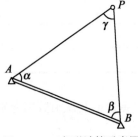

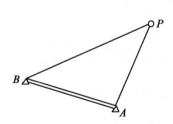

图 5-48   三角形计算示意图   图 5-49   测边交会示意图

表 5-30	起 算 数 据			表 5-31	观 测 数 据	

<table>
<tr><td colspan="3">表 5-30   起 算 数 据</td><td colspan="2">表 5-31   观 测 数 据</td></tr>
<tr><td>点名</td><td>X/m</td><td>Y/m</td><td>边号</td><td>边长/m</td></tr>
<tr><td>A</td><td>1 864.82</td><td>674.50</td><td>S_{AP}</td><td>480.98</td></tr>
<tr><td>B</td><td>2 153.44</td><td>267.35</td><td>S_{BP}</td><td>657.29</td></tr>
</table>

21. 水准测量路线的布设形式有哪些?

22. 图 5-50 为一条附合四等水准路线,起算数据及观测数据见表 5-32。试计算各水准点的高程。

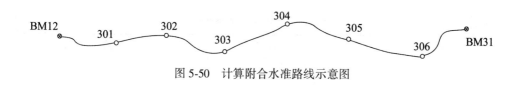

图 5-50 计算附合水准路线示意图

表 5-32   附合水准路线

点名	距离/km	高差/m	高程/m
BM12			73.702
	0.36	+2.864	
301			
	0.30	+0.061	
302			
	0.48	+6.761	
303			
	0.32	−4.031	
304			
	0.30	−1.084	
305			
	0.26	−2.960	
306			
	0.20	+1.040	
BM31			76.365

23. 某测区欲布设一条附合水准路线,当每公里观测高差的中误差为 5mm,今欲使在附合水准路线的中点处的高程中误差 $m_H \leqslant 10$mm,问该水准路线的总长度不能超过多少?

24. 如图 5-51 所示,由 5 条同精度观测水准路线测定 G 点的高程,观测结果见表 5-33。若以 10km 长路线的观测高差为单位权观测值,试求:

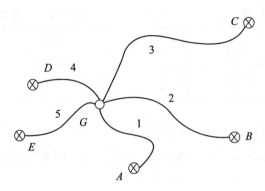

图 5-51 单节点水准网计算示意图

表 5-33 水准路线观测高程和路线长

水准路线号	观测高程/m	路线长/km
1	112.814	2.5
2	112.807	4.0
3	112.802	5.0
4	112.817	0.5
5	112.816	1.0

(1) G 点高程最或然值。

(2) 单位权中误差。

(3) G 点高程最或然值的中误差。

(4) 每千米观测高差的中误差。

25. 简述精密三角高程测量中，为提高测量精度所采取的方法。

26. 简述测距三角高程法进行跨河水准测量的作业过程。

第6章 地形图基本知识

6.1 地形图的内容

6.1.1 地图

1. 地图的概念

地图就是依据一定的数学法则，使用制图语言，通过制图综合，在一定的载体上，表达地球上各种事物的空间分布、联系及时间中的发展变化状态的图形。传统地图的载体多为纸张，随着科技的发展出现了电子地图等。

地球表面复杂多样的形体，归纳起来可分为地物和地貌两大类。地面各种固定性的物体，如道路、房屋、铁路、江河、湖泊、森林、草地及其他各种人工建筑物等，均称之为地物。地面上各种高低起伏的形态，如高山、深谷、陡坎、悬崖峭壁和雨裂冲沟等，都称之为地貌。地形是地物和地貌的总称。

地面上地物的种类繁多，形状、大小不一，为能够按图识别地物，便于制作，地图必须有专门的地图符号、文字注记和颜色。地球表面的地物多种多样，不可能也无必要毫无选择地全部表示。因此，必须依据地图比例尺和不同的用途，对地物按照一定的法则综合或取舍。如军事用图，应当着重表示具有军事意义的地物，综合表示数量多、分布密集、军事意义不大的地物，而舍去那些无军事意义的地物。

所以，地图具有严格的数学基础、符号系统、文字注记，采用制图综合原则科学地反映自然和社会经济现象的分布特征及相互联系。

2. 地图的分类

地图种类繁多，通常按照某些特征进行归类。

（1）按地图内容分类

地图按表示内容分类，可分为普通地图和专题地图两大类。普通地图是综合反映地表自然和社会现象一般特征的地图。它以相对均衡的详细程度表示自然要素和社会经济要素。普通地图广泛地用于经济建设、国防建设和人们的日常生活。专题地图是着重表示某一专题内容的地图，如地貌图、交通图、地籍图、土地利用现状图，等等。

地形图是普通地图中的一种，指的是地表起伏形态和地理位置、形状在水平面上的投影图。具体来讲，将地面上的地物和地貌按水平投影的方法（沿铅垂线方向投影到水平面上），并按一定的比例尺缩绘到图纸上，这种图称为地形图。如图上只有地物，不表示地面起伏的图称为平面图。

（2）按地图比例尺分类

地图按比例尺可分类为：大比例尺地图、中比例尺地图和小比例尺地图。

大比例尺地图、中比例尺地图和小比例尺地图，测量工程和地图制图有不同的分类方法。测量工程把比例尺大于等于1：1万的地图称为大比例尺地图，比例尺小于1：10万的地图称为小比例尺，其他则称为中比例尺地图。而制图学则把大于等于1：10万的地图称为大比例尺，比例尺小于1：50万的地图称为小比例尺。其他则称为中比例尺地图。

（3）按成图方法分类

地图若以成图方法来分类，可分为线划图、影像图、数字图等。

线划图是将地面点的位置用符号与线划表示的地图，如地形图、地籍图、房产图、地下管线图等。

影像图是把线划图和影像平面图结合的一种形式。将航空摄影（或卫星摄影）的像片经处理得到正射影像，并将正射影像和线划符号综合地表现在一张图面上，称为影像图。影像图具有成图快、信息丰富，能反映微小景观，并具有立体感，便于读图和分析等特点，是近代发展起来的新型地形图。常见的有以彩色航空像片（或卫星像片）的色彩影像表示的影像地图。

数字地图是用数字形式记录和存储的地图，是在一定的坐标系内具有确定位置、属性及关系标志和名称的地面要素的离散数据，在计算机可识别的存储介质上概括的有序集合。数字地图是以数据和数据结构为信息传递语言，主要在计算机环境中使用的一种地图产品。数字地图具有可快速存取、传输，能够动态地更新修改，实时进行方位、距离等地形信息的计算等特点，用户可以利用计算机技术，有选择地显示或输出地图的不同（层）要素，将地图立体化、动态化显示。

6.1.2　大比例尺地形图示例

图 6-1 是某幅 1：500 比例尺地形图的一部分，图中主要表示城市街道、居民区等。图 6-2 是某幅 1：2 000 比例尺地形图的一部分，它表示农村居民地和地貌。

这两张地形图各反映了不同的地面状况。在城镇市区，图上必然显示出较多的地物而反映地貌较少；在丘陵地带及山区，地面起伏较大，除在图上表示地物外，还应较详细地反映地面高低起伏的状况。图 6-2 中有很多曲线，称为等高线，是表示地面起伏的一种符号。

6.1.3　地图比例尺

1. 比例尺的概念

将地球表面的形状和地面上的物体测绘在图纸上，不可能也无必要按其真实大小来描绘，通常要按一定的比例尺缩小。这种缩小的比率，即图上距离与实地相应水平距离的比值称为地图比例尺。为了使用方便，通常把比例尺化为分子为 1 的分数。它可用下

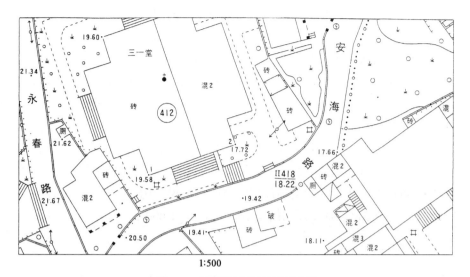

图 6-1 城区居民地地形图示例

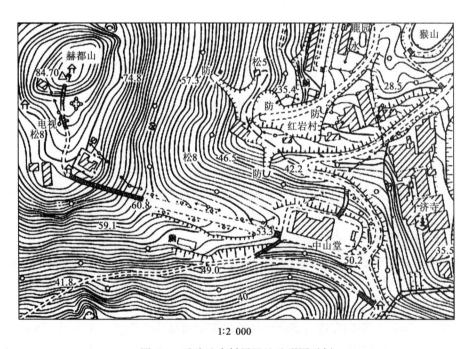

图 6-2 丘陵地农村居民地地形图示例

式来表示:

$$比例尺 = \frac{图上距离}{实地相应水平距离} = \frac{1}{M}$$

式中，M 称为比例尺分母。若已知地形图的比例尺，则可根据图上距离求得相应的实地水平距离；反之，也可根据实地水平距离求得相应的图上距离。

2．比例尺精度

一般来说，正常人的眼睛只能清楚地分辨出图上大于 0.1mm 的两点间的距离，这种相当于图上 0.1mm 的实地水平距离称为比例尺精度。比例尺精度可用下式表示：

$$\delta = 0.1\text{mm} \cdot M \tag{6-1}$$

式中，M 为地图比例尺分母。

比例尺精度决定了与比例尺相应的测图精度，例如，1∶10 000 比例尺的最大精度为 1m，测绘 1∶10 000 地形图时，只需准确到整米即可，更高的精度是没有意义的；其次，我们也可以按照用户要求的精度确定测图比例尺。例如，某工程设计要求在图上要能显示出 0.1m 的精度，则测图比例尺不应小于 1∶1 000。

6.1.4　地形图的内容

地形图的内容丰富，归纳起来大致可分为三类：一是数学要素，如比例尺、坐标格网等；二是地形要素，即各种地物、地貌；三是注记和整饰要素，包括各类注记、说明资料和辅助图表。

在地形图上，地物按图式符号加注记表示。地貌一般用等高线和地貌符号表示。等高线能反映地面的实际高度、起伏特征，并有一定的立体感，因此，地形图多采用等高线表示地貌。

地形图是按照一定的规格和尺寸制作的，地形图的图廓和图廓外的注记也有严格的要求。

1．地形图符号

实地的地物和地貌是用各种符号表示在图上的，这些符号总称为地形图图式。图式由原国家测绘局统一制定，它是测绘和使用地形图的重要依据。地形图符号有三类：地物符号、地貌符号和注记符号。

（1）地物符号

地物符号是用来表示地物的类别、形状、大小及其位置的，分为比例符号、非比例符号和半比例符号。

（2）地貌符号

地形图上表示地貌的方法有多种，目前最常用的是等高线法。在图上，等高线不仅能表示地面高低起伏的形态，还可确定地面点的高程，对于冲沟、陡崖、滑坡、梯田等特殊地貌，不便用等高线表示时，则绘注相应的符号。

（3）注记

注记包括地名注记和说明注记。地名注记主要包括行政区划、居民地、道路名称，河流、湖泊、水库名称，山脉、山岭、岛礁名称等。说明注记包括文字和数字注记，主要用以补充说明对象的质量和数量属性。如房屋的结构和层数、管线性质及输送物质、比高、等高线高程、地形点高程以及河流的水深、流速等。

2. 图廓及图廓外注记

图廓是一幅图的范围线，图廓线的四个角点称为图廓点。根据地形图的分幅不同，图廓外信息的内容有所不同。矩形分幅比梯形分幅的地形图的图廓及图廓外的注记简单。通常，大比例尺地形图采用矩形分幅，而中小比例尺则采用梯形分幅。

（1）矩形分幅地形图的图廓

矩形分幅的地形图有内图廓线和外图廓线。内图廓是图幅的实际范围线，即坐标格网线。在内图廓与外图廓之间四角处注有坐标值，并在内图廓线内侧，每隔 10cm 绘有 5mm 长的坐标短线，表示坐标格网线的位置。在图幅内每隔 10cm 绘有十字线，以标记坐标格网交叉点。外图廓仅起装饰作用。内、外图廓之间通常间隔 1cm。

图廓外的主要内容包括：图名、图号、领属注记、图幅接合表、保密等级、图例、编图和出版单位、测图方式、坐标和高程系统、等高距、测图时间、测图比例尺等。

图名一般取图幅中较著名的地理名称，注记在地形图的上方中央。图号即图幅编号，注记在图名下边。

图幅接合表又称接图表，以表格形式注记该图幅的相邻 8 幅图的图名。

在南图廓的左下方还注记测图日期、测图方法、平面和高程系统、等高距及地形图图式的版别等。在南图廓下方中央注有比例尺，在南图廓右下方写明作业人员姓名，在西图廓下方注明测图单位全称。

图 6-3 所示为一幅矩形分幅的地形图图廓示例。

（2）梯形分幅地形图的图廓

梯形分幅地形图以经纬线进行分幅，图幅呈梯形。在图上绘有经纬线网和公里网。

在不同比例尺的梯形分幅地形图上，图廓的形式也不完全相同。1∶1 万~1∶10 万地形图的图廓，由内图廓、外图廓和分度带组成。内图廓是经线和纬线围成的梯形，也是该图幅的边界线。图 6-4 为 1∶5 万地形图的西南角，西图廓经线是东经 109°00′，南图廓线是北纬 36°00′。在东、西、南、北外图廓线中间分别标注了四邻图幅的图号，更进一步说明了与四邻图幅的相互位置。内、外图廓之间绘有加密经纬网的分划短线，称为分度线，相邻两条分划线间的长度，表示实地经差或纬差 1′。分度线与内图廓之间，注记以千米为单位的平面直角坐标值，如图中"3988"表示纵坐标为 3 988km，其余"89""90"等，其千米数的千、百位都是 39，故从略。横坐标为"19321"，"19"为该图幅所在的投影带号，"321"表示该纵线的横坐标千米数，即位于第 19 带中央子午线以西 179km 处（321km−500km＝−179km）。

北图廓上方正中为图名、图号，左边为图幅接合表。东图廓外上方绘有图例，在西图廓外下方注明测图单位全称。在南图廓下方中央注有数字比例尺，此外，还绘有坡度尺、三北方向图、直线比例尺以及测绘日期、测图方法、平面和高程系统、等高距和地形图图式的版别等。

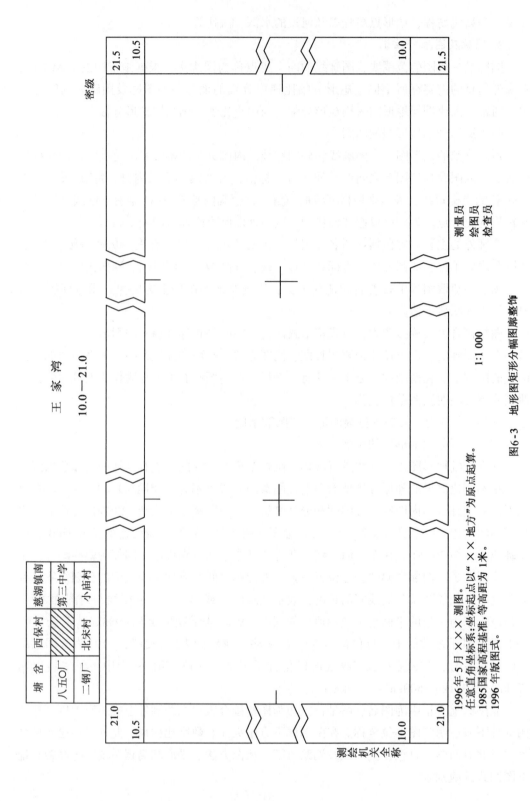

图6-3 地形图矩形分幅图廓整饰

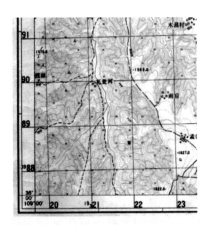

图 6-4 1：5 万地形图梯形图廓一角

三北方向图是指地形图中央一点的三北方向图。利用三北方向图可对图上任一方向的坐标方位角、真方位角和磁方位角进行换算，如图 6-5 所示。利用坡度尺可在地形图上量测地面坡度（百分比值）和倾角，如图 6-6 所示。

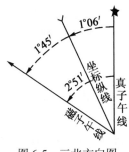

图 6-5 三北方向图

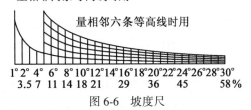

图 6-6 坡度尺

6.2 地物符号

6.2.1 地物分类

在地形图上，地物一般用规定的符号表示。在 1：500、1：1 000、1：2 000 地形图上各种自然和人工地物大致可分为：测量控制点、水系、居民地及设施、交通、管线、境界、植被与土质等。

1. 测量控制点

各种测量控制点包括：各等级三角点、导线点、卫星定位连续运行站点、卫星定位点、图根点、水准点、天文点等。

2. 水系

水系为江、河、湖、水库、海、井、泉、池塘、沟渠等自然和人工水体及连通体系的总称。

3. 居民地及设施

居民地包括城市、集镇、村庄、工厂、矿山、农场等及其附属建筑物。

4. 交通

交通是陆运、水运、海运及相关设施的总称。

5. 管线

管线是各种电力线、通信线、各种管道及其附属设施的总称。

6. 境界

境界是区域范围的分界线,分为国界和国家内部境界两种。国家内部境界包括省、县、乡镇、村的行政分界线以及特殊地区界线等。

7. 植被与土质

植被是地表各种植物的总称,包括耕地、园林、林地、经济作物地、草地等;土质是地表各种物质的总称,包括盐碱地、沙砾地、石块地等。

6.2.2 地物符号

地物的类别、形状、大小及其在图上的位置,是用地物符号表示的。根据地物的大小及描绘方法不同,地物符号可分为:比例符号、半比例符号、非比例符号。

1. 比例符号

凡按比例能将地物轮廓缩绘在图上的符号称为比例符号,如房屋、江河、湖泊、森林、果园、草地、沙砾地等。这些符号与地面上实际地物的形状相似,可以在图上量测地物的面积。

比例尺符号又叫真形符号或轮廓符号,以保持物体平面轮廓形状的相似性为特征,由轮廓和填充符号组成。轮廓表示面状物体的真实位置与形状,其线划有实线、虚线和点线之分,分别表示位置明显的、准确而无实物的和不明显的界线,如岸线、境界线和地类界等。填充符号只起到说明物体性质的作用,不表示物体的具体位置,是一种配置性的符号,有时还要加注文字或数字以说明其质量或数量特征,如森林符号等。

2. 半比例符号

半比例符号是指物体的长度按比例尺描绘而宽度不按比例尺描绘的符号。半比例符号在实地上大多是一些狭长的线状物体,所以又称为线状符号,例如铁路、公路、城墙、通信线和高压线等。但在大比例尺的测图中,有时铁路、公路的宽度也可以按比例表示,则成为比例符号。

3. 非比例符号

非比例符号又叫点状符号或独立符号,以不保持物体的平面轮廓形状为特征,只表示该地物在图上的点位和性质。这是由于某些独立地物实在太小,按比例缩绘在图上只能是一个点,所以用一个专门的符号表示,如测量控制点、纪念碑、水井、独立树等。当然,在大比例尺测图时,有些独立地物仍然可以按比例描绘其轮廓,则必须如实测绘,再在其中适当位置绘一独立符号。由此可见,独立符号有时可作填充符号。

6.2.3 地形图符号的定位

1. 非比例符号的定位

非比例符号不仅其形状和大小不能按比例描绘,而且符号的中心位置与该地物实地中心的位置关系,也将随各地物符号不同而不同。在《国家基本比例尺地图图式 第1部分 1∶500、1∶1 000、1∶2 000 地形图图式》(GB/T 20257.1—2017)中定位点的规则如下:

①符号图形中有一个点的,该点为地物的实地中心位置,如三角点、导线点、界标、盐井等,如图6-7(a)所示。

②圆形、正方形、长方形等符号,定位点在其几何图形中心,如电杆、管道检修井、粮仓等,如图6-7(b)所示。

③宽底符号定位点在其底线中心,如蒙古包、烟囱、水塔等,如图6-7(c)所示。

④底部为直角的符号定位点在其直角的顶点,如风车、路标、独立树等,如图6-7(d)所示。

⑤由几种几何图形组成的符号定位点在其下方图形的中心点或交叉点,如旗杆、气象站、敖包等,如图6-7(e)所示。

⑥下方没有底线的符号其定位点在其下方两端点连线的中心点,如窑、亭、山洞等,如图6-7(f)所示。

⑦不按比例表示的其他符号定位点在其符号的中心点,如桥梁、水闸、岩溶漏斗等,如图6-7(g)所示。

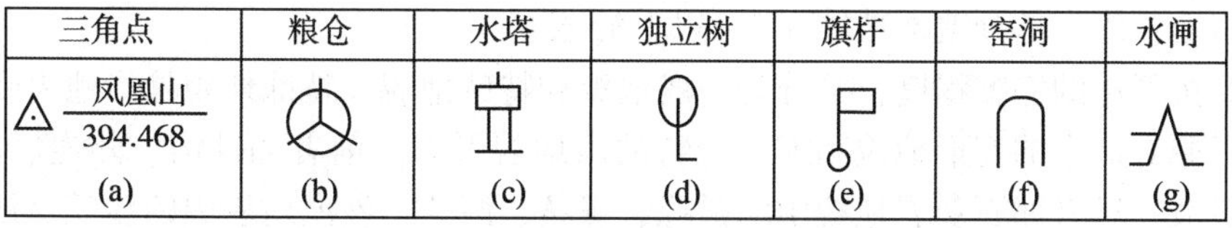

三角点	粮仓	水塔	独立树	旗杆	窑洞	水闸
△ 凤凰山 394.468						
(a)	(b)	(c)	(d)	(e)	(f)	(g)

图6-7 非比例符号定位示例

2. 半比例符号的定位

半比例符号大多为线状符号,是以符号的中心线与相应地物投影后的中心线位置相重合为特征的,确定符号中心线的规则如下:

①单线符号,如人行小路、单线河、篱笆(见图6-8)、地类界等,线划本身就是相应地物中心线位置。

②对称性的双线符号,如公路、铁路、堤(见图6-8)和石垄等,其符号的中轴线就是相应地物中心线位置。

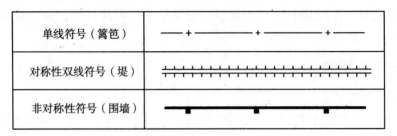

单线符号（篱笆）	
对称性双线符号（堤）	
非对称性符号（围墙）	

图 6-8　半比例符号定位

③非对称性的符号，如围墙(见图 6-8)、陡岸等，其底线或缘线就是相应地物中心线位置。

6.3　地貌与等高线

地貌是测绘工作中对地球表面各种起伏形态的通称，按其形态可分为山地、丘陵、高原、平原和盆地等。在地图上除特殊地貌(如冲沟、雨裂、滑坡等)外一般用等高线表示。

6.3.1　地形类型

地形类型按区域地面坡度划分为：平地、丘陵地、山地和高山地。

平地：绝大部分的地面坡度在 2°以下的地区。

丘陵地：绝大部分的地面坡度在 2°~6°(不含 6°)之间的地区。

山地：绝大部分的地面坡度在 6°~25°之间的地区。

高山地：绝大部分地面坡度在 25°以上的地区。

地貌按形态的完整程度，又分为一般地貌和特殊地貌。特殊地貌是指地表受外力作用改变了原有形态的变形地貌和形态奇特的微地貌形态。前者如冲沟、陡崖、陡石山、崩崖、滑坡；后者如石灰岩地貌中的孤峰、峰丛、溶斗，沙漠地貌中的沙丘、沙窝、小草丘，黄土地地貌中的土柱溶斗，等等。

6.3.2　等高线的概念

所谓等高线，就是地面上高程相等的相邻点所连成的闭合曲线。长期以来，等高线一直是地形图上表示地貌要素的很好方法，它不但能完整而形象地表现地形起伏的总貌，而且还能比较准确地表达微型地貌的变化，同时也能提供某些数据和高程、高差和坡度等。

1. 等高线表示地貌的原理与特性

如图 6-9 所示，设想用一组高差间隔相等的水平面去截地貌，则其截口必为大小不同的闭合曲线，并随山脊、山谷的形态不同而呈现不同的弯曲。将这些曲线垂直投影到平面上并按比例尺缩小，便形成了一圈套一圈的曲线，它们即构成等高线。这些曲线的形态完全与实地地貌的高度和起伏状况相应。

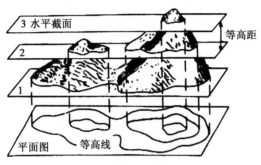

图 6-9　等高线表示地貌的原理

等高线有如下特性：

①同一条等高线上各点的高程相等。

②等高线是闭合曲线，一般不相交、不重合，只有通过悬崖、绝壁或陡坎时才相交或重合。

③等高线与分水线、合水线正交，即在交点处，等高线的切线方向与分水线、合水线垂直。

④在等高距相同的情况下，图上等高线愈密，地面坡度愈陡；反之，等高线愈稀，地面坡度则愈缓。

2. 等高距及等高线的种类

相邻等高线的高程差，叫等高距。等高距愈小，表示地貌愈真实、细致；但若过小，将会使图上等高线的间隔甚微而影响地形图的清晰度。如果等高距过大，则显示地貌粗略，一些细小地貌形态将被忽略，从而影响地形图的使用价值。因此，地形图的基本等高距的选择必须根据地形的高低起伏程度、测图比例尺的大小和使用地形图的目的等因素来决定(见表 6-1)。

地形图上相邻等高线间的水平间距称为等高线平距。由于同一地形图上的等高距相同，故等高线平距的大小与地面坡度的陡缓有直接的关系。

地形图上的等高线，按其作用不同分为：首曲线、计曲线、间曲线和助曲线，如图6-10 所示。

首曲线：按规定的等高距(基本等高距)描述的等高线称为首曲线。图上以细实线描绘。

计曲线：也叫加粗等高线。为了在识图时等高线计数方便，通常由高程零米起，每隔 4 条首曲线加粗描绘。在计曲线上选择平缓处将其断开，注记计曲线的高程，字头朝向高处。

表 6-1 　　　　　　　　　　　　　地形图的基本等高距(m)

地形类别	比　例　尺		
	1 : 500	1 : 1 000	1 : 2 000
平坦地	0.5	0.5	0.5(1)
丘陵地	0.5	0.5(1)	1(2)
山　地	1(0.5)	1	2
高山地	1	1(2)	2

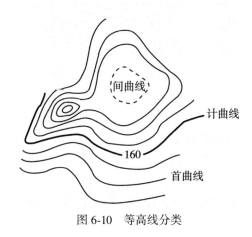

图 6-10 　等高线分类

　　间曲线:也叫半距等高线。是按等高距的一半,以长虚线描绘的等高线,主要用于高差不大,坡度较缓,单纯以首曲线不能反映局部地貌形态的地段。间曲线可以绘一段而不需封闭。

　　助曲线:也叫辅助等高线。通常是按四分之一等高距描绘的等高线。助曲线用以表示首曲线和间曲线尚无法显示的重要地貌,图上以短虚线描绘。

6.4　地形图的分幅与编号

　　为了便于地形图的测制、管理和使用,各种比例尺地形图通常需要按规定的大小进行统一分幅,并进行系统的编号。地形图的分幅可分为两大类:一是按经纬度进行分幅,称为梯形分幅法,一般用于国家基本比例尺系列的地形图;二是按平面直角坐标进行分幅,称为矩形分幅法,一般用于大比例尺地形图。

6.4.1　基本比例尺地形图的分幅与编号

　　1. 分幅与编号的基本原则

　　①由于分带投影后,每带为一个坐标系,因此地形图的分幅必须以投影带为基础、

按经纬度划分。

②为便于测图和用图，地形图的幅面大小要适宜，且不同比例尺的地形图幅面大小要基本一致。

③为便于地图编绘，小比例尺的地形图应包含整幅的较大比例尺图幅。

④图幅编号要求应能反映不同比例尺之间的联系，以便进行图幅编号与地理坐标之间的换算。

2. 分幅与编号的方法

我国基本比例尺地形图包括 1：100 万，1：50 万，1：25 万，1：10 万，1：5 万，1：2.5 万，1：1 万和 1：5 000 八种。基本比例尺地形图采用梯形分幅，统一按经纬度划分。

(1)1：100 万地形图分幅

1：100 万地形图的分幅采用国际 1：100 万地图分幅标准。图 6-11 为北半球 1：100 万比例尺地形图的分幅。每幅 1：100 万比例尺地形图的范围是经差 6°、纬差 4°。由于图幅面积随纬度增加而迅速减小，规定在纬度 60° 至 76° 之间双幅合并，即每幅图为经差 12°、纬差 4°。在纬度 76° 至 88° 之间四幅合并，即每幅图为经差 24°、纬差 4°。我国位于北纬 60° 以下，故没有合幅图。

1：100 万地形图的编号采用国际统一的行列式编号。从赤道起分别向南向北，每纬差 4° 为一纵列，至纬度 88° 各分为 22 纵列，依次用大写拉丁字母(字符码)A，B，C，…，V 表示。从 180° 经线起，自西向东每经差 6° 为一行，分为 60 横行，依次用阿拉伯数字(数字码)1，2，3，…，60 表示。以两极为中心，以纬度 88° 为界的圆用 Z 表示。

由此可知，一幅 1：100 万比例尺地形图，是由纬差 4° 的纬圈和经差 6° 的子午线所围成的梯形。其编号由该图所在的列号与行号组合而成。为区别南、北半球的图幅，分别在编号前加 N 或 S。因我国领域全部位于北半球，故省注 N。如甲地的纬度为北纬 39°54′30″，经度为东经 122°28′25″，其所在 1：100 万地形图的内图廓线为东经 120°、东经 126° 和北纬 36°、北纬 40°，则此 1：100 万比例尺地形图的编号为 J51。图 6-12 为我国领域的 1：100 万比例尺地形图的分幅编号构成。

(2)1：50 万、1：25 万、1：10 万地形图的分幅

1：50 万、1：25 万、1：10 万地形图的分幅和编号都是在 1：100 万地形图的分幅编号基础上进行的。

将一幅 1：100 万地形图按经差 3°、纬差 2° 等分成(2×2)4 幅，每幅为 1：50 万地形图，从左向右、从上向下分别以 A、B、C、D 表示。

将一幅 1：100 万地形图按经差 1.5°、纬差 1° 等分为(4×4)16 幅，每幅为 1：25 万地形图，从左向右、从上向下分别依[1]、[2]、[3]、……[16]表示。

将一幅 1：100 万地形图按经差 30′、纬差 20′ 等分为(12×12)144 幅，每幅为 1：10 万地形图，从左到右，从上向下分别以 1、2、3、…… 144 表示。

(3)1：5 万、1：2.5 万地形图的分幅

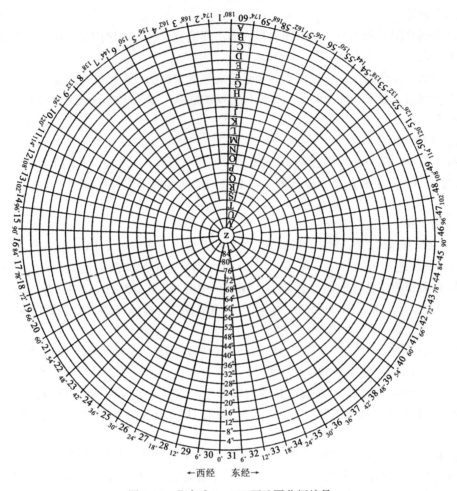

图 6-11　北半球 1∶100 万地图分幅编号

将一幅 1∶10 万地形图，按经差 15′、纬差 10′等分成(2×2)4 幅，每幅为 1∶5 万的地形图。

再将一幅 1∶5 万地形图，按经差 7′30″、纬差 5′等分成(2×2)4 幅，每幅为 1∶2.5 万的地形图。

(4)1∶1 万、1∶5 000 地形图的分幅

1∶1 万地形图是在 1∶10 万地形图的基础上进行分幅和编号的。将一幅 1∶10 万地形图，按经差 3′45″、纬差 2′30″等分成(8×8)64 幅，每幅为 1∶1 万地形图。

将一幅 1∶1 万地形图，按经差 1′52.5″、纬差 1′15″等分成(2×2)四幅，每幅为 1∶5 000 地形图。

3. 地形图的编号

1∶50 万~1∶5 000 地形图的分幅全部由 1∶100 万地形图逐次加密划分而成，编号均以 1∶100 万比例尺地形图为基础，采用行列编号方法，由其所在 1∶100 万比例尺地

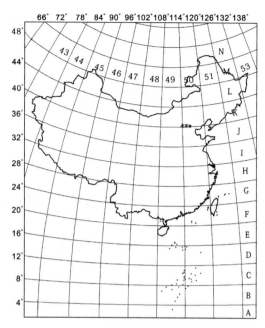

审图号：GS(2024)0014 号

图 6-12　我国 1∶100 万比例尺地形图的分幅编号示意图

形图的图号、比例尺代码和图幅的行列号共十位码组成。编码长度相同，编码系列统一
为一个根部，便于计算机处理，如图 6-13 所示。

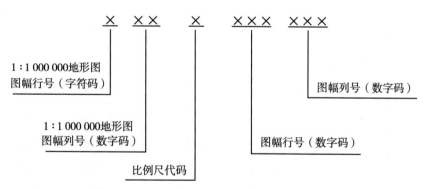

图 6-13　1∶50 万~1∶5 000 地形图图号的构成

各种比例尺代码见表 6-2。

表 6-2　　　　　　　　　　　　比例尺代码表

比例尺	1∶500 000	1∶250 000	1∶100 000	1∶50 000	1∶25 000	1∶10 000	1∶5 000
代码	B	C	D	E	F	G	H

若要根据某点的经纬度来求取所在 1∶100 万图号后的行号和列号，可根据下列公式计算求得。设图幅在 1∶50 万图号后的行号和列号分别为 R、V，则计算公式为

$$\begin{cases} R = \dfrac{4°}{\Delta B} - \text{int}\,\dfrac{\text{mod}\,\dfrac{B}{4°}}{\Delta B} \\[4mm] V = \left(\text{int}\,\dfrac{\text{mod}\,\dfrac{L}{6°}}{\Delta L} \right) + 1 \end{cases} \tag{6-2}$$

式中，L、B 分别为某点的经纬度，ΔL、ΔB 为相应图幅比例尺的经差、纬差，int 表示取整数运算，mod 表示取余数运算。

1∶100 万比例尺图幅的行号 H 与列号 Z 计算公式为：

$$\begin{cases} H = \text{int}\left(\dfrac{B}{4°} \right) + 1 \\[3mm] Z = \text{int}\left(\dfrac{L}{6°} \right) + 31\,(东半球) \end{cases} \tag{6-3}$$

式中，L、B 分别是某点的经纬度，int 表示取整数运算。

现行的国家基本比例尺地形图分幅编号关系见表 6-3。

表 6-3　　　　　　　　　现行的国家基本比例尺地形图分幅编号关系表

比例尺		1∶100 万	1∶50 万	1∶25 万	1∶10 万	1∶5 万	1∶2.5 万	1∶1 万	1∶5 000
图幅范围	经差	6°	3°	1°30′	30′	15′	7′30″	3′45″	1′52.5″
	纬差	4°	2°	1°	20′	10′	5′	2′30″	1′15″
行列数量关系	行数	1	2	4	12	24	48	96	192
	列数	1	2	4	12	24	48	96	192
图幅数量关系		1	4	16	144	576	2 304	9 216	36 864
			1	4	36	144	576	2 304	9 216
				1	9	36	144	576	2 304
					1	4	16	64	256
						1	4	16	64
							1	4	16
								1	4

1∶100 万～1∶5 000 地形图的行、列编号如图 6-14 所示。

1∶50 万地形图的编号，如图 6-15 中晕线所示图号为 J50B001002。

1∶25 万地形图的编号，如图 6-16 中晕线所示图号为 J50C003003。

1∶10 万地形图的编号，如图 6-17 中 45°晕线所示图号为 J50D010010。

1∶5 万地形图的编号，如图 6-17 中 135°晕线所示图号为 J50E017016。

1∶2.5 万地形图的编号，如图 6-17 中交叉晕线所示图号为 J50F042002。

1∶1 0000 地形图的编号，如图 6-17 中黑块所示图号为 J50G093004。

1∶5 000 地形图的编号，如图 6-17 中 1∶100 万比例尺地形图图幅最东南角的一幅图号为 J50H192192。

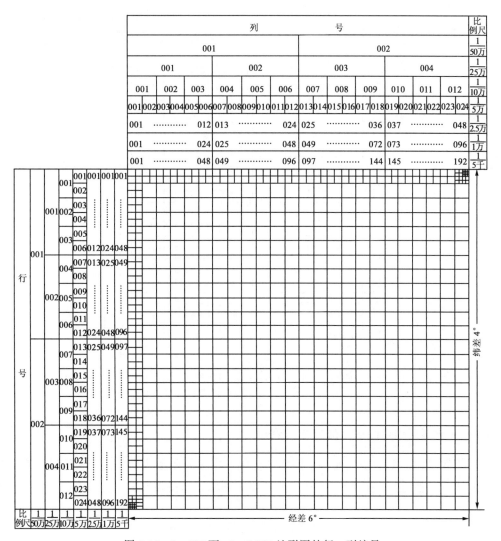

图 6-14　1∶100 万~1∶5 000 地形图的行、列编号

231

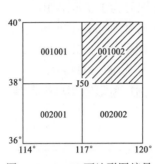

图 6-15   1∶50 万地形图编号

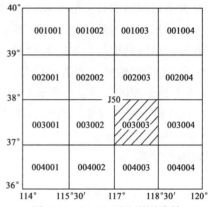

图 6-16   1∶25 万地形图编号

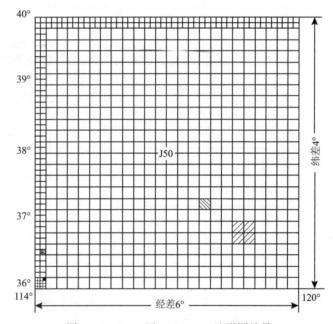

图 6-17   1∶10 万~1∶5 000 地形图编号

6.4.2   大比例尺地形图的矩形分幅与编号

大比例尺地形图的图幅通常采用矩形分幅，图幅的图廓线为平行于坐标轴的直角坐标格网线。以整千米(或百米)坐标进行分幅，图幅大小见表 6-4。

表 6-4   几种大比例尺地形图的图幅大小

比例尺	图幅大小/cm²	实地面积/km²	1∶5 000 图幅内的分幅数
1∶5 000	40×40	4	1

比例尺	图幅大小/cm^2	实地面积/km^2	1：5 000 图幅内的分幅数
1：2 000	50×50	1	4
1：1 000	50×50	0.25	16
1：500	50×50	0.062 5	64

矩形分幅图的编号有以下几种方式：

（1）按图廓西南角坐标编号

采用图廓西南角坐标公里数编号，x 坐标在前，y 坐标在后，中间用短线连接。1：5 000取至千米数；1：2 000、1：1 000 取至0.1km；1：500 取至0.01km。例如某幅1：1 000比例尺地形图西南角图廓点的坐标 $x=83\ 500$m，$y=15\ 500$m，则该图幅编号为83.5-15.5。

（2）按流水号编号

按测区统一划分的各图幅的顺序号码，从左至右，从上到下，用阿拉伯数字编号。如图6-18(a)所示，晕线所示图号为15。

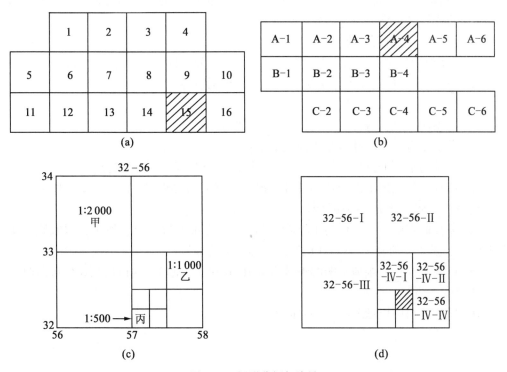

图 6-18 矩形分幅与编号

（3）按行列号编号

将测区内图幅按行和列分别单独排出序号，再以图幅所在的行和列序号作为该图幅图号。图 6-18（b）中，晕线所示图号为 A-4。

（4）以 1∶5 000 比例尺图为基础编号

如果整个测区测绘有几种不同比例尺的地形图，则地形图的编号可以 1∶5 000 比例尺地形图为基础。以某 1∶5 000 比例尺地形图图幅西南角坐标值编号，如图 6-18（c）中 1∶5 000 图幅编号为 32-56，此图号就作为该图幅内其他较大比例尺地形图的基本图号，编号方法见图 6-18（d）。图中，晕线所示图号为 32-56-Ⅳ-Ⅲ-Ⅱ。

习题与思考题

1. 什么是地形图？主要包括哪些内容？

2. 何谓比例尺精度？比例尺精度对测图有何意义？试说明比例尺为 1∶1 000 和 1∶2 000 地形图的比例尺精度各为多少？

3. 若某工程要求图上能显示实地 0.5m 的精度，问应该测制多大比例尺的地形图？

4. 地面上两点的水平距离为 123.56m，那么在 1∶1 000，1∶2 000 比例尺地形图上各长多少厘米？

5. 由地形图上量得某果园面积为 896mm^2，若此地形图的比例尺为 1∶5 000，则该果园实地面积为多少平方米？（精确至 0.1m^2）

6. 地形图符号有哪几类？

7. 根据地物的大小及描绘方法不同，地物符号分为哪几类，各有什么特点？

8. 非比例符号的定位点作了哪些规定？试举例说明。

9. 地形类别是如何划分的？

10. 何谓等高线？等高线有何特性？等高线有哪些种类？

11. 什么是等高距？什么是等高线平距？

12. 何谓地形图的梯形分幅？何谓地形图的矩形分幅？各有何特点？

13. 按现行国家地形图分幅和编号，梯形分幅 1∶1 000 000 比例尺地形图的图幅是如何划分的，如何规定它的编号？

14. 某控制点的大地坐标为东经 115°14′24″、北纬 28°17′36″，按现行国家地形图分幅和编号，试求其所在 1∶5 000 比例尺梯形图幅的编号。

15. 已知某梯形分幅地形图的编号为 J47D006003，试求其比例尺和该地形图西南图廓点的经度与纬度。

16. 试述地形图矩形分幅和编号的方法。

第7章 大比例尺数字地形图成图基础及其测绘

7.1 大比例尺地形图测量方法

大比例尺地形图测量是测定地物、地貌点(通称碎部点)的平面位置和高程,并将其绘制成大比例尺地形图的工作。大比例尺地形图测量方法有图解法测图、地面数字测图以及摄影测量测图等方法。

7.1.1 图解法测图

图解法测图是测量碎部点并将其展绘在图纸上,以手工方式描绘地物和地貌,它是在地面数字测图普及以前最主要的大比例尺地形图测量方法。图解法测图有平板仪测图和经纬仪测图,下面以经纬仪测图为例介绍图解法测图的工作程序:

①在收集资料和现场初步踏勘的基础上,拟订技术计划;

②进行测区的基本控制测量和图根控制测量;

③进行测图前的一系列准备工作,以保证测图工作的顺利进行;

④在测站点密度不够时对测站点进行加密;

⑤逐站完成碎部点测量,对照实地绘制地形图;

⑥进行图边测图和野外接图;

⑦原图整饰及清绘等工作;

⑧组织检查和验收。

测图准备工作包括:资料准备、仪器与工具准备、图板准备等。资料准备包括收集测图规范、地形图图式、控制点成果以及任务书和技术计划书等。图板准备包括图纸的准备、绘制坐标格网和展绘控制点。

经纬仪测图所用的图纸为一面打毛的聚酯薄膜,其厚度为 0.07~0.1mm,并经过热定型处理。它具有伸缩性小、无色透明、不怕潮湿等优点,便于使用和保管。

测图前,要将控制点展绘在图纸上。为能准确展绘控制点,首先要在图纸上精确地绘制直角坐标格网,大比例尺地形图采用 10cm×10cm 的方格网。坐标格网绘制可采用绘图仪、专用格网尺等工具进行。坐标格网绘制好后,必须进行检查,检查内容及要求包括:方格网的长对角线长度与其理论值之差应小于 0.3mm;各小方格的顶点应在同一条对角线上,小方格的边长与其理论值之差应小于 0.1mm;图廓的边长与其理论值之差应小于 0.2mm。经检查后,若发现超限,必须重新进行绘制。

在展绘控制点时，首先确定待展点所在的方格。在图 7-1 中，控制点 2 的坐标 $x_2 = 5\,674.16\text{m}$、$y_2 = 8\,662.72\text{m}$，根据 2 点的坐标知道它是在 $klnm$ 方格内，然后从 m 点和 n 点根据比例尺（本例比例尺为 1∶1 000）分别向上量取 74.16mm，得出 a、b 两点，再从 k、m 分别向右量取 62.72mm，得出 c、d 两点。ab 与 cd 的交点即为 2 点的位置。

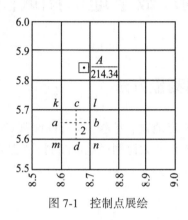

图 7-1　控制点展绘

同法将其余各点展绘在图纸上，各点展绘好后，必须进行检查，除检查各点坐标外，还须采用比例尺在图上量取各控制点之间的距离与已知的边长（可由控制点坐标反算）相比较，其最大误差不得超过图上 0.3mm，否则应重新展绘。所有控制点检查无误后，注明其点名、点号和高程（如图 7-1 中的控制点 A）。

经纬仪测图在野外测量碎部点，将经纬仪安置在测站点 A 上（如图 7-2 所示），并量取仪器高，瞄准已知点 B，并将水平度盘配至零度左右（定向），再瞄准另一已知点 C 进行检查。在测站点 A 附近适当位置安置图板，并将分度规的中心圆孔固定在图板上的 A 点，然后用经纬仪照准碎部点 1 上的标尺，读取碎部点方向与起始方向间的水平角 β_1（称为碎部点方向角）、视距、垂直角，计算出测站点至碎部点的水平距离和碎部点的高程，按碎部点方向角放置分度规，并在分度规直径刻划线上依照比例尺量取测站点至碎部点水平距离的图上长度，即可定出 1 点在图上的位置，并在点旁注记碎部点的高程，按此方法依次测定其余碎部点。

7.1.2　地面数字测图

随着计算机制图、电子全站仪、全球导航卫星系统（GNSS）RTK 技术的发展，大比例尺地形图测量采用数字化测图技术。地面数字测图一般是指利用全站仪、GNSS 接收机等仪器采集碎部点坐标和高程，并进行图形编码，通过计算机图形处理后自动绘制成地形图的方法。地面数字测图基本硬件包括：全站仪或 GNSS 接收机、计算机和绘图仪等。软件基本功能主要有：野外数据的输入和处理、图形文件生成、等高线自动生成、图形编辑与注记和地形图自动绘制。与传统测图作业相比，地面数字测图具有以下特点：

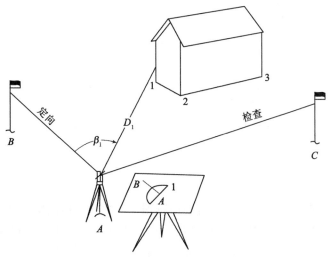

图 7-2　经纬仪测图

① 图解测图经过坐标格网绘制、控制点手工展绘、碎部点手工刺绘等工序，且距离通常用视距法测取，而地面数字测图直接利用碎部点坐标在计算机上自动成图，且距离用电磁波测距法测取，因此，与图解测图相比，地面数字测图具有较高的测图精度。

② 图解测图在野外基本完成地形原图的绘制，在获得碎部点的平面坐标和高程后，还需手工绘制地形图，而地面数字测图外业测量工作实现自动记录、自动解算处理，自动成图，因此，地面数字测图具有较高的自动化程度。

③ 图解测图先完成图根控制测量，经计算获得图根控制点坐标，并展绘到图板上，而后进行碎部测图。地面数字测图的图根控制测量与碎部测量可同时进行，即在进行图根控制测量的同时，可在图根控制点上同步测量本站的碎部点，再根据图根控制点的平差后坐标，对碎部点坐标重新计算，以提高碎部点坐标的精度，而后进行计算机处理并自动生成图形。

④ 地面数字测图直接得到碎部点的平面坐标和高程，精度高，不存在图纸变形等因素的影响。

⑤ 图解测图是以一幅图为单元组织施测的，这种规则的划分测图单元给图幅边缘测图造成困难，并带来图幅接边问题。地面数字测图在测区内可不受图幅的限制，作业小组的任务可按河流、道路等自然分界线划分，以便于碎部测图，也减少了图幅接边问题。

⑥ 在图解测图中，测图员可对照实地用简单的几何作图法测绘规则的地物轮廓，用目测绘制细小地物和地貌形态，而地面数字测图必须有足够的特征点坐标才能绘制地物符号，有足够而又分布合理的地形特征点才能绘制等高线。因此，地面数字测图中直接测量碎部点的数目比图解测图有所增加，且碎部点(尤其是地形特征点)的位置选择尤为重要。

⑦ 地面数字测图不仅仅有外业测量碎部点的数字坐标，还需要有碎部点的属性(包括地形要素名称、碎部点之间的关系等)，对于碎部点的属性也要用计算机能识别的数字或字符代码来表示。当然，计算机对数字地形图数字或代码的处理需要有专门的数字地形图测图软件。

三维激光扫描技术的发展，已在大比例尺地形图测量中得到应用。三维激光扫描仪可快速扫描被测物体，获取碎部点的点云数据，建立数字地形模型。利用三维激光扫描仪测图有固定设站和车载移动测量两种方式，三维激光扫描车载移动测量只应用于通车道路两侧的地形测量。

7.1.3　摄影测量测图

摄影测量测图有地面摄影测量和航空摄影测量等方式。地面摄影测量是在两个不同的位置(通常称为摄站)对一物体进行摄影，从而得到两张影像(分别为左影像与右影像)。然后用摄影测量仪器分别对左、右影像上的同一物体(通常称为同名点)进行测量，从而得到某物体坐标。

航空摄影测量测图是在飞机上对地表拍摄航空像片，然后对像片上的信息进行分析、处理和解译，以确定被摄物体的形状、大小和空间位置，并判定其性质的一门技术。航空像片不仅具有信息量大，反映物体细致、客观等特点，与地面测图相比，航空摄影测量测图还具有速度快、精度均匀、效率高等优点。它可以将大量野外测绘工作移到室内进行，以减轻测绘工作者的劳动强度。尤其对高山区或人不易到达的地区，航空摄影测量测图更具有优越性。目前，航空摄影测量测图被广泛用于大面积的地形图测绘。

航空摄影测量测图大致分为航空摄影、航测外业和航测内业三个阶段。其基本作业程序和内容包括航空摄影、影像处理、外业控制测量、外业调绘、内业控制点加密、内业成图等。

摄影测量从模拟摄影测量阶段开始，经过解析摄影测量阶段已进入数字摄影测量阶段。数字摄影测量处理的原始资料是数字影像或数字化影像，测量系统是由计算机视觉代替人的立体量测与识别，完成几何与物理信息的自动提取。

无人机倾斜摄影测量已广泛应用于大比例尺地形图测量中。倾斜摄影配有多台相机，可同时从垂直和倾斜方向不同角度采集影像，将这些影像数据通过区域网平差、多视影像匹配、DSM 生成、正射纠正和三维建模等流程，形成地形图等产品。

7.2　图形的计算机显示

数字测图是将碎部点的坐标和图形信息输入计算机，在计算机屏幕上显示地物、地貌图形，经人机交互式编辑，生成数字地形图，或由绘图仪绘制地形图。由于测量坐标、计算机屏幕坐标和绘图仪坐标各自定义在不同的坐标系里。因此，在计算机图形显示或绘图仪绘制地形图时必须进行坐标变换。

实际地形图图形显示仅限于图形的某个区域，如一幅地形图，这一区域也称为窗口，为方便起见，把窗口定义为矩形，如图 7-3 所示，图中 (W_{xb}, W_{yl}) 为窗口左下角坐标，(W_{xt}, W_{yr}) 为窗口右上角坐标。通常在窗口之内的图形才被显示，而在窗口之外的图形则被裁剪掉。

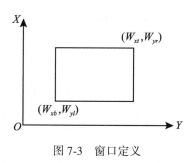

图 7-3　窗口定义

7.2.1　坐标系

大比例尺测图中测量坐标系采用高斯－克吕格坐标系或者是独立坐标系，它们都是一种平面直角坐标系统。高斯－克吕格坐标系以 X 轴为纵轴，表示南北方向，Y 轴为横轴，表示东西方向。在测量坐标系中一般以米为单位，从理论上来讲测量坐标系中的取值范围可以是整个实数域，而在实际工作中它的取值往往和某一地理区域有关。

数学中的笛卡儿平面直角坐标系，以水平线 x 轴为横轴，正方向由左向右，y 轴为纵轴，正方向由下向上。这里以毫米为距离单位，取值范围是实数域。

计算机屏幕坐标系与笛卡儿坐标系有所不同，它的坐标原点在屏幕的左上角，如图 7-4 所示。在屏幕坐标系中以屏幕点阵为坐标单位，它的取值范围只能是正整数，具体和屏幕的分辨率有关，如对一个设置为 1 024×768 分辨率的显示器来讲，它的坐标取值在 $[0 \sim 1\,023] \times [0 \sim 767]$ 之间。

图 7-4　计算机屏幕坐标系

绘图仪坐标系和笛卡儿坐标系是相同的，它的坐标原点，对不同的绘图仪硬件缺省值不尽相同，有的位于绘图仪幅面的左下角，有的位于绘图仪幅面的中心，但一般都可通过软件将绘图仪的坐标原点设于绘图仪有效绘图区的任一位置。绘图仪的坐标单位为绘图仪脉冲当量，多数绘图仪的一个脉冲当量等于 0.025mm。

7.2.2　坐标变换

测量坐标系(以米为单位)到笛卡儿坐标系(以毫米为单位)的坐标变换公式如下：

$$\begin{cases} x = x_0 + (Y - W_{yl}) \cdot 1\,000/M \\ y = y_0 + (X - W_{xb}) \cdot 1\,000/M \end{cases} \tag{7-1}$$

式中，(X, Y) 为测量坐标系窗口中的一点坐标，窗口左下角的坐标为 (W_{xb}, W_{yl})，(x_0, y_0) 是点 (W_{xb}, W_{yl}) 在笛卡儿坐标系中对应的坐标，M 为窗口从测量坐标系到笛卡儿坐标系的缩小倍数。

笛卡儿坐标系到计算机屏幕坐标系的坐标变换公式如下：

$$\begin{cases} X_v = (x - w_{xl}) \cdot S_x \\ Y_v = (w_{yt} - y) \cdot S_y \end{cases} \tag{7-2}$$

$$\begin{cases} S_x = V_{\text{width}}/(w_{xr} - w_{xl}) \\ S_y = V_{\text{height}}/(w_{yt} - w_{yb}) \end{cases} \tag{7-3}$$

式中，(x, y) 是笛卡儿坐标系窗口中的一点坐标。窗口左下角的坐标为 (w_{xl}, w_{yb})，窗口右上角的坐标为 (w_{xr}, w_{yt})，V_{width} 是屏幕的宽度，V_{height} 是屏幕的高度，S_x 和 S_y 分别是 x 和 y 方向坐标变换的比例系数，为了使屏幕上显示的图形形状保持不变，应采用相同的比例系数，即取 S_x 和 S_y 两个系数中较小值作为坐标变换的比例系数。

笛卡儿坐标系到绘图仪坐标系的坐标变换公式如下：

$$\begin{cases} X_P = X_{P0} + (x - w_{xl}) \cdot n \\ Y_p = Y_{P0} + (y - w_{yb}) \cdot n \end{cases} \tag{7-4}$$

式中，(x, y) 是笛卡儿坐标系窗口中的一点坐标，窗口左下角的坐标为 (w_{xl}, w_{yb})，(X_{P0}, Y_{P0}) 是点 (w_{xl}, w_{yb}) 在绘图仪坐标系中对应的坐标，n 为绘图仪每毫米的脉冲当量数。

7.2.3　二维图形裁剪

1. 点的裁剪

在笛卡儿坐标系中，窗口左下角的坐标为 (w_{xl}, w_{yb})，窗口右上角的坐标为 (w_{xr}, w_{yt})。若某一点的坐标为 (x, y)，同时满足 $w_{xl} \leq x \leq w_{xr}$ 和 $w_{yb} \leq y \leq w_{yt}$，则该点在窗口内，否则在窗口外被裁掉。

2. 直线段的裁剪

直线段的裁剪算法有多种，这里介绍编码裁剪算法。这种方法是将由窗口的边界线所分成的 9 个区按一定的规则用四位二进制编码来表示。这样，当线段的端点位于某一区时，该端点的位置可以用其所在区域的四位二进制码来唯一确定，通过对线段两端点的编码进行逻辑运算，就可确定线段相对于窗口的关系。下面结合图 7-5 来具体说明编码法的裁剪过程。

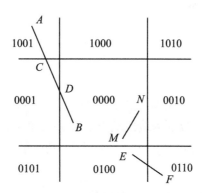

图 7-5 直线段编码裁剪法

编码顺序从右到左，每一编码对应线段端点的位置为：第一位为 1，表示端点位于窗口左边界的左边；第二位为 1，表示端点位于右边界的右边；第三位为 1，表示端点位于下边界的下边；第四位为 1，表示端点位于上边界的上边。若某位为 0，则表示端点的位置情况与取值 1 时相反。

很显然，如果线段的两个端点的四位编码全为 0，则此线段全部位于窗口内（如线段 MN）；若线段两个端点的四位编码进行逻辑乘运算的结果为非 0，则此线段全部在窗口外（如线段 EF，两个端点的四位编码逻辑乘为 0100）。对这两种情况无须作裁剪处理。

如果一条线段用上述方法无法确定是否全部在窗口内或全部在窗口外，则需要对线段进行裁剪分割，对分割后的每一子线段重复以上编码判断，把不在窗口内的子线段裁剪掉。直到找到位于窗口内的线段为止。

如图 7-5 中的线段 $\overline{AB}$，第一次分割成了线段 $\overline{AC}$ 和 $\overline{CB}$，利用编码判断可把线段 $\overline{AC}$ 裁剪掉，对线段 $\overline{CB}$ 再分割成子线段 $\overline{CD}$ 和 $\overline{DB}$，再利用编码判断又裁剪掉子线段 $\overline{CD}$，而 $\overline{DB}$ 全部位于窗口内，即为裁剪后的线段，裁剪过程结束。

在笛卡儿坐标系中，线段与窗口边线有交点时，则计算交点坐标如下：

上边线交点坐标为：

$$\begin{cases} x = x_A + (w_{yt} - y_A) \cdot (x_B - x_A)/(y_B - y_A) \\ y = w_{yt} \end{cases} \tag{7-5}$$

下边线交点坐标为：

$$\begin{cases} x = x_A + (w_{yb} - y_A) \cdot (x_B - x_A)/(y_B - y_A) \\ y = w_{yb} \end{cases} \tag{7-6}$$

左边线交点坐标为：

$$\begin{cases} x = w_{xl} \\ y = y_A + (w_{xl} - x_A) \cdot (y_B - y_A)/(x_B - x_A) \end{cases} \tag{7-7}$$

右边线交点坐标为：

$$\begin{cases} x = w_{xr} \\ y = y_A + (w_{xr} - x_A) \cdot (y_B - y_A)/(x_B - x_A) \end{cases} \tag{7-8}$$

式中，(x_A, y_A) 和 (x_B, y_B) 分别为线段端点 A 和 B 的坐标，w_{yt} 为上边线的 y 坐标，w_{yb} 为下边线的 y 坐标。w_{xl} 为左边线的 x 坐标，w_{xr} 为右边线的 x 坐标。

3. 多边形的裁剪

多边形的裁剪比直线要复杂得多。因为经过裁剪后，多边形的轮廓线仍要闭合，而裁剪后的边数可能会增加，也可能会减少，或者被裁剪成几个多边形，这样必须适当地插入窗口边界才能保持多边形的封闭性。这就使得多边形的裁剪不能简单地用裁剪直线的方法来实现。

把整个多边形先相对于窗口的第一条边界裁剪，然后再把形成的新多边形相对于窗口的第二条边界裁剪，如此进行到窗口的最后一条边界，从而把多边形相对于窗口的全部边界进行了裁剪。该算法的步骤为：

①取多边形顶点 P_i（$i = 1, 2, \cdots, n$），将其相对于窗口的第一条边界进行判别，若点 P_i 位于边界的靠窗口一侧，则把 P_i 记录到要输出的多边形顶点中，否则不作记录。

②检查点 P_i 与点 P_{i-1}（当 $i = 1$ 时，检查点 P_1 与点 P_n）是否位于窗口边界的同一侧。若位于窗口边界同一侧，则点 P_i 记录与否随点 P_{i-1} 是否记录而定；若位于窗口边界两侧，则计算出 $P_i P_{i-1}$ 与窗口边界的交点，并将交点记录到要输出的多边形的顶点中去。

③如此判别所有的顶点 $P_1, P_2, \cdots, P_n$ 后，得到新的多边形，然后用新的多边形重复上述步骤①、②，依次对窗口的第二、第三和第四条边界进行判别，判别完后得到的多边形即为裁剪的最后结果。

如图 7-6 所示，多边形 $P_1 P_2 P_3 P_4 P_5 P_6$ 经裁剪后得到两个新的多边形 $Q_1 Q_2 Q_3$ 和 $Q_4 Q_5 Q_6$。

4. 圆弧和曲线的裁剪

圆弧和曲线都可以用一组短的直线段来逼近，因此，圆弧和曲线的裁剪可采取对每一短直线段进行裁剪，来实现对圆弧和曲线的裁剪。

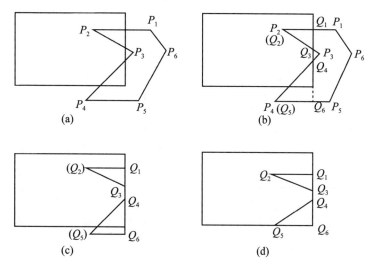

图 7-6　多边形的裁剪

7.3　地物符号和等高线的自动绘制

7.3.1　地物符号的自动绘制

地图地物符号按图形特征可以分为三类，即独立符号、线状符号和面状符号。下面讨论这三类符号在计算机地图绘图中的实现方法。

1. 独立符号的自动绘制

独立符号以点定位，在一定比例尺范围内，图上的大小是固定的，如各种控制点符号。它们常常不能用某一固定的数学公式来描述，必须首先建立表示这些符号特征点信息的符号库，才能实现计算机的自动绘制。

绘制独立符号的数据采集，是将图式上的独立符号和说明符号放大 20 倍绘在毫米格网纸上，进行符号特征点的坐标采集，采集坐标时均以符号的定位点作为坐标原点。对于规则符号，可直接计算符号特征点的坐标；对于圆形符号，采集圆心坐标和半径；对于圆弧线，则采集圆心坐标、半径、起始角和终点角；对于涂实符号，则采集边界信息，并给出涂实信息。图 7-7 为放大后的亭状符号，表 7-1 是特征点的坐标值。表 7-1 中，第 2 栏为两位数，前 1 位的 1 表示连续线段的起点，0 表示连续线段点，后 1 位为特征点点所在象限。第 3 栏为四位数，前 2 位为 x 坐标值，后 2 位为 y 坐标值。

独立符号的特征点信息存放在独立符号库中，根据符号的代码，可以在独立符号库中读取符号的信息数据。符号图形显示时，可按照地图上要求的位置和方向对独立符号信息数据中的坐标恢复至原符号大小，并进行平移和旋转，然后绘制该独立符号。

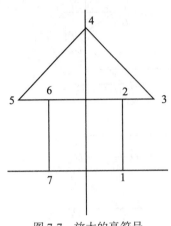

图 7-7　放大的亭符号

表 7-1		特征点坐标
1	11	1300
2	01	1326
3	11	2426
4	01	0048
5	02	2426
3	01	2426
6	12	1326
7	02	1300

2. 线状符号的自动绘制

（1）基本线型绘制

地形图符号的基本线型有很多种，如实线、虚线、点线和点划线等，但归结起来，它们可以用以下绘图参数来表示：定位点个数 N 和定位点坐标 (x_i, y_i)（$i = 1$，2，3，…，N），实步长 D_1，虚步长 D_2 和点步长 D_3。当虚步长 $D_2 = 0$ 时，即为点划线；当点步长 $D_3 = 0$ 时，即为虚线；当实步长和点步长都为 0 时即为点线。通过给定不同的步长值，即可设置不同的线型。它们的绘制方法是：对于虚线即 $D_3 = 0$，如图 7-8(a) 所示，根据给定的步长 D_1 和 D_2，沿着定位线的路径和方向，分别计算其对应的两个端点坐标，然后连接实步长部分；对于点划线即 $D_2 = 0$，如图 7-8(b) 所示，根据给定的步长 D_1 和 D_3，计算 D_1 对应的两端点坐标后再连接，计算 D_3 对应的中点坐标作为点部的定位点，然后画点；对于点线即 $D_1 = 0$、$D_3 = 0$，如图 7-8(c) 所示，根据给定的步长 D_2 计算点的坐标，然后画点。

图 7-8　基本线型绘制

（2）平行线绘制

平行线是由两条间距相等的直线段构成。很多线状地物符号都是由平行线作为基本边界，再加绘一定的内容而构成，如铁路、依比例围墙等，加粗线实际上也是通过绘制平行线而获得的，因而平行线是绘制很多线状地物符号的基础。

244

平行线的绘图参数为：定位线（母线）节点个数和定位节点坐标 $(x_i,\ y_i)$ $(i=1,\ 2,$ $3,\ \cdots,\ N)$，平行线宽度 w，平行线的绘制方向，即在定位直线的左方还是右方绘制。如图 7-9 所示，假定在定位线右方绘制平行线，定位线的节点坐标为 $(x_i,\ y_i)$，对应平行线的节点坐标设为 $(x_i',\ y_i')$。

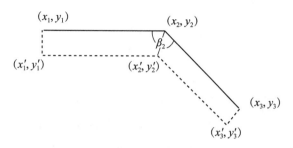

图 7-9 平行线绘制

其平行线的节点坐标可按下式计算：

$$\begin{cases} x_i' = x_i + l_i \cdot \cos(\alpha_i - \beta_i/2) \\ y_i' = y_i + l_i \cdot \sin(\alpha_i - \beta_i/2) \\ l_i = w/\sin(\beta_i/2) \end{cases} \tag{7-9}$$

式中，α_i 为第 i 条线段的倾角，β_i 为第 i 个节点的右夹角，α_i 的计算公式为

$$\alpha_i = \arctan\frac{y_{i+1} - y_i}{x_{i+1} - x_i}$$

这里需要注意的是，当 $i=1$ 和 $i=N$ 时，要令 β 值为 π，即 $\beta_1 = \beta_n = \pi$，且当 $i=N$ 时，要令 $\alpha_n = \alpha_{n-1}$。

（3）线状符号的绘制

线状符号除了在每两个离散点之间有趋势性的直线、曲线等符号以外，有些线状符号中间还配置了其他的符号。如陡坎符号，除了定位中心线以外，还配置有短齿线；铁路符号除有表示定位的两平行线以外，还在平行线中间配置了黑白相间的色块。对于这

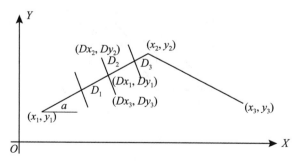

图 7-10 线状符号计算

些沿中心轴线按一定规律进行配置的线状符号，可以用比较简单的数学表达式来描述，参照图 7-10，描述符号基本轮廓的一组公式为：

$$\begin{cases} S = \sqrt{(x_{i+1} - x_i)^2 + (y_{i+1} - y_i)^2} \\ n = [S/D_1] \\ D_3 = S - D_1 \cdot n \\ \cos(\alpha) = (x_{i+1} - x_i)/S \\ \sin(\alpha) = (y_{i+1} - y_i)/S \\ D_{x_1} = D_1 \cdot \cos(\alpha),\ D_{y_1} = D_1 \cdot \sin(\alpha) \\ D_{x_2} = -D_2 \cdot \sin(\alpha),\ D_{y_2} = D_2 \cdot \cos(\alpha) \\ D_{x_3} = D_2 \cdot \sin(\alpha),\ D_{y_3} = -D_2 \cdot \cos(\alpha) \end{cases}$$

式中，[ ] 表示取整符号，S 为两离散点之间的距离，n 表示两离散点间的齿数，D_1 为相邻两齿间的距离，D_2 为齿长，D_3 为两离散点间不足一个齿距的剩余值，$(D_{x_1},\ D_{y_1})$ 为齿心的相对坐标，$(D_{x_2},\ D_{y_2})$、$(D_{x_3},\ D_{y_3})$ 为齿端对齿心的相对坐标。

当计算出齿心和齿端坐标后，根据不同的线状符号特点，采用不同的连接方式就可产生陡坎、铁路、城墙等线状符号。

3. 面状符号的自动绘制

面状符号通常是在一定轮廓区域内用填绘晕线或一系列某种密度的点状符号来表示。在轮廓区域内填绘点状符号，最终也可归结到首先用晕线的方法计算出点状符号的中心位置，然后再绘制点状符号。下面首先介绍在多边形轮廓线内绘制晕线的方法，然后讨论面状符号的自动绘制。

（1）多边形轮廓线内绘制晕线

多边形轮廓线内绘制晕线的参数为：轮廓点个数 N，轮廓点坐标 $(x_i,\ y_i)$ $(i = 1,$ $2,\ \cdots,\ N)$，晕线间隔 D 以及晕线和 X 轴的夹角 α，如图 7-11 所示，轮廓线内绘制晕线可按如下步骤进行：

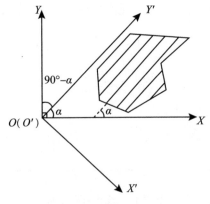

图 7-11　轮廓线内绘制晕线

1）对轮廓点坐标进行旋转变换

为了方便处理，要求晕线最好和 Y 轴方向一致，因此，一般先对轮廓点坐标进行坐标旋转变换，可将轮廓点的坐标系 XOY 顺时针旋转一个角度（$90°-\alpha$），使得新坐标系 $X'O'Y'$ 的 Y' 轴和晕线平行，其中 α 为晕线和 X 轴的夹角，变换公式如下：

$$\begin{cases} x'_i = x_i \cdot \sin(\alpha) - y_i \cdot \cos(\alpha) \\ y'_i = y_i \cdot \sin(\alpha) + x_i \cdot \cos(\alpha) \end{cases} \tag{7-10}$$

式中，(x_i, y_i) 为轮廓点在原坐标系 XOY 中的坐标，(x'_i, y'_i) 为相应点在变换到新坐标系 $X'OY'$ 中的坐标。

2）求晕线条数

在新坐标系中找出轮廓点 x' 方向的最大坐标 x'_{max} 和最小坐标 x'_{min}，则可求得晕线条数 M 为：

$$M = \left[(x'_{max} - x'_{min}) / D \right]$$

当 $\left[(x'_{max} - x'_{min}) / D \right] \cdot D = x'_{max} - x'_{min}$ 时，晕线条数应为 $M-1$。把整个轮廓区域内的晕线从左到右按从小到大的顺序进行编号，第一条晕线编号为 1，最后一条晕线编号为晕线条数 M。

3）求晕线和轮廓边的交点

在变换后的新坐标系中，对编号为 j 的晕线，

$$x'_j = x'_{min} + D \cdot j \tag{7-11}$$

式中，$j=1, 2, \cdots, M$。对于第 j 条晕线是否通过轮廓线的第 i 条边，可以简单地用该条边两端点的 x' 坐标来判别，即当式 $(x'_i - x'_j) \cdot (x'_{i+1} - x'_j) \leqslant 0$ 成立，就说明第 j 条晕线与第 i 条轮廓边有交点。晕线和轮廓边的交点可按下式计算：

$$\begin{cases} x'_{J(i, j)} = x'_{min} + D \cdot j \\ y'_{J(i, j)} = (y'_i \cdot x'_{i+1} - y'_{i+1} \cdot x'_i) / (x'_{i+1} - x'_i) + (y'_{i+1} - y'_i) \cdot x'_{J(i, j)} / (x'_{i+1} - x'_i) \end{cases} \tag{7-12}$$

式中，$x'_{J(i, j)}$ 和 $y'_{J(i, j)}$ 为第 j 条晕线和第 i 条轮廓边的交点坐标，(x'_i, y'_i) 和 (x'_{i+1}, y'_{i+1}) 为第 i 条轮廓边的端点坐标。

一般说来，每条晕线与轮廓边的交点总是成对出现的，但是当晕线正好通过某一轮廓点时，就会在该点处计算出两个相同的点，这有可能引起交点匹配失误。为了避免这种情况出现，在保证精度的情况下，将轮廓点的 x'_i 加上一个微小量（0.01），即当 $x'_i = x'_j$ 时，令 $x'_i = x'_i + 0.01$。

4）交点排序和配对输出

在逐边计算出晕线和轮廓边的交点后，需对同一条晕线上的交点按 y' 值从小到大排序，排序后两两配对。如图 7-12 所示，第 j 条晕线与轮廓边交点按 y' 值从小到大排序后的顺序为 J_4、J_6、J_7、J_1，将 J_4 和 J_6 配对，J_7 和 J_1 配对即可输出第 j 条晕线。

这里需要注意的是，在输出晕线之前，需要把晕线交点坐标先变换到原坐标系 XOY 中，其变换公式为：

$$\begin{cases} x_{J(i, j)} = x'_{J(i, j)} \cdot \sin(\alpha) + y'_{J(i, j)} \cdot \cos(\alpha) \\ y_{J(i, j)} = y'_{J(i, j)} \cdot \sin(\alpha) - x'_{J(i, j)} \cdot \cos(\alpha) \end{cases} \tag{7-13}$$

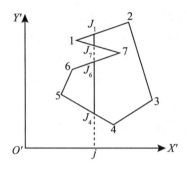

图 7-12　晕线交点排序和配对

（2）面状符号的绘制

面状符号的绘图参数为：轮廓边界点个数 N，轮廓边界点坐标 $(x_i,\ y_i)$（$i=1$，2，…，N），符号轴线间的间隔 D 以及轴线和 X 轴的夹角 α，每一排轴线上符号的间隔为 d，如图 7-13 所示。面状符号的自动绘制步骤如下：

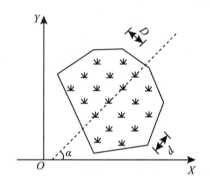

图 7-13　面状符号绘制

① 按计算晕线的方法求出面状符号的轴线。

② 计算面状符号的中心位置。计算轴线（即晕线）长度，根据轴线长度和轴线上符号的间隔 d，按均匀分布的原则计算注记符号的中心位置。

③ 填绘面状符号。根据面状符号代码，在符号库中读取表示该符号的图形数据，在上一步计算出的符号中心位置上绘制面状符号。

7.3.2　等高线的自动绘制

野外测定的地貌特征点一般是不规则分布的数据点，根据不规则分布的数据点绘制等高线可采用网格法和三角网法。网格法是由小的长方形或正方形排列成矩阵式的网格，每个网格点的高程以不规则数据点为依据，按距离加权平均或最小二乘曲面拟合地表面等方法求得。三角网法直接由不规则数据点连成三角形网，每个三角形网点的高程是直接测量的。在构成网格或三角形网后，再在网格边或三角形边上进行等高线点位的寻找、等高线点的追踪、等高线的光滑和绘制等高线。

1. 距离加权平均法求网格点高程

距离加权平均法是基于一种假设，即在区域内任一点的高程是受周围点高程的影响，其影响的大小与它们之间的距离成反比，选择周围的点数一般规定为 4~10 个点。为求网格点的高程，逐次对每个网格点，以网格点为圆心，以初始半径限定一个搜索圆，如果搜索到的数据点数在 4~10 个点之间，则计算网格点的高程，否则扩大或缩小圆半径，直至找到的点数是 4~10 个点为止，如图 7-14 所示。

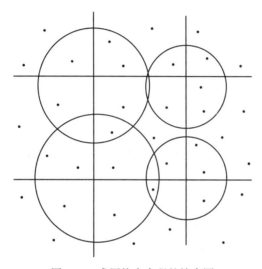

图 7-14　求网格点高程的搜索圆

若网格点的坐标为 (x_0, y_0)，在搜索圆内某数据点的坐标为 (x_i, y_i)，该点到网格点的距离为：

$$D_1 = \sqrt{(x_i - x_0)^2 + (y_i - y_0)^2}$$

则网格点的高程为

$$z = \frac{\sum (z_i / D_i)}{\sum (1 / D_i)}$$

2. 三角形网的连接

三角形网法是直接利用数据点构成邻接三角形，这种方法保持了数据点的精度，并在构网时容易引入地性线，因此，等高线自动绘制常采用三角形网法。

建立三角形网的基本过程是将邻近的三个数据点连接成初始三角形，再以这个三角形的每一条边为基础连接邻近的数据点，组成新的三角形，如此继续下去，直至所有的数据点均已连成三角形为止。在建网过程中，要确保三角形网中没有交叉和重复的三角形。当三角形的一边向外扩展时，首先排除和三角形位于同一侧的数据点，如图 7-15 所示，然后在另一侧，利用余弦定理找出与扩展边两端点之间形成的夹角为最大的一个数据点，作为组成新三角形的点。

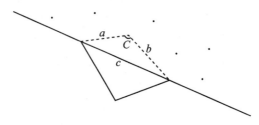

图 7-15　三角形一边向外扩展

$$cosC = (a^2 + b^2 - c^2)/2ab$$

在三角形构网时，若只考虑几何条件，在某些区域可能会出现与实际地形不相符的情况，如在山脊线处可能会出现三角形穿入地下，在山谷线处可能会出现三角形悬空。为此，在构网时引入地性线，并给地性线上的数据点编码，优先连接地性线上的边，然后再在此基础上构网。

3. 等高线点的确定

在网格或三角形网形成后，需要确定等高线点在网格边或三角形边上的位置。首先要判断等高线是否通过某一条边，然后通过线性内插方法求出等高线点的平面位置。设等高线的高程为 z，只有当 z 值介于边的两个端点高程值之间时，等高线才通过该条边，则等高线通过某一条边的判别式为：

$$\Delta z = (z - z_1) \cdot (z - z_2) \tag{7-14}$$

当 $\Delta z \leqslant 0$ 时，则该边上有等高线通过，否则，该边上没有等高线通过。式(7-14)中，z_1、z_2 分别为该边两个端点的高程。当 $\Delta z = 0$ 时，说明等高线正好通过边的端点，为了便于处理，可在精度允许范围内将端点的高程加上一个微小值(如 0.000 1m)，使端点高程不等于 z。

当确定了某条边上有等高线通过后，即可求该边上等高线点的平面位置。下面分别讨论等高线点在网格边上和三角形边上平面位置的表示。

（1）在网格边上等高线点的平面位置

网格分划以行值和列值表示，设沿 y 方向网格分划记为 $i = 1$，2，$\cdots$，m，沿 x 方向网格分划记为 $j=1$，2，$\cdots$，n，则共有网格点 $m \times n$ 个，每个网格点的高程用 $z_{0(i, j)}$ 表示，网格的纵边长为 ny，横边长为 nx，如图 7-16 所示。

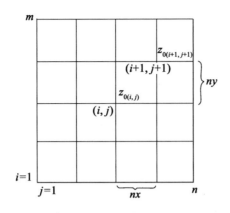

图 7-16　网格的行和列

等高线点在网格边上的位置用等高线点到网格点的距离来表示，如图 7-17 所示。如果在网格横边上内插高程值为 z 的等高线点 A'，则可计算出 A' 在横边上距 A 点的距离 $S_{(i, j)}$，即

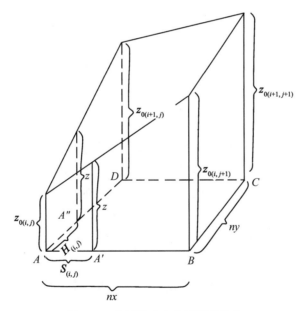

图 7-17　在网格边上内插等高线点

$$S_{(i, j)} = nx \cdot \frac{z - z_{0(i, j)}}{z_{0(i, j+1)} - z_{0(i, j)}} \tag{7-15}$$

若以网格横向边长 nx 为单位长，则上式可简化为

$$S_{(i, j)} = \frac{z - z_{0(i, j)}}{z_{0(i, j+1)} - z_{0(i, j)}} \qquad (7\text{-}16)$$

同理，如果在网格纵边上内插高程值为 z 的等值点 A''，则可计算出 A'' 在纵边上距 A 点的距离 $H_{(i, j)}$，即

$$H_{(i, j)} = ny \cdot \frac{z - z_{0(i, j)}}{z_{0(i+1, j)} - z_{0(i, j)}} \qquad (7\text{-}17)$$

若以网格纵向边长 ny 为单位长，则上式可简化为

$$H_{(i, j)} = \frac{z - z_{0(i, j)}}{z_{0(i+1, j)} - z_{0(i, j)}} \qquad (7\text{-}18)$$

等高线点的坐标为

$$\begin{cases} a_x = [j - 1 + F \cdot S_{(i, j)}] \cdot nx \\ a_y = [i - 1 + (1 - F) \cdot H_{(i, j)}] \cdot ny \end{cases} \qquad (7\text{-}19)$$

式中，F 是 a 点所在边的标志，当 a 位于横边上时，$F = 1$，当 a 位于纵边上时，$F = 0$。

（2）在三角形边上等高线的平面位置

设高程为 z 的等高线点，通过三角形边的两个端点的三维坐标分别为 (x_1, y_1, z_1) 和 (x_2, y_2, z_2)，则等高线点的平面坐标为

$$\begin{cases} x_z = x_1 + \dfrac{x_2 - x_1}{z_2 - z_1}(z - z_1) \\ \\ y_z = y_1 + \dfrac{y_2 - y_1}{z_2 - z_1}(z - z_1) \end{cases} \qquad (7\text{-}20)$$

4. 在网格上等高线通过点的追踪

等高线通过相邻网格的走向有 4 种可能，即自下而上、自左至右、自上而下、自右至左。如图 7-18 所示，Ⅰ 和 Ⅱ 是任意两个相邻的网格，如果已经顺序找到两个等值点 a_1 和 a_2，a_2 点位于网格 Ⅰ 和 Ⅱ 的邻边上，a_1 点在网格 Ⅰ 的其他三边的任一边上，a_1 点的行的下标为 i_1，列的下标为 j_1，a_2 的行的下标为 i_2，列的下标为 j_2。为了判断等高线追踪方向，可以建立以下判断条件，依次进行判断：

①如果 $i_1 < i_2$，则自下而上追踪，如图 7-18(a)所示。

②如果 $j_1 < j_2$，则自左至右追踪，如图 7-18(b)所示。

③如果 a_2 点横坐标的整数值小于 a_2 点的横坐标值，即 $j_2 \cdot nx < a_2 x$，则自上而下追踪，如图 7-18(c)所示。

④如果不满足上述三个条件，一定是自右至左追踪，如图 7-18(d)所示。

按以上条件判断等高线的追踪方向，便知道 a_1 和 a_2 点的位置。对于开曲线，可以将在区域边界上寻找到的等值点作为 a_2，根据实际情况，假定一点作为 a_1，并使其满足以上条件之一，开始追踪新点。然后，将新点作为 a_2 点，而原来的 a_2 点作为 a_1 点，再追踪新点，直至终点(也为边界点)。当开曲线跟踪完后，再按同样的方法在区域内

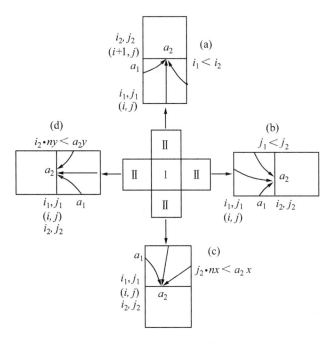

图 7-18 在网格上追踪等值点

部跟踪闭曲线。在跟踪中，同一等值点除闭曲线起点外，不能重复。如果在同一方格内的 4 条边上都有同一高程的等值点时，连接的两条等高线不能相交。

5. 三角形网上等高线通过点的追踪

在相邻三角形公共边上的等值点，既是第一个三角形的出口点，又是相邻三角形的入口点，根据这一原理来建立追踪算法。对于给定高程的等高线，从构网的第一条边开始依次搜索，判断构网边上是否有等值点。当找到一条边后，则将该边作为起始边，通过三角形追踪下一条边，依次向下追踪。如果追踪又返回到第一个点，即为闭曲线，如图 7-19 中 1、2、3、4、5、6、1。如果找不到入口点（即不能返回到入口点），如图 7-19 中 7、8、9、10、11，则将已追踪的点逆排序，再由原来的起始边向另一方向追踪，直至终点，如图 7-19 中 12、13、14、15、16，二者合成，即 11、10、9、8、7、12、13、14、15、16 成为一条完整的开曲线。

6. 等高线的光滑

经过等高线点的追踪，可以获得等高线的有序点列，将这些点作为等高线的特征点保存在文件中。在绘制等高线时，从等高线文件中调出等高线特征点的坐标，用曲线光滑方法（如分段三次多项式插值法、抛物线加权平均法、张力样条函数插值法等）计算相邻两个特征点间的加密点，用短线段逐次连接两点，即可绘制出光滑的等高线。

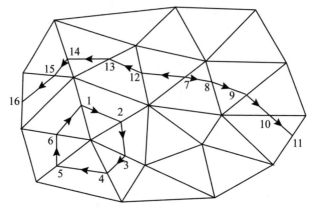

图 7-19　三角形网等高线追踪

7.4　栅格数据和数字图像概念

7.4.1　矢量数据和栅格数据

地形图的图形数据形式有矢量数据形式和栅格数据形式，简称矢量数据和栅格数据。以矢量数据表示图形的地形图称为数字线划地形图（DLG），以栅格数据表示图形的地形图称为数字栅格地形图（DRG）。地形图图形可分解为点、线、面三种图形元素，它们均可用矢量数据和栅格数据表示。

各种图形元素在二维平面上的矢量数据表示为：点用一对坐标(x,y)表示；线用一串有序的坐标对(x,y)表示；面用一串有序的但首尾相同的(x,y)坐标对表示其轮廓范围。

在二维平面上按行和列作规则划分，形成一个栅格阵列，其中各栅格阵列元素又称为"像元"（或"像素"）。各个像元可用不同的灰度值来表示相应的属性值。栅格数据是由二维平面对应位置上像元灰度值所组成的阵列形式的数据。

各种图形元素用栅格数据表示为：点用其中心点所处的单个像元来表示；线用其中轴线上的像元集合来表示，但线的宽度仅为一个像元，即仅有一条途径可以从一个像元到达相邻的另一个像元；面用其所覆盖的像元来表示。

7.4.2　矢量数据向栅格数据的转换

1. 点的转换

栅格单元的大小为

$$\begin{cases} \Delta X = (X_{max} - X_{min})/N \\ \Delta Y = (Y_{max} - Y_{min})/M \end{cases}$$

点的矢量坐标为 $P(X, Y)$，如图 7-20 所示，则其转换为栅格行列号为

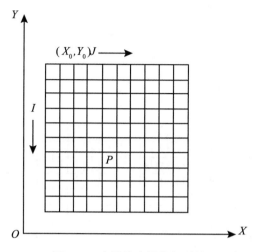

图 7-20 点转换为栅格行列号

$$\begin{cases} I = 1 + [(Y_0 - Y) / \Delta Y] \\ J = 1 + [(X - X_0) / \Delta X] \end{cases} \tag{7-21}$$

式中，[ ] 表示取整符号，(X_0, Y_0) 为左上角的坐标。

2. 线的转换

以八方向栅格化法为例，设直线段两端点的矢量坐标分别为 $P_1(X_1, Y_1)$、$P_2(X_2, Y_2)$。将其转换为相应栅格行列号，求出两端点的行数差和列数差。

若行数差大，则逐行分别地求出该行中心线与直线段的交点，即

$$\begin{cases} Y = Y_i \\ X = (Y - Y_1) \cdot (X_2 - X_1) / (Y_2 - Y_1) + X_1 \end{cases}$$

式中，Y_i 为该行中心线的 Y 坐标。

若列数差大，则逐列分别地求出该列中心线与直线段的交点，即

$$\begin{cases} X = X_i \\ Y = (X - X_1) \cdot (Y_2 - Y_1) / (X_2 - X_1) + Y_1 \end{cases}$$

式中，X_i 为该列中心线的 X 坐标。

3. 面的转换

以行填充法为例：计算每行中心线与面边界的交点，对交点进行排序、配对，并用本面域的栅格属性值去填充每对交点之间的栅格。对于第一行应用下栅格线，对于最后一行应用上栅格线。

7.4.3　栅格数据的运算

1. 灰度值变换

将栅格数据中像元的原始灰度值按各种特定方式变换，如图 7-21 所示，原来各栅格带有各种灰度值，经过灰度值 10 以上做临界值操作，变换为只带有两种灰度值（0 和 1）。

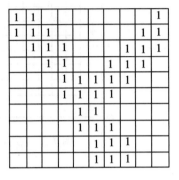

图 7-21　栅格灰度值在 10 以上作临界值操作

2. 栅格图像的平移

将原始的栅格阵列按指定的方向平移一个确定的像元数目，如图 7-22 所示，（a）为原始栅格阵列，（b）是原始栅格阵列分别向右、向上平移了一个像元而形成的新的栅格阵列。

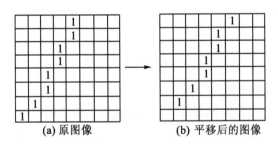

(a) 原图像　　(b) 平移后的图像

图 7-22　栅格阵列向右、向上各平移一个像元

3. 两个栅格阵列的算术组合和逻辑组合

将一个栅格阵列置于另一个之上，使对应像元的灰度值实行加、减、乘的算术组合，或"或""异或""与""非"的逻辑组合，如图 7-23 所示。

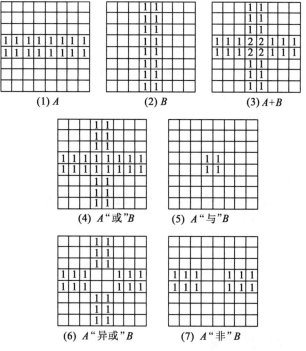

图 7-23　两个栅格图像的算术组合和逻辑组合

4. 加粗和减细

图 7-24 表示一条线段按四向邻域(上、下、左、右)被加粗一个像元的过程。减细与加粗几乎是一样的，因为加粗 0 像元就是减细 1 像元，但在减细过程中应避免线化的断裂或消失。

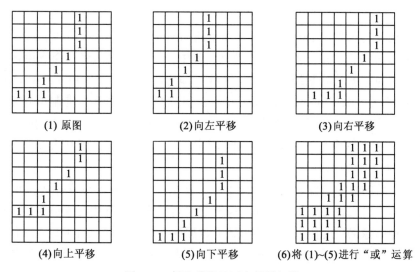

图 7-24　栅格线段按四向邻域加粗

7.4.4　数字图像的数学表示

人们常说的图像是指能为视觉系统所感受的一种信息形式，信息的内容是眼睛或设备对客观世界反射或透射的某种物质能量在空间分布的记录，也就是说图像实质上是客观世界反射或透射某种物质能量的分布图，这种物质通常是可见光，也可能是 X 射线、红外线和超声波等。一般图像的主要度量特征是光强度和色彩，对于光强图像(又称灰度图像或黑白图像)，可以用二维光强函数 $f(x, y)$ 来描述，$f(x, y)$ 表示 (x, y) 位置处的灰度值，它们是连续的二维函数。

由于计算机的离散特性，所以用计算机来处理图像，需将连续的光强图像进行离散化为一幅数字图像。利用一定的成像设备，如数码相机、扫描仪等，将函数 $f(x, y)$ 在空间上按一定的方式离散划分为小区域 $(x_i, y_i)(i = 0, 1, \cdots, m - 1; j = 0, 1, 2, \cdots, n - 1)$，该区域称为图像元素，简称为像素或像元。$m$ 和 n 是图像分别在 x 和 y 两个方向的像素个数。图像分割最常见的划分方式是方形网格，如图 7-25 所示。

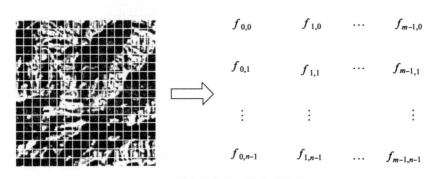

图 7-25　数字图像的矩阵表示形式

同时，还要将图像上各像素点的灰度值进行离散化，即所谓量化。将像素灰度进行量化的方法分为均匀量化和非均匀量化。其中，均匀量化是将图像灰度范围分成 G 个等间隔，G 为灰度的分割级数或量化级数，即为灰度分辨率。由于计算机总线处理数据位数的特征要求，同时为了储存方便，灰度级数通常用二进制的位数 K(比特数)来表示，即 $G = 2^K$，K 常取的值有 8、10 和 16，对应于 256、1 024 和 65 536 个灰度级数。如果一个图像灰度值只有两种(通常用 1 表示前景，用 0 表示背景)，则这个图像也称为二值图像。

经过离散后的数字图像从数学形式上看，就是一个 $m \times n$ 的数学矩阵。该数学矩阵的元素排列的位置代表对应像素点在图像上的空间位置，矩阵中元素值对应于像素点的灰度值，这种以像素灰度值组成矩阵形式的数据称为栅格数据。由于数字图像可以用二维矩阵来表示，因此，任何对矩阵进行加、减、乘、除、微分、积分等的数学运算以及逻辑运算都可以用于数字图像处理。

7.5 地形图的野外测量

7.5.1 图根控制测量

RTK 测定
图根点

测区高级控制点的密度不可能满足大比例尺测图的需要，此时应布置适当数量的图根控制点，又称图根点，直接供测图使用。图根控制点的布设，是在各等级控制点的控制下进行加密，图根控制一般不超过两次附合。在较小的独立测区测图时，图根控制点可作为首级控制点。

1. 图根控制点的精度要求和密度

图根控制点的精度要求是：图根控制点相对于邻近高等级控制点的点位中误差不应大于图上 0.1mm，高程中误差不应大于测图基本等高距的 1/10。

图根控制点的数量应根据测图比例尺、测图方法、地形复杂程度或隐蔽情况，以满足测图需要为原则。根据《工程测量标准》（GB 50026—2020），图根控制点（包括高级控制点）的密度一般应不小于表 7-2 的要求。

表 7-2   测图图根点密度

测图比例尺	图幅尺寸/cm	图根控制点数量/个	
		全站仪测图	GNSS RTK 测图
1：500	50×50	2	1
1：1 000	50×50	3	1~2
1：2 000	50×50	4	2

2. 图根控制测量方法

图根控制测量包含图根平面和图根高程控制测量两部分，可同时进行，也可分别施测。图根平面控制可采用图根导线、GNSS RTK、边角交会等测量方法。图根点高程控制可采用图根水准或电磁波测距三角高程等测量方法。

根据《工程测量标准》，图根导线测量的主要技术要求不应超过表 7-3 的规定。

表 7-3   图根导线测量的主要技术要求

导线长度/m	相对闭合差	测角中误差/(″)		方位角闭合差/(″)	
		首级控制	加密控制	首级控制	加密控制
$\leqslant \alpha \times M$	$\leqslant 1/(2\ 000 \times \alpha)$	20	30	$40\sqrt{n}$	$60\sqrt{n}$

α 为比例系数，取值宜为 1；在 1：500、1：1 000 比例尺测图中，可取 1~2 之间；
M 为测图比例尺的分母。

GNSS RTK 图根控制测量宜直接测定图根点的坐标和高程，其作业半径不宜超过 5km，每个图根点均应进行两次独立测量，其点位较差不应大于图上 0.1mm，高程较差不应大于基本等高距的 1/10。

图根水准测量的主要技术要求应符合表 7-4 的规定。

表 7-4　　　　　　　　　　　　　**图根水准测量的主要技术要求**

附合路线长度/ km	水准仪型号	视线长度/ m	观测次数	闭合差/mm	
				平地	山地
≤5	DS10	≤100	往一次	$40\sqrt{L}$	$12\sqrt{n}$

L 为水准线路长度(km)，n 为测站数。

电磁波测距三角高程的主要技术要求应符合表 7-5 的规定。

表 7-5　　　　　　　　　**图根电磁波测距三角高程测量的主要技术要求**

附合路线 长度/km	仪器精度 等级	中丝法 测回数	指标差较差/ (″)	垂直角较差/ (″)	对向观测 高差较差/ mm	闭合差/ mm
≤5	6″级	2	25	25	$80\sqrt{D}$	$40\sqrt{\sum D}$

D 为电磁波测距边的长度(km)，仪器高和觇标高的量取应精确至 1mm。

3. 测站点的增补

测图时利用各级控制点(包括高等级控制点和图根控制点)作为测站点，或采用自由设站以待定点作为测站点。但由于地表上的地物、地貌有时极其复杂零碎，在各级控制点上测绘所有碎部点往往是很困难的。因此，除了利用各级控制点外，还要增设测站点。尤其是在地形琐碎、小沟、小山脊转弯处，房屋密集的居民地，以及雨裂冲沟繁多的地方，对测站点的数量要求会多一些，但要切忌用增设测站点作大面积的测图。

增设测站点是在各级控制点上，采用极坐标法、交会法和支导线测定测站点的坐标和高程。用支导线增设测站时，为保证方向的传递精度，可采用三联脚架法。数字测图时，测站点的点位精度，相对于附近图根点的中误差不应大于图上 0.2mm，高程中误差不应大于测图基本等高距的 1/6。

7.5.2　全站仪测定碎部点的基本方法

1. 碎部点坐标的计算

在地面数字测图中，测定碎部点的基本方法主要有极坐标法、方向交会法、量距法、直角坐标法、方向距离交会法等。

（1）极坐标法

所谓极坐标法即在已知坐标的测站点（P）上安置全站仪（或在未知坐标的测站点上进行自由设站），在测站定向后，观测测站点至碎部点的方向、天顶距和斜距，进而计算碎部点的平面直角坐标。极坐标法测定碎部点，在多数情况下，棱镜中心能安置在待测碎部点上，如图 7-26（a）所示的 0 点，则该点的坐标为：

极坐标法

$$\begin{cases} x = x_P + S_0 \cdot \cos\alpha_0 \\ y = y_P + S_0 \cdot \sin\alpha_0 \end{cases} \tag{7-22}$$

但在有些情况下，棱镜只能安置在碎部点的周围。例如，对于精确测量而言，棱镜中心不能对中于房屋的棱角线上。如果棱镜位置、碎部点和测站点之间构成特殊的几何关系，则通过对棱镜位置的观测，就可推算待定碎部点的坐标。棱镜相对于待定碎部点的位置可设为 4 种情况，如图 7-26（b）所示。1 和 2 位置分别位于待定点至测站点方向的前面和后面，3 和 4 位置分别位于待定点至测站点方向线的右侧和左侧，并且该位置与待定点和测站点之间的夹角成直角。S_i、l_i（$i=1$，2，3，4）分别为棱镜所在位置到测站点和待定点间的距离，由实测得到。由各棱镜位置计算碎部点坐标的公式如下：

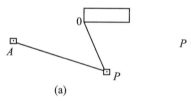

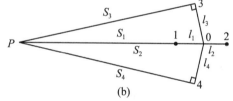

图 7-26　极坐标法

1 位置碎部点的坐标计算如下：

$$\begin{cases} x = x_P + (S_1 + l_1) \cdot \cos\alpha_1 \\ y = y_P + (S_1 + l_1) \cdot \sin\alpha_1 \end{cases} \tag{7-23}$$

2 位置碎部点的坐标计算如下：

$$\begin{cases} x = x_P + (S_2 - l_2) \cdot \cos\alpha_2 \\ y = y_P + (S_2 - l_2) \cdot \sin\alpha_2 \end{cases} \tag{7-24}$$

3 位置碎部点的坐标计算如下：

$$\begin{cases} x = x_P + \sqrt{S_3^2 + l_3^2} \cdot \cos\left(\alpha_3 + \arctan\dfrac{l_3}{S_3}\right) \\ y = y_P + \sqrt{S_3^2 + l_3^2} \cdot \sin\left(\alpha_3 + \arctan\dfrac{l_3}{S_3}\right) \end{cases} \tag{7-25}$$

4 位置碎部点的坐标计算如下：

$$\begin{cases} x = x_P + \sqrt{S_4^2 + l_4^2} \cdot \cos\left(\alpha_4 - \arctan\dfrac{l_4}{S_4}\right) \\ y = y_P + \sqrt{S_4^2 + l_4^2} \cdot \sin\left(\alpha_4 - \arctan\dfrac{l_4}{S_4}\right) \end{cases} \tag{7-26}$$

式 (7-22) ~ 式 (7-26) 中，(x_P, y_P) 为测站点坐标，α_i 为测站点至棱镜位置的坐标方位角，即由定向方向的方位角加上定向方向到棱镜方向的水平角。

（2）方向交会法

实际测量中当有部分碎部点不能到达时，可利用方向交会法计算碎部点的坐标。方向交会法分为两个测站的前方交会，以及一个测站观测方向和一个已知方向的交会两种。

1）前方交会

如图 7-27 所示，A、B 为已知控制点，其坐标分别为 (x_A, y_A) 和 (x_B, y_B)，J 为待定碎部点，A、B 和 J 构成逆时针方向排列，则其坐标可用余切公式计算，或按下列公式计算

$$\alpha_{AJ} = \alpha_{AB} - \alpha$$

$$S_{AJ} = S_{AB} \cdot \frac{\sin\beta}{\sin(\alpha + \beta)}$$

$$\begin{cases} x_J = x_A + S_{AJ} \cdot \cos\alpha_{AJ} \\ y_J = y_A + S_{AJ} \cdot \sin\alpha_{AJ} \end{cases} \tag{7-27}$$

式中：α_{AJ} 是测站 A 到碎部点 J 的测边方位角；S_{AJ} 是测站点 A 到碎部点 J 的计算距离；α、β 为观测角。

2）一个测站观测方向与一个已知方向的交会

如图 7-28 所示，P 为测站点，其坐标为 (x_P, y_P)，由测站观测 J 的方位角为 α_{PJ}。已知方向由 AB 确定，A 点的坐标为 (x_A, y_A)，A 点到 B 点的坐标方位角为 α_{AB}，则 J 点坐标计算公式为：

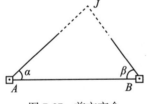

图 7-27　前方交会

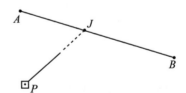

图 7-28　观测方向与已知方向交会

$$\begin{cases} x_J = (L_1 \cdot L_A - L_2 \cdot L_P)/LL \\ y_J = (M_1 \cdot L_A - M_2 \cdot L_P)/LL \end{cases} \tag{7-28}$$

式中，

$$L_1 = \sin\alpha_{PJ} \qquad M_1 = \cos\alpha_{PJ} \qquad L_2 = \sin\alpha_{AB} \qquad M_2 = \cos\alpha_{AB}$$
$$LL = L_1 M_2 - L_2 M_1 \qquad L_P = M_1 x_P - L_1 y_P \qquad L_A = M_2 x_A - L_2 y_A$$

若 PJ 与 AB 正交，J 点为垂足，当 P 点位于 AB 方向线的左侧时，有 $L_2 = -M_1$、$M_2 = L_1$、$L_A = L_1 \cdot x_P + M_1 \cdot y_A$，$L_P = M_1 x_P - L_1 y_P$，则式(7-28)可变为：

$$\begin{cases} x_J = L_1 \cdot L_A - L_2 \cdot L_P \\ y_J = M_1 \cdot L_A - M_2 \cdot L_P \end{cases}$$

当 P 点位于 AB 方向线的右侧时，有 $L_2 = M_1$、$M_2 = -L_1$、$L_A = -L_1 \cdot x_P - M_1 \cdot y_A$、$L_P = M_1 x_P - L_1 y_P$，则式(7-28)可变为：

$$\begin{cases} x_J = -L_1 \cdot L_A + L_2 \cdot L_P \\ y_J = -M_1 \cdot L_A + M_2 \cdot L_P \end{cases}$$

（3）量距法

如果部分碎部点受到通视条件的限制，不能用全站仪直接观测计算坐标，则可根据周围已知点通过丈量距离计算碎部点的坐标。

1）距离交会法

如图 7-29 所示，由已知碎部点 A 和 B 量至待定碎部点的距离为 S_{AJ} 和 S_{BJ}，A 和 B 的坐标分别为 (x_A, y_A) 和 (x_B, y_B)，当 A、B、J 按逆时针编号时，则碎部点 J 的坐标计算公式为：

$$\begin{cases} x_J = x_A + S_{AJ} \cdot \cos(\alpha_{AB} - \alpha) \\ y_J = y_A + S_{AJ} \cdot \sin(\alpha_{AB} - \alpha) \end{cases} \tag{7-29}$$

式中

$$\alpha = 2 \cdot \arccos\left[\sqrt{\frac{L(L - S_{BJ})}{S_{AJ} \cdot S_{AB}}}\right]$$

$$L = \frac{1}{2}(S_{AJ} + S_{BJ} + S_{AB})$$

2）偏距法

如图 7-30 所示，A、B 为已测碎部点，其坐标分别为 (x_A, y_A) 和 (x_B, y_B)，待测碎部点为 J，JA 和 JB 之间的夹角为直角，量出短边距离 S_{BJ}，则碎部点 J 的坐标计算公式为：

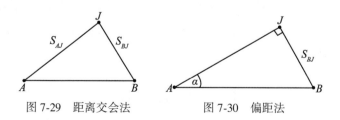

图 7-29　距离交会法　　　　　图 7-30　偏距法

当 J 在 AB 的左侧时，则

$$\begin{cases} x_J = x_A + S_{AJ} \cdot \cos(\alpha_{AB} - \alpha) \\ y_J = y_A + S_{AJ} \cdot \sin(\alpha_{AB} - \alpha) \end{cases} \quad (7\text{-}30)$$

当 J 在 AB 的右侧时，则

$$\begin{cases} x_J = x_A + S_{AJ} \cdot \cos(\alpha_{AB} + \alpha) \\ y_J = y_A + S_{AJ} \cdot \sin(\alpha_{AB} + \alpha) \end{cases} \quad (7\text{-}31)$$

式中，

$$S_{AJ} = \sqrt{S_{AB}^2 - S_{BJ}^2}$$

$$\alpha = \arcsin \frac{S_{BJ}}{S_{AB}}$$

3）插点法

位于同一条直线上的碎部点，在已测定其中两点位置（如图 7-31 中的 J_A、J_B）的情况下，可以用直线插点法，通过量取距离 S_1，S_2，…以求得 J_1，J_2，…的坐标。其计算公式如下：

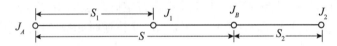

图 7-31　插点法测定碎部点

$$s = \sqrt{(x_B - x_A)^2 + (y_B - y_A)^2} \quad (7\text{-}32)$$

$$\begin{cases} x_1 = x_A + \dfrac{S_1}{S}(x_B - x_A) \\ y_1 = y_A + \dfrac{S_1}{S}(y_B - y_A) \end{cases} \quad (7\text{-}33)$$

$$\begin{cases} x_2 = x_A + \dfrac{S + S_2}{S}(x_B - x_A) \\ y_1 = y_A + \dfrac{S + S_2}{S}(y_B - y_A) \end{cases} \quad (7\text{-}34)$$

（4）直角坐标法（支距法）

如图 7-32 所示，由已知点 A 和 B 确定的方向线为 AB，A 点的坐标为 $(x_A，y_A)$，在方向线一侧有一待定碎部点 J，由 J 向 AB 作垂线 JM，量取距离 S_{AM} 和 S_{MJ}，则碎部点的坐标计算公式为：

$$\begin{cases} x_M = x_A + S_{AM} \cdot \cos\alpha_{AB} \\ y_M = y_A + S_{AM} \cdot \sin\alpha_{AB} \end{cases}$$

当 J 点在 AB 的左侧时，则

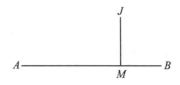

图 7-32 直角坐标法

$$\begin{cases} x_J = x_M + S_{MJ} \cdot \cos(\alpha_{AB} - 90°) \\ y_J = y_M + S_{MJ} \cdot \sin(\alpha_{AB} - 90°) \end{cases} \tag{7-35}$$

当 J 点在 AB 的右侧时，则

$$\begin{cases} x_J = x_M + S_{MJ} \cdot \cos(\alpha_{AB} + 90°) \\ y_J = y_M + S_{MJ} \cdot \sin(\alpha_{AB} + 90°) \end{cases} \tag{7-36}$$

2. 碎部点高程的计算

在采用全站仪进行地面数字测图时，计算碎部点高程的公式为：

$$H = H_0 + D \cdot \sin\alpha + i - v$$

式中：H_0 为测站点高程，i 为仪器高，v 为镜高，D 为斜距，α 为垂直角。

7.5.3 地物和地貌测绘

1. 地物测绘

（1）居民地测绘

居民地是人类居住和进行各种活动的中心场所，它是地形图上一项重要内容。在居民地测绘时，应在地形图上表示出居民地的类型、形状、质量和行政意义等。

地物测绘

居民地房屋的排列形式有很多，多数农村中以散列式即不规则的房屋较多，城市中的房屋排列比较整齐。

测绘居民地时根据测图比例尺的不同，在综合取舍方面有所不同。对于居民地的外部轮廓，都应准确测绘。1∶1 000 或更大的比例尺测图，各类建筑物和构筑物及主要附属设施，应按实地轮廓逐个测绘，其内部的主要街道和较大的空地应以区分，图上宽度小于 0.5mm 的次要道路不予表示，其他碎部可综合取舍。房屋以房基角为准立镜测绘，并按建筑材料和质量分类予以注记，对于楼房还应注记层数。圆形建筑物（如油库、烟囱、水塔等）应尽可能实测出其中心位置并量其直径。房屋和建筑物轮廓的凸凹在图上小于 0.4mm（简单房屋小于 0.6mm）时可用直线连接。对于散列式的居民地、独立房屋应分别测绘。1∶2 000 比例尺测图房屋可适当综合取舍。城墙、围墙及永久性的栅栏、篱笆、铁丝网、活树篱笆等均应实测。

（2）道路测绘

道路包括铁路、公路及其他道路。所有铁路、有轨电车道、公路、大车路、乡村路均应测绘。车站及其附属建筑物、隧道、桥涵、路堑、路堤、里程碑等均须表示。在道路稠密地区，次要的人行路可适当取舍。

① 铁路测绘应立镜于铁轨的中心线，对于 1∶1 000 或更大比例尺测图，依比例绘制铁路符号，标准规矩为 1.435m。铁路线上应测绘轨顶高程，曲线部分测取内轨顶面高程。路堤、路堑应测定坡顶、坡脚的位置和高程。铁路两旁的附属建筑物，如信号灯、扳道房、里程碑等都应按实际位置测绘。

铁路与公路或其他道路在同一水平面内相交时，铁路符号不中断，而将另一道路符号中断表示；不在同一水平面相交的道路交叉点处，应绘以相应的桥梁或涵洞、隧道等符号。

② 公路应实测路面位置，并测定道路中心高程。高速公路应测出两侧围建的栏杆、收费站，中央分隔带视用图需要测绘。公路、街道一般在边线上取点立镜，并量取路的宽度，或在路两边取点立镜。当公路弯道有圆弧时，至少要测取起、中、终三点，并用圆滑曲线连接。

路堤、路堑均应按实地宽度绘出边界，并应在其坡顶、坡脚适当注记高程。公路路堤（堑）应分别绘出路边线与堤（堑）边线，二者重合时，可将其中之一移位 0.2mm 表示。

公路、街道按路面材料划分为水泥、沥青、碎石、砾石等，以文字注记在图上，路面材料改变处应实测其位置并用点线分离。

③ 其他道路测绘，其他道路有大车路、乡村路和小路等，测绘时，一般在中心线上取点立镜，道路宽度能依比例表示时，按道路宽度的二分之一在两侧绘平行线。对于宽度在图上小于 0.6mm 的小路，选择路中心线立镜测定，并用半比例符号表示。

④ 桥梁测绘。铁路、公路桥应实测桥头、桥身和桥墩位置，桥面应测定高程，桥面上的人行道图上宽度大于 1mm 的应实测。各种人行桥图上宽度大于 1mm 的应实测桥面位置，不能依比例的，实测桥面中心线。

有围墙和垣栅的公园、工厂、学校、机关等内部道路，除通行汽车的主要道路外均按内部道路绘出。

（3）管线测绘

永久性的电力线、通信线的电杆、铁塔位置应实测。同一杆上架有多种线路时，应表示其中的主要线路，并要做到各种线路走向连贯、线类分明。居民地、建筑区内的电力线、通信线可不连线，但应在杆架处绘出连线方向。电杆上有变压器时，变压器的位置按其与电杆的相应位置绘出。

地面上的、架空的、有堤基的管道应实测，并注记输送的物质类型。当架空的管道直线部分的支架密集时，可适当取舍。

地下管线检修井测定其中心位置按类别以相应符号表示。地下管线先用探管仪测定其深度和平面位置，管线中心的平面位置标定在地面上，然后进行实测。

（4）水系测绘

水系测绘时，海岸、河流、溪流、湖泊、水库、池塘、沟渠、泉、井以及各种水工设施均应实测。河流、沟渠、湖泊等地物，通常无特殊要求时均以岸边为界，如果要求测出水溇线(水面与地面的交线)、洪水位(历史上最高水位的位置)及平水位(常年一般水位的位置)时，应按要求在调查研究的基础上进行测绘。

河流的两岸一般不大规则，在保证精度的前提下，对于小的弯曲和岸边不甚明显的地段可进行适当取舍。河流图上宽度小于0.5mm、沟渠实际宽度小于1m(1:500测图时小于0.5m)时，不必测绘其两岸，只要测出其中心位置即可。渠道比较规则，有的两岸有堤，测绘时可以参照公路的测法。对于那些田间临时性的小渠不必测出，以免影响图面清晰。

湖泊的边界经人工整理、筑堤、修有建筑物的地段是明显的，在自然耕地的地段大多不甚明显，测绘时要根据具体情况和用图单位的要求来确定，以湖岸或水溇线为准。在不甚明显地段确定湖岸线时，可采用调查平水位的边界或根据农作物的种植位置等方法来确定。

水渠应测注渠边和渠底高程，时令河应测注河底高程，堤坝应测注顶部及坡脚高程。泉、井应测注泉的出水口及井台高程，并根据需要注记井台至水面的深度。

(5)境界测绘

境界线应测绘至县和县级以上的界线。乡与国营农、林、牧场的界线应按需要测绘。两级境界重合时，只绘高一级的界线符号。

(6)植被与土质测绘

植被测绘时，对于各种树林、苗圃、灌木林丛、散树、独立树、行树、竹林、经济林等，要测定其边界。若边界与道路、河流、栏栅等重合时，则可不绘出地类界，但与境界、高压线等重合时，地类界应移位表示。对经济林应加以种类说明注记。要测出农村用地的范围，并区分出稻田、旱地、菜地、经济作物地和水中经济作物区等。一年几季种植不同作物的耕地，以夏季主要作物为准。田埂的宽度在图上大于1mm(1:500测图时大于2mm)时用双线描绘，田块内要测注有代表性的高程。

地形图上要测绘沙地、岩石地、龟裂地、盐碱地等。

2. 地貌测绘

(1)地貌测绘的流程

地貌形态虽然千变万化、千姿百态，但归纳起来，不外乎由山地、盆地、山脊、山谷、鞍部等基本地貌组成。地球表面的形态可看作是由一些不同方向、不同倾斜面的不规则曲面组成，两相邻倾斜面相交的棱线，称为地貌特征线(或称为地性线)，如山脊线、山谷线即为地性线。在地性线上比较显著的点有：山顶点、洼地的中心点、鞍部的最低点、谷口点、山脚点、坡度变换点等，这些点被称为地貌特征点。地貌测绘的一般流程是：测定地貌特征点；连接地貌特征线(地性线)和构网；勾绘等高线。

图解法测图，按实际地形先将地貌特征点连成地性线，通常用实线连成山脊线，用虚线连成山谷线，然后在同一坡度的两相邻地貌特征点间按高差与平距成正比关系求出等高线通过点(通常用目估内插法来确定等高线通过点)。最后，根据等高线的特性，把高程相等的点用光滑曲线连接起来，即为等高线，如图 7-33、图 7-34 所示。

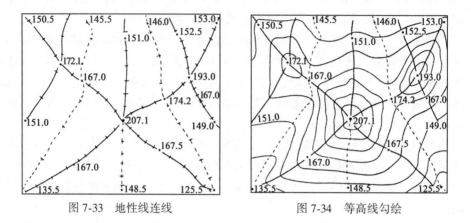

图 7-33　地性线连线　　　　　图 7-34　等高线勾绘

大比例尺数字地形图等高线的绘制是根据地貌特征点构网后自动绘制的，参见第7.3 节中等高线的自动绘制相关内容。

（2）几种典型地貌的测绘

1）山顶

山顶是山的最高部分。山地中突出的山顶，有很好的控制作用和方位作用。因此，山顶要按实地形状来描绘。山顶的形状有很多种，有尖山顶、圆山顶、平山顶等。山顶的形状不同，等高线的表示亦不同，如图 7-35 所示。

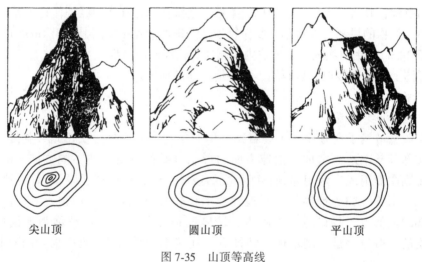

尖山顶　　　　　　圆山顶　　　　　　平山顶

图 7-35　山顶等高线

在尖山顶的山顶附近倾斜较为一致，因此，尖山顶的等高线之间的平距大小相等，即使在顶部，等高线之间的平距也没有多大的变化。测绘时，除在山顶立镜外，其周围山坡适当选择一些特征点就够了。

圆山顶的顶部坡度比较平缓，然后逐渐变陡，等高线的平距在离山顶较远的山坡部分较小，越靠近山顶，等高线平距逐渐增大，在顶部最大。测绘时，山顶最高点应立镜，在山顶附近坡度逐渐变化处也需要立镜。

平山顶的顶部平坦，到一定范围时坡度突然变化。因此，等高线的平距在山坡部分较小，但不是向山顶方向逐渐变化，而是到山顶突然增大。测绘时必须特别注意在山顶坡度变化处立镜，否则地貌的真实性将受到显著影响。

2）山脊

山脊是山体延伸的最高棱线。山脊的等高线均向下坡方向凸出。两侧基本对称，山脊的坡度变化反映了山脊纵断面的起伏状况，山脊等高线的尖圆程度反映了山脊横断面的形状。山地地貌显示得像不像，主要看山脊与山谷，如果山脊测绘得真实、形象，整个山形就较逼真。测绘山脊要真实地表现其坡度和走向，特别是大的分水线、坡度变换点和山脊、山谷转折点，应形象地表示出来。

山脊的形状可分为尖山脊、圆山脊和台阶状山脊。它们都可通过等高线的弯曲程度表现出来。如图 7-36 所示，尖山脊的等高线依山脊延伸方向呈尖角状；圆山脊的等高线依山脊延伸方向呈圆弧状；台阶状山脊的等高线依山脊延伸方向呈疏密不同的方形。

尖山脊　　　　　　　　圆山脊　　　　　　　　台阶状山脊

图 7-36　山脊等高线

尖山脊的山脊线比较明显，测绘时，除在山脊线上立镜外，两侧山坡也应有适当的立镜点。

圆山脊的脊部有一定的宽度，测绘时需特别注意正确确定山脊线的实地位置，然后立镜，此外对山脊两侧山坡也必须注意它的坡度的逐渐变化，恰如其分地选定立镜点。

对于台阶状山脊，应注意由脊部至两侧山坡坡度变化的位置，测绘时，应恰当地选择立镜点，才能控制山脊的宽度。不要把台阶状山脊的地貌测绘成圆山脊甚至尖山脊的地貌。

山脊往往有分歧脊，测绘时，在山脊分歧处必须立镜，以保证分歧山脊的位置正确。

3）山谷

山谷等高线表示的特点与山脊等高线所表示的相反。山谷的形状可分为尖底谷、圆底谷和平底谷。如图 7-37 所示,尖底谷底部尖窄,等高线通过谷底时呈尖状;圆底谷是底部近于圆弧状,等高线通过谷底时呈圆弧状;平底谷是谷底较宽、底坡平缓、两侧较陡,等高线通过谷底时在其两侧近于直角状。

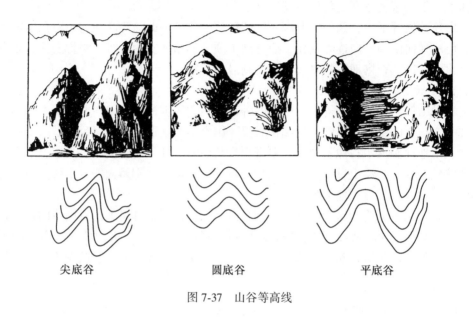

尖底谷　　　　　　　　　圆底谷　　　　　　　　　平底谷

图 7-37　山谷等高线

尖底谷的下部常常有小溪流,山谷线较明显。测绘时,立尺点应选在等高线的转弯处。

圆底谷的山谷线不太明显,所以测绘时,应注意山谷线的位置和谷底形成的地方。

平底谷多系人工开辟耕地后形成的,测绘时,立镜点应选择在山坡与谷底相交的地方,以控制山谷的宽度和走向。

4)鞍部

鞍部是两个山脊的会合处,呈马鞍形的地方,是山脊上一个特殊的部位。可分为窄短鞍部、窄长鞍部和平宽鞍部。鞍部往往是山区道路通过的地方,有重要的方位作用。测绘时,在鞍部的最低处必须有立镜点,以便使等高线的形状正确。鞍部附近的立镜点应视坡度变化情况选择。鞍部的中心位于分水线的最低位置上,鞍部有两对同高程的等高线,即一对高于鞍部的山脊等高线,另一对低于鞍部的山谷等高线,这两对等高线近似地对称,如图 7-38 所示。

5)盆地

盆地是四周高中间低的地形,其等高线的特点与山顶等高线相似,但其高低相反,即外圈等高线的高程高于内圈等高线。测绘时,除在盆底最低处立镜外,对于盆底四周及盆壁地形变化的地方均应适当选择立镜点,才能正确地显示出盆地的地貌。

6)山坡

山坡是山脊、山谷等基本地貌间的连接部位,是由坡度不断变化的倾斜面组成。测

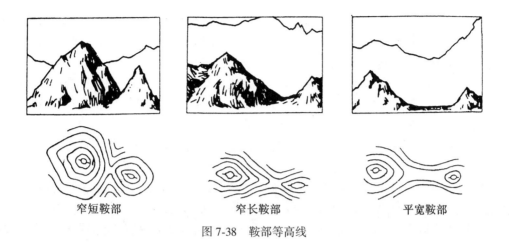

窄短鞍部　　　　　窄长鞍部　　　　　平宽鞍部

图 7-38　鞍部等高线

绘时，应在山坡上坡度变化处立镜，坡面上地形变化实际也就是一些不明显的小山脊、小山谷，等高线的弯曲也不大。因此，必须特别注意选择立镜点的位置，以显示出微小地貌来。

7）梯田

梯田是在高山上、山坡上及山谷中经人工改造的地貌。梯田有水平梯田和倾斜梯田两种。测绘时，沿梯坎立镜，在地形图上一般以等高线、梯田坎符号和高程注记（或比高注记）相配合表示梯田，如图 7-39 所示。

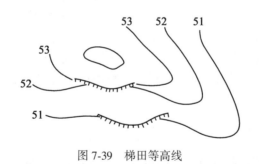

图 7-39　梯田等高线

（3）特殊地貌的测绘

除了用等高线表示的地貌以外，有些特殊地貌如冲沟、雨裂、砂崩崖、土崩崖、陡崖、滑坡等不能用等高线表示。对于这些地貌，用测绘地物的方法，测绘出这些地貌的轮廓位置，用图式规定的符号表示。

3. 地形图上各要素配合表示的一般原则

地形图上各要素配合表示是地形图绘制的一个重要问题。配合表示的原则是：

①当两个地物重合或接近难以同时准确表示时，可将重要地物准确表示，次要地物移位 0.2mm 或缩小表示。

②点状地物与其他地物(如房屋、道路、水系等)重合时,可将独立地物完整地绘出,而将其他地物符号中断 0.2mm 表示;两独立地物重合时,可将重要独立地物准确表示,次要独立地物移位表示,但应保证其相关位置正确。

③房屋或围墙等高出地面的建筑物,直接建筑在陡坎或斜坡上的建筑物,应按正确位置绘出,坡坎无法准确绘出时,可移位 0.2mm 表示。悬空建筑在水上的房屋轮廓与水涯线重合时,可间断水涯线,而将房屋完整表示。

④水涯线与陡坎重合时,可用陡坎边线代替水涯线;水涯线与坡脚重合时,仍应在坡脚将水涯线绘出。

⑤双线道路与房屋、围墙等高出地面的建筑物边线重合时,可用建筑物边线代替道路边线,且在道路边线与建筑物的接头处,应间隔 0.2mm。

⑥境界线以线状地物一侧为界时,应离线状地物 0.2mm 按规定符号描绘境界线;若以线状地物中心为界时,境界线应尽量按中心线描绘,确实不能在中心线绘出时,可沿两侧每隔 3~5mm 交错绘出 3~4 节符号。在交叉、转折及与图边交接处须绘出符号以表示走向。

⑦地类界与地面上有实物的线状符号重合时,可省略不绘。与地面无实物的线状符号(如架空的管线、等高线等)重合时,应将地类界移位 0.2mm 绘出。

⑧等高线遇到房屋及其他建筑物、双线路、路堤、路堑、陡坎、斜坡、湖泊、双线河及其注记,均应断开。

⑨为了表示出等高线不能显示的地貌特征点的高程,在地形图上要注记适当的高程注记点。高程注记点应均匀分布,其密度为每平方分米 8~20 点。山顶、鞍部、山脊、山脚、谷底、谷口、沟底、沟口、凹地、台地、河岸和湖岸旁、水涯线上以及其他地面倾斜变换处,均应有高程注记点。城市建筑区的高程注记点应测注在街道中心线、交叉口、建筑物墙基脚、管道检查井井口、桥面、广场、较大的庭院内,或空地上以及其他地面倾斜变换处。基本等高距为 0.5m 时,高程注记点应注记至厘米,基本等高距大于 0.5m 时,高程注记点应注记至分米。

7.5.4 地形数据采集模式

地形数据采集除获得碎部点的空间信息外,还需要有与绘图有关的其他信息,如碎部点的地形要素名称、碎部点连接线型等,以便于计算机进行图形绘制。为了便于计算机识别,碎部点的地形要素名称、碎部点连接线型信息也都用数字代码或英文字母代码表示,这些代码称为图形信息码。根据给以图形信息码的方式不同,地形数据采集的工作程序分为两种:一种是在观测碎部点时,绘制工作草图,在工作草图记录地形要素名称、碎部点连接关系。然后在室内将碎部点显示在计算机屏幕上,根据工作草图,采用人机交互的方式连接碎部点,输入图形信息码并生成图形。另一种是利用笔记本电脑或掌上电脑等设备作为地形数据采集工具,在观测碎部点之后,对照实际地形输入图形信息码并生成图形。

1. 编码法

在测站上将全站仪或 GNSS RTK 测得碎部点的三维坐标及编码信息记录到仪器的内存或电子手簿中,室内连接装有成图软件的计算机编辑成图。这种方法对硬件要求不高,但此法要求作业员熟记各种复杂的地形编码(或简码),当地物比较凌乱或者地形较复杂时,用此法作业速度慢且容易输错编码,因而这种方法只适用于地形较简单、地物较规整的场合使用。

2. 草图法

在测站上用仪器内存或电子手簿记录碎部点坐标,绘图员现场绘制碎部点的连接信息草图,在室内利用数字成图软件,根据碎部点坐标和草图进行计算机编辑成图。这种方法弥补了编码法的不足,观测效率较高,外业观测时间较短,硬件配置要求低,但内业工作量大。

如果测区有相近比例尺的地图,则可利用旧图或影像图并适当放大复制,裁成合适的大小(如 A4 幅面)作为工作草图。在这种情况下,作业员可先进行测区调查,对照实地将变化的地物反映在草图上,同时标出控制点的位置。在没有合适的地图可作为工作草图的情况下,应在数据采集时绘制工作草图,工作草图应绘制地物的相关位置、地貌的地性线、点号,并记录丈量距离、地理名称和说明注记等。草图可按地物相互关系分块绘制,也可按测站绘制,地物密集处可绘制局部放大图。草图上点号标注应清楚正确,并和仪器或电子手簿记录点号一一对应,如图 7-40 所示。

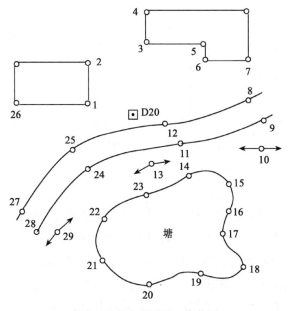

图 7-40 地形测量工作草图

　　3. 电子平板法

　　将装有数字成图软件的笔记本电脑或掌上电脑(统称电子平板)，通过电缆线(或蓝牙)与仪器连接，所测的碎部点直接在屏幕上显示，如同图解测图，绘图员可在电子平板屏幕上按成图软件操作绘制地形图。电子平板法的优点是现场成图，效果直观，但一般的笔记本电脑或掌上电脑在野外屏幕不易看清，实际作业中使用受到限制。

7.5.5　图形信息码

　　图形信息码是大比例尺数字地形图数据采集的一项重要内容，如果只有碎部点的坐标和高程，计算机处理时无法辨识碎部点是哪一种地形要素，以及碎部点之间的连接关系。因此要将测量的碎部点生成数字地形图，就必须给碎部点记录图形信息码。

　　1. 地形图要素分类和代码

　　按照《国家基本比例尺地图图式 第 1 部分：1∶500、1∶1 000、1∶2 000 地形图图式》(GB/T 20257.1—2017)标准，地形图要素分为 8 个大类：测量控制点、水系、居民地及设施、交通、管线、境界、地貌、植被与土质。按照《基础地理信息要素分类与代码》(GB/T 13923—2006)，地形图要素分类代码由六位数字码组成(如图 7-41 所示)，例如，图根点分类代码为 110103，普通建成房屋分类代码为 310301，围墙分类代码为 380201，等等。

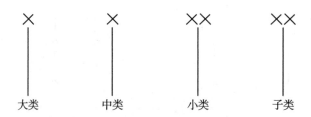

图 7-41　地形要素分类代码结构

　　2. 连接线型码

　　除独立地物外，线状地物和面状地物符号是由两个或更多的点连接起来构成的。对于同一种地物符号，连接线的形状也可能不同，例如房屋的轮廓线多数为直线段的连线，也有圆弧段，因此在点与点连接时，需要有连接线的编码。连接线分为直线、圆弧、曲线，可以分别用 1、2、3 表示，称为连接线型码。为了使一个地物上的点与点记录按顺序自动连接起来，形成一个图块，需要给出连线的顺序码，例如用 0 表示开始，1 表示中间，2 表示结束。

7.6 地形图的内业成图和检查验收

7.6.1 数字地形图的编辑和输出

地形测量采集的碎部点数据，在计算机上经过人机交互编辑，生成数字地形图。计算机地形图编辑是通过数字测图软件来完成的，数字地形图成图软件一般具有以下功能：

数字地形图
编辑

①碎部点数据的预处理，包括在交互方式下碎部点的坐标计算及编码、数据的检查及修改、图形显示、数据的图幅分幅等。

②地形图的编辑，包括地物图形文件生成、等高线文件生成、图形修改、地形图注记、图廓生成等。

③地形图输出，包括地形图的绘制、数字地形图与其他系统(如 GIS)的格式转换、数据库处理、储存及网上发布等。

1. 数据的图幅分幅和图形文件生成

大比例尺地形数字测图的碎部点记录文件，通常不是以一幅图的范围作为一个文件来记录的，这是由于作业小组的测量范围是按河流、道路等自然分界来划分的，同时记录文件的大小也和测区范围、地物密集程度和地貌复杂程度等有关。因此，一个碎部点记录文件可能涉及几幅图，或者

地形图分幅

是一幅图由多个记录文件拼接而成。完整的碎部点记录文件应该包含碎部点的坐标和图形码等信息，坐标计算和图形码可以在记录手簿上完成，或者是在计算机上完成。当碎部点记录文件在计算机上显示的图形和实地地形(或工作草图)对照符合后，再按图幅生成图形文件。如图 7-42 所示，一幅图的图形文件由三个碎部点记录文件拼接生成，其中 D01、D02、D03 是碎部点记录文件。

不同的数字测图系统图形文件的格式不同。下面以图 7-43 为例，介绍一种由坐标文件、图块点链文件和图块索引文件表示的图形文件。

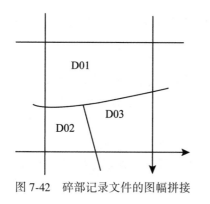

图 7-42　碎部记录文件的图幅拼接

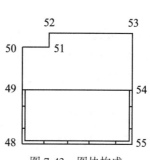

图 7-43　图块构成

坐标文件的数据结构为：点序号、测量点号、x、y、高程(见表 7-6)。

图块点链文件的数据结构为：点链序号、点序号(见表 7-7)。

表 7-6　坐标文件的数据结构

点序号	点号	x	y	高程
1	50	10	45	11.82
2	51	20	45	11.86
3	52	20	50	11.50
4	53	50	50	11.68
5	54	50	30	11.83
6	49	10	30	11.80
7	55	50	10	11.76
8	48	10	10	11.58

表 7-7　点链文件的数据结构

点链序号	点序号
1	1
2	2
3	3
4	4
5	5
6	6
7	1
8	5
9	7
10	8
11	6

图块索引文件的数据结构为：图块序号、起始点链序号、点数、地形要素代码、线型(见表 7-8)。

表 7-8　图块索引文件的数据结构

图块序号	起始点链序号	点数	地形要素代码	线型
1	1	7	310301	1
2	8	4	380201	1

从表 7-6、表 7-7 和表 7-8 可得到绘制图块的全部信息。如图块 2 所对应的起始点链序号为 8，图块由 4 个点组成，它们的点序号分别是 5、7、8、6，由点序号从坐标文件中可读取对应点的坐标，然后按地形要素代码 380201 和线型 1 绘制图形，即为 4 个点连接的直线段围墙。

2. 等高线文件生成

按图幅形成离散高程点临时文件，离散点经构网、等高线追踪，得到表示等高线特征点的有序点列，存入等高线文件。等高线文件由点链文件和索引文件表示。

等高线点链文件的数据结构为：特征点链序号、x、y。

等高线索引文件的数据结构为：等高线序号、起始点链序号、特征点数、高程值、等高线代码。

等高线绘制时，由等高线索引文件获取某一等高线的起始点链序号和特征点数，在

绘制等高线

点链文件中，从起始点链序号开始，根据点数逐一读取特征点的坐标，然后用曲线光滑方法并根据等高线高程值绘制首曲线或者计曲线。

3. 图形的修改

图形修改的基本功能包括删除、平移、旋转等。

（1）删除

删除各种地物符号、等高线和注记时，用鼠标选中删除对象，即从相应的文件中调出图形信息，然后用背景色绘制，并在文件中删除该记录。

（2）平移

某些地物配置符号、注记，当其位置不合要求时，可以进行平移。在选中平移对象后，用鼠标拖动，将图形移到合适位置，即由鼠标的移动量求得在 x、y 方向上的移动量 Δx、Δy，并将图形原来的坐标加上 Δx、Δy，即

$$\begin{cases} x'_i = x_i + \Delta x \\ y'_i = y_i + \Delta y \end{cases} \tag{7-37}$$

然后，删除原来的图形，按新的坐标重新绘制图形，并存入文件。

（3）旋转

有方向要求的独立符号、某些土质符号和植被符号、注记，当其方向不合要求时，可以进行旋转。旋转是围绕符号的定位点旋转。在选中旋转对象后，给出方向线到合适的位置。设旋转角为 $\Delta \alpha$，则图形各点新的坐标为

$$\begin{cases} x'_i = x_i \cos\Delta\alpha + y_i \sin\Delta\alpha \\ y'_i = y_i \cos\Delta\alpha - x_i \sin\Delta\alpha \end{cases} \tag{7-38}$$

然后，删除原来的图形，按新的坐标重新绘制图形，并存入文件。

4. 注记

地形图上起说明作用的文字和数字称为注记。注记是地形图内容的基本要素之一，注记分为专有名称注记(如居民地、河流等)、说明注记(如房屋结构、树种等)和数字注记(如地面点高程、比高、房屋层数等)。

地形图上注记的字体、大小、字向、字空、字列和字位均有规定。注记内容，除一部分(如等高线计曲线高程、高程点高程等)可从文件中调出外，大多需通过键盘输入。由注记参数对话框选择字体、大小、字空等参数，然后用选择注记位置后，绘制注记。如果注记的位置不合适，可以通过平移、旋转、改变注记位置来调整。

5. 图廓生成

图廓的内容包括内外图廓线、方格网、接图表、图廓间和图廓外的各种注记等。其中，图形部分按图幅的大小由程序自动绘制。各种注记，其内容有些从文件中调出(如比例尺、图廓间的方格网注记等)，有些通过键盘输入，然后按注记规定的位置、字体、大小、间隔绘制。

6. 地形图输出

大比例尺数字地形图在完成编辑后，可储存在计算机内或其他介质上，由计算机控

制绘图仪绘制成纸质地形图，也可进行格式转换后供其他专用系统（如 GIS）使用，或者在网络上发布。

大比例尺数字地形图绘制成纸质地形图，主要是通过绘图仪实现的。绘图仪可分为矢量绘图仪和点阵绘图仪。矢量绘图仪又称有笔绘图仪，绘图时逐个绘制图形，绘图的基本元素是直线段。点阵绘图仪又称无笔绘图仪，这类绘图仪有喷墨绘图仪、激光绘图仪等，绘图时，将整幅矢量图转换成点阵图像，逐行绘出，绘图的基本元素是点。

由于点阵绘图仪的绘图速度较矢量绘图仪快，因此，目前大比例尺数字地形图多采用喷墨绘图仪绘制。

7.6.2　地形图的检查验收

1. 大比例尺数字地形图的基本要求

大比例尺数字地形图的平面坐标采用以"2000 国家大地坐标系统"为大地基准、高斯-克吕格投影的平面直角坐标系，投影长度变形值不应大于 25mm/km，特殊情况下可采用独立坐标系。高程基准采用"1985 国家高程基准"。

根据《城市测量规范》（CJJ/T 8—2011）中大比例尺数字地形图地物点的平面位置精度，要求地物点相对邻近控制点的图上点位中误差在平地和丘陵地区不得大于 0.5mm，在山地和高山地不得大于 0.75mm，特殊困难地区可按地形类别放宽 0.5 倍。高程精度，在城市建筑区和基本等高距为 0.5m 的平坦地区，高程注记点相对邻近控制点的高程中误差不得大于 0.15m；其他地区高程精度以等高线插求点的高程中误差，应符合表7-9 中的规定，困难地区可放宽 0.5 倍。图上高程注记点分布均匀，高程注记点间距为图上 20~30mm 或每 100cm² 内 8 ~ 20 个。

表 7-9　　　　　　　　　　　　　　　　等高线插求点的高程中误差

地形类别	平　地	丘陵地	山　地	高山地
高程中误差	$\leqslant 1/3 \times H$	$\leqslant 1/2 \times H$	$\leqslant 2/3 \times H$	$\leqslant 1 \times H$

注：H 为基本等高距。

2. 大比例尺数字地形图的质量要求

大比例尺数字地形图的质量要求通过对产品的数据说明、数学基础、数据分类与代码、位置精度、属性精度、逻辑一致性、完备性等质量特性的要求来描述。

数据说明包括：产品名称和范围说明、存储说明、数学基础说明、采用标准说明、数据采集方法说明、数据分层说明、产品生产说明、产品检验说明、产品归属说明和备注等。

数学基础是指地形图采用的平面坐标和高程基准、等高线等高距。

大比例尺数字地形图数据分类与代码应按照《基础地理信息要素分类与代码》（GB/T 13923—2022）等标准执行，补充的要素及代码应在数据说明备注中加以说明。

位置精度包括：地形点、控制点、图廓点和格网点的平面精度、高程注记点和等高线的高程精度、形状保真度、接边精度等。

地形图属性数据的精度是指描述每个地形要素特征的各种属性数据必须正确无误。

地形图数据的逻辑一致性是指各要素相关位置应正确，并能正确反映各要素的分布特点及密度特征。线段相交，无悬挂或过头现象，面状区域必须封闭等。

地形要素的完备性是指各种要素不能有遗漏或重复现象，数据分层要正确，各种注记要完整，并指示明确等。

数字地形图模拟显示时，其线划应光滑、自然、清晰、无抖动、重复等现象。符号应符合相应比例尺地形图图式规定。注记应尽量避免压盖地物，其字体、字大、字向等一般应符合地形图图式规定。

3. 大比例尺数字地形图平面和高程精度的检查和质量评定

（1）检测方法和一般规定

野外测量采集数据的数字地形图，当比例尺大于 1∶5 000 时，检测点的平面坐标和高程采用外业散点法按测站点精度施测，每幅图一般各选取 20～50 个点。用钢尺或测距仪量测相邻地物点间距离，量测边数每幅图一般不少于 20 处。平面检测点应是均匀分布、随机选取的明显地物点。检测有高精度检测和同精度检测两种形式。高精度检测是指检测的技术要求高于生产的技术要求，同精度检测是指检测的技术要求与生产的技术要求相同。

高精度检测时，在允许中误差 2 倍以内（含 2 倍）的误差值均应参与数学精度统计，超过允许中误差 2 倍的误差视为粗差。在同精度检测时，在允许中误差 $2\sqrt{2}$ 倍以内（含 $2\sqrt{2}$ 倍）的误差值均应参与数学精度统计，超过允许中误差 $2\sqrt{2}$ 倍的误差视为粗差。

（2）高精度检测时，检测点的平面坐标和高程中误差计算

地物点的平面坐标中误差按式（7-39）计算：

$$
\begin{cases}
M_x = \sqrt{\dfrac{\sum\limits_{i=1}^{n}(X_i' - X_i)^2}{n}} \\[4mm]
M_y = \sqrt{\dfrac{\sum\limits_{i=1}^{n}(Y_i' - Y_i)^2}{n}}
\end{cases}
\tag{7-39}
$$

式中，M_x 为坐标 X 的中误差，M_y 为坐标 Y 的中误差，X_i' 为坐标 X 的检测值，X_i 为坐标 X 的原测值。Y_i' 为坐标 Y 的检测值，Y_i 为坐标 Y 的原测值，n 为检测点个数。

相邻地物点之间间距中误差按式（7-40）计算：

$$
M_s = \sqrt{\dfrac{\sum\limits_{i=1}^{n}\Delta S_i^2}{n}}
\tag{7-40}
$$

式中，ΔS_i 为相邻地物点实测边长与图上同名边长较差，n 为量测边条数。

高程中误差按式(7-41)计算：

$$M_h = \sqrt{\frac{\sum\limits_{i=1}^{n} (H_i' - H_i)^2}{n}} \tag{7-41}$$

式中，H_i' 为检测点的实测高程，H_i 为数字地形图上相应的内插点高程。n 为高程检测点个数。

(3)同精度检测时，检测点的平面坐标和高程中误差计算

地物点的平面坐标中误差按式(7-42)计算：

$$\begin{cases} M_x = \sqrt{\dfrac{\sum\limits_{i=1}^{n} (X_i' - X_i)^2}{2n}} \\[4mm] M_y = \sqrt{\dfrac{\sum\limits_{i=1}^{n} (Y_i' - Y_i)^2}{2n}} \end{cases} \tag{7-42}$$

式中，M_x 为坐标 X 的中误差，M_y 为坐标 Y 的中误差，X_i' 为坐标 X 的检测值，X_i 为坐标 X 的原测值。Y_i' 为坐标 Y 的检测值，Y_i 为坐标 Y 的原测值。n 为检测点个数。

相邻地物点之间间距中误差按式(7-43)计算：

$$M_s = \sqrt{\frac{\sum\limits_{i=1}^{n} \Delta S_i^2}{2n}} \tag{7-43}$$

式中，ΔS_i 为相邻地物点实测边长与图上同名边长较差，n 为量测边条数。

高程中误差按式(7-44)计算：

$$M_h = \sqrt{\frac{\sum\limits_{i=1}^{n} (H_i' - H_i)^2}{2n}} \tag{7-44}$$

式中，H_i' 为检测点的实测高程，H_i 为数字地形图上相应内插点高程。n 为高程检测点个数。

4. 大比例尺数字地形图的检查验收

对大比例尺数字地形图的检查验收实行"两级检查，一级验收"制度，两级检查指的是过程检查和最终检查，验收工作应经最终检查合格后进行。在验收时，一般按检验批中的单位产品数量的 10 % 抽取样本。检验批一般应由同一区域、同一生产单位的产品组成，同一区域范围较大时，可以按生产时间不同分别组成检验批。在验收中对样本进行详查，并进行产品质量核定，对样本以外的产品一般进行概查。如样本中经验收判定为质量不合格产品时，须进行二次抽样详查。验收工作完成后，编写验收报告，随产品归档。

7.7 数字航空摄影地形图测绘

航空摄影测量是在飞机上对地表拍摄航空像片，然后对像片上的信息进行分析、处理和解译，以确定被摄物体的形状、大小和空间位置，并判定其性质的一门技术。航空摄影测量与地面测图相比，具有速度快、精度均匀、效率高等优点。它可以将大量野外测绘工作移到室内进行，以减轻测绘工作者的劳动强度。尤其对高山区或人不易到达的地区，航空摄影测量更具有优越性。目前，航空摄影测量被广泛用于大面积的地形图测绘。航空摄影测量大致分为航空摄影、航测外业和航测内业三个阶段。其基本作业程序和内容包括航空摄影、影像处理、外业像控点测量、内业空中三角测量控制点加密、内业测图、外业调绘、内业修改编绘等。

航空摄影测量除生产地形图(数字线划图)外，还可制作数字高程模型、数字正射影像图。

摄影测量从模拟摄影测量开始，经过解析摄影测量阶段，现在是数字摄影测量阶段。数字摄影测量是基于数字影像和摄影测量的基本原理，应用计算机技术、数字影像处理、影像匹配、模式识别等多学科的理论与方法，提取所摄对象并用数字方式表达其几何与物理信息。数字摄影测量与模拟摄影测量、解析摄影测量最大的区别在于：数字摄影测量处理的原始资料是数字影像或数字化影像，测量系统是用计算机视觉代替人的立体量测与识别，完成几何与物理信息的自动提取。

7.7.1 航空摄影

采用航空摄影测量方法测制地形图，需要对测区进行有计划的空中摄影，将航摄仪安装在航摄飞机上，在空中一定的高度上对地面进行摄影，取得航摄像片或数字影像。航摄飞机在摄影过程中要能保持一定的飞行高度和航线飞行的直线性(图7-44)。航摄像片的像幅大小一般是18cm×18cm或23cm×23cm。

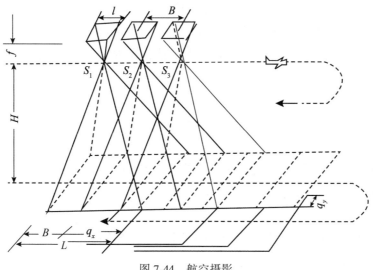

图7-44 航空摄影

1. 摄影的像片比例尺

像片比例尺是由摄像机的主距和摄影高度来确定的，即

$$\frac{1}{m} = \frac{f}{H} \tag{7-45}$$

式中，m 为像片比例尺分母，f 为摄像机主距，H 为摄影高度或称航高。

航空摄影测量中摄影的像片比例尺与成图比例尺之间的关系可参照表 7-10 来确定。

表 7-10　　　　　　　　　航空摄影的像片比例尺与成图比例尺之间的关系

成图比例尺	像片比例尺
1∶500	1∶2 000～1∶3 000
1∶1 000	1∶4 000～1∶6 000
1∶2 000	1∶8 000～1∶12 000
1∶5 000	1∶8 000～1∶12 000
	1∶15 000～1∶20 000（像幅 23×23）
1∶10 000	1∶10 000～1∶25 000
	1∶25 000～1∶35 000（像幅 23×23）
1∶25 000	1∶20 000～1∶30 000
1∶50 000	1∶35 000～1∶55 000

2. 像片重叠度

摄影测量使用的航摄像片，要求沿航线飞行方向两相邻像片上对所摄地面有一定的重叠影像，这种重叠影像部分称为航向重叠度。对区域摄影要求两相邻航带像片之间也需要有一定的重叠影像，这种重叠影像部分称为旁向重叠度。像片重叠度是以像幅边长的百分数表示，一般情况下要求航向重叠度保持在 60%～65%，旁向重叠度保持在 15%～30%。

7.7.2　像片解析

1. 内外方位元素

为确定摄影瞬间摄影中心的位置和摄影姿态所用的参数，称为影像（像片）的方位元素。影像的方位元素分为内方位元素和外方位元素。

（1）内方位元素

确定摄影中心相对于影像位置之间的相对位置，称为影像的内方位元素。内方位元素包括 3 个参数：像主点（主光轴在影像面上的垂足）相对于影像中心的位置 x_0、y_0 以

及主距 f（镜头中心到影像面的垂距），如图 7-45 所示。对于航空影像，(x_0, y_0) 就是像主点在框标坐标系中的坐标。

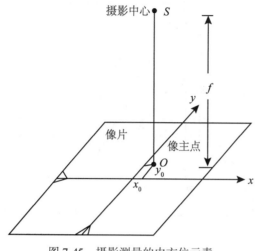

图 7-45 摄影测量的内方位元素

（2）外方位元素

确定影像或摄影光束在摄影瞬间的空间位置和姿态的参数，称为影像的外方位元素。一幅影像的外方位元素包括 6 个参数：其中有 3 个是线元素，用于确定摄影中心 S 相对于物方空间坐标系的位置 X_S、Y_S、Z_S；另外 3 个是角元素，用于确定影像面在摄影瞬间的空中姿态。3 个角元素有不同的选择，如以 Y 轴为主轴（主轴是在旋转过程中空间方位不变的一个固定轴），3 个姿态角为偏角 φ、倾角 ω、旋角 κ，如图 7-46 所示。偏角 φ：一般取飞行方向作为物方空间坐标系的 X 轴，此时偏角 φ 是绕 Y 轴旋转的角值。倾角 ω：绕 X 轴旋转的角值。旋角 κ：以摄影方向为轴旋转的转角。

2. 共线条件方程

共线条件是中心投影构像的数学基础。共线条件方程是描述摄影中心 S、像点 m 及物点 M 位于一直线的关系式。设像点坐标为 (x, y)，像片外方位元素为 X_S、Y_S、Z_S、ω、φ、κ 和物方点坐标为 (X, Y, Z)，内方位元素为 x_0、y_0、f，则共线条件方程可写为

$$\begin{cases} x - x_0 = -f \dfrac{a_1(X - X_S) + b_1(Y - Y_S) + c_1(Z - Z_S)}{a_3(X - X_S) + b_3(Y - Y_S) + c_3(Z - Z_S)} \\[2mm] y - y_0 = -f \dfrac{a_2(X - X_S) + b_2(Y - Y_S) + c_2(Z - Z_S)}{a_3(X - X_S) + b_3(Y - Y_S) + c_3(Z - Z_S)} \end{cases} \qquad (7\text{-}46)$$

式中，a_i、b_i、c_i 为影像的 3 个外方位角元素组成的 9 个余弦：

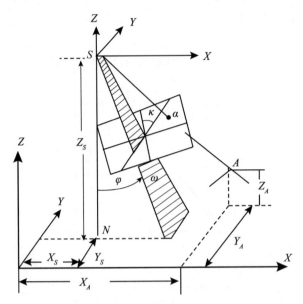

图 7-46　摄影测量的外方位元素（φ、ω、κ 转角系统）

$$
\begin{cases}
a_1 = \cos\varphi\cos\kappa - \sin\varphi\sin\omega\sin\kappa \\
a_2 = -\cos\varphi\sin\kappa - \sin\varphi\sin\omega\cos\kappa \\
a_3 = -\sin\varphi\cos\omega \\
b_1 = \cos\omega\sin\kappa \\
b_2 = \cos\omega\cos\kappa \\
b_3 = -\sin\omega \\
c_1 = \sin\varphi\cos\kappa + \cos\varphi\sin\omega\sin\kappa \\
c_2 = -\sin\varphi\sin\kappa + \cos\varphi\sin\omega\cos\kappa \\
c_3 = \cos\varphi\cos\omega
\end{cases}
\tag{7-47}
$$

共线条件方程的应用主要有：

① 单像空间后方交会。以单幅影像为基础，从该影像所覆盖地面范围内若干控制点的已知地面坐标和相应点的像坐标量测值出发，根据共线条件方程解求该影像在摄影时刻的外方位元素 X_S、Y_S、Z_S、ω、φ、κ。

② 多像空间前方交会。相邻 n 幅影像中含有同一个空间点，可列出总共 $2n$ 个共线方程式，用间接观测平差解求 X、Y、Z 3 个未知数。

③ 解析空中三角测量光束法平差中的基本数学模型。

④ 利用数字高程模型与共线方程制作正射影像。

7.7.3 立体像对和影像匹配

1. 航摄像片的立体观测

航摄像片的立体观测方法是摄影测量的一个重要手段。利用相邻像片所组成的像对进行双眼观察时，可重建空间景物的立体视觉，所产生的立体视觉称为人造立体视觉。像对的立体观测方法有：立体镜观测法、叠映影像的立体观测法、双目镜观测光路的立体观测法等。

2. 立体像对的相对定向和绝对定向

在摄影测量中，一般情况下利用单幅影像是不能确定物点的空间位置的，只能确定物点所在的空间方向。要获得物点的空间位置一般需要利用两幅互相重叠的影像构成立体像对。

（1）相对定向

立体像对的相对定向就是恢复摄影时相邻两影像摄影光束的相互关系，使同名点的投影光线对对相交。相对定向的方法有两种：一种是单独像对相对定向，它采用两幅影像的角元素运动实现相对定向；另一种是连续像对相对定向，它以左影像为基准，采用右影像的直线运动和角运动实现相对定向。

（2）绝对定向

相对定向完成了几何模型的建立，但所建立的体模型大小（比例尺）不确定，坐标原点是任意的，模型的坐标系与地面测量坐标系也不一致。要确定立体模型在地面测量坐标系中的正确位置，则需要把相对定向所建立的立体模型进行平移、旋转和缩放，以便纳入地面测量坐标系中，并归化到制图比例尺，这一过程称为立体模型的绝对定向。绝对定向需要借助地面控制点来进行。

3. 核线与影像匹配

（1）核线

利用摄影基线与物方点所作的平面称为核面。核面与影像面的交线称为核线，核面与左右两幅影像面的交线称为同名核线。一条核线上的任一点其在另一幅影像上的同名点必定位于其同名核线上。在图 7-47 中，W_A 为核面，l_1 和 l_2 是通过同名像点 a_1 和 a_2 的一对同名核线。在影像匹配的过程中，利用核线的特性可进行快速有效的运算。

（2）影像匹配

影像匹配即通过一定的匹配算法在两幅或多幅影像之间识别同名点的过程。最初的影像匹配是利用相关技术实现的，因而也有人称影像匹配为影像相关。影像相关是利用互相关函数，评价两块影像的相似性以确定同名点。首先取出以待定点为中心的小区域中的影像信号，然后取出其在另一影像中相应区域的影像信号，计算二者的相关函数，以相关函数最大值对应的区域中心点为同名点。即以影像信号分布最相似的区域为同名区域，同名区域的中心点为同名点。数字摄影测量中，以影像匹配的方法代替传统的人工观测，实现数字影像中寻找左、右同名像点的目的。

285

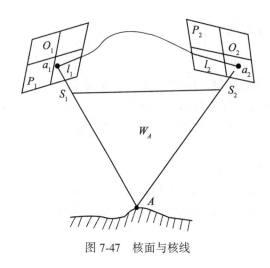

图 7-47　核面与核线

7.7.4　外业控制测量

　　摄影测量绘制地形图需要有像片控制点。像片控制点的测量分为全野外布点测量和非全野外布点测量。全野外布点是指通过野外控制测量获得的像片控制点而不需要内业加密，直接提供内业测图定向或纠正使用。而非全野外布点是在野外测定少量控制点，然后在内业采用空中三角测量加密获得测图或纠正所需要的全部控制点。非全野外像片控制点的布设分为航线网布点和区域网布点。航线网布点如图 7-48 所示，按航线每分段布设 6 个平高控制点。区域网布点，区域的航线数一般为 4~6 条。区域网布点可沿周边布设平高控制点，内部可加布适当数量的平高控制点和高程控制点，区域网的航线数和控制点之间的基线数应满足有关规范要求。

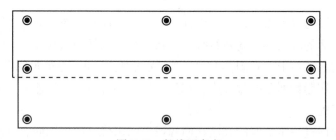

图 7-48　航线网布点

　　像片平面控制点的点位目标应选在影像清晰的明显地物上，宜选在交角良好的细小线状地物交点、明显地物折角顶点、影像小于 0.2mm 的点状地物中心。像片高程控制点的点位目标应选在高程变化较小的地方。像片控制点应选择影像最清晰的一张像片作为刺点片，刺点误差和刺孔直径不应大于 0.1mm。

像片控制点的外业测量方法可根据测区实际情况，在已有控制点的基础上，平面控制测量采用导线测量、交会法测量以及卫星定位测量方法；高程控制测量采用水准测量、三角高程测量方法。

7.7.5 空中三角测量

空中三角测量是摄影测量加密控制点的一种方法。根据少量的野外控制点，在室内进行控制点加密，求得加密控制点的平面位置和高程的测量方法。其目的是提供测图或纠正所需要的控制点。空中三角测量目前采用的是解析空中三角测量。它是根据像片上量测的像点坐标和少量地面控制点，用计算机解算待定点的平面位置和高程。

解析空中三角测量根据平差范围的大小，可分为单模型法、单航带法和区域网法。单模型法是在单个立体像对中加密控制点。单航带法是对一条航带进行处理。区域网法是对由多条航带连接成的区域进行整体平差，这样能尽量减少对地面控制点数量的要求。

7.7.6 外业像片调绘

像片调绘是以像片判读为基础，把像片上影像所代表的地物识别和辨认出来，并按照规定的图式符号和注记方式表示在航摄像片上。像片调绘可采用先航测内业判读测图，然后到野外对航测内业所成线划图进行补测、调绘的方法；也可采用先全野外像片调绘或室内像片判读与野外像片调绘相结合。当采用先内业判读测图后野外调绘的方法时，应在野外对航测内业成图进行全面地实地检查、修测、补测、地理名称调查注记、屋檐改正等工作。

像片调绘应采用放大片调绘，放大倍数视地物复杂程度而定，应配备一套像片以供立体观察。像片调绘的内容按地形测量规定的要素进行调查和注记。对于新增地物、内业漏绘或影像不清晰的地物，应采取实测坐标或距离交会的方法进行补测。

7.7.7 内业测图

航空摄影测量成图根据成图仪器和设备的不同，立体测图方法分为模拟法测图、解析法测图和数字法测图，目前已基本采用数字法测图。

数字摄影测量内业测图由数字摄影测量工作站来实现。数字摄影测量工作站硬件由计算机及其外部设备组成，软件由数字影像处理软件、模式识别软件、解析摄影测量软件等组成。工作站的功能主要有：影像数字化、特征提取和量测、相对定向和绝对定向、空中三角测量、影像匹配、建立数字地面模型、自动绘制等高线、制作正射影像图和数字测图等。

7.7.8 数字正射影像图（Digital Orthophoto Map，DOM）

在进行航空摄影时，无法保证摄影瞬间航摄相机的绝对水平，得到的影像是一个倾斜投影的像片，像片各个部分的比例尺不一致，此外，中心投影使地面上的高低起伏在像片上存在投影差。要使影像具有地图的特性，就需要对影像进行倾斜纠正和投影差的改正。对影像进行倾斜纠正和投影差改正的过程，称为正射纠正。这种过程是将影像化为很多微小的区域逐一进行纠正，且采用数字方式处理，因此也叫做数字微分纠正。

消除了倾斜误差和投影误差且具有规定比例尺的影像称为正射影像，数字正射影像图是将正射影像与重要的地形要素符号及注记叠置，按地图标准分幅，以数字形式表达的影像地图。

数字正射影像图的作业过程主要包括：原始影像获取、区域网平差、DEM 获取、单片(模型)纠正、影像镶嵌和图幅裁切、叠加注记与图廓整饰、成果输出等技术环节，大致如图 7-49 所示。

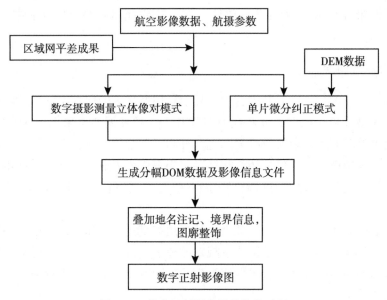

图 7-49　数字正射影像图的作业过程

7.8　三维激光扫描测绘技术

三维激光扫描系统是无合作目标激光测距仪与角度测量系统组合的自动化快速测量系统，在复杂的现场和空间对被测物体进行快速扫描测量，直接获得激光点所接触的物体表面的水平方向、天顶距、斜距和反射强度，自动存储并计算，获得点云数据。最远测量距离有一千多米，最高扫描频率可达每秒几十万，纵向扫描角 θ 接近 90°，横向可绕仪器竖轴进行 360° 全圆扫描，扫描数据可通过 TCP/IP 协议自动传输给计算机，外置数码相机拍摄的场景图像可通过 USB 数据线同时传输到电脑中。点云数据经过计算机处理后，结合 CAD 可快速重构出被测物体的三维模型及线、面、体、空间等各种制图数据。

目前，生产三维激光扫描仪的公司有很多，典型的有瑞士的 Leica 公司、德国 Z+F 公司、奥地利的 Riegl 公司、美国的 FARO 公司和加拿大的 Optech 公司等。它们各自的产品在测距精度、测距范围、数据采样率、最小点间距、模型化点定位精度、激光点大小、扫描视场、激光等级、激光波长等指标会有所不同，可对不同的情况如成本、模型的精度要求等因素进行综合考虑之后，选用不同的三维激光扫描仪产品。图 7-50 是几种不同型号的地面三维激光扫描仪。

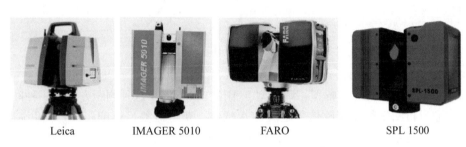

| Leica | IMAGER 5010 | FARO | SPL 1500 |

图 7-50　几种地面三维激光扫描仪

7.8.1　地面三维激光扫描仪测量原理

无论扫描仪的类型如何，三维激光扫描仪的构造原理都是相似的。三维激光扫描仪的主要构造是由一台高速精确的激光测距仪，配上一组可以引导激光并以均匀角速度扫描的反射棱镜。激光测距仪主动发射激光，同时接受由自然物表面反射的信号从而进行测距，针对每一个扫描点可测得测站至扫描点的斜距，再配合扫描的水平和垂直方向角，可以得到每一扫描点与测站的空间相对坐标。如果测站的空间坐标是已知的，那么可以求

地面三维激光扫描系统

得每一个扫描点的三维坐标。地面三维激光扫描仪工作原理图如图 7-51 所示。

地面三维激光扫描仪测量原理主要分为测距、扫描、测角、定向 4 个方面。

1. 测距原理

激光测距作为激光扫描技术的关键组成部分，对于激光扫描的定位、获取空间三维信息具有十分重要的作用。目前，测距方法主要有：脉冲法和相位法。

脉冲测距法是通过测量发射和接收激光脉冲信号的时间差来间接获得被测目标的距离。激光发射器向目标发射一束脉冲信号，经目标漫光速为 c，测反射后到达接收系统，设测量距离为 S，得到激光信号往返传播的时间差为 Δt，则有 $S = c \cdot \Delta t$，可以看出，影响距离精度的因素主要有 c 和 Δt。

相位法测距是用无线电波段的频率，对激光束进行幅度调制，通过测定调制光信号在被测距离上往返传播所产生的相位差，间接测定往返时间，并进一步计算出被测距

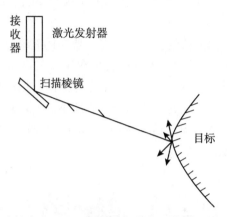

图 7-51　地面三维激光扫描仪工作原理图

离。相位型扫描仪可分为调幅型、调频型、相位变换型等。这种测距方式是一种间接测距方式，通过检测发射和接收信号之间的相位差，获得被测目标的距离。测距精度较高，主要应用在精密测量和医学研究，精度可达到毫米级。

脉冲法和相位法测距各有优缺点，脉冲测量的距离最长，但精度随距离的增加而降低。相位法适合于中程测量，具有较高的测量精度。

2. 扫描和测角原理

三维激光扫描仪通过内置伺服驱动马达系统精密控制多面扫描棱镜的转动，由此决定激光束出射方向，从而使脉冲激光束沿横轴方向和纵轴方向快速扫描。目前，扫描控制装置主要有：摆动平面扫描镜和旋转正多面体扫描镜。

三维激光扫描仪的测角原理区别于电子经纬仪的度盘测角方式，激光扫描仪通过改变激光光路获得扫描角度。把两个步进电机和扫描棱镜安装在一起，分别实现水平和垂直方向扫描。步进电机是一种将电脉冲信号转换成角位移的控制微电机，它可以实现对激光扫描仪的精确定位。

3. 定向原理

三维激光扫描仪扫描的点云数据都在其自定义的扫描坐标系中，但是数据的后处理要求是大地坐标系下的数据，这就需要将扫描坐标系下的数据转换到大地坐标系下，这个过程就称为三维激光扫描仪定向。

7.8.2　地面三维激光扫描仪的特点

1. 非接触测量

三维激光扫描技术采用非接触扫描目标的方式进行测量，无需反射棱镜，对扫描目标物体不须进行任何表面处理，直接采集物体表面的三维数据，所采集的数据完全真实可靠。可以用于解决危险目标及处理人员难以到达的情况，具有传统测量方式难以实现的技术优势。

2. 数据采样率高

目前，采用脉冲激光或时间激光的三维激光扫描仪采样点速率可达数十万点/秒，而采用相位激光方法测量的三维激光扫描仪甚至可以达到数百万点/秒。可见，采样速率是传统测量方式难以比拟的。

3. 高分辨率、高精度

三维激光扫描技术可以快速、高精度地获取海量点云数据，对扫描目标进行高密度的三维数据采集，从而实现高分辨率的效果。

4. 数字化采集，兼容性好

三维激光扫描技术所采集的数据是直接获取的数字信号，具有全数字化特征，易于后期处理及输出。

7.8.3　地面三维激光扫描仪的点云数据

点云数据是指通过 3D 扫描仪获取的海量点数据。以点的形式记录，每一个点包含有三维坐标，有些可能含有颜色信息或反射强度信息。点云数据除了具有几何位置以外，有的还有颜色信息和强度信息。颜色信息通常是通过相机获取彩色影像，然后将对应位置的像素的颜色信息赋予点云中对应的点。强度信息的获取是激光扫描仪接收装置采集到的回波强度，此强度信息与目标的表面材质、粗糙度、入射角方向，以及仪器的发射能量、激光波长有关。

一般扫描仪采用内部坐标系统：X 轴在横向扫描面内，Y 轴在横向扫描面内与 X 轴垂直，Z 轴与横向扫描面垂直，如图 7-52 所示。测量每个激光脉冲从发出经被测物表面再返回仪器所经过的时间(或者相位差)来计算距离 S，同时内置精密时钟控制编码器，同步测量每个激光脉冲横向扫描角度观测值 α 和纵向扫描角度观测值 θ，因此任意一个被测点云 P 的三维坐标为：

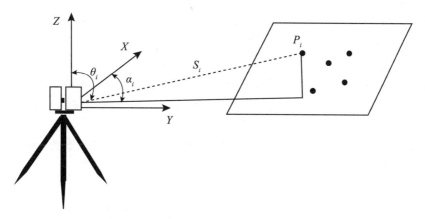

图 7-52　地面三维激光扫描仪坐标测量原理

$$\begin{cases} x_P = S \cdot \cos\theta \cdot \cos\alpha \\ y_P = S \cdot \cos\theta \cdot \sin\alpha \\ z_P = S \cdot \sin\theta \end{cases} \tag{7-48}$$

全站仪或 GPS RTK 地形测量都是单点采集，速度缓慢，加上必要的准备工作和内业的数据处理，要完成一个地形区域的全部测量工作需要较长的作业工期。对于地貌的测绘也仅限于地貌特征点的数据采集，没有地形细节描述数据，因而无法了解测区地形的详细状况。

利用三维激光扫描技术制作的地形图精度优于全站仪或 GPS RTK 地形测图，且可大大缩短外业工作时间，将大部分时间转化为在软件中对扫描数据的内业处理。基于三维激光扫描的地形测绘成图技术的应用，改变了传统测绘的作业流程，使相关外业测绘流程大大简化，外业人员的劳动强度大幅度降低，内业处理的自动化程度也显著提高。三维激光扫描技术还应用于测绘行业的其他方面，主要包括建筑测绘、道路测绘、矿山测绘、文物数字化保护、数字城市地形可视化，等等。

7.8.4 地面三维激光扫描仪用于等高线地形测量

由于地面三维激光扫描仪测距范围以及视角的限制，要完成大场景的地面完整的三维数据获取，需要布设多个测站，且还要通过多视点扫描来弥补点云空洞。地面三维激光扫描仪是以扫描仪中心为原点建立的独立局部扫描坐标系，为建立一个统一的测量坐标系，需要先建立地面控制网，通过获取扫描仪中心与后视靶标坐标，将扫描仪坐标系转换到控制网坐标系，从而建立起统一的坐标系统。

1. 数据采集

地面点云数据的采集主要包括场地踏勘、控制网布设、靶标布设、扫描作业 4 个步骤。

(1) 场地踏勘

场地踏勘的目的是根据扫描目标的范围、形态及需要获取的重点目标等，完成扫描作业方案的整体设计，其中主要是扫描仪设站位置的选择。扫描测站的设置应该满足以下要求：

①相邻两扫描站点之间有适度的重合区域。布设扫描站要考虑尽量减少其他物体的遮挡，且测站之间要有一定的重合区域，以保证获取点云的完整性及后续配准的可能性。

②扫描站点距离和地面目标的距离应选择适当。根据所使用仪器的参数，扫描的目标应控制在扫描仪的一般测程之内，以保证获得的点云数据的质量。

(2) 控制网布设

对大场景可采用导线网和 GNSS 控制网等进行布设，对扫描仪测站点与后视点可用 GNSS RTK 进行测设。若采用闭合导线形式布设扫描控制网，控制点之间通视良好，各控制点的点间距大致相同，控制点选在有利于仪器安置且受外界环境影响小的地方。平面控制可按二级导线技术要求进行测量，高程可按三等水准进行测量，经过平差后得到各控制点的三维坐标。

(3)靶标布设

扫描测站位置选定后，按照测站的分布情况进行靶标的布设。现有靶标主要有平面靶标、球形靶标、自制靶标，如图 7-53 所示。平面靶标与自制靶标属于单面靶标，当入射偏角较大时，容易产生较大的测量偏差或无反射信号，且容易产生畸变，不利于后续的靶标坐标提取，球形靶标具有独特的优点，因为它是一个球体，从四周任意角度扫描都不会产生变形，所以基于球形靶标提取的靶标坐标精度较高，配准误差较小。

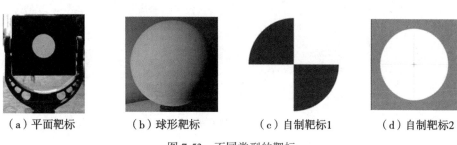

（a）平面靶标 　　　（b）球形靶标 　　　（c）自制靶标1 　　　（d）自制靶标2

图 7-53　不同类型的靶标

通过靶标配准统一各测站的点云坐标时，对靶标的布设具有一定的要求，具体如下：

① 相邻两测站之间至少需扫描到三个靶标位置信息，作为不同测站间点云配准转换的基准。

② 靶标应分散布设，不能放置在同一直线或同一高程平面上，防止配准过程中出现无解情况。

③ 在条件许可的情况下，尽量选择利用球形靶标，这样不仅可以克服扫描位置不同所引起的靶标畸变问题，同时也可提高配准精度。

(4)扫描作业

扫描的目的是获取地形的三维坐标数据，建立精确的数字地面模型，提取等高线为工程应用等方面服务。扫描点云数据配准统一坐标时，每个测站至少需要三个靶标参与坐标转换，每次测站扫描的点云坐标通过靶标中心坐标进行转换，因此多个测站点云数据的配准不产生累积误差。如图 7-54 所示，测站 1 与测站 2 附近分别放置 4 个球形靶标，扫描仪同时扫描 4 个球形靶标，通过球形靶标上点云拟合出靶标中心坐标，然后采用全站仪观测球形靶标中心在控制网中的坐标，通过两组公共坐标计算出坐标转换参数，将每个测站扫描的点云坐标转换为控制网的统一坐标。

根据场地实际情况确定扫描方案后，在设置好的每个扫描测站中，应采用不同的分辨率进行扫描，首先以非常低的分辨率(如 1/20 的分辨率)扫描整体场景，然后选择欲采集区域，按照正常分辨率(如 1/4 的分辨率)扫描该区域，这样一站扫描结束后分别保存区域点云文件。在提取扫描测站点与后视靶标坐标时，应确保提取精度，否则无法将各测站的点云转换到同一个坐标系统。

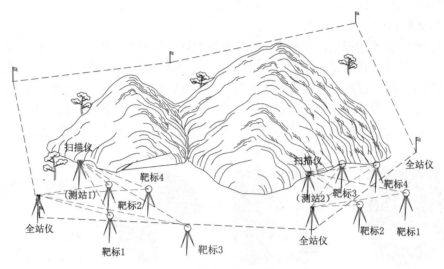

图 7-54　基于控制网的球形靶标布设

2. 点云数据处理

三维激光扫描数据的处理是一项十分复杂的研究内容。从三维建模过程
来看，激光扫描数据处理可分为三个步骤：点云数据的获取、点云数据
的加工处理、建立空间三维模型。根据数据处理的研究主题可进一步细
分为：点云数据获取、点云数据配准、点云数据分析、点云数据缩减、
点云分层、等高线拟合、建立空间三维模型和纹理映射等方面，图 7-55
为点云数据处理步骤框图，图 7-56 为某山体的点云图及相应的等高线地
形图。

South LiDAR
激光点云
处理

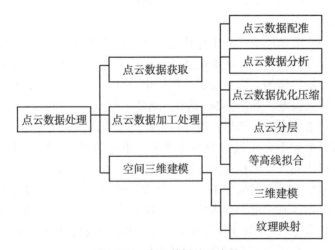

图 7-55　点云数据处理步骤

294

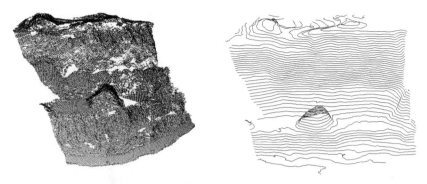

图 7-56　某山体的点云图及相应的等高线地形图

习题与思考题

1. 何谓碎部测量？碎部测图的方法有哪些？

2. 简述在计算机地图绘图中，如何建立地形图独立符号库。

3. 根据离散点自动绘制等高线通常采用哪两种方法？试述这两种方法绘制等高线的步骤。

4. 三角网法绘制等高线中，在三角形构网时为什么要引入地性线？试绘出构网高程点图示说明。

5. 如何用数字来表示数字图像？

6. 大比例尺数字测图技术设计书的主要内容是什么？

7. 大比例尺数字测图中，图根控制测量有什么作用？采用哪些方法进行图根控制测量？

8. 试述全站仪测定碎部点的基本方法。

9. 何谓地物？在地形图上表示地物的原则是什么？

10. 何谓地性线和地貌特征点？

11. 按图 7-57 中各碎部点的高程，内插勾绘等高距为 1m 的等高线。

12. 简述大比例尺数字测图野外数据采集的模式。

13. 大比例尺数字测图野外数据采集需要得到哪些数据和信息？

14. 图形文件由坐标文件、图块点链文件和图块索引文件构成，试说明它们的内容以及之间的联系。

15. 如何检查大比例尺数字地形图的平面和高程精度？

16. 简述大比例尺数字地形图的检查验收过程。

17. 简述像片比例尺、影像的内方位元素和外方位元素的概念。

18. 简述数字摄影地形测量中外业控制测量和空中三角测量的关系。

19. 简述立体像对的相对定向和绝对定位的流程。

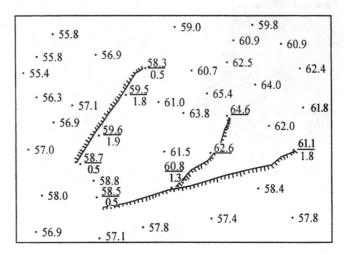

图 7-57

20. 简述地面三维激光扫描仪的坐标测量原理。

21. 何谓地面三维激光扫描仪的点云数据？

22. 简述地面三维激光扫描仪地形测量的过程。

第8章 无人机测绘

8.1 概述

随着无人机的用途越来越广泛，无人机已成为一种新型的空中平台。在测绘领域基于无人机平台的测绘技术得到广泛应用。无人机测绘是指通过无人机搭载数码相机获取目标区域的影像数据，同时在目标区域通过传统方式或者 GNSS 测量方式测量少量控制点，然后应用数字摄影测量系统对获得的数据进行全面处理，从而获得目标区域的三维地理信息模型的一种技术。无人机测绘具有结构简单、操纵灵活、使用成本低、反应快速的特点，可以灵活、快速地获取高分辨率、大比例尺和高现势性的影像。

8.1.1 无人机测绘系统

无人机测绘系统通常包括无人机平台、地面控制子系统、任务载荷子系统、数据链路子系统，以及影像数据处理与测绘成果制作子系统五部分。

1. 无人机平台

无人机测绘中的无人机平台用于搭载任务设备并执行航拍测绘任务。无人机平台的性能指标主要有以下几个方面：

（1）航程，是衡量无人机飞行距离的重要指标，与无人机的翼型、结构、动力装置等有关。

（2）续航时间，是衡量无人机任务持续性的重要指标，无人机耗尽其可用能量所能持续飞行的时间称为最大续航时间。

（3）升限，是飞机能维持平飞的最大飞行高度。

（4）飞行速度，包括巡航速度和最大速度。巡航速度是指飞行在巡航状态下的平飞速度，一般是最大速度的 70%~80%。

（5）爬升率，是在一定飞行重量和发动机工作状态下，无人机在单位时间内上升的高度，也可用爬升到某高度所耗用的时间来表示。

2. 地面控制子系统

无人机测绘系统中地面控制系统的主要功能包括：

（1）可进行测绘飞行任务规划和设计。

（2）通过数据链，地面控制系统可以向飞行控制系统发送数据和控制指令等。

（3）可接收、存储、显示、回访无人机的高度、速度、航迹等飞行数据。

（4）能显示任务设备工作状态，显示发动机转速、机载电源电压等数值。

（5）出现机载电源电压不足、导航定位卫星信号失锁，发动机停转、无人机平台失速等危急情况时，可报警提示。

3. 任务载荷子系统

无人机测绘系统中的任务载荷系统主要用于影像的获取与存储。可根据不同类型的测绘任务，使用相应的机载设备，如数码相机、轻型光学相机、多光谱成像仪、激光雷达等。该系统应具备数字化、体积小、重量轻、精度高、存储量大等特点。

4. 数据链路子系统

无人机数据链路子系统分为空中和地面两部分，主要用于地面控制系统与无人机飞行控制系统及其他设备之间的数据和控制指令的双向传输。

5. 影像数据处理和测绘成果制作子系统

影像数据处理和测绘成果制作子系统对获得的数据进行专业处理，包括空中三角测量、数字高程模型（DEM）生产作业、数字正射影像图（DOM）生产作业、数字线划地图（DLG）生产作业，形成目标区域的三维模型信息。

8.1.2 无人机测绘的特点和应用

无人机测绘系统在设计和优化组合方面具有突出的特点，全面集成了高空拍摄、遥控、遥测技术、视频影像微波传输和计算机影像信息处理的新型应用技术。使用无人机进行小区域遥感测绘，已在实践中取得了明显成效，在国家经济建设和发展方面积累了一定的经验。

无人机测绘是传统航空摄影测量手段的有力补充，具有机动灵活、高效快速、精细准确、分辨率高、作业成本低、适用范围广、生产周期短等特点，在小区域和飞行困难地区具有成像分辨率高、获取影像快速等优势。随着无人机及数码相机等传感器技术的发展，基于无人机平台的测绘技术已显示出其独特的优势：无人机与航空摄影测量相结合使得"无人机数字低空遥感"成为航空遥感测绘领域一个新的发展方向，无人机测绘成果可广泛应用于国家重大工程建设、灾害应急与处理、国土监察、资源开发、新农村和小城镇建设等方面，尤其在基础测绘、土地资源调查监测、土地利用动态监测、数字城市建设和应急救灾测绘数据获取等方面具有广阔的应用前景。

①无人机测绘具有快速航测反应能力。无人机应用于测绘工作具有低空飞行，空域申请便利，受气候条件影响较小的优势。无人机对起降场地的要求限制较小，可通过一段较为平整的路面实现起降，在获取航拍影像时不用考虑飞行员的飞行安全，对获取数据时的地理空域以及气象条件要求较低，能够实现人工探测无法达到的地区监测。升空

准备时间短、操作简单、运输便利。车载系统可迅速到达作业区附近设站，根据任务要求每天可获取数十平方千米至两百平方千米的测绘结果。

②无人机测绘具有高时效性和高性价比。传统高分辨率卫星遥感测绘数据一般会面临两个问题，第一是数据时效性差；第二是编程拍摄虽然可以得到最新影像，但一般时间较长，时效性相对也不高。无人机测绘则可以很好地解决这一难题，工作组可随时出发、随时拍摄，相比卫星和载人机测绘，可做到短时间内快速完成，及时提供用户所需成果，且价格具有相当的优势。无人机测绘每天至少几十平方千米的作业效率必将成为今后小范围测绘的发展趋势。

③无人机测绘可弥补常规空天测绘的缺陷。我们国家面积辽阔，地形和气候复杂，很多区域常年受积雪、云层等因素影响，导致卫星遥感数据的采集有一定的限制。传统的大飞机航飞又有其他限制，如航高往往大于5km等。以上限制导致传统空天测绘难免受到云层等影响，降低成图质量。而无人机测绘工作不受航高限制，成像质量、精度都远远高于大飞机航拍。

④无人机测绘具有地表数据快速获取和建模能力。无人机携带的数码相机、数字彩色航摄相机、倾斜摄影相机等设备可快速获取地表信息，获取超高分辨率数字影像和高精度定位数据，生成DEM、三维正射影像图、三维景观模型、二维地表模型等二维、三维可视化数据，便于进行各类环境下应用系统的开发和应用。

当然，无人机测绘也存在一定的缺点，即受无人机本身性能的限制和飞行环境的复杂性影响，无人机测绘会有数据幅宽较小、数据量巨大、重叠度不规则、相机畸变大、导航定位与姿态测量系统(Position and Orientation System，POS)信息不够精确等问题。

8.1.3 无人机测绘作业流程

无人机测绘作业流程主要分为外业测量和内业数据处理两大部分。外业测量包括：资料收集，确定测区范围；施测范围航摄参数计算，规划航线；像控点布设和测量；无人机影像获取；外业调绘。内业数据处理包括：空中三角加密；DOM与DEM生产；DLG生产；编辑成图；数据检查验收。其工作流程如图8-1所示。

8.2 倾斜摄影测量原理

倾斜摄影技术是国际测绘遥感领域新发展起来的一项技术，融合了传统的航空摄影、近景摄影测量、计算机视觉技术，颠覆了以往正射影像只能从垂直角度拍摄的局限，通过在同一飞行平台上搭载多台传感器(目前常用的是五镜头相机)，同时从垂直、前视、后视、左视、右视5个不同角度采集影像，获取地面物体更加完整准确的信息，如图8-2所示。垂直地面角度拍摄获取的影像称为正片，镜头朝向与地面成一定夹角(一般为15°~45°)拍摄获取的影像称为斜片。

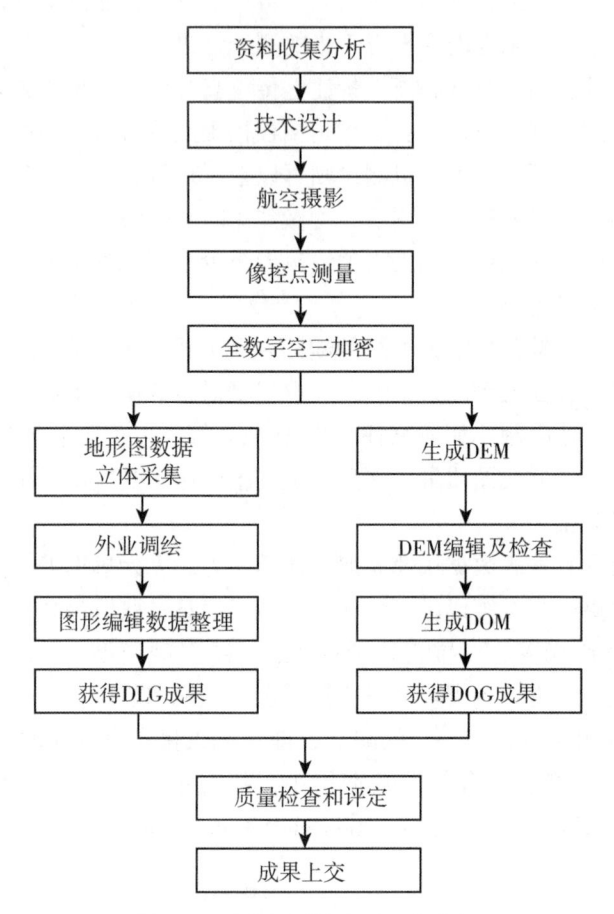

图 8-1　无人机测绘主要工作流程

图 8-2　无人机倾斜摄影示意图

图 8-3 所示为在测绘倾斜摄影中常用的 Leica RCD30、SWDC-5 两款 5 镜头相机，其中前者为瑞典产相机，后者为中国产相机。

图 8-3　两款五镜头相机

倾斜摄影采集的多镜头数据，通过高效自动化的三维建模技术，可快速构建具有准确地理位置信息的高精度真三维空间场景，使人们能直观地掌握区域目标内的地形、地貌和建筑物细节特征，在原先仅有正片的基础上，提升数据匹配度，提升地面平面、高程精度，为测绘、电力、水利、数字城市等提供现势、详细、精确、真实的空间地理信息数据。

8.2.1　倾斜摄影测量几何原理

倾斜摄影测量的几何原理如图 8-4 所示，a 表示相机的倾斜角度，b 表示相机的可视角度，f 表示摄影焦距，h 表示无人机的飞行高度，D 表示无人机与多视倾斜影像中对应地物水平距离的最大值，d 表示无人机与多视倾斜影像中对应地物水平距离的最小值。

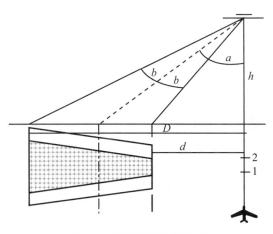

图 8-4　倾斜摄影几何原理

根据几何原理，可得

$$\begin{cases} D = h \times \tan(a + b) \\ d = h \times \tan(a - b) \end{cases}$$

无人机倾斜摄影瞬间多视影像最小摄影比例尺和最大比例尺为：

$$\begin{cases} m_{\min} = \dfrac{h \times \cos b}{f \times \cos(a - b)} \\ m_{\max} = \dfrac{h \times \cos b}{f \times \cos(a + b)} \end{cases} \tag{8-1}$$

根据角平分线原理可得角平分线和水平地面的交点至无人机的水平距离即为瞬时多视影像中心至无人机的水平距离：

$$\text{Distance}_{\text{avg}} = D - d = h \times \tan(a + b) - h \times \tan(a - b) \tag{8-2}$$

拍照瞬间多视影像平均测摄影比例尺为：

$$m_{\text{avg}} = \dfrac{h}{f \times \cos a} \tag{8-3}$$

8.2.2　倾斜摄影测量的关键技术

1. 多视影像联合平差

多视影像不仅包含垂直摄影数据，还包括倾斜摄影数据，而部分传统空中三角测量系统无法较好地处理倾斜摄影数据，因此多视影像联合平差需充分考虑影像间的几何变形和遮挡关系。结合 POS 提供的多视影像外方位元素，采取由粗到精的金字塔匹配策略，在每级影像上进行同名点自动匹配和自由网光束法平差，得到较好的同名点匹配结果。同时，建立连接点和连接线、控制点坐标、DGPS/IMU（差分 GPS/惯性测量装置）辅助数据的多视影像自检校区域网平差的误差方程，通过联合解算，确保平差结果的精度。

2. 多视影像密集匹配

影像匹配是摄影测量的基本问题之一，多视影像具有覆盖范围大、分辨率高等特点。因此，如何在匹配过程中充分考虑冗余信息，快速准确地获取多视影像上的同名点坐标，进而获取地物的三维信息，是多视影像匹配的关键。由于单独使用一种匹配基元或匹配策略，往往难以获取建模需要的同名点。因此，近年来随着计算机视觉技术发展起来的多基元、多视影像匹配，逐渐成为人们的焦点。

目前，该领域的研究已取得了很大进展，如建筑物侧面的自动识别与提取。首先，通过搜索多视影像上的特征，如建筑物边缘、墙面边缘和纹理，确定建筑物的二维矢量数据集；然后，将影像上不同视角的二维特征转化为三维特征；最后，在确定墙面时，可以设置若干影响因子并赋予一定的权值，将墙面分为不同的类，将建筑物的各个墙面进行平面扫描和分割，获取建筑物的侧面结构，再通过对侧面的重构，提取建筑物屋顶的高度和轮廓。

3.　数字表面模型(DSM)生成

多视影像密集匹配能得到高精度、高分辨率的数字表面模型(DSM),该模型能充分表达地形、地物起伏特征,目前已经成为新一代空间数据基础设施的重要内容。由于多角度倾斜影像之间的尺度差异较大,加上较严重的遮挡和阴影等问题,基于倾斜摄影自动获取 DSM 存在许多难点。

4.　真正射影像纠正

多视影像真正射纠正涉及物方连续的数字高程模型(DEM)和大量离散分布粒度差异很大的地物对象,以及海量的像方多角度影像,具有典型的数据密集和计算密集特点。因此,多视影像的真正射纠正,可在物方与像方同时进行。在有 DSM 的基础上,根据物方连续地形和离散地物对象的几何特征,通过轮廓提取、曲片拟合和屋顶重建等方法提取物方语义信息,同时在多视影像上通过影像分割、边缘提取和纹理聚类等方法获取像方语义信息;再根据联合平差和密集匹配的结果建立物方和像方的同名点对应关系;继而建立全局优化采样策略和顾及几何辐射特性的联合纠正,同时进行整体匀光处理,实现多视影像的真正射纠正。

8.2.3　倾斜摄影测量实景三维模型的生产流程

1.　倾斜影像采集

倾斜摄影技术不仅在摄影方式上区别于传统的垂直航空摄影,其后期数据处理及成果也大不相同。倾斜摄影技术的主要目的是获取地物多个方位(尤其是侧面)的信息,并可供用户多角度浏览、实时量测、三维浏览等,方便用户获取多方面的信息。

2.　倾斜影像数据加工与量测

(1)数据加工

数据获取完成后,要进行数据加工:首先,要对获取的影像进行质量检查,对不合格的区域进行补飞,直到获取的影像质量满足要求;其次,进行匀光匀色处理。因在飞行过程中存在时间和空间上的差异,影像之间会存在色偏,这就需要进行匀光匀色处理;再次,进行几何校正,同名点匹配、区域网联合平差;最后,将平差后的数据(三个坐标信息和三个方向角信息)赋予每张倾斜影像,使得它们具有虚拟三维空间中的位置和姿态数据。

至此,倾斜影像数据加工完毕,影像上的每个像素均对应真实的地理坐标位置,可进行实时量测。

(2)数据量测

倾斜摄影数据量测通常包括几何校正、区域网联合平差、多视影像密集匹配、DSM生成、真正射影像纠正和三维建模等关键内容。

(3)倾斜模型生产

倾斜摄影获取的倾斜影像经过数据加工处理,通过专用测绘软件可以生产倾斜摄影模型。模型有两种成果数据：一种是单体对象化的模型，另一种是非单体化的模型数据。

单体化的模型成果数据利用倾斜影像的丰富可视细节，结合现有的三维线框模型（或其他方式生产的白模型），通过纹理映射，生产三维模型。这种工艺流程生产的模型数据是对象化的模型，单独的建筑物可以删除、修改及替换，其纹理也可以修改，尤其对于建筑物底商这种时常变动的信息，这种模型就能体现出及时修改的优势。国内比较有代表性的如天际航的 DP-Modeler。

非单体化的模型，简称倾斜模型，这种模型采用全自动化的生产方式，模型生产周期短、成本低，获得倾斜影像后，经过匀光匀色等处理步骤，通过专业的自动化建模软件生产三维模型。这种工艺流程一般会经过多视角影像几何校正、联合平差处理等流程，可运算生成基于影像的超高密度点云，用点云构建不规则三角网模型，并以此为基础生成基于影像纹理的高分辨率倾斜摄影三维模型，因此也具备倾斜影像的测绘级精度。这种全自动化的生产方式大大减少了建模的成本，模型的生产效率大幅提高，大量的自动化模型涌现出来。目前比较有代表性的有 Bentley 公司的 ContextCapture。

8.3　实景三维数据获取

倾斜摄影测量实景三维模型的生产流程如图 8-5 所示，其中实景三维数据获取包括图中的技术准备和外业数据采集两部分：

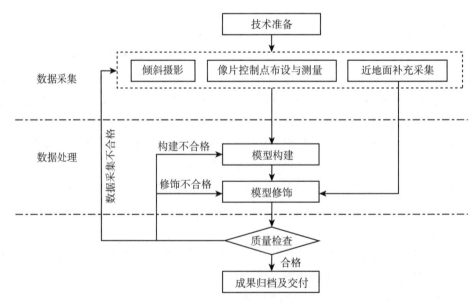

图 8-5　倾斜摄影测量实景三维模型生产流程图

8.3.1 技术准备

在进行无人机航空摄影之前，需要进行技术准备。技术准备工作主要包括测区踏勘、资料收集和分析、技术设计两个方面。

1. 资料收集

资料收集的内容主要有：图件与影像资料（地形图、规划图、卫星影像、航摄影像等），地形地貌，气候条件，机场，重要设施等。

资料收集的目的：确定设备能否适用摄区环境，判断是否具备空域条件，用于航摄技术设计，制作详细的项目实施方案。

收集资料时，工作人员需对摄区或摄区周围进行实地踏勘，采集地形地貌、地表植被，以及周边的机场、重要设施、城镇布局、道路交通、人口密度等信息，为起降场地的选取、航线规划、应急预案制订等提供资料。实地踏勘时，应携带手持或车载 GNSS 设备，记录起降场地和重要目标的坐标位置，结合已有的地图或影像资料，计算起降场地的高程，确定相对于起降场地的航摄飞行高度。

2. 技术设计

技术设计要求：飞行高度应高于摄区和航路上最高点 100m 以上；总航程应小于无人机能到达的最远航程；确定摄影比例尺、划分航摄分区、确定基准面高度、设计航线、计算航摄基本参数、选择航摄仪、设计航摄时间等。在航线设计中，一般设置 40% 的旁向重叠度，66% 的航向重叠度。对于模型的自动生成，旁向重叠度和航向重叠度会要求更高。

8.3.2 数据采集

数据采集工作主要包括影像采集、像控点布设和测量两个方面。

1. 影像采集

按照实施航空摄影的规定日期，选择天空晴朗少云、能见度好、气流平稳的天气，在中午前后的几个小时进入摄区进行航空摄影。无人机根据领航图起飞进入摄区航线，按规定的曝光时间和计算的曝光间隔有连续性地对地面摄影，直至第一条航线拍完为止；然后飞机盘旋转弯 180° 进入第二条航线进行拍摄，直至摄影分区拍摄完毕。如果测区面积较大、航线太长或地形变化大，可将测区分为若干分区，按区进行摄影。在进行大比例尺航空摄影或测区较小时，为了保证旁向重叠度，也可以采取单向进入测区的方式拍摄。

飞行完毕后，应尽快进行影像处理，对像片进行检查、验收与评定，以此来确定是否需要重摄或补摄。

2. 像控点布设和测量

像片控制点（可简称像控点）是指符合航测成图各项要求的测量控制点，是航空摄影空中三角测量和测图的基础，其点位的选择、点的密度和坐标、高程的测定精度直接影响摄影测量数据后处理的精度。

对于不带 RTK 或 PPK(Post-Processing Kinematic，GPS 动态后处理差分)功能的无人机，对像片控制点的要求很高，需要在航带附近布设较密的像片控制点，以保证其相对位置的准确性。而带 RTK、PPK 功能的无人机，对像片控制点的数量要求相对不带该功能的无人机就少很多了，RTK、PPK 功能使得飞机在作业的时候相对位置准确，由 POS 数据来支持其执行任务过程中的可靠性。

像片控制点应选在影像清晰的明显地物点、地物拐角点、接近正交的线状地物交点或固定的点状地物上。当刺点目标与位置不能兼顾时，以目标为主。高程点选在局部高程变化较小且点位周围相对平坦地区。像片控制点应在相邻像片上均清晰可见。

如果是带状测区，则需要在带状区域的左右侧布点，可以按照 S 形路线布点。左右侧指航测区域内的范围，并不是没有航线的地方，每一侧的临近点位距离按照地面采样距离和实际情况而定。

像片控制点的平面坐标和高程可采用卫星定位测量中的实时动态或静态定位、全站仪引点等方法测量。

8.4　实景三维数据处理

实景三维数据处理主要是实现实景三维的模型重建，具体内容包括空三加密、影像匹配、三维重建(DEM、DOM、DSM 模型生成)等过程。另外在进行数据处理之前，还需要对采集的影像进行预处理。

8.4.1　数据预处理

利用影像制作实景三维之前，首先要对采集到的影像进行预处理。多视影像的预处理主要有 POS 数据的预处理和像片的预处理。

POS 数据由 GNSS 和 IMU 构成。GNSS 提供定位信息，高精度 IMU 提供状态信息。通过这些信息可以得到三维坐标、角度、速度、时间等信息。在使用 POS 数据之前要对 GNSS 数据进行差分处理，确保符合使用的要求。像片的预处理主要有像片的匀光匀色、降噪、格式转换等方面。影像的预处理主要从外部因素和内部因素着手，外部因素主要有大气折光、温度、地形以及传感器安装位置等，内部因素主要与相机本身的性能有关。因此，为了确保建模的质量，直接拍摄的像片不能使用，必须经过一系列的处理才行。在进行数据预处理之前，首先需要对外业采集到的数据进行检查，检查合格后方能使用。影像变形中最关键的就是系统误差，它影响着后期的建模精度以及纹理映射。镜头光学畸变误差、主点偏移误差、透镜焦距误差等主要是由于传感器自身的性能、技术指标偏离标准数值所造成的内部误差。拍摄的影像由于受到天气、温度、大气、角度、拍摄时间等因素的影响，获取的影像可能出现色彩差异较大、光照分布不均匀等现象，从而导致构建出的模型色彩差异过大等问题，因此需要对像片进行预处理。

8.4.2 空中三角测量

利用空中连续摄取的具有一定重叠的航摄像片，依据少量野外控制点的地面坐标和相应的像点坐标，根据像点坐标与地面点坐标的三点共线的解析关系或每两条同名光线共面的解析关系，建立与实地相似的数字模型，按最小二乘法原理，用电子计算机解算，求出每张影像的外方位元素及任一像点所对应地面点的坐标。这就是解析空中三角测量，也称为摄影测量加密或者空三加密。

1. 无人机解析空中三角测量的方法与流程

（1）光束法区域网空中三角测量

以一张像片组成的一束光线作为一个平差单位，以中心投影的共线方程作为平差的基础方程，通过各光线束在空间的旋转和平移，使模型之间的公共点的光线实现最佳交会，将整体区域最佳地纳入控制点坐标系，从而确定加密点的地面坐标及像片的外方位元素。

光束法区域网空中三角测量是以投影中心点、像点和相应的地面点三点共线为条件，以单张像片为解算单元，借助像片之间的公共点和野外控制点，把各张像片的光束连成一个区域进行整体平差，解算出加密点坐标的方法。其基本理论公式为中心投影的共线条件方程式：

$$\begin{cases} X = X_S + (Z - Z_S)\dfrac{a_1 x + a_2 y - a_3 f}{c_1 x + c_2 y - c_3 f} \\ Y = Y_S + (Z - Z_S)\dfrac{b_1 x + b_2 y - b_3 f}{c_1 x + c_2 y - c_3 f} \end{cases} \tag{8-4}$$

式中，f 为相机焦距；Z 为测区平均高程；(X_S, Y_S, Z_S) 为相机投影中心的物方空间坐标；(a_i, b_i, c_i) $(i = 1, 2, 3)$ 为影像的 3 个外方位元素 $(\varphi, \omega, \kappa)$ 组成的 9 个方向余弦；(x, y) 为像点坐标；(X, Y) 为相应的地面点坐标。

由每个像点的坐标观测值可以列出两个相应的误差方程式，按最小二乘准则平差，求出每张像片外方位元素的 6 个待定参数，即摄影站点的 3 个空间坐标和光线束旋转矩阵中 3 个独立的定向参数，从而得出各加密点的坐标。

（2）无人机 POS 辅助空中三角测量

POS 辅助空中三角测量是将 GNSS 和 IMU 组成的定位、定姿系统（POS）安装在航摄平台上，获取航摄仪曝光时刻摄站的空间位置和姿态信息，将其视为观测值引入摄影测量区域网平差中，采用统一的数学模型和算法整体确定点位并对其质量进行评定的理论、技术和方法。

无人机航摄数据通常带有定位、定姿 POS 数据，即航摄影像的外方位元素。根据《IMU/GPS 辅助航空摄影技术规范》（GB/T 27919—2011）中直接定向法和辅助定向法的规定，无人机航摄数据空中三角测量可以采用直接定向法或辅助定向法。

低空无人机飞行的不稳定性使其获取的外方位元素存在粗差及突变，采用直接定向法在利用 POS 辅助平差前可对其进行一定的优化。辅助定向法则是利用少量外业控制点或已有其他资料结合 POS 数据进行辅助空中三角测量。

(3)无人机光束法区域网平差方法

目前,无人机航摄数据空中三角测量平差方法一般采用光束法区域网空中三角测量。一般直接把摄影光束当成它的平差单元,而且在整个过程当中都是以共线方程作为其计算的理论基础,利用每个光束在空中的位置变换,使模型间公共点的光线实现对对相交。在计算的过程当中,把整个测区影像纳入统一的物方坐标系,进行整个区域网的概算。这样做的目的是确定整个区域中所有像片外方位元素近似值,同时也能够获得各个不同加密点坐标所具有的近似值,然后将其推广到整个区域范围中,进行统一的平差处理,最终得到每张像片的外方位元素和所有加密点的物方坐标。

8.4.3 模型生产

空三加密完成以后,通过获得的每张影像精确的外方位元素来对原始影像重采样,用来获取核线影像,系统自动匹配出数量众多且离散的三维点或量测影像的特征点、线,选择合适的插值方法对这些离散的点进行内插即可建立矩形格网 DEM 或直接生成不规则三角网。

1. 数字高程模型(DEM)生产

当前,我国相关单位主要采用 PixelGrid 等计算软件进行 DEM 数据编辑,这是为了检测无人机航测获取的影像数据质量,转化测量数据,为数据编辑打下基础。DEM 编辑是一项非常重要的工作,对后续的工程推进可以起到重要的参考作用。通常情况下,DEM 编辑常用的方式包括以下几种:第一,使用三角网过滤的方式进行处理;第二,使用更具针对性的房屋过滤方式进行处理;第三,使用中值滤波的方式对噪声明显的区域进行针对性处理。

三角网过滤方式要求工作人员首先确定切准区的地理高程数据,掌握边缘高程值是后续相应工作的基础。随后,搜索遥感影像区域所形成的三角形,三角形不断交互叠加并形成三角网络系统,对三角网系统局域进行重构,最终形成一个新的、符合数据要求的三角形。依据三角形的数据结构特征寻求数据结构与存储点之间的关系,并结合拓扑关系完善三角形。这种数据编辑和过滤方式能够精准地纠正树木、房屋、道路等建筑数据,效果明显。合理运用数据重构和三角网过滤的方式能够对比编辑前后的数据,为筛选最优区域提供基础和保证。与此同时,立体测量方式能够切准高程点,即使树木、房屋等建筑被过滤,地形也依旧清晰直观,与实际情况的契合度高。由此可见,无人机航测的数据并不能直接使用,初始数据是 DSM 数据,排除干扰是根本要义。三角网过滤方式最显著的特点就是覆盖面广,影像本身由众多三角形叠加而成,关系网之间盘根错杂、关系密切,用网络覆盖的方式可以确保每一个数据点都能被成功编辑。即使数据在编辑时发生错误,工作人员也可以通过周边图像的变化和影响判断数据编辑中的漏洞,以此减少编辑中的各类错误,保证 DSM 数据能够顺利地演变成 DEM 数据。

房屋过滤与三角网内插法有一定的相似之处,这种过滤方式直接针对大量房屋,在坡度、宽度和高程分析的帮助下识别房屋的实际情况,内插出地面的高程值,展示的效果与实际路面状况差距不大，可有效排除房屋、树木、草地等地面覆盖物的影响。正如"房屋过滤"之名，无人机航测的 DEM 数据编辑中此举常被用来过滤房屋，对成片房屋过滤有显著效果，可保证房屋所在的地面空间高程值稳定。即使是零星分布的房屋，在这种编辑方式的帮助下也能够有效地被过滤。房屋过滤与 DEM 数据置平关系匪浅，被测区域内的所有网格点都是处理对象，均有自身的数据与高程值，置平可有效纠正被测区域的水域错点问题，谨防错误数据给编辑工作带来的负面干扰。房屋数据并非 DEM 数据的核心，但是属于编辑中的难点，影响整体数据的准确性，并且在航测过程中无可避免会遇到房屋建筑。建筑物本身有一定的遮盖性，建筑内部的复杂结构又给测量结果带来误差，因此房屋过滤工作必不可少，集群房屋与分散式房屋被剔除，干扰小，DEM 数据精度与效用提升。

中值滤波编辑方式是将遥感影像划分成奇数和偶数 2 个部分，将其中含有奇数部分作为滑动模板，模板内部数据按从小到大的顺序依次排开，中间部分的信息数据成为信息处理的目标结果。在这样的编辑背景下，如果数据点出现类似明暗点噪声，工作人员则需对数据进行排序，一般将数据排列在最左侧或者是最右侧，效率更高。此举对孤立噪声有较强的防范效果，并能有效地保存图像内容，因此常作为整体滤波的一种方式。不仅如此，中值滤波最突出的效果就是不会干扰遥感影像的其他部分，避免编辑干扰降低数据精度，保证 DEM 数据的高效性与准确性。DEM 数据多，数据波段长，中值滤波方式可有效减少冗杂数据的干扰，提升数据编辑处理的速率，是一种满足当下数据编辑需求且较为高效的处理方式。

2. 数字正射影像(DOM)生产

数字高程模型(DOM)通过利用 DEM 和已知定向元素，对数字影像进行逐个像元的微分纠正，由中心投影的影像被正摄投影到高斯椭球平面上的影像数据，生成像片数字正摄影像。影像经过色彩、亮度、对比度和镶嵌等处理，并按正摄影像图规范规定的范围裁剪数据。DOM 投影方式为正摄投影，摄影比例尺固定，存在坐标系统，不存在倾斜误差，地面上也不存在投影差，色彩均衡过渡，能同矢量叠加。

8.4.4 数字线划图(DLG)测绘

在完成空三加密、立体模型的建立后，在建立的视觉立体模型上采集居民地、道路、水系、植被、地貌等地形要素特征点的坐标和高程。DLG 的要素采集主要有以下几大类：

①点状地物的采集包括一般点的采集和有向点的采集。

②线状地物的采集包括一般线和平行线的采集。

③面状地物的采集。

④等高线及高程点的采集。

立体测图的目标和任务是测量全要素图。全要素图就是将看到的立体影像中所有目标都描绘处理，如房屋、道路、地块、树木、森林，而且地物间要相互完全接上，如房屋与道路间有街区接上。绝不允许出现两个类别中间没有测量，存在地图空洞，这种情况下就是漏测，需要补测，当然也不能无中生有或有地物却不测量。测量完几何坐标形状后，还需要在一些位置添加文字标注。例如，在房屋上标注"砖""混 2"等；道路上也要标注道路名称；江、河、湖中也要标注名称。立体测图完成后，一般还要进行外业补绘，即对在内业中不能确认的地方进行实地考察，然后在图上补充完整，补充完成后就可以正式提交出版和入库。

三维模型和对应的线划图分别如图 8-6 和图 8-7 所示。

图 8-6　无人机倾斜摄影三维模型

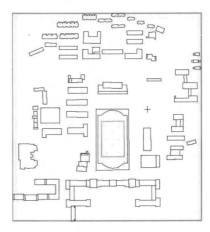

图 8-7　利用三维模型制作的线划图

习题与思考题

1. 无人机测绘系统通常包括哪些子系统？
2. 无人机测绘的特点是什么？
3. 简述无人机测绘作业的流程。
4. 简述倾斜摄影测量原理。
5. 简述倾斜摄影测量的关键技术。
6. 简述无人机倾斜摄影数字线划图（DLG）测绘的流程。

第 9 章　地形图的应用

9.1　地形图的基本量算和工程应用

在国民经济建设和国防建设中，各项工程建设的规划、设计阶段，都需要了解工程建设地区的地形和环境条件等资料，以便使规划、设计符合实际情况。在一般情况下，都是以地形图的形式提供这些资料的。在进行工程规划、设计时，要利用地形图进行工程建(构)筑物的平面、高程布设和量算工作。因此，地形图是制定规划、进行工程建设的重要依据和基础资料。

9.1.1　量测两点间直线的坐标方位角和距离

分别量取两点的坐标值，然后按第 5 章式(5-7)和式(5-8)计算两点间直线的坐标方位角和水平距离。

当量测的精度要求不高时，可以用比例尺直接在图上量取或利用复式比例尺量取两点间的距离，用量角器直接在图上量测直线的坐标方位角。

量测两点间的距离和方位角

9.1.2　确定地面点的高程和两点间的坡度

如图 9-1 所示，如所求点 P 点正好在等高线上，则其高程与所在的等高线高程相同。

如果所求点不在等高线上，如 k 点，则过 k 点作一条大致垂直于相邻等高线的线段 mn，量取 mn 的长度 d，再量取 mk 的长度 d_1，k 点的高程 H_k 可按比例内插求得，即

$$H_k = H_m + \frac{d_1}{d} \cdot h \tag{9-1}$$

式中，H_m 为 m 点的高程，h 为等高距。

在地形图上求得相邻两点间的水平距离 D 和高差 h 后，可计算两点间的坡度。坡度是指直线两端点间高差与其平距之比，以 i 表示，即

$$i = \tan\alpha = \frac{h}{D} = \frac{h}{d \cdot M} \tag{9-2}$$

式中，d 为图上直线的长度，h 为直线两端点间的高差，D 为该直线的实地水平距离，M 为比例尺分母。坡度 i 一般用百分率(%)或千分率(‰)表示，上坡为正，下坡为负。

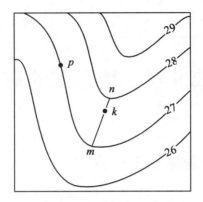

图 9-1　确定地面点高程

如果两点间距离较长，中间通过数条等高线且等高线平距不等，则所求地面坡度是两点间的平均坡度。

9.1.3　面积量算

在地形图上量算面积是地形图应用的一项重要内容。量算面积的方法有：几何图形法、网点法、求积仪法、坐标解析法等。这里仅介绍坐标解析法。

坐标解析法是依据图块边界轮廓点的坐标计算其面积的方法。

如图 9-2 所示，设 $ABC\cdots N$ 为按顺时针方向排列的任意多边形，在测量坐标系中，其顶点坐标分别为 (x_1, y_1)，(x_2, y_2)，$\cdots$，(x_n, y_n)，则多边形面积为：

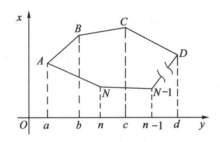

图 9-2　多边形面积计算

$$P = \frac{1}{2}(x_1 + x_2)(y_2 - y_1) + \frac{1}{2}(x_2 + x_3)(y_3 - y_2) + \frac{1}{2}(x_3 + x_4)(y_4 - y_3) + \cdots +$$

$$\frac{1}{2}(x_n + x_1)(y_1 - y_n) \tag{9-3}$$

化简得：

$$P = \frac{1}{2} \sum_{i=1}^{n} (x_i + x_{i+1})(y_{i+1} - y_i)$$

或

$$P = \frac{1}{2} \sum_{i=1}^{n} (x_i y_{i+1} - x_{i+1} y_i) \tag{9-3}$$

式中，n 为多边形顶点个数，$x_{n+1} = x_1$，$y_{n+1} = y_1$。

如果是曲线围成的图形，可将特征点连同加密点一起构成轮廓点，然后用坐标解析法计算面积。

坐标解析法量算面积的精度较高，其精度估算公式可应用误差传播定律求得。

设 x_i，y_i 为独立变量，各点的坐标中误差都相等，即

$$m_{x_i} = m_{y_i} = m_c \tag{9-5}$$

则得到用坐标解析法量算面积的精度估算公式：

$$m_p = \frac{m_c}{2} \sqrt{\sum_{i=1}^{n} D_{i+1,\,i-1}^2} \tag{9-6}$$

式中，$D_{i+1,\,i-1}$ 为图形中第 i 点前、后相邻两点（间隔点）连线的长度，如图 9-3 所示。

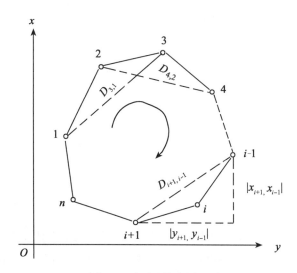

图 9-3 多边形间隔点连线

可见，坐标解析法量算面积的精度，不但与边界点的坐标精度有关，而且与图形形状有关。当面积 P 和坐标中误差 m_c 为定值时，间隔点连线越短，即边界点越密，面积量算的精度越高。

9.1.4 按一定方向绘制断面图

在工程设计中，当需要知道某一方向的地面起伏情况时，可按此方向

按一定方向
绘制断面图

直线与等高线交点的平距与高程，绘制断面图。方法如下：

如图 9-4(a)所示，欲沿 *MN* 方向绘制断面图，首先在图上作 *MN* 直线，找出与各等高线及地性线相交点 *a*，*b*，*c*，…，*i*。如图 9-4(b)所示，在绘图纸上绘制水平线 *MN* 作为横轴，表示水平距离；过 *M* 点作 *MN* 的垂线作为纵轴，表示高程。然后，在地形图上自 *M* 点分别量取至 *a*，*b*，*c*，…，*N* 各点的距离，并在图 9-4(b)上自 *M* 点沿 *MN* 方向截出相应的 *a*，*b*，*c*，…，*N* 各点。再在地形图上读取各点高程，在图 9-4(b)上以各点高程作为纵坐标，向上画出相应的垂线，得到各交点在断面图上的位置，用光滑曲线连接这些点，即得 *MN* 方向的断面图。

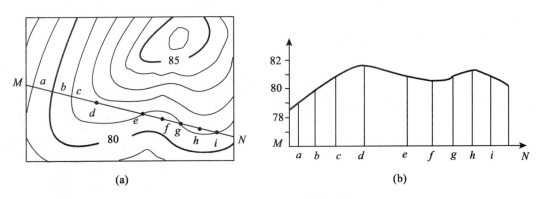

图 9-4　按一定方向绘制断面图

为了明显地表示地面的起伏变化，高程比例尺常为水平距离比例尺的 10～20 倍。为了正确地反映地面的起伏形状，方向线与地性线(山脊线、山谷线)的交点必须在断面图上表示出来，以使绘制的断面曲线更符合实际地貌，其高程可按比例内插求得。

9.1.5　体积计算

用地形图计算体积是地形图应用的又一重要内容。在工程建设中，经常要进行土石方量的计算，这实际上是一个体积计算问题。由于各种建筑工程类型的不同，地形复杂程度不同，因此，需计算体积的形体是复杂多样的。下面介绍常用的等高线法、断面法、三角网法和方格法。

1. 根据等高线计算体积

在地形图上，可利用图上等高线计算体积，如山丘体积、水库库容等。图 9-5 所示为一土丘，欲计算 100m 高程以上的土方量，首先量算各等高线围成的面积，各层的体积可分别按台体和锥体的公式计算。将各层体积相加，即得总的体积。

设 F_0、F_1、F_2 及 F_3 为各等高线围成的面积，h 为等高距，h_k 为最上一条等高线至山顶的高度，则

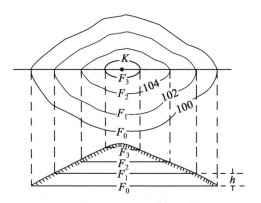

图 9-5 按等高线量算体积

$$\begin{cases} V_1 = \dfrac{1}{2}(F_0 + F_1)\,h \\[2mm] V_2 = \dfrac{1}{2}(F_1 + F_2)\,h \\[2mm] V_3 = \dfrac{1}{2}(F_2 + F_3)\,h \\[2mm] V_4 = \dfrac{1}{3}F_3 h_k \\[2mm] V = \displaystyle\sum_{i=1}^{n} V_i \end{cases} \qquad (9\text{-}7)$$

2. 带状土工建筑物土石方体积计算

在地形图上求路基、渠道、堤坝等带状土工建筑物的开挖或填筑土(石)方,可采用断面法。根据纵断面线的起伏情况,按基本一致的坡度划分为若干同坡度路段,各段的长度为 d_i。过各分段点作横断面图,如图9-6所示,量算各横断面的面积为 S_i,则第 i 段的体积为:

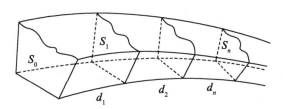

图 9-6 断面法计算体积

$$V_i = \frac{1}{2}d_i(S_{i-1} + S_i) \qquad (9\text{-}8)$$

带状土工建筑物的总体积为:

$$V = \sum_{i=1}^{n} V_i = \frac{1}{2} \sum_{i=1}^{n} d_i (S_{i-1} + S_i) \tag{9-9}$$

3. 按三角网法计算土石方体积

三角网法计算土石方量，首先由按地形特征采集的点连接成覆盖整个区域且互不重叠的三角形，构成不规则三角网。并从每个三角形的 3 个顶点竖向引出 3 条直线，与设计表面相交，便形成许多三棱柱，这时整个区域的土石方量就是由许多连续的三棱柱组成的集合。然后，分别计算出每个三棱柱的体积，所有的三棱柱体积之和便是整个区域的土石方量。填挖方量可分别计算，填方量为"+"，挖方量为"−"。

每个三棱柱的体积计算，如图 9-7 所示。ABC 为地表面上三角形，EDF 为设计表面上三角形，$A_1B_1C_1$ 为它们在水平面上的投影，则三棱柱的体积为：

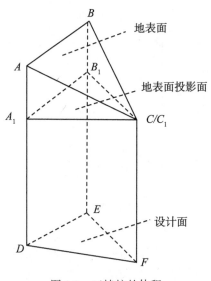

图 9-7　三棱柱的体积

$$V = \frac{AD + BE + CF}{3} S \tag{9-10}$$

式中，S 为投影面的面积。

4. 土地平整的填挖土石方体积计算

根据地形图来量算平整土地区域的填挖土石方，方格法是常用的方法之一，如图 9-8 所示。首先在平整土地的范围内按一定间隔 d（一般为 5 ～ 20m）绘出方格网，方格网的大小取决于地形的复杂程度、地形图的比例尺和土方计算精度。量算方格点的地面高程，标注在相应方格点的右上方。为使挖方与填方大致平衡，可取各方格点高程的平均值作为设计高程 H_0，则各方格点的施工标高 h_i 为：

土方量计算

$$h_i = H_0 - H_i$$

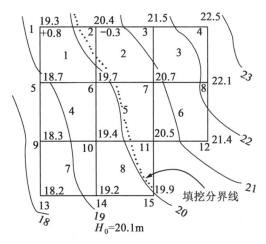

图 9-8 方格法量算填挖土石方

将施工标高注在地面高程的下面，负号表示挖土，正号表示填土。

在图上按设计高程确定填挖边界线，根据方格 4 个角点的施工标高符号不同，可选择以下 4 种情况之一，计算各方格的填挖方量，体积计算原理是各计算图形底面积乘以平均填（挖）高度。

①4 个角点均为填方或均为挖方，填挖方量为：

$$V = \frac{h_a + h_b + h_c + h_d}{4} \cdot d^2 \tag{9-11}$$

②相邻两个角点为填方，另外相邻两个角点为挖方，如图 9-9（a）所示，填挖方量为：

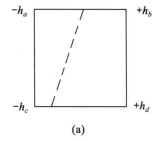 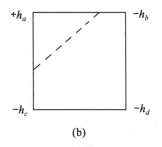 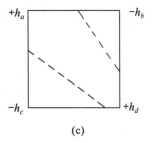

图 9-9 方格法计算填挖方

$$\begin{cases} V_{挖} = \dfrac{(h_a + h_c)^2}{4(h_a + h_b + h_c + h_d)} \cdot d^2 \\ V_{填} = \dfrac{(h_b + h_d)^2}{4(h_a + h_b + h_c + h_d)} \cdot d^2 \end{cases} \tag{9-12}$$

③三个角点为挖方，一个角点为填方，如图 9-9（b）所示，填挖方量为：

$$\begin{cases} V_{挖} = \dfrac{1}{6}\left(2\,h_b + 2\,h_c + h_d - h_a + \dfrac{h_a^3}{(h_a + h_b)\,(h_a + h_c)}\right) \cdot d^2 \\[3mm] V_{填} = \dfrac{h_a^3}{6(h_a + h_b)\,(h_a + h_c)} \cdot d^2 \end{cases} \tag{9-13}$$

如果三个角点为填方，一个角点为挖方，则上、下两个计算公式等号右边的算式对调。

④相对两个角点为连通的填方，另外相对两个角点为独立的挖方，如图 9-9（c）所示，填挖方量为：

$$\begin{cases} V_{挖} = \left(\dfrac{h_b^3}{(h_a + h_b)\,(h_b + h_d)} + \dfrac{h_c^3}{(h_a + h_c)\,(h_c + h_d)}\right) \cdot \dfrac{d^2}{6} \\[3mm] V_{填} = \left(2\,h_a + 2\,h_d - h_b - h_c + \dfrac{h_b^3}{(h_a + h_b)\,(h_b + h_d)} + \dfrac{h_c^3}{(h_a + h_c)\,(h_c + h_d)}\right) \cdot \dfrac{d^2}{6} \end{cases}$$

$$\tag{9-14}$$

如果相对两个角点为连通的挖方，另外相对两个角点为独立的填方，则上、下两个计算公式的右式对调。

9.1.6　确定汇水面积

确定汇水
面积

在桥涵设计中，桥涵孔径的大小，水利建设中，水库水坝的设计位置与水库的蓄水量等，都是根据汇集于这一地区的水流量来确定的。汇集水流量的区域面积称为汇水面积。山脊线也称为分水线。雨水、雪水是以山脊线为界流向两侧的，所以以汇水面积的边界线是由一系列的山脊线连接而成。量算出该范围的面积即得汇水面积。

图 9-10 所示 A 处为修筑道路时经过的山谷，需在 A 处建造一个涵洞以排泄水流。涵洞孔径的大小应根据流经该处的水量来决定，而这水量又与汇水面积有关，由图 9-10

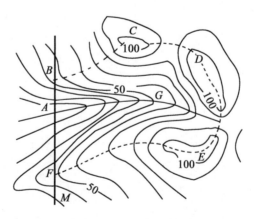

图 9-10　汇水面积

中可以看出，由分水线 BC、CD、DE、EF 及道路 FB 所围成的面积即为汇水面积。各分水线处处都与等高线相垂直，且经过一系列的山头和鞍部。

9.1.7 按限制坡度选线

在道路、管道等工程设计时，要求在不超过某一限制坡度条件下，选定最短线路或等坡度线路。此时，可根据下式求出地形图上相邻两条等高线之间满足限制坡度要求的最小平距：

$$d_{\min} = \frac{h_0}{i \cdot M} \tag{9-15}$$

式中，h_0 为等高线的等高距，i 为设计限制坡度，M 为比例尺分母。

如图 9-11 所示，按地形图的比例尺，用两脚规截取相应于 $d_{\min}$ 的长度，然后在地形图上以 A 点为圆心，以此长度为半径，交 54m 等高线得到 a 点；再以 a 点为圆心，交55m 等高线得到 b 点；依次进行，直到 B 点。然后将相邻点连接，便得到符合限制坡度要求的路线。同法可在地形图上沿另一方向可定出第二条路线 A—a'—b'—$\cdots$—B，作为比较方案。

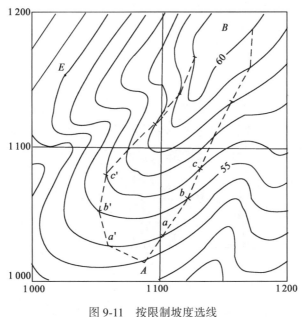

图 9-11　按限制坡度选线

9.1.8 根据等高线整理地面

在工程建设中，常需要把地面整理成水平或倾斜的平面。

假设要把图 9-12 所示的地区整理成高程为 201.7m 的水平场地，确定填挖边界线的方法是：在 201m 与 202m 两条等高线间，以 7∶3 的比例内插出 201.7m 的等高线，图上 201.7m 高程的等高线即为填挖边界线。在这条等高线上的各点处不填不挖；不在这条等高线上的各点处就需要填或挖，如图上 204m 等高线上各点处要挖深 2.3m，在 198m 等高线上各点处要填高 3.7m。

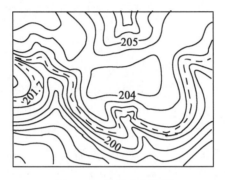

图 9-12　整理成水平面

假定要把地表面整理成倾斜平面，如图 9-13 中，要通过实地上 A、B、C 三点筑成一倾斜平面。此三点的高程分别为 152.3m、153.6m、150.4m。这三点在图上的相应位置为 a、b、c。

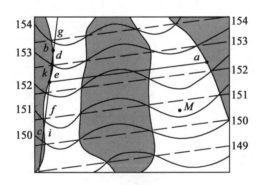

图 9-13　整理成倾斜平面

倾斜平面上的等高线是等距的平行线。为了确定填挖边界线，需在地形图上画出设计等高线。首先求出 ab、bc、ac 三线中任一线上设计等高线的位置。以图中 bc 线为例，在 bc 线上用内插法得到高程为 153m、152m 和 151m 的点 d、e、f，同法再内插出与 A 点同高程(152.3m)的点 k，连接 ak，此线即是倾斜平面上高程为 152.3m 的等高线。通过 d、e、f 各点作与 ak 平行的直线，就得到倾斜平面上的设计等高线。这些等高线在图中是用虚线表示的。

在图上定出设计等高线与原地面上同高程等高线的交点，即得到不填不挖点(也称为零点)，用平滑的曲线连接各零点，即得到填挖边界线。图9-13中有阴影的部分表示应填土的地方，而其余部分表示应挖土的地方。

每处需要填土的高度或挖土的深度是根据实际地面高程与设计高程之差确定的，如在 M 点，实际地面高程为 151.2m，而该处设计高程为 150.6m，因此在 M 点必须挖深 0.6m。

9.2 数字高程模型的建立与应用

9.2.1 概述

地球表面高低起伏，呈现为一种连续变化的曲面，这种曲面是无法用平面地图来确切表示的。随着计算机数据处理能力的提高以及计算机制图技术的发展，一种全新的数字描述地球表面的方法——数字高程模型被普遍采用。

数字高程模型 DEM (Digital Elevation Model)，是以数字的形式按一定结构组织在一起的，表示实际地形特征空间分布的模型，是定义在 x、y 域离散点(规则或不规则)上以高程表达地面起伏形态的数字集合。

DEM 的核心是地形表面特征点的三维坐标数据和对地表提供连续描述的算法。最基本的 DEM 由一系列地面点 x、y 位置及其相联系的高程 Z 所组成。

总之，数字高程模型 DEM 是表示某一区域 D 上的三维向量有限序列，用函数的形式描述为:

$$\{V_i = (X_i,\ Y_i,\ Z_i),\ i = 1,\ 2,\ \cdots,\ n\} \tag{9-16}$$

式中，X_i，Y_i 是平面坐标，Z_i 是对应 $(X_i,\ Y_i)$ 的高程。当该序列中各平面向量的平面位置呈规则格网排列时，其平面坐标可省略，此时 DEM 就简化为一维向量序列:

$$\{Z_i,\ i = 1,\ 2,\ \cdots,\ n\} \tag{9-17}$$

9.2.2 数字高程模型的特点

与传统地形图比较，DEM 作为地形表面的一种数字表达形式有如下特点:

(1)容易以多种形式显示地形信息。地形数据经过计算机软件处理后，产生多种比例尺的地形图、纵横断面图和立体图。而常规地形图一经制作完成后，比例尺不容易改变，改变或者绘制其他形式的地形图，则需要人工处理。

(2)精度不会损失。常规地形图随着时间的推移，图纸将会变形，失去原有的精度。而 DEM 采用数字媒介，因而能保持精度不变。另外，由常规地形图用人工的方法制作其他种类的地图，精度会受到损失，而由 DEM 直接输出，精度可得到控制。

(3)容易实现自动化、实时化。常规地形图要增加和修改都必须重复相同的工序，劳动强度大而且周期长，不利于地形图的实时更新。而 DEM 由于是数字形式的，所以增加或改变地形信息只需将修改信息直接输入到计算机，经软件处理后立即可产生实时化的各种地形图。

概括起来，数字高程模型具有以下显著的特点：便于存储、更新、传输和计算机自动处理；具有多比例尺特性，如 1m 分辨率的 DEM 自动涵盖了更小分辨率，如 10m 和 100m 的 DEM 内容；特别适合于各种定量分析与三维建模。

9.2.3　格网 DEM 生成

DEM 有多种表达方法，包括规则格网、三角网、等高线等。DEM 的最常见形式是高程矩阵或称为规则矩形格网。格网通常是正方形，它将区域空间切分为规则的格网单元，每个格网单元对应一个二维数组和一个高程值，用这种方式描述地面起伏称为格网数字高程模型。

在 7.3 节已介绍由离散点求格网点高程的算法。下面介绍由三角网、等高线转换为格网的算法。

1. 三角网转成格网 DEM

三角网转成格网 DEM 的方法是按要求的分辨率和方向生成格网，对每一个格网搜索最近的三角网数据点，按线性插值函数计算格网点高程。

在三角网中，可由三角网求该区域内任一点的高程。首先要确定所求点 $P(x, y)$ 落在三角网的哪个三角形中，即要检索出用于内插 P 点高程的三个三角网点，然后用线性内插计算高程。

若 $P(x, y)$ 所在的三角形为 $\triangle Q_1Q_2Q_3$，三顶点坐标为 (x_1, y_1, z_1)，(x_2, y_2, z_2) 与 (x_3, y_3, z_3)，则由 Q_1、Q_2 与 Q_3 确定的平面方程为：

$$\begin{vmatrix} x-x_1 & y-y_1 & z-z_1 \\ x_2-x_1 & y_2-y_1 & z_2-z_1 \\ x_3-x_1 & y_3-y_1 & z_3-z_1 \end{vmatrix} = 0 \tag{9-18}$$

令
$$x_{21}=x_2-x_1, \quad x_{31}=x_3-x_1$$
$$y_{21}=y_2-y_1, \quad y_{31}=y_3-y_1$$
$$z_{21}=z_2-z_1, \quad z_{31}=z_3-z_1$$

则 P 点高程为：

$$Z = z_1 - \frac{(x-x_1)(y_{21}z_{31}-y_{31}z_{21})+(y-y_1)(z_{21}x_{31}-z_{31}x_{21})}{x_{21}y_{31}-x_{31}y_{21}} \tag{9-19}$$

2. 等高线转成格网 DEM

若原始数据是等高线，则可采用三种方法生成格网 DEM：等高线离散化法、等高线直接内插法和等高线构建三角网法。

（1）等高线离散化法

将等高线上的点离散化后，采用7.3节中已介绍的由离散点求格网点高程的算法，可生成格网DEM。

（2）等高线直接内插法

先将矢量的等高线数据按全路径栅格化，即取线划穿过的全部栅格，生成等高线栅格数据，其目的是形成各条密致无缝的栅格墙（图9-14），防止插值剖面射线穿越，确保用最近点进行插值。然后用旋转剖面插值法对其余空白栅格进行插值，此法把过插值点的射线束定义为各对应数字剖面在平面上的投影，把与射线相交的已具有高程值的邻近等高线栅格(点)作为插值的依据。由于过插值点可作无穷条射线，需规定一个转角步长，变无穷为有限。然后在有限个剖面中选择一个坡度最大的剖面作为最终插值剖面。也就是把相邻等高线上沿最陡坡度上的两点搜索出来，再根据这两点线性内插出插值点的高程值。

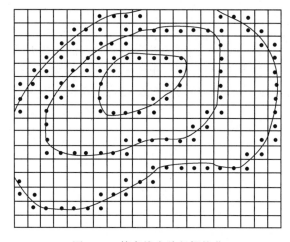

图9-14　等高线全路径栅格化

（3）等高线构建三角网法

将等高线上的点离散化后，采用7.3节中介绍的方法，由离散点生成不规则三角网。然后，对三角网进行内插，生成格网DEM。实践证明，先由等高线生成不规则三角网，再内插格网DEM的精度和效率都是最好的。

9.2.4　数字高程模型的应用

数字高程模型自20世纪50年代末期提出后，发展非常迅速，在许多领域，如测绘、土木工程、地质、矿业工程、军事工程、土地规划、通信及地理信息系统等领域得到了广泛应用。下面介绍由DEM派生的几个简单的地形属性数据的计算方法。

DEM及其应用

1. 计算单点高程

DEM 最基础的应用是求 DEM 范围内任意点的高程。在图 9-15 中，A、B、C、D 为正方形格网的 4 个角点，正方形格网边长为 L，内插点 P 相对于 A 点的坐标为$(x，y)$，则可直接使用下式求得正方形格网中待定点 P 的高程：

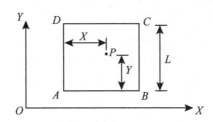

图 9-15　双线性多项式内插

$$Z_p = \left(1 - \frac{x}{L}\right)\left(1 - \frac{y}{L}\right)z_A + \frac{x}{L}\left(1 - \frac{y}{L}\right)z_B + \frac{x}{L} \cdot \frac{y}{L}z_C + \left(1 - \frac{x}{L}\right)\frac{y}{L}z_D \quad (9\text{-}20)$$

2. 计算地表面积

地表面积的计算可看作是其所包含的各个网格的表面积之和。若网格中有特征高程点，则可将网格分解为若干个小三角形，求出它们斜面面积之和作为网格的地表面积。若网格中没有高程点，则可计算网格对角线交点处的高程，用 4 个共顶点的斜三角形面积之和作为网格的地表面积。

空间三角形面积的计算公式如下：

$$A = \sqrt{P(P - S_1)(P - S_2)(P - S_3)} \quad (9\text{-}21)$$

式中，$P = \frac{1}{2}(S_1 + S_2 + S_3)$，$S_i$ 为三角形的边长。

3. 计算体积

DEM 体积由四棱柱(无特征高程点格网)和三棱柱体积进行累加得到。下表面为水平面或参考平面，计算公式为：

$$\begin{cases} V_3 = \dfrac{h_1 + h_2 + h_3}{3} \cdot A_3 \\[2mm] V_4 = \dfrac{h_1 + h_2 + h_3 + h_4}{4} \cdot A_4 \end{cases} \quad (9\text{-}22)$$

式中，h_i 为各地表点相对于下表面点的高差，A_3 与 A_4 分别是三棱柱与四棱柱的底面积。

根据这个体积公式，可计算工程中的挖方和填方。总挖、填方量可由原 DEM 体积减去新的 DEM 体积求得。

4. 绘制地形剖面图

从 DEM 可以很方便地制作任一方向上的地形剖面。根据工程设计的路线，只要知道所绘剖面线在 DEM 中的起点位置和终点位置，就可以唯一地确定其与 DEM 格网的各个交点的平面位置和高程以及剖面线上相邻交点之间的距离，然后按选定的垂直比例尺和水平比例尺，依距离和高程绘出地形剖面图。

剖面线端点的高程按求单点高程方法计算，剖面线与 DEM 格网交点 P_i 的高程可采用简单的线性内插计算。图 9-16 是由三角网绘制的地形剖面图。

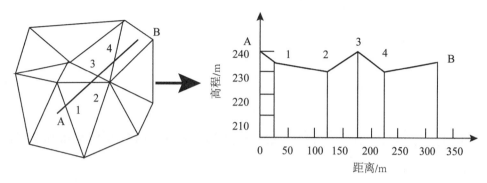

图 9-16　由三角形网绘制的地形剖面图

剖面图不一定必须沿直线绘制，也可沿一条曲线绘制。

设剖面线结点 P_i 的坐标为 $(x_i,\ y_i,\ z_i)$，则剖面的面积为：

$$A = \sum_{i=1}^{n-1} \frac{z_i + z_{i+1}}{2} \cdot D_{i,\ i+1} \tag{9-23}$$

式中，n 为结点数，$D_{i,\ i+1}$ 为 P_i 与 P_{i+1} 之间的距离：$D_{i,\ i+1} = \sqrt{(x_{i+1} - x_i)^2 + (y_{i+1} - y_i)^2}$。

5. 坡度和坡向的计算

坡度和坡向是相互联系的两个参数。坡度反映了斜坡的倾斜程度；坡向反映了斜坡所面对的方向。空间曲面的坡度是点位的函数，除非曲面是一个平面，否则曲面上不同位置的坡度是不相等的，给定点位的坡度是曲面上该点的法线方向 N 与垂直方向 Z 之间的夹角 α（图 9-17）。坡向是过格网单元所拟合的曲面片上某点的切平面的法线的正方向在平面上的投影与正北方向的夹角，即法线方向水平投影向量的方位角 β。

坡度和坡向的计算通常使用 3×3 的格网窗口，每个窗口中心为一个高程点（图 9-18）。窗口在 DEM 数据矩阵中连续移动后完成整幅图的计算工作。

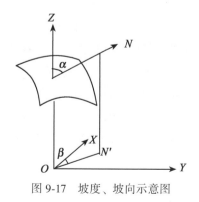

图 9-17　坡度、坡向示意图　　　　图 9-18　格网结点示意图

坡度的计算公式为：

$$\tan\alpha = \sqrt{\left(\frac{\partial z}{\partial x}\right)^2 + \left(\frac{\partial z}{\partial y}\right)^2} \tag{9-24}$$

坡向的计算公式为：

$$\tan\beta = \frac{\left(-\dfrac{\partial z}{\partial y}\right)}{\left(\dfrac{\partial z}{\partial x}\right)} \tag{9-25}$$

在式(9-24)、式(9-25)中，$\dfrac{\partial z}{\partial x}$ 与 $\dfrac{\partial z}{\partial y}$ 一般采用二阶差分方法计算。在图 9-18 所示的格网中，对于(i, j)点有：

$$\left(\frac{\partial z}{\partial x}\right)_{ij} = \frac{z_{i,\,j+1} - z_{i,\,j-1}}{2\Delta x}; \quad \left(\frac{\partial z}{\partial y}\right)_{ij} = \frac{z_{i+1,\,j} - z_{i-1,\,j}}{2\Delta y} \tag{9-26}$$

式中，Δx，Δy 为格网结点 x，y 方向的间距。

在计算出各地表单元的坡度后，可对坡度计算值进行分类，使不同类别与显示该类别的颜色或灰度对应，即可得到坡度图。

在计算出每个地表单元的坡向后，可制作坡向图。坡向图是坡向的类别显示图，因为任意斜坡的倾斜方向可取方位角 0°～360°中的任意方向。通常把坡向分为东、南、西、北、东北、西北、东南、西南 8 类，加上平地共 9 类，并以不同的色彩显示，即可得到坡向图。

6. 地形通视分析

通视分析是指以某一点为观察点，研究某一区域通视情况的地形分析。

通视分析在工程及军事方面有重要的应用价值，比如设置雷达站、电视台的发射站、森林中火灾监测点的设定、道路选择等，在军事上如布设阵地、设置观察哨所、铺设通信线路等；有时还可能对不可见区域进行分析，如低空侦察飞机在飞行时，要尽可能避免敌方雷达的捕捉，飞机要选择雷达盲区飞行。

根据问题输出维数的不同，通视可分为点的通视、线的通视和面的通视。点的通视是指计算视点与待判定点之间的可见性问题；线的通视是指已知视点，计算视点的视野问题；面的通视是指已知视点，计算视点能可视的地形表面区域集合的问题。

基本思路是：以 O 点为观察点，对格网 DEM 或三角网 DEM 上的每个点判断通视与否，通视赋值为 1，否则为 0。由此可以得到属性为 1 和 0 的格网或三角网；以观察点 O 为轴，以一定的方位角间隔算出 0°～360°的所有方位线上的通视情况，得到以 O 点为观察点的通视图(图 9-19)。

因此，判断格网或三角网上某一点是否通视是关键，有倾角法和剖面图法。

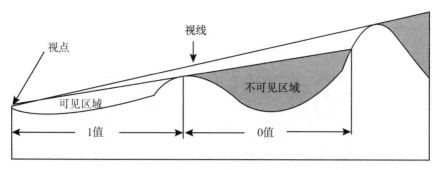

图 9-19　通视分析

以格网 DEM 数据倾角法为例，如图 9-20 所示，$O(x_1, y_1, z_1)$ 为观察点，$P(x_p, y_p, z_p)$ 为某一格网点，OP 与格网的交点为 A，B，C，则可绘出 OP 的剖面图。

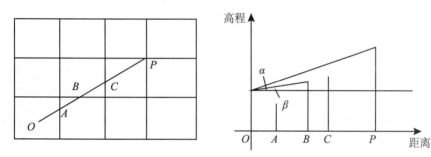

图 9-20　OP 剖面

①计算 OP 的倾角 α：

$$\tan\alpha = \frac{Z_P - Z_O}{\sqrt{(X_P - X_O)^2 + (Y_P - Y_O)^2}} \tag{9-27}$$

②计算观察点与各交点的倾角 β_i（$i = A$、B、C）：

$$\tan\beta_i = \frac{Z_i - Z_O}{\sqrt{(X_i - X_O)^2 + (Y_i - Y_O)^2}} \tag{9-28}$$

③通视判断：

　　若 $\tan\alpha > |\tan\beta_i|_{max}$（$i = A$、$B$、$C$），则 OP 通视，否则不通视。

9.3　数字高程模型的可视化

传统的地图常采用等高线来反映地面高程、山体、坡度、坡形、山脉走向等基本形态及其变化，在等高线图上可进行地面点的高程、地表坡度等量算，但缺乏视觉上的立体效果。为在平面地图上显示地貌的立体效果，在有些地图上采用晕渲法（图 9-21）、分层设色法(见图 9-22，图中用灰度代替颜色)来显示地貌形态。有了数字高程模型，可进一步利用透视原理生成透视立体图，极大地提高地形的可视化效果。

图 9-21　晕渲法表示的地貌

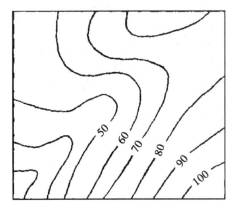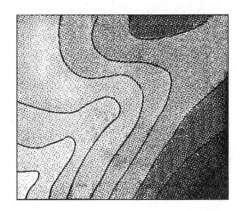

图 9-22　等高线图和分层设色图

9.3.1　透视变换原理

　　数字高程模型可视化是根据数字高程模型绘制透视立体图，而透视立体图是根据透视投影原理绘制的。透视投影的投影线汇聚到一点，这个点称为消失点。真透视立体图具有两个消失点，对应观察者左边的称为左消失点 L，坐标为 (X_l, Y_l)，右边的称为右消失点 R，坐标为 (X_r, Y_r)。真透视立体图的特点是等高矩形格网立体模型的平行网格线分别集合于左、右两个消失点，如图 9-23 所示。图中制图区域横向上格网交点数为 M，纵向上格网交点数为 N，纵线在水平线上的单位分割长度为 X_{scale}，　横线在水平线上的单位分割长

DEM 三维
可视化显示

度为 Y_{scale}。

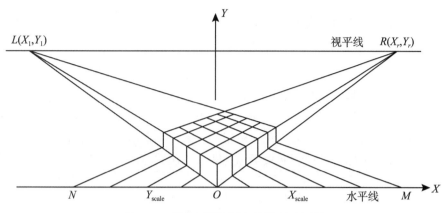

图 9-23 等高矩形格网立体模型透视图

1. 透视网格点的坐标计算

图 9-23 中网格点的坐标,是从左消失点到 X 比例分割点和右消失点到 Y 比例分割点两直线交点的坐标,则

$$x_{ij} = \frac{m_1 \cdot X_r - m_2 \cdot X_l}{m_1 - m_2}$$
$$y_{ij} = Y_r + m_1(X_{ij} - X_r) \tag{9-29}$$

式中:

$$m_1 = \frac{Y_r}{X_r + (i-1)Y_{scale}} \quad (i = 1, 2, \cdots, N)$$

$$m_2 = \frac{Y_l}{X_l + (j-1)X_{scale}} \quad (i = 1, 2, \cdots, M)$$

透视网格点坐标的求出构成了绘制透视立体图的平面控制基础,在此基础上即可对各网格点上的高程值进行透视变换。

2. 高程值进行透视变换

在图 9-23 中,等高矩形格网模型在经过透视变换后,各处的高度都有所改变,变化的大小与距离左右两个消失点的远近成反比,即距消失点越近,变化越大,距消失点越远,变化越小。

如果等高矩形格网立体模型为单位高度,那么图 9-23 中经过透视变换后各网格点的高度就是各点高程的透视变换比例因子。各网格点的变换因子乘以该点的高程,得到透视变换的修正高程。为计算各点高程的透视变换比例因子,选取一个控制高程起伏程度的比例因子 Z_{scale},它对绘制的立体图表面各处的高低幅度具有放大和缩小的作用。为计算方便,可把 Z_{scale} 作为网格原点的高程透视变换比例因子,则各条横格网线首点上的高程变换比例因子为:

$$z_{i1} = Z_{scale} \frac{\sqrt{(X_l - x_{i1})^2 + (Y_l - y_{i1})^2}}{\sqrt{X_l^2 + Y_l^2}} \tag{9-30}$$

则每一格网点的高程透视变换比例因子为：

$$z_{ij} = z_{i1} \frac{\sqrt{(X_r - x_{ij})^2 + (Y_r - y_{ij})^2}}{\sqrt{(X_r - x_{i1})^2 + (Y_r - y_{i1})^2}} \tag{9-31}$$

其中，(x_{ij}, y_{ij}) 为平面透视网格点的坐标。任一网格点上的高程修正值为：

$$H'_{ij} = z_{ij} \cdot H_{ij} \tag{9-32}$$

透视格网坐标的任何一行即为立体模型的一条横剖面线坐标，任何一列即为立体模型的一条纵剖面线坐标。利用剖面线坐标，即可绘制立体图。

9.3.2　隐藏线的处理

绘制立体图时，如果前面的透视剖面线的高程 y 坐标值大于其后面出现的剖面线某些部分的 y 坐标值，后面的剖面线上的那些部分就要被遮盖，这就是隐藏线。在绘制透视立体图时，要防止那些隐藏线被画出来。隐藏线处理的基本思想用图 9-24 说明，图中的实线为可视剖面线，虚线为剖面线中的隐藏线。将制图区域按 X 方向进行分割，计算剖面线各分点处的 y 坐标值。在绘制一条剖面线之前，把已绘过的剖面线在各分点处的最大 y 坐标值保存下来。将当前所绘剖面线各分点处的 y 坐标值与保存的最大 y 坐标值进行比较，则高于保存的最大 y 坐标值的可视线段绘出，而低于的部分为隐藏线不绘出，同时将新的最大 y 坐标值保存。

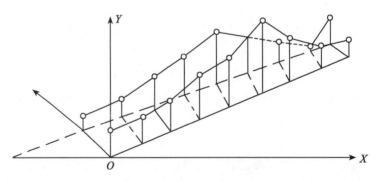

图 9-24　消去隐藏线示意图

9.3.3　三维真透视立体图的显示

绘制三维真透视立体图的步骤可归结为：建立绘图区域的格网数字地面模型，确定左右两个消失点，计算透视变换网格点的坐标和高程修正值，处理隐藏线和绘制剖面线立体图。图 9-25 为绘制的三维真透视立体图。

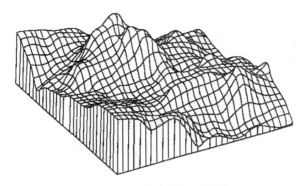

图 9-25　三维真透视立体图

9.4　实景三维模型应用

　　实景三维是对一定范围内人类生产、生活和生态空间进行真实、立体、时序化反映和表达的数字空间，是新型基础测绘的标准化产品，是国家重要的新型基础设施，为经济社会发展和各部门信息化提供统一的空间基底。实景三维可简单分为地形级实景三维、城市级实景三维和部件级实景三维。地形级实景三维是城市级和部件级实景三维的承载基础，主要由数字高程模型、数字表面模型与数字正射影像、真正射影像经实体化，并融合实时感知数据构成，重点是对生态空间的数字映射。城市级实景三维是对地形级实景三维的细化表达，主要由倾斜摄影三维模型、激光点云、纹理等数据经实体化，并融合实时感知数据构成，重点是对生产和生活空间的数字映射（图 9-26）。部件级实景三维是对城市级实景三维的分解和细化表达，重点是满足专业化、个性化应用需求。

图 9-26　城市级实景三维

实景三维相较于现有测绘地理信息产品有六点提升：一是从"抽象"到"真实"。从对现实世界进行抽象描述，转变为真实描述；二是从"平面"到"立体"。从对现实世界进行"0-1-2"维表达，转变为三维表达；三是从"静态"到"时序"。实景三维不仅能反映现实世界某一时点当前状态，还可反映多个连续时点状态，时序、动态地展示现实世界发展与变化；四是从"按要素、分尺度"到"按实体、分精度"。从对现实世界分尺度表达，转变为按"实体粒度和空间精度"表达；五是从"人理解"到"人机兼容理解"，从"机器难懂"转变为"机器易懂"；六是从"陆地表层"到"全空间"。现有地理信息产品更侧重陆地表层空间的描述，实景三维实现"地上下、室内外、水上下"全空间的一体化描述。

9.4.1　实景三维中的距离量测

实景三维
基本量算

在实景三维中，可以方便量测实景三维中不同建筑物之间或建筑物两点距离，通过鼠标可方便量测获得点的三维坐标。如图 9-27 所示，A 和 B 两个点，它们的坐标分别为 $(x_1,\ y_1,\ z_1)$ 和 $(x_2,\ y_2,\ z_2)$，那么，它们之间的距离 d 可以通过以下公式计算：

$$d = \sqrt{[(x_1 - x_2)^2 + (y_1 - y_2)^2 + (z_1 - z_2)^2]} \tag{9-33}$$

图 9-27　实景三维中距离量测

9.4.2　面积量算

设一个一般的三维平面多边形 Ω 包含顶点 $V_i(x_i,\ y_i,\ z_i)$（图 9-28），其中 $i = 0$，$1，\cdots，n$，$V_n = V_0$，所有点都在同一个三维平面上，此平面有单位法矢量 $\boldsymbol{n}$，令 P 是一个任意的三维点（可以不在三维平面 $\boldsymbol{\pi}$ 上），对 Ω 的每个边 $e_i = V_i V_{i+1}$，构成三维三角形 $\Delta_i = \triangle PV_i V_{i+1}$，若能计算出所有三角形在平面 $\boldsymbol{\pi}$ 上投影三角形的面积，则所有投影三角形的面积之和等于平面多边形面积。

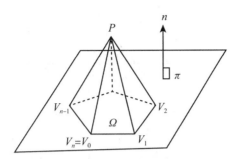

图 9-28　三维平面中多边形的分解

如图 9-29 所示，对每个三角形关联一个面积矢量 $\alpha_i = \frac{1}{2}(PV_i \times PV_{i+1})$，其方向垂直于 Δ_i，模等于 Δ_i 的面积。作点 P 到平面 π 的垂线，交平面于 P_0，则投影三角形 $T_i = \triangle P_0 V_i V_{i+1}$，作边 $V_i V_{i+1}$ 的垂线 $P_0 B_i$，交边于 B_i，则有如下公式：

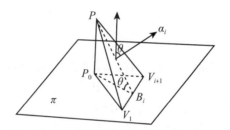

图 9-29　三角形投影面积的计算

$$A(T_i) = \frac{1}{2}|V_i V_{i+1}||P_0 B_i| = \frac{1}{2}|V_i V_{i+1}||P B_i|\cos\theta$$
$$= A(\Delta_i)\cos\theta$$
$$= |n||\alpha_i|\cos\theta$$
$$= n \cdot \alpha_i \tag{9-34}$$

若 T_i 定点是逆时针，面积为正，否则面积为负。

$$A_{多边形} = \sum_{i=0}^{n-1} A(T_i) = \sum_{i=0}^{n-1}(n \cdot \alpha_i) = \frac{n}{2} \cdot \sum_{i=0}^{n-1}(PV_i \times PV_{i+1}) \tag{9-35}$$

若 P 点选为 $(0,0,0)$，如图 9-30 所示，则 $PV_i = V_i$，公式 (9-35) 可简化为：

$$A_{多边形} = \frac{n}{2} \cdot \sum_{i=0}^{n-1}(V_i \times V_{i+1}) \tag{9-36}$$

若这些点不在同一空间平面，仅有这些点无法得知空间面的具体形态，只能对其进行近似面积计算。首先将空间面的边界作为约束条件，对其进行三角剖分，构成互不重叠的三角网，将对空间面的计算转换为求多个空间三角形面积和的计算。假设空间三角

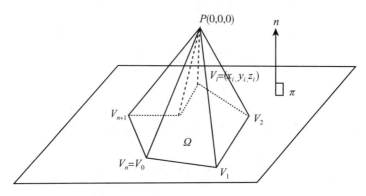

图 9-30　P 点选为 $(0,0,0)$ 的情况

形三个顶点坐标分别 V_0、V_1、V_2 ，则此三角形面积为：

$$A = \frac{1}{2} \left| V_0\,V_1 \times V_0 V_2 \right| \tag{9-37}$$

或者采用式 (9-21) 计算。

9.4.3　体积量算

地形级实景三维的体积量算，可以直接应用数字地面模型中有关体积计算公式。对于城市级实景三维，地理实体已经进行了单体化，每个地理实体的体积可以采用断面法计算。如果对体积计算精度要求不高，可以借鉴 9.1 小节中土地平整的填挖土石方体积计算原理。如图 9-31 所示，首先对计算区域进行格网化，其次通过实景三维数据对每个格网点高程赋值，最后应用式 (9-12) 计算每个格网的体积并求和。

图 9-31　三维实景中体积量算

9.4.4 可视性分析

在城市实景三维中，可视性分析具有广泛用途，如在城市规划设计中，可保证重要景点和景观等拥有良好的通视性，建筑物之间保持合适的空间尺度。可视性分析的基本原理与 9.2 节中地形通视分析原理类似，主要判断视点与目标点之间是否存在障碍物。但在城市实景三维中，与地形通视有所不同，不仅要进行视线与三维地形相交运算，还要进行视线与建筑物

通视分析

的相交运算。虽在理论上直接判断线段与多边形相交的情况即可，但由于城市实景三维是对建筑物精确描述，有精确的建筑物外观形状，计算过程复杂、工作量大。为了提高计算效率，通常采用的方法是先求得视线所在方向的剖面线，其次判断视线与剖面线的相对位置关系，考虑视线所在剖面的可视性情况。

9.4.5 日照分析

日照分析是一种用于评估区域内阳光照射情况的分析方法。它通过考虑地形、建筑物和太阳位置等因素，来确定特定位置在不同时间段内的日照强度和日照时长。日照分析通常用于城市规划、建筑设计和环境评估等领域。通过对日照情况进行准确的评估，可以制定更有效的城市规划政策、优化建筑设计、提高自然采光，并且提供更舒适的居住和工作环境。

日照分析和
阴影率分析

目前使用较多的判断日照时间的方法是棒影日照图法。在棒影日照原理图中，空间中任意一点经太阳光线的投射后，在地面上都会产生一个对应的投影点，其坐标的位置与太阳空间位置和空间点的位置有关，太阳距离地球无穷远，可以设定太阳光是平行的光束，因此空间中任意点的投影与太阳的高度角、方位角以及空间点的位置有一定的几何关系。如图 9-32 所示，空间一点 S 的坐标假设为$(x,$ $y,$ $H)$，该点在投影面上的投影点 $S'(x',$ $y',$ $H')$，则 S' 的坐标表示为：

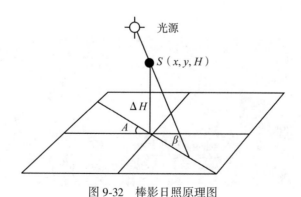

图 9-32　棒影日照原理图

$$\begin{cases} x' = x + (H - H_0)\, \cot\beta\sin A \\ y' = y + (H - H_0)\, \cot\beta\cos A \end{cases} \tag{9-38}$$

在上式中，β 为太阳的高度角，A 为太阳的方位角，$\Delta H = H - H_0$，其中 H_0 为投影高程。

传统的二维日照分析方法中计算日照时间并没有考虑地形起伏和复杂建筑物屋顶的影响，但在真实的城市中，建筑高楼的遮挡打破了阴影在空间的自然分布，建筑间距、建筑高度以及建筑物的朝向都在不同程度上影响着建筑阴影的空间形态。地形级实景三维、城市级实景三维中有更精确的地面模型数据和精细化的建筑物模型，由于建筑物的位置和高度以及屋顶形状的真实性，比二维日照分析更全面、生动、直观。由于有了实景三维，可以逼真地进行光照模拟，实时显示不同地理位置、不同季节和时间下建筑阴影的空间形态和分布特征，从而实现长周期的城市自然光照环境分析。

9.4.6　天际线分析

天际线是以天空为背景的建筑、建筑群或其他物体的轮廓或剪影，属于城市空间要素和形象要素之一，在展示城市形象方面起着十分重要的作用，只有尺度较大的天际线才能被称为城市天际线。由于天际线是三维城
市空间中叠加出来的图像，所以一旦观察点变化，所看到天际线的形态也会发生很大改变，比如登上高层建筑或是山顶的时候，天际线将会展现不同的形态，这时候呈现在观察者眼前的是城市的整体形象，当穿梭于城市中间时，观察者看到的则是不断改变大小和位置的建筑群所形成的高低起伏的城市天际线。由天际线的定义和几何形态可知，空间中的天际线其实是由一些关键点组成的三维曲线。所以，在可视化天际线之前，需要先建立城市的三维模型，在此基础上，通过拟合天际线的关键点实现天际线的可视化显示，如图 9-33 所示。

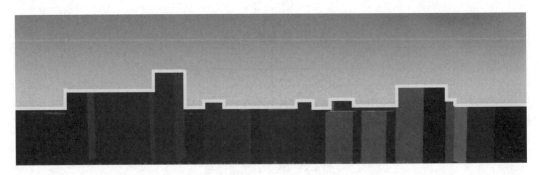

图 9-33　实景三维城市天际线

9.5　城市基础地理信息系统

城市基础地理信息系统是城市地理信息系统的重要组成部分。城市地理信息系统是由一个基础地理信息子系统和若干个专题信息子系统组成，如图 9-34 所示。城市基础地理信息系统是城市各管理系统的基础。

城市基础地理信息系统是指运用计算机硬、软件及网络技术，实现对城市基础地理数据的输入、存储、查询、检索、处理、分析、显示、更新和提供服务与应用，以处理城市各种空间实体及其关系为主的技术系统。

城市基础地理信息系统管理的对象是城市基础地理数据集，从广义上讲它包括城市基础地理数据与城市专题地理数据。城市基础地理数据包括各种平面和高程控制点、建筑物、道路、水系、境界、地形、属性等，用于表示城市基本面貌并作为各种专题信息空间定位的载体，城市基础地理信息系统的内容基本上是城市大比例尺地形图的内容。

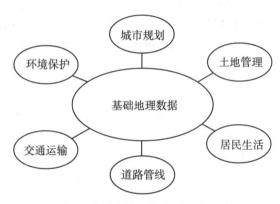

图 9-34　城市地理信息系统的组成

9.5.1　城市基础地理数据集

城市基础地理数据集包括：控制点数据、地形要素数据、城市三维模型数据、综合管线数据及相关数据等子集。

（1）城市控制点数据

城市控制点数据应由描述城市各等级平面和高程测量控制点的信息组成。控制点的等级及相应的精度要求应符合现行行业标准《城市测量规范》的规定。城市控制点数据的属性信息包括：点名和点号、类型与等级、精确的控制数据值、控制点点之记、相邻控制点之间的通视和连接关系。

（2）地形要素数据

地形要素数据可以用数字线划图、数字高程模型、数字正射影像或数字栅格图等形式来表达。

1)数字线划图数据

数字线划图(Digital Line Graphic，DLG)数据是城市地形要素的主要表达形式。数字线划图数据是将空间地物直接抽象为点、线、面的实体，用坐标描述它的位置和形状。它是现有地形图要素的矢量数据集，保存各要素间的空间关系和相关的属性信息，全面地描述地表、地上和地下目标。这种地图数据能进行空间信息的分层与叠加，提取属性数据，根据矢量对象查询属性或根据属性查询矢量对象，数据易于更新、编辑、创建和绘制专题地图。城市 DLG 数据是使用最广泛的基础地理信息，按照《城市基础地理信息系统技术规范》，城市地形要素分为控制点、居民地、管线、工矿建(构)筑物、交通及附属设施、水系、境界、地貌、植被及其他等九大类。一般常用的比例尺有 1∶500，1∶1 000，1∶2 000 等大比例尺和 1∶5 000，1∶10 000 等中小比例尺。

2)数字高程模型数据

数字高程模型(Digital Elevation Model，DEM)数据是基础地理信息系统赖以进行空间分析的核心数据。城市 DEM 数据应由地面规则格网点、特征点数据及边界线数据组成。不规则三角网点数据可以通过插值处理生成规则的格网点数据，对于表征地面特征的关键部位应辅以特征点数据。城市 DEM 规则格网点的延伸范围应通过边界线限定。

3)数字正射影像图数据

数字正射影像图(Digital Orthophoto Map，DOM)数据由影像数据、地理定位信息和相应的元数据组成。根据需要 DOM 还可以套合地名、高程注记及相关信息，并进行图幅整饰。与 DLG 相比，影像更直观、信息量更大，更真实地反映地表的各种信息，丰富了地图的表现形式，是城市建设、土地监测、环境监测、园林绿化等方面研究和分析的重要基础数据。城市 DOM 数据的比例尺分为 1∶1 000、1∶2 000、1∶5 000 和 1∶10 000，各城市可根据需要选择适合的比例尺，一般可在 1∶1 000 和 1∶2 000 之间选择一种，在 1∶5 000 和 1∶10 000 之间选择一种。

4)数字栅格图数据

数字栅格图(Digital Raster Graphic，DRG)数据是现有纸质地形图经计算机处理后得到的栅格数据文件。城市 DRG 可由纸质地图经扫描、处理获得，或者由数字线划图(DLG)转换生成。城市 DRG 数据的比例尺应与 DLG 相对应。每一幅地形图在扫描数字化后，经几何纠正，并进行内容更新和数据压缩处理。彩色地形图还应经色彩校正，使每幅图像的色彩基本一致。数字栅格地图在内容、几何精度和色彩上与相对应的比例尺地形图保持一致。

(3)城市三维模型数据

城市三维模型数据宜由三维建(构)筑模型数据、DOM 数据和 DEM 数据等组合而成。三维建(构)筑模型数据是城市三维模型数据的主体，可由几何数据、纹理数据和属性数据组成。三维建(构)筑模型的几何数据可包括模型的内容表达和模型的拓扑表达两部分。建(构)筑物可视效果应通过对模型表面赋予的材质或纹理来表现。

(4)综合管线数据

城市综合管线数据应包括城市给水、排水、燃气、热力、工业、电力、电信等管线的空间数据和属性数据及相应的元数据。城市综合管线空间数据应包括各类管线、管段、管件以及地面设施的通过综合管线图、专业管线图、局部放大示意图和断面图表达的空间位置和形状信息。

(5)相关数据

城市基础地理数据应包括行政区划、地名、门牌、规划道路、用地和建设放验线、地下空间设施以及具有强制性规定的用地控制线等相关要素的专题数据。城市行政区划一般可按市、区(县)街道、(乡镇)居委会(社区、村)级划分。行政区划的几何数据应为封闭的多边形。行政区划的属性数据应包括行政区划代码、名称、面积、级别，还可根据需要附加人口、经济状况等相关信息。

9.5.2 城市基础地理信息系统的作用

城市基础地理信息系统在数字城市中的作用主要表现在参照作用、交换作用和相关性作用三个方面。

(1)参照作用

城市基础地理数据具有公益性和基础性。城市基础地理信息系统提供与地理位置有关的各种综合性和专题性基础地理数据，而国民经济建设和社会发展的实践活动以及人们的日常生活，无不与基础地理数据相关，离不开基础地理数据的支持。基础地理数据库已成为电子政务四大基础数据库中的自然资源与地理空间基础信息库中的重要组成部分，在基于地理空间的框架中整合自然资源、人口、法人和宏观经济等信息中起到重要作用。在城市规划设计方面，城市基础地理信息系统提供的基础地形、地下管线等数据，结合市政规划红线资料，可为城市的详细规划提供决策数据支持。城市基础地理信息系统提供的基础地理数据，结合相关业务数据，可为城市的市政规划、基础设施规划、开发区和产业布局等总体规划提供决策依据。

在城市建设方面，城市基础地理信息系统提供的基础地理数据可供建设人员参考查询，提供选址分析，布局景观分析，为市政建设提供服务。

在城市运营管理方面，基于城市基础地理信息系统提供的基础地理数据，整合人口管理、文化教育、医疗卫生等方面关系人民生活水平的信息，可为学校、医院和文化设施的布局提供决策信息；结合城市道路和公共交通信息，可为公交、交管部门提供管理决策手段；结合交通、商贸、旅游、公众信息，以及其他经济信息，可为商业、贸易、旅游等职能部门提供综合查询统计和分析决策服务。

在城市应急和防灾减灾方面，基于城市基础地理信息系统提供的基础地理数据，结合公安、消防、防灾、救援、抢险各部门业务数据，可为相关部门提供事件的基本信息，以及防洪减灾、灾情预报、灾情分析等可视化信息，提高政府应对突发事件的处理能力。

在城市经济建设方面，可整合商业贸易、金融税务、产业结构、区域经济等方面信息。因此，城市基础地理信息系统是数字城市的空间信息基础。它作为定位参考基准，可供各类用户添加其他与空间位置有关的专题信息。更由于它是一个统一的、独立的、开放的运行系统，能为各类城市应用系统提供所需的公共基础信息，因此是实现城市空间信息共享的公共平台。

（2）交换作用

现有的数据资源、各行各业的业务数据，都具有共同的基础地理属性，无不与地理位置信息紧密相连。把现有的数据资源同城市基础地理信息系统融合在一起，可把现有的各行各业的业务数据通过城市基础地理信息系统的独特关联技术有机地联系起来，为建设数字城市实现信息共享、资源共享奠定坚实的基础，为实现城市的信息资源的共享、交换、整合、调度与集成应用提供技术支撑。以统一城市空间基础数据为背景建立的各类专业信息应用系统，在地理位置上不会存在"因人而异"，因此，城市基础地理信息系统是行业、专业之间应用系统进行数据交换的高效率、高精度公共交换平台，可成为城市基于地理空间框架的信息交换枢纽。

实践证明，任何城市信息系统的建立，都离不开城市基础地理信息系统为其提供支持和服务，它的建设速度和质量，直接影响到城市诸多与空间定位有关的信息系统的建设和发展。

（3）相关性作用

由于平台既具有数字城市的地理空间参照体系，又包含了与城市地理空间相关的基础数据，因此，建立在这同一个基础数据源之上的各类专业应用系统，在进行相关的专业统计分析时，其结果将比较公正，可比性也较强，信息的应用价值也会由此得到提高。

习题与思考题

1. 怎样根据等高线确定地面点的高程？

2. 怎样绘制已知方向的断面图？

3. 什么是数字高程模型？它有何特点？

4. 简述三角网转成格网 DEM 的方法。

5. 数字高程模型有哪些应用？

6. 图 9-35 为某幅 1：1 000 地形图中的一个方格，试完成以下工作：

（1）求 A、B、C、D 四点的坐标及 AC 直线的坐标方位角。

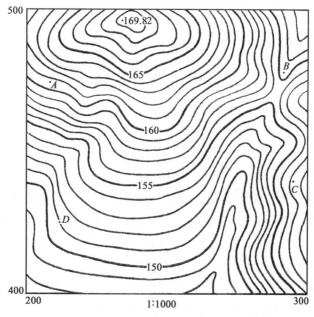

图 9-35 某幅 1：1 000 地形图中的一个方格

（2）求 A、D 两点的高程及 AD 连线的平均坡度。

（3）沿 AC 方向绘制一纵断面图。

（4）用解析法计算四边形 ABCD 的面积。

7. 简述根据格网数字高程模型生成三维透视立体图的步骤。

8. 实景三维有哪些方面应用？

9. 相较于现有测绘地理信息产品，实景三维有哪些方面提升？

10. 三维空间平面多边形面积计算原理。

11. 简述城市基础地理数据集包括哪些数据子集。

第 10 章 专题图测绘

10.1 概述

大比例尺测图除测绘地形图以外，还包括地籍图、房产图和地下管线图等，它们的基本测绘方法是相同的，并要求具有统一的平面坐标系统、高程系统和图幅分幅方法。

地籍是指国家为一定的目的，记载土地的位置、界址、数量、质量、权属和用途等基本状况的簿册。地籍管理是指国家为研究土地的权属、自然、经济状况和建立地籍图册而实行的一系列工作措施体系。地籍测量是服务于地籍管理的一种专业测量技术，它是为了满足地籍管理中对确定宗地的权属界线、位置、形状、数量等地籍要素的需要而进行的测量和面积计算工作。地籍测量的重要成果之一是地籍图。因此，地籍图测绘在地籍测量乃至地籍管理中都起着至关重要的作用。

房屋是土地上的附着物，土地是房屋的载体，房产和地产是密切不可分割的，因此把建有房屋的土地连同房屋一起称为房地产(或不动产)。房地产管理首先是产籍管理，产籍由地籍发展而来，以房屋和土地并重、以房产和地产一体为特征。产籍管理的资料主要来源于地籍测量和房产测量。由于地籍测量和房产测量虽有前后阶段的区别，但终究不可分割，所以可合称为房地产测量。房地产测量是服务于房地产产权产籍管理的一门应用技术，是确定房地产自然状况、人工建筑状况与权属、使用状况的专业测量技术。实施测量时以房地产的权属调查为依据，以权属单元(宗地或丘)为基础，用测量手段以测定土地界址、房屋建筑的平面位置、形状和面积为重点。地下管线是指埋设在地下的各种管道，如水管、燃气管、电缆管、通信管等，常用于输送或传输不同种类的物质和信息，以满足人们的生活和工作需求。地下管线的埋深和位置信息往往不易获得，并且一旦出现问题，修复难度大且成本高，甚至可能造成人身和财产的损失。因此，地下管线测量是非常重要的，可以帮助确定管线的位置和深度，进而排查地下管线的故障，保障其稳定运行。

地籍测量的主要内容包括地籍调查、地籍平面控制测量、土地界址点测定、地籍图绘制和土地面积计算等。房产测量的主要内容包括房产调查、房产平面控制测量、房产界址点测定、房产图绘制和房屋面积计算等。地下管线测量的主要内容包括新建地下管线的施工测量(规划放线)、新埋设管线的竣工测量和已有管线探查测量等。

10.1.1　地籍与房产平面控制测量

地籍和房产测量应遵循"先控制后细部"的原则，故在进行细部测量前，一般应先进行控制测量。因此，控制网设计的质量和观测精度，将会直接影响细部测量的精度。

控制测量分为平面控制和高程控制。地籍图和房产图均为平面图，一般不要求进行高程测量，只有在特殊需要时才进行高程测量。地籍和房产平面控制网采用的坐标系统应与国家或城市的坐标系统相统一。平面控制网的布设等级和形式，可根据测区的大小和地形情况而定，有条件的应利用已有的国家或城市平面控制网加密建立。这样一方面可以与国家或城市坐标系相统一，另一方面可以节省大量的人力、物力和财力。基本平面控制网(二、三、四等和一、二级)的建立，可参照《城市测量规范》(CJJ/T 8—2011)中平面控制网的规定。对于图根控制，为提高细部测量的精度而有其特殊的规定，图根导线依据等级控制点，分两级进行加密，布设形式为节点导线网或附合导线网，按照《地籍调查规程》(GB/T 42547—2023)的技术要求，见表10-1。

表 10-1　　　　　　　　　　　　　　地籍图根导线的主要技术指标

级别	导线长度/km	平均边长/m	测回数 DJ2	测回数 DJ6	测回差/(″)	方位角闭合差/(″)	导线全长相对闭合差	坐标闭合差/m
一级	1.2	120	1	2	18	$\pm 24\sqrt{n}$	1/5 000	0.22
二级	0.7	70		1		$\pm 40\sqrt{n}$	1/3 000	0.22

注：n 为测站数，导线总长小于 500m 时，相对闭合差分别为 1/3 000 和 1/2 000，但坐标闭合差不变。

10.1.2　地籍界址点和房产用地界址点的精度

《地籍调查规程》规定，解析法获取界址点坐标和界址点间距的精度要求见表10-2。

表 10-2　　　　　　　　　　　　　　　解析界址点的精度

级别	界址点相对于邻近控制点的点位中误差，相邻界址点间距误差/cm	
	中误差	允许误差
一	± 5.0	± 10.0
二	± 7.5	± 15.0
三	± 10.0	± 20.0

注 1：土地使用权明显界址点精度不低于一级，隐蔽界址点精度不低于二级。

注 2：土地所有权界址点可选择一、二、三级精度。

《房产测量规范》(GB/T 17986.1—2000)规定，房产用地界址点(以下简称界址点)的精度分三级，一级界址点相对于邻近基本控制点的点位中误差不超过±0.02m；二级界址点相对于邻近控制点的点位中误差不超过±0.05m；三级界址点相对于邻近控制点的点位中误差不超过±0.10m。对大中城市繁华地段的界址点和重要建筑物的界址点，一般选用一级或二级，其他地区选用三级。

界址点的测量方法和数字测图中碎部点测量方法基本相同，但由于界址点的精度要求较高，因此要求从邻近控制点上测定，不宜从支导线上测定。

10.1.3 地下管线控制测量

地下管线测量是在城市基本测绘工作的基础上进行的，因此地下管线控制测量应以城市基本控制网为依据，适当进行控制网加密。一般布设四等或四等以下平面控制网和四等或四等以下水准网，即可满足地下管线测量工作的需要。

(1)平面控制网

地下管线控制测量应在城市等级控制网的基础上布设图根导线点，城市等级控制点密度不足时应按照现行的行业标准《城市测量规范》的要求加密等级控制点。按照《城市地下管线探测技术规程》(CJJ61—2017)的规定，用于地下管线测量的图根导线的技术要求应符合表 10-3 的规定。

表 10-3　　　　　　　　　　　地下管线图根导线的技术要求

附合导线长度/m	平均边长/m	导线相对闭合差	测回数 DJ6	方位角闭合差绝对值/(″)	测距	
					仪器类型	方法与测回数
≤1 200	≤100	≤1/4 000	1	≤40$\sqrt{n}$	Ⅱ	单程观测 1

注：1. n 为测站数。

2. 仪器类型Ⅱ为测距仪的等级，其每千米测距中误差 m_d(mm)取值范围：$5<m_d\leqslant10$。

(2)高程控制测量

城市地下管线测量的高程控制测量分为水准测量和电磁波测距三角高程测量。采用水准测量时应沿地下管线布设附合水准线路，水准测量应使用精度不低于 DS10 型水准仪及普通水准尺采用单程观测，估读至厘米，水准路线闭合差不应超过 $\pm10\sqrt{n}$ mm 或 $\pm40\sqrt{L}$ mm(n 为测站数，不应大于 100m；L 为路线长度，单位为 km)。采用电磁波三角高程测量时，其主要技术要求应符合表 10-4 的规定。

表 10-4 **图根三角高程测量的主要技术要求**

仪器类型	中丝法测回数	垂直角较差、指标差较差/(")	对向观测高差、单向两次高差较差/m	附合路线或环线闭合差绝对值/mm
DJ6	对向 1 单向 2	≤25	≤0.4×S	≤±40 $\sqrt{[D]}$

注：S 为边长，以公里计；D 为导线总长，以公里计。

10.2 地籍图测绘

10.2.1 地籍调查

1. 地籍调查的目的和内容

地籍调查的目的是调查清楚每一宗地(土地权属的基本单元)的位置、界线、权属(所有权和使用权)、面积和用途等，并把调查结果编制成地籍簿册和地籍图，为土地登记发证、统计、土地定级估价、合理利用土地和依法管理土地提供原始资料和基本依据。

地籍图测绘

在进行权属调查时，有明确界线的，经边界两边的使用单位(或使用人)共同确认的，可以在调查时确定下来；凡有争议的，应通过上级单位，或通过民事、法律程序解决；对有争议不能解决的可作为未定界处理。地籍调查人员原则上不参与土地纠纷的处理。

地籍调查必须以权属调查为前提，并把权属界线的正确确定作为首要条件。地籍测量是地籍调查的手段，地籍调查的最终成果应达到"权属合法、界址清楚、面积准确"的标准，以满足土地登记和发证的要求。

城镇地籍调查的内容，依据其具体任务而定。为土地登记发证服务的地籍调查，调查内容为权源、权属界线、权属面积及其他一些必要的地籍要素和与地籍要素有关的地形要素。为土地定级估价服务的地籍调查，除调查上述内容外，还应调查土地的自然和经济等状况。城镇与郊区的接合部应考虑城镇建设发展的需要，在地籍调查中还应详细查清有关土地的地物和地貌情况，为建设用地管理提供基础资料和科学依据。

地籍调查分为初始地籍调查与变更地籍调查。凡首次为建立完整的地籍档案、测绘地籍图而进行的地籍调查称为初始地籍调查；地籍档案建立以后，因土地权属及土地本身状况发生变化而进行的地籍调查称为变更地籍调查。

2. 初始地籍调查

地籍调查是对土地权属单位的土地权源及其权利所及的界线、位置、数量和用途等基本情况的调查。地籍调查的核心是权属调查。权属调查是一项政策性很强的工作，在实地调查中绘制的宗地草图，填写的地籍调查表，不仅为地籍测量提供依据，而且是地籍档案的重要组成部分。界址调查是权属调查的关键。界址调查时，界址两侧的土地使用者必须同时到场，共同指界。对土地界线认定无争议后，双方代表签字盖章，并在实地设立界址点标志。

初始地籍调查的准备工作是指初始地籍调查正式开展之前进行的组织、行政事务和业务等方面的筹划工作。初始地籍调查工作的业务量大，涉及面广，政策性强，又是耗资大、费时费工的一项任务。初始地籍调查的准备工作包括发布通告、建立组织机构、制订实施计划、确定调查范围、收集资料、制定技术设计书、地籍表册、测量仪器与工具的准备、人员培训等内容。

（1）土地权属

土地权属是指按《中华人民共和国土地管理法》(2019 年第三次修订，以下简称《土地管理法》)规定的土地所有权和现在合法的土地使用权的归属。

1）土地所有权

土地所有权是指土地所有者对土地占有、使用、收益和处分的权利，是土地所有制在法律上的体现。我国实行土地社会主义公有制，即全民所有制和劳动群众集体所有制。全民所有制(国有)土地主要是依据国家制定的一系列法律、法令、条例、政策的规定，运用没收、征收、征用、收归国有等手段而形成的。国有土地包括：国家划拨给国营企事业单位使用的土地；城市市区的土地；城镇建设已经征用的土地；国家建设依法征用的土地；国家拨给机关、企事业、军队农业生产和职工家属生活使用的土地；经批准给乡(镇)、村使用的国有林地、荒地、草原、水面等；国家建设征而未用，以及机关企事业单位、军队农副业生产基地停办后移交给乡、村使用的土地；未经划拨的荒地、草原、林地、水面等土地。

集体所有制土地所有权的形成，经历了从土改后改变封建土地所有制为个体农民所有制，再经过合作化、公社化从个体农民所有制转变为合作集体所有制——社会主义劳动群众集体所有制的过程。根据《中华人民共和国民法典》(以下简称《民法典》)和《土地管理法》中的规定，农村和城市郊区的土地，除由法律规定属于国家所有的以外，属于农民集体所有；宅基地和自留地、自留山，属于农民集体所有。村内有两个以上农业集体经济组织的，则分别属于各集体经济组织农民集体所有。我国集体所有制土地为农村和城市郊区的土地，但不包括法律规定属于国家所有的土地。

2）土地使用权

土地使用权是依照法律对土地加以利用的权利。国家制定了所有权和使用权分离的原则：国有土地可以依法确定给全民所有制单位或集体所有制单位使用；国有土地和集体所有制土地可以依法给个人使用；集体所有的土地、全民所有制单位和集体所有制单位使用的国有土地，可以由集体或个人承包经营，从事农林牧副渔业生产。使用土地的单位和个人有保护、管理和合理使用土地的义务。使用国有土地须向县以上人民政府土地管理部门申请土地使用权证，经审查确权后，领取土地使用权证。这时，土地的使用权受到国家法律的保护，任何单位和个人不得侵犯。改变国有土地的使用性质，或者变更土地使用者(如土地使用权转让、分割)，都必须依法办理土地使用权的变更登记，更换土地使用权证，否则属非法行为，国家法律不予保护。

（2）权属调查的单元

被权属界址线所封闭的地块称为一宗地（也称为一丘地）。宗地是权属调查的基本单元。一般情况下，一宗地内为一个权属单位。同一个土地使用者，使用不相连的若干地块，则每一地块分别划宗。一个地块为几个权属单位共同使用，而其间又难以划清权属界线，这块地就划为一宗地，并称之为共用宗或混合宗。

宗地要按规定进行编号，调查前应进行预编宗地号，通过调查正式确定宗地号。宗地编号一般按行政区、街道、宗地三级编号，对于大城市可按行政区、街道、街坊、宗地四级编号。

《地籍调查规程》（TD/T 1001—2012）规定，宗地编号按各自所在的街坊范围内由左向右、由上到下，从数字"1"开始依序编列，如图10-1所示。

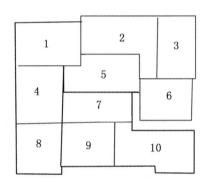

图10-1 宗地编号顺序

（3）权属调查的内容与要求

权属调查以宗地为独立单位进行。每一宗地应填写一份地籍调查表。对混合宗，在地籍调查表上能说明各自使用部分和分摊情况时可用一份表；当共有情况不能分清时，各使用者可分别各填一份表，说明各自使用部分的土地情况。

权属调查的内容主要包括：查明每宗地的单位名称或户主姓名、宗地位置及四至（一宗地四个方位与相邻土地的交接界线）、权属界线、权属性质及权源、土地使用状况（包括用途、出租等情况）、土地启用时间、有无纠纷等。

权属调查是地籍调查的前提，具有法律效力，不得有半点差错，否则将涉及以后地籍测量、面积量算、宗地图、地籍图、统计汇总等多项工作的改动，严重的甚至会引起新的土地纠纷。因此，地籍调查人员对此必须高度认真负责。

（4）权属调查的方法

1）准备工作

为使权属调查能顺利进行，在外业权属调查之前，必须准备调查底图和调查表，并发放调查通知单。

调查前应根据已有的图件资料确定采用什么图作为调查底图。地籍调查区如已有地籍图或大比例尺地形图，可用这些图的复制图作为调查底图。对收集来的图件中某些有参考价值的权属界线内容可以转绘到底图上，以便外业调查时作参照。若调查区内没有现成的图件，则应根据实地勘查的结果，按街坊或小区绘制示意性的宗地关系位置草图作为调查工作底图，如图 10-2 所示，以避免调查中出现重复和遗漏现象。

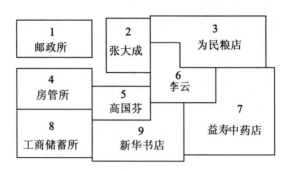

图 10-2　宗地关系位置草图

准备好调查底图后，在其上按行政区或自然地块划分调查区，并在各街坊内，逐宗地预编宗地号。

外业调查表根据权属调查的内容而定。《地籍调查规程》详细规定了调查表的内容和格式。在外业调查前必须按规定印制并准备好调查表。

根据调查工作计划，通过分区分片公告通知或邮寄通知单给被调查单位或个人，通知其按时到现场指界。

2）外业调查

外业调查的主要任务是在现场明确土地权属界线。具体工作包括现场指界、设置界标、填写地籍调查表、绘制宗地草图、签字认可等。

权属界线的确定应采用共同指界的原则，即界址线的认定必须由本宗地与相邻宗地指界人亲自到场共同指界。单位使用的土地，须由用地单位负责人（法人代表）持法人证明书到现场指界。法人代表不能出席指界时，可委托法人代表代理人代为指界，但其必须出具代理人身份证明和委托指界书。个人使用的土地，须由户主出席指界，并应出具身份证明和户口簿。指界人出具的身份证明和委托书必须附在地籍调查文件中，否则指界人的指界签章无效。在现场指界时，相邻双方同指一界，则为无争议界线；若双方所指界线不同，则为有争议地界。只有无争议界线才能确定为相邻宗地的正式界址线。

对于无争议的界址线可根据实际情况在其两端设置界址点标志。界址点为明显地物点（如墙角、房角等）时，可在其上进行喷涂或钉上金属标志，作为界址点标志；若界址点位于空旷地区或无明显地物时，可埋设界桩、石灰桩、界钉等作为界标。

在现场应根据调查结果如实填写地籍调查表和绘制宗地草图。对于双方无争议的界址线，双方指界人应在地籍调查表上签字或盖章认可。对于有争议的界址线，在现场处理不了的，可在地籍调查表的说明栏中说明有争议界址线的情况及双方的意见，经双方指界人签字盖章，转送土地登记办公室，作为土地纠纷加以处理。

（5）地籍调查表的填写与宗地草图的绘制

地籍调查表是每一宗地实地调查的原始记录，是地籍档案的法律依据，必须记录翔实，认真填写。不论是初始地籍调查还是变更地籍调查，都应填写地籍调查表。地籍调查表包括宗地情况表、界址调查表、宗地草图表、调查勘丈记事及审核表。

填写地籍调查表必须要做到表与图上记载的各种数据相一致，编号与名称相一致，图表与实地调查相一致，做到不错不漏。填表和绘图应清晰、美观，使用的汉字应规范。填写应一律使用黑墨水钢笔书写，对于大量常用的地名或专用名称可刻印章进行盖印。全表各项内容划改不得超过两处，否则该表无效。每一宗地应填写一份地籍调查表，有些项目在表中填写不下时，可加附页补充填写。

宗地草图是宗地档案的重要原始资料，是地籍调查表的重要组成部分，是宗地图制作和地籍原图测绘的主要依据，并与地籍原图的测绘互相检核。宗地草图对处理权属界线争议和变更地籍测量具有重要的作用。宗地草图如图10-3所示。

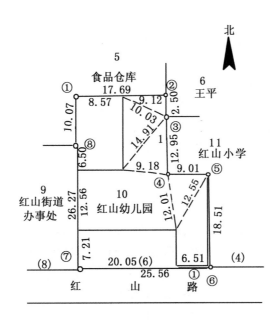

图 10-3　宗地草图

3. 变更地籍调查

在建立初始地籍后，为随时掌握土地所有权及使用权的变化情况，土地管理部门必须加强日常地籍管理工作。一方面，在土地权属状况及土地本身状况发生变化以后，应及时进行变更地籍测量，使地籍资料保持现势性。另一方面通过变更地籍测量办理变更土地登记，换发土地证书，从而保证土地证书、地籍资料与土地现状高度一致，更好地为土地管理提供准确、完整的依据。同时，通过变更地籍测量还可以使地籍成果提高精度，并使之逐步完善。与初始地籍测量相同，在变更地籍测量之前也必须先进行变更地籍调查。

（1）土地发生变更的形式

根据我国当前的情况，土地权属状况及土地本身状况发生变更的形式大致有下列几种：征用集体所有制土地；拍卖国有土地使用权；转让土地使用权；继承或赠予土地使用权；交换土地使用权；划拨国有土地；承包集体或国有土地使用权；土地分割；土地合并；土地权利更名；旧城镇改造拆迁；土地权属界址调整等。

（2）变更地籍调查的特点和种类

变更地籍调查是变更土地登记的主要组成部分，是变更地籍测量的前提。变更地籍调查的方法与初始地籍调查基本相同，但它又具有自己的特点：①目标分散、发生频繁、调查范围小；②政策性强，精度要求高；③宗地变更后，与本宗地有关的图、档、卡、册均需进行变更；④任务紧急，土地使用者提出变更申请后，需立即进行权属调查和变更测量，以便及时办理变更土地登记。

变更地籍调查按界址点的改变与否可分为以下两类：①当宗地发生合并、分割和边界调整，需要进行界址点变更的地籍调查；②当宗地发生出让、转移、抵押、出租等情况时，需要进行复核性调查，即不改变界址点的地籍调查。

（3）变更地籍调查的准备工作

在进行变更地籍调查之前应做好以下准备工作：①变更土地登记申请书；②复制原有地籍图，其范围应包含本宗地以及与本宗地相邻的其他界址点；③本宗地与相邻宗地的原有地籍调查表的复制件；④有关测量控制点和界址点的坐标；⑤变更地籍调查表；⑥有关变更数据的准备；⑦所需的仪器和工具等的准备。

此外还须向本宗地及相邻宗地的土地使用者发送"变更地籍调查通知"，通知有关人员按时到现场指界。

（4）变更权属调查

在实地调查时，应首先核对本宗地与邻宗地指界人的身份证明，然后再检查变更原因与变更登记申请书是否一致，全面复核原地籍调查表中的内容与实地情况是否相符，如有不符，应在调查记事栏中记录清楚。对于涉及界址变更的，必须由本宗地与邻宗地指界人亲自到场共同认定，并在变更地籍调查表上签名或盖章。

新的变更地籍调查表，在现场调查时填写，并由有关人员签名盖章认可，用以代替旧的地籍调查表。有关变更地籍调查表的填写要求和规定与初始地籍调查表相同。

10.2.2　地籍图测绘

地籍图是一种专题地图，它首先要反映地籍要素以及与权属界线有密切关系的地物，其次是在图面荷载允许的条件下适当反映其他与土地管理和利用有关的内容。地籍图是明确宗地与宗地之间的关系、宏观管理土地的重要工具，同时它也是地籍档案的重要组成部分。

地籍图测绘的方法和界址点测定的方法紧密相关，大致可分为：利用原有地形图按地籍勘丈数据编绘地籍图，以及按地形图测绘的方法实测地籍图。

1. 地籍图的内容

地籍图的内容有地籍要素和相关地物，以及和地形图相同的图框、坐标格网线和坐标注记。

（1）地籍要素

地籍要素包括：各级行政界线、宗地界址点和界址线、地籍号、土地的坐落、面积、用途和等级、土地所有者或使用者等。

1）行政界线（境界）

各级行政界线有：国界；省、自治区、直辖市界；县、自治县、旗、县级市及城市内区界；乡、镇、国营农、林、牧场界、村及城市内街道界。

2）界址点和界址线

宗地的界址点和界址线是宗地权属范围的重要标志，在地籍图上必须准确详尽地反映，在地籍图上，界址点用直径为 0.8mm 的小圆圈表示，图上短于 1mm 的界址线两端界址点可以省画其中一个，但界址线的位置仍应正确表示，如图 10-4 所示，界址点 6 与界址点 7 的图上距离小于 1mm，可省画代表界址点 7 的小圆圈。

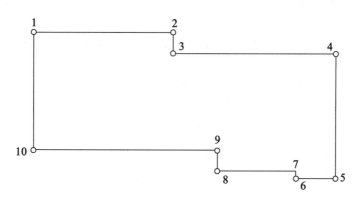

图 10-4　宗地的界址点线及省略表示

3）地籍号

地籍号由街道号、街坊号及宗地号组成。街道号、街坊号注记在图幅内有关街道、街坊的适当部位；宗地号注记在宗地内，宗地的一部分在本幅图内时也须注记宗地号。

4）土地分类号

土地分类号指明土地的用途。在每宗地的宗地号下面，按照土地分类编号进行注记。国家标准《土地利用现状分类》（GB/T 21010—2017）对土地利用现状类型进行了归纳和划分。一是区分"类型"和"区域"，按照类型的唯一性进行划分，不依"区域"确定"类型"；二是按照土地用途、经营特点、利用方式和覆盖特征四个主要指标进行分类，一级类主要按土地用途，二级类按经营特点、利用方式和覆盖特征进行续分，所采用的指标具有唯一性；三是体现城乡一体化原则，按照统一的指标，城乡土地同时划分，实现了土地分类的"全覆盖"。土地分类采用二级分类体系。

一级类设 12 个，其中包括：耕地、园地、林地、草地、商服用地、工矿仓储用地、住宅用地、公共管理与公共服务用地、特殊用地、交通运输用地、水域及水利设施用地、其他用地，一级类编码、名称及含义详见表 10-5。

表 10-5　　　　　　　　　　　　土地利用现状分类(一级类)

一级类		含　义
编号	名称	
01	耕地	指种植农作物的土地，包括熟地，新开发、复垦、整理地，休闲地(含轮歇地、休耕地)；以种植农作物(含蔬菜)为主，间有零星果树、桑树或其他树木的土地；平均每年能保证收获一季的已垦滩地和海涂。耕地中包括南方宽度<1.0 米、北方宽度<2.0 米固定的沟、渠、路和地坎(埂)；临时种植药材、草皮、花卉、苗木等的耕地，临时种植果树、茶树和林木且耕作层未破坏的耕地，以及其他临时改变用途的耕地
02	园地	指种植以采集果、叶、根、茎、汁等为主的集约经营的多年生木本和草本作物，覆盖度大于 50%或每亩株数大于合理株数 70%的土地，包括用于育苗的土地
03	林地	指生长乔木、竹类、灌木的土地，及沿海生长红树林的土地。包括迹地，不包括城镇、村庄范围内的绿化林木用地，铁路、公路征地范围内的林木，以及河流、沟渠的护堤林
04	草地	指生长草本植物为主的土地
05	商服用地	指主要用于商业、服务业的土地
06	工矿仓储用地	指主要用于工业生产、物资存放场所的土地
07	住宅用地	指主要用于人们生活居住的房基地及其附属设施的土地
08	公共管理与公共服务用地	指用于机关团体、新闻出版、科教文卫、公用设施等的土地
09	特殊用地	指用于军事设施、涉外、宗教、监教、殡葬、风景名胜等的土地
10	交通运输用地	指用于运输通行的地面线路、场站等的土地，包括民用机场、汽车客货运场站、港口、码头、地面运输管道及其轨道交通用地
11	水域及水利设施用地	指陆地水域，滩涂、沟渠、沼泽、水工建筑物等用地。不包括滞洪区和已垦滩涂中的耕地、园地、林地、城镇、村庄、道路等用地
12	其他用地	指上述地类以外的其他类型的土地

二级类设 73 个，它是在一级类的基础上按照土地的经营特点、利用方式和覆盖特征进行细分的。以一级类中的耕地为例，它的二级类分为水田、水浇地和旱地 3 个二级

类，其编码、名称及含义详见表 10-6。

5）土地坐落

土地坐落即宗地所在的位置，由行政区名、道路名(或地名)及门牌号组成。因此，在地籍图上必须注记道路名及门牌号，用以指示出宗地的坐落。

6）土地面积

土地面积是以宗地为单位测算的，即宗地面积。在地籍原图上应注记宗地面积，以平方米为单位，注记到 $0.1m^2$，但在地籍清绘图上不注记宗地面积。

7）土地所有者或使用者

在宗地内能注记得下的土地所有者或使用者的单位名称应注记。

8）土地等级

对于已经完成土地定级估价的城镇，在地籍图上应给出土地分级界线以及相应等级的注记。

表 10-6　　　　　　　　　土地利用现状分类(二级类，以耕地为例)

一级类		二级类		含　义
编码	名称	编码	名称	
08	耕地	0101	水田	指用于种植水稻、莲藕等水生农作物的耕地，包括实行水生、旱生农作物轮种的耕地
		0102	水浇地	指有水源保障和灌溉设施，在一般年景能正常灌溉，种植旱生农作物(含蔬菜)的耕地，包括种植蔬菜的非工厂化的大棚用地
		0103	旱地	指无灌溉设施，主要靠天然降水种植旱生农作物的耕地，包括没有灌溉设施，仅靠引洪淤灌的耕地

（2）地物地形要素

① 界标物：在地籍图上作为土地权属分界线的界标物必须测绘，例如各类垣栅(围墙、篱笆等)、房屋、道路界线、水面界线等。

② 建筑物：在地籍图上要绘出固定建筑物的占地状况，建筑群内大于 $6m^2$ 的天井或院子也应绘出。工厂内工业设备的细部，只需绘出其用地范围，并在范围内注记设备的符号。

在地籍图上可以省略的建筑物有：非永久性的简易房屋、棚、不落地的阳台、雨篷、墙外砖柱或较小的装饰性细部等。

③ 道路：建成区内的道路以两旁宗地界址线为边线。道缘石是路面与人行道、绿化带的分界线，它不是界址线，可以为美观而画出，也可以舍去。郊区道路如果有确切的界址线，则必须在图上标明，路肩线也必须表示。桥梁、隧道、大型涵洞也应测绘。

④ 水系：水域边界有界址线的必须标明界址点、线，没有界址线的则按实际地形

353

测绘边界。

⑤ 地貌：在平坦地区，地籍图上一般不表示地貌。在山区或丘陵地区，宜表示出大面积斜坡、陡坎、路堤、路堑和台阶路。在台地、低地、道路交叉口、大面积场地、农用地等处，只注记散点高程。

⑥ 土壤植被：大面积绿化土地、街心花园、城乡结合部的农田、园圃等，用《地形图图式》中的相应符号表示。

⑦ 其他地物：在地籍图上，电力线、通信线可以不测，但高压线及其塔位应表示。架空管线可以不测，但如果与土地他项权利有关则应表示。地下室一般不测，但大面积的地下商场、地下停车场等与土地他项权利有关的应表示。单位内部道路一般可以不测，但大单位内主要道路可以适当表示。

（3）图框、坐标格网线及坐标注记

地籍图大多为大比例尺图（1：500、1：1 000、1：2 000），其图框线、坐标格网线及坐标注记（以公里为单位）、图幅整饰，如图名、图号、接图表、施测单位、坐标系统等，可参照《地籍调查规程》的要求表示。

2. 利用原有地形图编绘地籍图

利用原有地形图编绘地籍图之前，必须利用宗地草图上的勘丈值全面检核原地形图的正确性，重点在于与界址点线有关的地物。如果发现原地形图有与现状不相符之处，可利用勘丈数据对原地形图进行修改。修改后，根据地籍调查的结果和宗地勘丈数据编绘地籍图。参照界标物，标明界址点和界址线，删除部分不需要的内容（如通信线、棚屋等），加注街道号、街坊号、宗地号、土地分类号、宗地面积、门牌号及各种境界线等地籍要素，经整饰加工后制成地籍图。

图 10-5 为地籍图部分内容示例。图中圆括号内加数字如（12）、（21）、（23）表示街坊号；分数 $\dfrac{6}{051}$、$\dfrac{7}{051}$、$\dfrac{1}{051}$、$\dfrac{4}{083}$、$\dfrac{9}{051}$、$\dfrac{12}{071}$ 等表示宗地号与地类号，其中分子为宗地号，分母为地类号；24、26、28 等表示门牌号。图中松辽商场位于中央西路 24 号，宗地号为第 23 街坊第 1 宗地，地类号为 051，表示商业服务业用地。

10.2.2 宗地图绘制

1. 宗地图的内容

宗地图所包括的主要内容如下：

① 图幅号、地籍号、坐落：图幅号为本宗地所在的地籍图图幅号，地籍号为本宗地所在的街道号、街坊号和本宗地的编号，写在宗地图的上方。如图 10-6 中"10.25—25.75"为图幅号（为图幅西南角 (x, y) 坐标值的公里数）；"3—（4）—7"为地籍号，表示本宗地属于第 3 街道、第 4 街坊、第 7 宗地。坐落为宗地所在的路（街）名及门牌号，如本宗地坐落于"中央北路16 号"。

宗地图绘制

② 单位名称、宗地号、土地分类号、占地面积：单位名称、宗地号、土地分类号

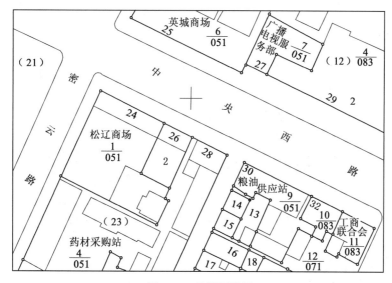

图 10-5　地籍图样图

和占地面积写于宗地的中部。如本宗地名称为一○六中学，宗地号为 7，土地分类号为 083（按土地分类，083 为教育单位），宗地号及土地分类号写成分子、分母形式，占地面积为 1 165.6m²。

③ 界址点、点号、界址线、界址边长：界址点以直径为 0.8mm 的小圆圈表示（包括与邻宗地共用的界址点），编号从宗地左上角以 1 开始顺时针方向编号，本宗地界址点编号从 1 至 9，界址线用 0.3mm 实线表示，并在宗地图外侧注记每一界址边的总长。

④ 宗地内建筑物、构筑物：本宗地内建筑物有房屋 4 幢，构筑物有围墙。房屋及围墙应注明其边长。

⑤ 邻宗地宗地号及界址线：应画出与本宗地共有界址点的邻宗地之间的界址线（只要画一短线示意），并在邻宗地范围内注明其宗地号，如本图中 4、5、6、8 号宗地。

⑥ 相邻道路、河流等地物及其名称：宗地图中应画出相邻的道路、河流等重要地物，并注明其名称。

⑦ 指北方向、比例尺、绘图员、审核员、制作日期：指北方向画在图的右上方，其余则注明于图的下方。

2. 宗地图的绘制要求

宗地图必须依比例尺真实描绘，一般采用 32 开、16 开、8 开大小的图纸，图纸可采用聚酯薄膜或透明纸。宗地过大时原则上可按分幅图绘制，宗地过小时可放大比例尺绘制。宗地图上界址边长必须注记齐全，边长注记应与解析法坐标反算的边长值一致。若实量边长与坐标反算值之差在误差范围内时，用坐标反算边长值；如超限，需检查原因。宗地图的整饰、注记和规格要求与地籍图基本相同。

图 10-6 为一○六中学的宗地图示例。

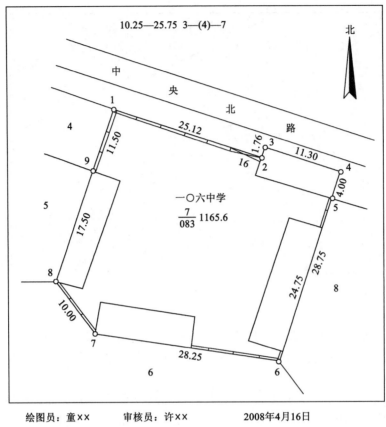

绘图员：童××　　　审核员：许××　　　2008年4月16日

图 10-6　宗地图

10.3　房产图测绘

10.3.1　房产调查

　　房产调查的任务是调查确定房屋及其用地的位置、权属、权界、特征、质量及数量，并为房地产测量做好准备。房产调查的目的是获取房产各要素资料，通过确权审查、定物、定质、定量，认定房产及其用地产权和归属，最终建立房产的各种资料，为房地产管理提供可靠并能直接服务的基础资料。

　　房产调查分为房屋调查和房屋用地调查。其内容包括对每个权属单元的位置、权属界线、产权性质、数量和利用状况的调查，以及行政境界和地理名称的调查。

　　房产调查应充分利用已有的地形图、地籍图、航摄像片及有关资料（包括产籍资料和房屋普查资料），按《房产测量规范》（GB/T 17986.1—2000）中"房屋调查表"和"房屋用地调查表"中的规定项目，以权属单元为单位，逐项进行实地调查。

1. **房屋调查**

（1）房屋权属单元的划分与编号

房产调查是以权属单元为单位进行的，而权属单元则按丘划分和编号。所谓丘是指用地界线封闭的地块，相当于地籍调查和地籍测量中的宗地。一个权属单元的地块称为独立丘，几个权属单元的地块称为组合丘。一般以一个单位、一个门牌号或一处院落划分为独立丘；而当权属单元混杂或权属单元面积过小时，可划分为组合丘。

丘号以图幅为单位，从左到右、自上而下分别用数字 1、2、3……进行顺序编号。组合丘内各权属单元以丘号加支号来编号，丘号在前，支号在后，中间用短线连接，称为丘支号。当一丘地跨越图幅时，按主门牌号所在的图幅编立丘号；其在相邻图幅内的部分则不另编丘号，以主门牌所在图幅的丘号加括号表示。

房屋调查以丘为单位，对于丘内房屋应编立幢号。幢是指一座独立的、同一结构的、包括不同层次的房屋。同一结构、互相毗连的成片房屋，可按街道门牌号适当划分幢号。幢号以丘为单位，按房屋权属单元的次序，从大门口开始自左至右、从前到后用数字 1、2、3……顺序编号。幢号注记在房屋轮廓线内左下角，并加括号表示。

在他人权属土地上所建的房屋，即租用、借用集体土地或单位、个人承租国有土地上所建的房屋应加编房产权号，房产权号以房屋权属单元为单位，用大写英文字母 A、B、C……顺序编号。房产权号注记在幢号右边，和幢号并列。

（2）房屋调查的内容

房屋调查的内容包括房屋的坐落、产权人、使用人、用途、产权性质、产别、建筑结构、建成年份、层数、建筑面积、占地面积、墙体归属、权源以及产权纠纷、他项权利等，并画出房屋权界线示意图。

房屋的坐落是指房屋所在街道的名称和门牌号。房屋坐落在小的里弄、胡同或巷内时，应加注附近主要街道名称；缺门牌号时，应借用毗连房屋门牌号并加注东、南、西、北方位；单元式的成套住宅，应加注单元号、室号或户号。

房屋产权人是指房屋所有权人的姓名。私人所有的房屋，一般按照产权证上的姓名注明；产权是共有的，应注明全体共有人的姓名。单位所有的房屋，应注明单位的全称；两个以上单位共有的，应注明全体共有单位的名称。产权不清或无主的房屋，应注明"产权不清"或"无主"，并作简要说明。

房屋使用人是指实际使用房屋人的姓名。如产权人对房屋自住自用，则房屋使用人就是产权人本身；如房屋通过出租、代管、典当等合法途径把使用权转让给他人（非产权人），这时房屋使用人应是承租人、代管人和典权人，事实上他们是房屋的实际使用者。

房屋用途是指房屋的目前实际用途。原则上按使用单位的性质分为两级：一级分为住宅、工业交通仓储、商业服务、教育医疗科研、文化娱乐体育、办公、军事、其他 8 类；二级是在一级的基础上再细分，一级分类的具体内容详见表 10-7。在房产平面图上只表示一级分类。

表 10-7　　　　　　　　房屋用途分类（一级分类）

编　号	名　　称
10	住宅
20	工业、交通、仓储
30	商业、金融、信息
40	教育、医疗卫生、科研
50	文化、娱乐、体育
60	办公
70	军事
80	其他

　　房屋产权性质是按照我国社会主义经济三种基本所有制的形式对房屋产权进行分类，分为全民所有（国有）、集体所有和私人所有（私有）三类。此外，我国还有一部分外侨房产（外产）和中外合资房产，对此应按实际情况注明。

　　房屋产别是指根据房屋产权性质和管理形式不同而划分的类别。按两级分类，一级分为国有房产、集体所有房产、私有房产等 8 类；二级是在一级分类的基础上再细分为11 类，具体内容详见表 10-8。在房产平面图上只表示一级分类。

表 10-8　　　　　　　　房屋产别分类（一级分类）

编　号	名　　称
10	国有房产
20	集体所有房产
30	私有房产
40	联营企业房产
50	股份制企业房产
60	港澳台投资房产
70	涉外房产
80	其他房产

　　房屋状况中的总层数是指室外地坪以上的层数，地下室、假层、附层（夹层）、阁楼（暗楼）、装饰性塔楼以及突出屋面的楼梯间、水箱间不计层数。所在层次是指本权属单元的房屋在该幢楼房中的第几层。

　　房屋建筑结构是指根据房屋的梁、柱、墙及各种构架等主要承重结构的建筑材料来划分的类别，具体分为钢结构、钢和钢筋混凝土结构、钢筋混凝土结构、混合结构、砖木结构、其他结构 6 类，分别用编号 1、2、3、4、5、6 表示，详见表 10-9。一幢房屋有两种以上结构时，以面积大者为准。

表 10-9　　　　　　　　　　　　　　房屋建筑结构分类

	分　类	内　　容
1	钢结构	承重的主要结构是用钢材料建造的，包括悬索结构
2	钢和钢筋混凝土结构	承重的主要结构是用钢、钢筋混凝土建造的。如一幢房屋一部分梁柱采用钢、钢筋混凝土构架建造
3	钢筋混凝土结构	承重的主要结构是用钢筋混凝土建造的。包括薄壳结构、大模板现浇结构及使用滑模、升板等先进施工方法施工的钢筋混凝土结构的建筑物
4	混合结构	承重的主要结构是用钢筋混凝土和砖木建造的。如一幢房屋的梁是用钢筋混凝土制成，以砖墙为承重墙，或者梁是用木材制造的，柱是用钢筋混凝土建造
5	砖木结构	承重的主要结构是用砖、木材建造的。如一幢房屋是木质结构房架、砖墙、木柱建造的
6	其他结构	凡不属于上述结构的房屋都归此类。如竹结构、砖拱结构、窑洞等

　　房屋建成年份是指房屋实际竣工年份，一幢房屋有两种以上建成年份，应以建筑面积较大者为准。改建或扩建的房屋，应按改建或扩建的年份填写。

　　房屋墙体归属是指房屋四周墙体所有权的归属，应分别注明自有墙、共有墙和借墙。

　　房屋权源是指房屋产权取得的方式，产权的来源主要包括新建、继承、交换、买卖、调拨等方式。

　　在调查中对产权不清或有争议的，以及设有典当权、抵押权等他项权利的房屋，应查清产权纠纷的原因，他项权利的种类、范围和期限等，在房屋调查表的附记中作出记录。

　　房屋权界线是指房屋权属范围的界线，以产权人的指界与邻户认证来确定。对有争议的权界线，也应作出记录。房屋权界线示意图是以权属单元为单位而绘制的略图，主要反映房屋及其相关位置、权界线、共有共用房屋权界线，以及与邻户相连墙体的归属，并勘丈和注记房屋边长。对有争议的权界线也应在图上标出其部位。

　　2. 房屋用地调查

　　房屋用地调查的内容包括用地的坐落、产权人、产权性质、使用人、土地等级、税费、权源、用地单位所有制性质、用地情况(包括四至、界标、用地分类面积和用地纠纷等情况)，以及绘制房屋用地范围示意图。

　　用地的坐落和房屋调查相同。用地的产权性质，按土地的所有权分为国有和集体所有两种。城市土地都属于国家所有，即城市土地国有化；只有在农村和城郊地区才有部分土地属集体所有，对于集体所有的土地还应注明土地所有单位的全称。用地等级是指经土地分等定级以后确定的土地级别。用地税费是指用地人每年向土地管理部门或税务机关缴纳的土地使用费和土地使用税。

用地人和用地单位所有制性质的调查要求同房屋调查。用地的权源是指取得土地使用权的时间和方式，如征用、划拨、价拨、出让、拍卖等。

用地四至是指用地范围与四邻接壤情况，一般按东、南、西、北方向注明邻接丘号或街道名称。界标是指用地界线上的各种标志，包括界桩、界钉、喷涂等标志；界线是指用地界线上相邻的各种标志的连线，包括道路、河流等自然界线，房屋墙体、围墙、栅栏等围护物体的轮廓线，以及界碑、界桩等埋石标志的连线等。

在调查中对用地范围不清或有争议的，以及设有他项权利的，应作出记录。

房屋用地范围示意图是以用地单元为单位绘制的略图，主要反映房屋用地位置、四至关系、用地界线、共用院落的界线，以及界标类别和归属，并勘丈和注记用地界线边长。用地范围界线，包括共用院落的界线，由产权人（用地人）指界与邻户认证来确定。用地范围有争议的，应标出争议部位，按未定界处理。

10.3.2　房产图测绘

房产测绘最重要的成果是房产图（房产平面图的简称）。房产图是房地产产权、产籍管理的基本资料，是房产管理的图件依据。按房产管理工作的需要，房产图分为房产分幅平面图（分幅图）、房产分丘平面图（分丘图）、房屋分层分户平面图（分户图）。房产图是一套与城镇实地房屋相符的总平面图，通过它可以全面掌握房屋建筑状况、房产产权状况和土地使用情况。借助于房产图，可以逐幢、逐处地清理房产产权，计算和统计面积，作为房产产权登记和转移变更登记的根据。房产图与房产产权档案、房产卡片、房产簿册构成房产产籍的完整内容，是房产产权管理的依据和手段。总之，房产图在房产产权、产籍管理中乃至整个房地产管理中都具有十分重要的作用，因此必须严格按规范要求认真测绘房产图。

1. 房产分幅图的内容与要求

房产分幅图是全面反映房屋、土地的位置、形状、面积和权属状况的基本图，是测绘分丘图、分户图的基础资料。

房产分幅图的测绘范围应与开展城镇房屋所有权登记的范围一致，以便为产权登记提供必要的工作底图。因此，房产分幅图的测绘范围应是城市、县城、建制镇的建成区和建成区以外的工矿企事业等单位及其相毗连的居民点。

城镇建成区的房产分幅图一般采用 1∶500 比例尺，远离城镇建成区的工矿企业等单位及其相毗连的居民点可采用 1∶1 000 比例尺。

房产分幅图应包括下列测绘内容：

（1）行政境界

一般只表示区、县、镇的境界线。街道或乡的境界线可根据需要而取舍。两级境界线重合时，用高一级境界线表示；境界线与丘界线重合时，用境界线表示，境界线跨越图幅时，应在图廓间标注行政区划名称。

（2）丘界线

丘界线是指房屋用地范围的界线，包括共用院落的界线，通过产权人（用地人）指界与邻户认证来确定。明确而又无争议的丘界线用实线表示，有争议而未定的丘界线用虚线表示。为确定丘界线的位置，应实测作为丘界线的围墙、栅栏、铁丝网等围护物的平面位置（单位内部的围护物可不表示）。丘界线的转折点即为界址点。

（3）房屋及其附属设施

房屋包括一般房屋、架空房屋和窑洞等。房屋应分幢测绘，以外墙勒脚以上外围轮廓为准。墙体凹凸小于图上 0.2mm 以及装饰性的柱、垛和加固墙等均不表示。临时性房屋不表示。同幢房屋层数不同的，应测绘出分层线，分层线用虚线表示。架空房屋以房屋外围轮廓投影为准，用虚线表示，虚线内四角加绘小圆表示支柱。住人的窑洞须测绘，符号绘在洞口处。

房屋附属设施包括柱廊、檐廊、架空通廊、底层阳台、门、门墩、门顶和室外楼梯。柱廊以柱外围为准，图上只表示四角和转折处的支柱，支柱位置应实测。底层阳台以栏杆外围为准。门墩以墩外围为准，门顶以顶盖投影为准，柱的位置应实测。室外楼梯以投影为准，宽度小于图上 1mm 的不表示。

（4）房产要素和房产编号

房产分幅图上应表示房产要素和房产编号（包括丘号、幢号、房产权号、门牌号）、房屋产别、建筑结构、层数、建成年份、房屋用途和用地分类等，根据房产调查的成果以相应的数字、文字和符号表示。当注记过密，图面容纳不下时，除丘号、幢号和房产权号必须注记，门牌号可在首末两端注记、中间跳号注记外，其他注记按上述顺序从后往前省略。

（5）地物地形要素

与房产管理有关的地物地形要素包括铁路、道路、桥梁、水系和城墙等地物均应测绘。铁路以两轨外沿为准，道路以路沿为准，桥梁以外围为准，城墙以基部为准，沟渠、水塘、河流、游泳池以坡顶为准。

2. 房产分幅图测绘

房产分幅图的测绘方法与一般地形图测绘和地籍图测绘并无本质的不同，主要是为了满足房产管理的需要，以房产调查为依据，突出房产要素和权属关系，以确定房屋所有权和土地使用权的权属界线为重点，准确地反映房屋和土地的利用现状，精确地测算房屋建筑面积和土地使用面积。

房产分幅图的测绘方法，可根据测区的情况和条件而定。当测区已有现势性较强的城市大比例尺地形图或地籍图时，可采用增测编绘法，否则应采用实测法。

利用城市 1∶500 或 1∶1 000 大比例尺地形图编绘成房产分幅图时，在房地产调查的基础上，以门牌、院落、地块为单位，实测用地界线，构成完整封闭的用地单元——

丘。丘界线的转折点——界址点如果不是明显的地物点则应补测，并实量界址边长；逐幢房屋实量外墙边长和附属设施的长宽，丈量房屋与房屋或其他地物之间的距离关系，经检查无误后方可展绘在图上；对原地形图上已不符合现状部分应进行修测或补测；最后，注记房产要素。

利用地籍图增补测绘成图也是房产分幅图成图的一种方法。因为房产和地产是密不可分的，土地是房屋的载体，房屋依地而建，房屋所有权与土地使用权的主体应该一致，土地的使用范围和使用权限应根据房屋所有权和房屋状况来确定。从城市房地产管理上来说，应首先进行地籍调查和地籍测量，确定土地的权属、位置、面积等，而其利用状况、用途分类、分等定级和土地估价等又与土地上的房产有密切的关系，因此在地籍图测绘中也需要测绘宗地内的主要房屋。房产调查和房产测绘是对该地产范围内的房屋作更细致的调查和测绘。在已确定土地权属的基础上，对宗地范围内的房屋的产权性质、面积数量和利用状况作分幢、分层、分户的细致调查、确权和测绘，以取得对城市房地产管理必不可少的基础资料。

图 10-7 为房产分幅图（局部）示例。图中 0.3mm 粗线为丘界线。0033、0034、0035……0047、0048、0049 等为丘号，其中第 0048 丘为组合丘，有丘支号 48-1、48-2……48-7。丘号下方的符号代表房屋用途。每一幢房屋中央的四位数字代码，例如第 33 丘（市轻工业局）下方房屋的"2308"，第一位数字"2"代表房屋产别编号，即"单位自管公产"；第二位数字"3"代表房屋的结构编号，即"钢筋混凝土结构"；第三、四位数字"08"表示房屋的层数，即 8 层。房屋左下角括弧内数字"（2）"为幢号，即该房屋在本丘内编为第 2 幢。

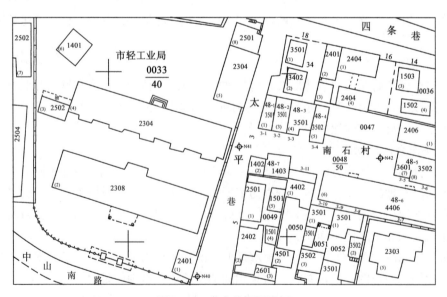

图 10-7　房产分幅图示例

3. 房产分丘图

房产分丘平面图是房产分幅图的局部明细图，是根据核发房屋所有权证和土地使用权证的需要，以门牌、户院、产别及其所占用土地的范围，分丘绘制而成。每丘为单独一张，它是作为权属依据的产权图，即作为产权证上的附图，具有法律效力，是保护房地产产权人合法权益的凭证。

房产分丘图的坐标系统应与房产分幅图相一致。作图比例尺可根据每丘面积的大小，在 1∶100 至 1∶1 000 之间选用，一般尽可能采用与分幅图相同的比例尺。图幅的大小可选用 32 开、16 开、8 开、4 开等规格。

房产分丘图的内容除与分幅图的内容相同以外，还应表示出界址点与点号、界址边长、用地面积、房屋建筑的细节（挑廊、阳台等）、墙体归属、房屋边长、建筑面积、建成年份和四至关系等各项房产要素。

房产分丘图的测绘方法为利用已有的房产分幅图，结合房地产调查资料，按本丘范围展绘界址点，描绘房屋等地物，实地丈量界址边、房屋边等长度，修测、补测成图。

丈量界址边长和房屋边长时，用卷尺量取至 0.01m。不能直接丈量的界址边，也可由界址点坐标反算边长。丈量本丘与邻丘毗连墙体时，自有墙量至墙体外侧，借墙量至墙体内侧，共有墙以墙体中间为界，量至墙体厚度的一半处。窑洞使用范围量至洞壁内侧。挑廊、挑阳台、架空通道丈量时，以外围投影为准，并在图上用虚线表示。

房屋权界线与丘界线重合时，用丘界线表示；房屋轮廓线与房屋权界线重合时，用房权属界线表示。在描绘本丘的用地和房屋时，应适当绘出与邻丘相连处邻丘的地物。

图 10-8 为房产分丘图示例。图中绘出本丘用地的界址点，以"J"开头的数字为界址点号，每条界址边都注明边长。丘号下为本丘用地面积（单位：平方米）。每幢房屋有 6 位数字代码，其中前 4 位与分幅图中的 4 位数字代码含义相同，第 5、第 6 位数为建筑年份。例如，代码"230476"，其中第一位数字"2"表示该房屋为"单位自管公产"，第二位数字"3"表示建筑结构为"钢筋混凝土结构"，第三、第四位数字"04"表示该房屋的总层数为 4 层，第五、第六位数字"76"表示该房屋建成于 1976 年。房屋代码下为本幢房屋的总建筑面积，每幢房屋均注明长宽。

4. 房产分层分户图

房产分户图以一户产权人为单元，如果为多层房屋，分层分户地表示出房屋权属范围的细部，绘制成房产分层分户图，以满足核发产权证的需要。

房产分户图的比例尺一般采用 1∶200，当一户房屋的面积过小或过大时，比例尺可适当放大或缩小。分户图的方位应使房屋的主要边线与图廓

房产分层分户图

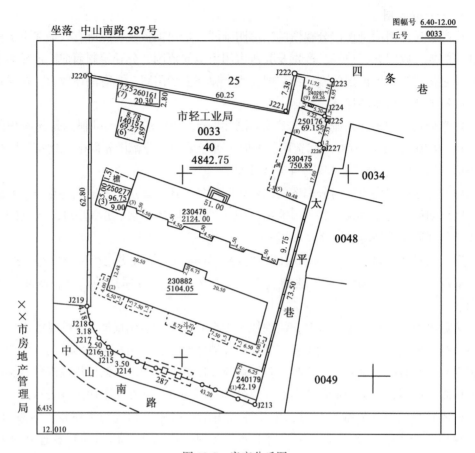

图 10-8 房产分丘图

边线平行，按房屋的朝向横放或竖放，并在适当位置加绘指北方向符号。分户图的幅面可选用 32 开或 16 开两种尺寸。

分户图应表示出房屋的权界线、四面墙体的归属，楼梯和走道等共有部位以及房屋坐落、幢号、所在层次、室号或产号、房屋建筑面积和房屋边长等。

分户图上房屋平面位置应参照分幅图中相对应的位置关系，按实地丈量的房屋边长绘制。房屋边长量取和注记至 0.01m。边长应丈量两次取中数。不规则图形的房屋除丈量边长以外，还应加量构成三角形的对角线，对角线的条数等于不规则多边形的边数减3。按三角形的三边长度，就可以用距离交会法确定点位。房屋边长的描绘误差不应超过图上 0.2mm。房屋的墙体归属分为自有墙、借墙和共有墙。

本户所在的坐落、幢号、层次、户（室）号标注在房屋图形上方。在一幢楼中，楼梯、走道等共有共用部位需在图上加简注。分户房屋权属面积包括共有共用部位分摊的面积。图 10-9 为房产分层分户图示例。

丘 号	0036-5	结 构	混合	套内建筑面积/m²	68.95
幢 号	5	层 数	15	共有分摊面积/m²	7.86
户 号	36	层 次	10	产权面积/m²	76.81
座 落			清河路 200 弄 3 号 1005 室		

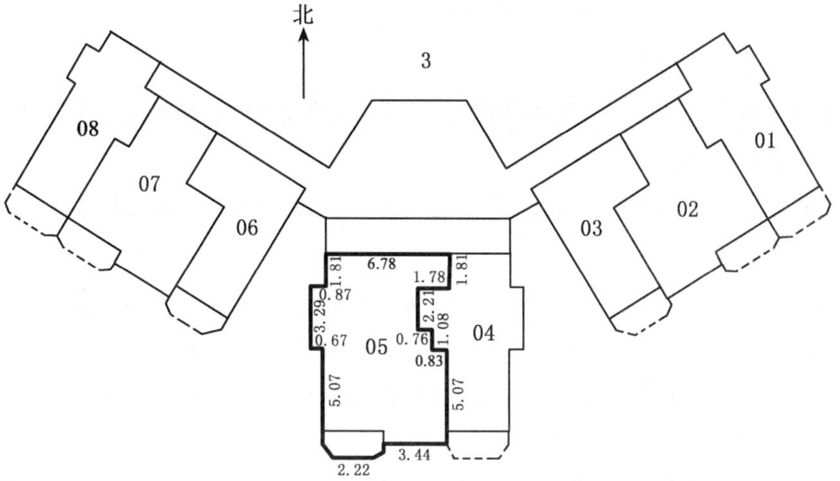

北

图 10-9　房产分层分户图

5. 房屋建筑面积和用地面积量算

（1）房屋建筑面积量算

房屋建筑面积是指房屋外墙勒脚以上的外围水平面积，还包括阳台、走廊、室外楼梯等建筑面积。房屋建筑面积按计算规则可按其量算范围分为全计算、半计算和不计算三种。

房屋建筑
面积量算

计算全部建筑面积的范围：

① 单层建筑物不论其高度如何均按一层计算，其建筑面积按建筑物外墙勒脚以上外围水平面积计算，单层建筑物内如带有部分楼层者，亦应计算建筑面积；

② 多层建筑物的建筑面积按各层建筑面积总和计算，其第一层按建筑物外墙勒脚以上外围水平面积计算，第二层及第二层以上按外墙外围水平面积计算；

③ 地下室、半地下室、地下车间、仓库、商店、地下指挥部等及相应出入口的建筑面积按其上口外墙（不包括采光井、防潮层及其保护墙）外围的水平面积计算；

④ 坡地建筑物利用吊脚做架空层加以利用且层高超过 2.2m 的，按围护结构外围水平面积计算建筑面积；

⑤ 穿过建筑物的通道，建筑物内的门厅、大厅不论其高度如何，均按一层计算建筑面积，门厅、大厅内回廊部分按其水平投影面积计算建筑面积；

⑥ 电梯井、提物井、垃圾道、管道井、烟道等均按建筑物自然层计算建筑面积；

⑦ 建筑物内的技术层或设备层，层高超过 2.2m 的，应按一层计算建筑面积；

⑧ 突出屋面的有围护结构的楼梯间、水箱间、电梯机房等按围护结构外围水平面积计算建筑面积；

⑨ 突出墙外的门斗按围护结构外围水平面积计算建筑面积。

计算一半建筑面积的范围：

① 用深基础做地下室架空加以利用，层高超过 2.2m 的，按架空层外围的水平面积的一半计算建筑面积；

② 有柱雨篷按柱外围水平面积计算建筑面积，独立柱的雨篷按顶盖的水平投影面积的一半计算建筑面积；

③ 有柱的车棚、货棚、站台等按柱外围水平面积计算建筑面积，单排柱、独立柱的车棚、货棚、站台等按顶盖的水平投影面积的一半计算建筑面积；

④ 封闭式阳台、挑廊按其水平面积计算建筑面积，凹阳台、挑阳台，有柱阳台按其水平投影面积的一半计算建筑面积；

⑤ 建筑物墙外有顶盖和柱的走廊、檐廊按其投影面积的一半计算建筑面积；

⑥ 两个建筑物间有顶盖和柱的架空通廊，按通廊的投影面积计算建筑面积，无顶盖的架空通廊按其投影面积的一半计算建筑面积；

⑦ 室外楼梯作为主要通道和用于疏散的均按每层水平投影面积计算建筑面积，楼内有楼梯的室外楼梯按其水平投影面积的一半计算建筑面积。

不计算建筑面积的范围：

① 突出墙面的构件配件和艺术装饰，如柱、垛、勒脚、台阶、挑檐、庭院、无柱雨篷、悬挑窗台等；

② 检修、消防等用的室外爬梯；

③ 没有围护结构的屋顶水箱，建筑物上无顶盖的平台（露台）、舞台及后台悬挂幕布、布景的天桥、挑台；

④ 建筑物内外的操作平台、上料平台，及利用建筑物的空间安置箱罐的平台；

⑤ 构筑物，如独立烟囱、烟道、油罐、储油（水）池、储仓、园库、地下人防等；

⑥ 单层建筑物内分隔的操作间、控制室、仪表间等单层房间；

⑦ 层高小于 2.2m 的深基础地下架空层、坡地建筑物吊脚、架空层；

⑧ 建筑层高 2.2m 及以下的均不计算建筑面积。

（2）商品住宅建筑面积计算法

　　随着住房制度改革工作的推进，住宅作为商品出售变得越来越普遍，商品住宅以每平方米建筑面积为单价，按所购的建筑面积计算房价。一幢楼房一般出售给许多购房人，有些建筑面积可以分割，而有些则难以分割。为了使购房人较为合理地负担房价，每套住宅的建筑面积可按下列公式计算：

　　（一套住宅的总建筑面积）=（此套住宅的建筑面积）+（公用部分应分摊面积）

　　其中：此套住宅的建筑面积为此套住宅权属界线内的建筑面积，公用部分是指楼梯间、走廊、垃圾道等，其应分摊的面积一般可采用以下公式：

$$公用部分应分摊面积 = \frac{公用部分面积}{本幢楼各套住宅面积之和} \times 此套住宅的建筑面积$$

　　（3）用地面积量算

　　用地面积以丘为单位进行量算，包括房屋占地面积、院落面积、分摊共用院落面积、室外楼梯占地面积以及各项地类面积。

　　房屋占地面积是指房屋底层外墙（柱）外围水平面积，一般与底层房屋建筑面积相同。

　　本丘地总面积可按界址点坐标，用坐标解析法计算；其他地块面积可按实量距离用简单几何图形量算法，或在图纸上用求积仪法量算。

　　（4）共有面积的分摊计算

　　住宅楼共有建筑面积的分摊计算以幢进行分摊。根据整幢的共有建筑面积和整幢套面积总和求出分摊系数，再根据各套的套内面积按比例分摊计算。

　　多功能综合楼共有建筑面积的分摊应按照谁受益（占用、使用）谁分摊的原则进行多级分摊。

　　以上面积如果有权属分割文件或协议的，应按其文件或协议规定计算。无权属分割文件或协议的，可按相关面积比例进行分摊计算。某户分摊面积 ΔP_i 按下式计算：

$$\Delta P_i = K \cdot P_i$$

$$K = \frac{\sum \Delta P_i}{\sum P_i} \tag{10-1}$$

式中，P_i 为某户参加摊算的面积，$\sum P_i$ 为参加摊算各户的面积总和，$\sum \Delta P_i$ 为需要分摊的面积，K 为分摊系数。

　　采取由上而下的分摊模式。第一步，将整幢的共有面积，分摊到各功能区；第二步，各功能区再把摊得的整幢的共有面积和各功能区自身的共有建筑面积加在一起，分摊到功能区的各层；第三步，各层再把摊得的功能区的共有面积和各层自身的共有建筑面积加在一起，分摊到各层的各套。

10.4 地下管线图测绘

10.4.1 地下管线探查

1. 地下管线

地下管线是城市基础设施的重要组成部分。城市地下管线包括电力、电信、给水、下水、燃气、特种管线 6 大类，它们犹如人体内的"神经"和"血管"，担负着传送信息和输送能量的工作，是城市赖以生存和运转的物质基础，其空间地理位置及属性是城市规划建设管理的重要信息。

城市的发展一般都有悠久的历史，地下管线工程因而也是一个逐步建成的过程。逐年建设的积累使一般大中型城市的地下管线已是密如蛛网，寸土必争。但是早年建设的地下管线一般都存在资料残缺不全或不准确等问题，以致后续的地下管线工程规划设计缺少必要和可靠的依据，甚至会在施工过程中损坏原有管线，造成重大经济损失或人员伤亡。

因此，探查清楚原有地下管线的分布情况，对新建地下管线必须实时测量(施工放线测量和竣工测量)，据此建立"城市地下管线信息系统"并使其正常运转，是城市建设的当务之急。地下管线探测的概念包括"地下管线探查"和"地下管线测量"，前者主要针对缺少完整资料档案的已有的管线，后者主要针对新建的管线。

城市地下管线种类很多，结构复杂，无论是进行探查或测量，对地下管线本身应有基本的了解。

地下管线可分为以下几种：

① 电力管道：包括输配电电缆、动力电缆、照明电缆等管道。

② 电信管道：包括光缆管线、电视管线、市话管线、长话管线、军用通信管线等管道。

③ 给水管道：包括工业和生活用水、消防用水等输配水管道。

④ 燃气管道：包括煤气、天然气、液化石油气等的输配管道。

⑤ 下水管道：包括雨水、污水、工业废水等管道或渠道。

⑥ 工业管道：又称特种管道，包括热力、工业用气体、液体燃料、化工原料、排灰排渣等管道。

地下管线的结构相当复杂，根据管线的性质大致可分为：线型、管型和隧道型。由于管道功能运行上的需要，沿线还必须设置一系列井、室、闸等附属设施。其空间地理位置和属性应在进行管道探查或测量工作中测定。

电力和电信电缆本身属于线型，光缆或导电线的外部包裹以防水、防腐塑料。最简单的埋设方式为：地面挖沟放入线缆，其上放置混凝土保护盖板，地面设置警示标。一般是将线缆放入钢管、塑料管、混凝土管或混凝土多孔管块(图 10-10)中。大城市中为适应布设多路通信线的需要，设置通行式电信电缆隧道(图 10-11 为其横断面)。人孔是通信管道连接或分叉处设置电缆接头或中继器等的地下小室，地面有孔供检修人员出入。

　　给水和下水管道一般为管型。给水管道承受水压力，有各种管径的钢管、铸铁管、预应力钢筋混凝土管等。下水管道一般为混凝土管或陶瓷管，是必须考虑管线坡度的自流管道。在管线的转折和分叉处，有弧形弯管、"丁"字形管等。其管径和材料也属必要的探查信息。大型下水管道也有做成拱顶隧道形式的。给水和下水管道的主要附属设施有检修井、闸门、阀门、节点井、转角井等。

　　燃气管道和特种工业管道一般属于压力管道，其材料有钢管、铸铁管、塑料管等。其主要附属设施有气压站、闸井、检修井等。

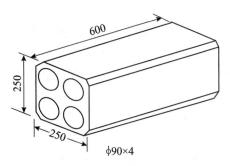

金属管线探
测仪组成

图 10-10　多孔混凝土电缆管块

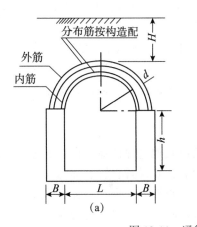

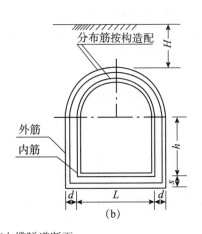

图 10-11　通行式电信电缆隧道断面

2. 地下管线探查的任务和内容

　　城市地下管线探查的任务是：查明各种地下管线的平面位置、高程、埋深、走向、结构材料、规格、埋设年代、权属单位等，通过地下管线测量，绘制成地下管线平面图和断面图，并采集城市地下管线信息系统所需要的一切数据。城市地下管线探测按具体对象可分为四类：① 市政公用管线探测；② 厂区或住宅小区管线探测；③ 施工场地管线探测；④ 专用管

金属管线
探测仪
（直连法）

探测。

市政公用管线探测是根据城市规划管理部门或市政建设部门的要求进行,其范围包括道路、广场及主干道通过的其他地区,要求全面、准确地掌握各种地下管线的空间地理位置,并侧重于各种管线及其附属设施的相互关系。如果管线探测任务属于全市性的,则称为"城市地下管线普查"。

金属管线
探测仪
(夹钳法)

厂区或住宅小区管线探测的范围仅限于该区域内,但需注意与市政公用管线的衔接。施工场地管线探测是为某项土建施工开挖前进行的探测,目的是防止施工开挖对原有地下管线造成破坏。专用管线探测是根据某项管线工程的规划、设计、施工和管理的探测,其探测范围包括管线工程可能和已经敷设的区域。

3. 地下管线探查的方法

地下管线探查是在现场查明地下管线的敷设状况及在地面上的投影位置和埋深,并在地面设置管线点标志。地下管线探查方法包括:明显管线点的实地调查、隐蔽管线点的物探调查和开挖调查。这三种方法往往需要结合进行。

金属管线
探测仪
(感应法)

(1)明显管线点的实地调查法

对出露地面的地下管线及其附属设施作详细调查、测量和记录,实地查清每一管线段的情况,填写"管线点情况表"。管线段的明显管线点包括:接线室、变电室(器)、水闸、检修井、人孔井、阀门井、仪表井以及其他附属设施。

实地调查应查清管线的权属单位、性质、规格(管道的材料和断面尺寸、电缆的根数或孔数及其电压)、附属设施名称。测量管线点的平面位置、高程、埋深和偏距。管线的埋深,一般分为"内底埋深"(管道内径最低点至地面的垂直距离)和"外顶埋深"(管道外径或直埋电缆最高点至地面的垂直距离)。从管线附属设施的中心点至管线中心线垂足点的水平距离称为"偏距"。

金属管线
探测仪
(盲探法)

(2)隐蔽管线点的物探调查法

对埋设于地下的隐蔽管线段使用专用管线仪或其他物探仪器,在地面进行搜索、追踪、定位和定深。将地下管线的中心线投影至地面,并设置管线点标志。管线点一般设置在管线特征点(管线交叉点、分支点、起迄点、变坡点、变径点及附属设施中心点)上,无特征点的长直线段上也应设置管线点,以控制走向。当管线弯曲时,至少应在圆弧的起、中、终点上设置管线点。

物探方法有电磁法(主要方法)、直流电法、磁法、地震波法、红外辐射法等,可根据探测对象、条件和目的来选择。

(3)开挖调查法

开挖调查法是开挖地面将埋于地下的管线暴露出来,直接测量其平面位置、高程和埋深,并调查管线属性。该方法是最原始、低效却最准确的方法,一般是在探测情况太复杂、用物探方法无法查明或为验证物探法精度时才采用。

4. 地下管线探查的精度要求和质量检验

《城市地下管线探测技术规程》规定，地下管线点的平面位置测量中误差不应大于 50mm(相对于该管线点的起算点)，高程测量中误差不应大于 30mm(相对于该管线点的起算点)。隐蔽管线点的平面位置探查中误差和埋深探查中误差不应大于 $0.05h$ 和 $0.075h$，其中 h 为管线中心埋深，当 $h<1\,000$mm 时则以 $1\,000$mm 代入计算。

探查工作的质量检验是用同类仪器和同一方法对同一管线点在不同时间进行重复探查其水平位置和埋深，重复探查量不少于总数的 5%。然后，按同一量多次观测计算中误差的公式计算探查隐蔽管线点的水平位置中误差和埋深中误差，其数值不应超过探查中误差的二分之一。此外，还应对 1% 的探查管线点进行开挖验证。

10.4.2 地下管线测量

地下管线测量工作包括新建地下管线的施工测量(规划放线)、新埋设管线的竣工测量和已有管线探查测量。其成果为：地下管线正确的施工定位、测绘地下管线图(平面图和断面图)及采集城市地下管线信息系统所需要的信息。其地理空间位置必须采用本城市统一的平面坐标系统和高程系统，成图方式应与本城市基本地形图一致；其数据采集规格应符合本城市地下管线信息系统的要求。

地下管线的施工测量的基本方法同一般工程施工测量，即在控制测量的基础上测设地下管线设计点位的三维坐标(平面位置和高程)。

地下管线的竣工测量是在管线施工时至回土前、地下管线特征点部位明显暴露的情况下进行的，施测对象明确，所需观测数据容易获得，并有较高的测量精度。所以从提高地下管线的空间地理位置精度出发，必须按有关地下管线的规范和规程的规定，做到边施工边测量(跟踪测量)，直接测量出管线特征点的平面位置和高程，绘制地下管线平面图、断面图和获取所需的管线属性信息。

地下管线探查测量是在对已有地下管线探查后，再对明显管线点和隐蔽管线点的标志点测定其平面位置和高程，获取绘制地下管线平面图、断面图数据和管线属性信息。

1. 地下管线点测量取点

对于已有地下管线经过探查，隐蔽管线点已在地面作出标志点；对于施工回土前的地下管线点，管线特征点还明显暴露。此时，根据已布设的平面和高程控制点，用全站仪等测量仪器测定地下管线点的三维坐标。

地下管线特征点的位置和取点方法，应根据管线的类型和结构形状而定，一般可分为以下几种类型：

① 管道(沟)——分依比例尺和不依比例尺两种情况：当依比例尺时，在管(沟)道两侧各取一点；当不依比例尺时，在管道(沟)主轴线上取点；

② 直线管段——在没有特征点的直线管段上，各类管线的管线点间距规定为：市政公用管线点的间距为相应比例尺地形图上每 15~30cm 一点，住宅小区或厂区的管线点间距为每 10~20cm 一点，施工场地的管线点间距为每 5~10cm 一点；

③ 叉形管——分叉管线取各轴线交点位置；

④ 弯形管——取圆弧中轴线的起、中、终三点；如圆弧长度较长，应适当增加点数，使能正确表示圆弧形状；

⑤ 变径管——两种管径变换处管段两端各取一点；

⑥ 井室——用符号表示的各类方形或圆形井，取井面中心点；较大井室需用实际形状表示的，取井室外边缘转折角点。

管线点的编号应根据本城市"城市地下管线信息系统"的统一规定，一般采用"管线专业代码–管线编号–管线点顺序号"的方式。例如，上海市的《地下管线测绘规范》对各专业管线(分为六大类)的代码规定见表 10-10。

表 10-10 　　　　　　　　　　　　上海市《地下管线测绘规范》

管线名称	电力	电信	给水	燃气	下水	特种
代　码	L	D	S	M	X	T

2. 地下管线图测绘与数据采集

(1)地下管线点的平面位置测量

管线点的平面位置测量，可在已有的城市三级以上导线点或专门布设的地下管线导线点上，用极坐标法、导线串联法或支导线法测定管线点的平面位置。

1)极坐标法

管线所在测区有足够的平面控制点，可直接在已知点上测定或测设管线点坐标，如图 10-12 所示，其中 T1 ~ T3 为地下管线导线点，X1 ~ X6 为下水管线点。极坐标法为管线点位置测定的主要方法。

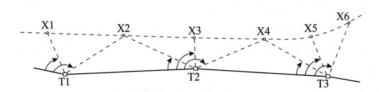

图 10-12　极坐标法测定管线点平面位置

2)导线串联法

导线串联法通常用于图根点稀少或需要重新布置图根点的情况，将管线特征点全部或部分纳入地下管线导线中，并在施测导线的同时将未纳入的管线特征用极坐标法或交会法(距离或角度交会)测定其坐标。采用导线串联法时，导线起闭于不低于城市三级导线精度的高级平面控制点上，如图 10-13 所示。图 10-13 中 A、B、C、D，为高级控制点，T1 ~ T4 为附合于高级控制点上的串联导线点，X2、X3、X43 为串联导线上的管线特征点，X1 为用交会法测定的管线特征点，X5、X6 为用极坐标法测定的管线特征点。

惯导管线
探测仪

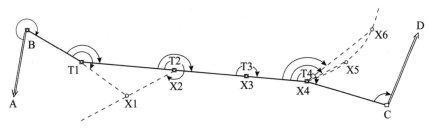

图 10-13 导线串联法测定管线点平面位置

3）支导线法

在管线点测量中，如受条件限制不能采用上述方法时，可用支导线法。支点不应超过 3 点，导线水平角用左右角观测法，导线边长往返测定。

（2）地下管线点的高程测量

管线点的高程测定宜采用直接图根水准测量，当用全站仪施测时也可用电磁波测距三角高程测量。

1）直接图根水准测量

直接图根水准测量以测区内四等（或以上）水准点的高程为起始，布设成通过各管线特征点的地下管线附合水准路线或闭合水准路线，布设支水准路线时必须往返观测。根据《城市地下管线探测技术规程》：高级点间附合路线或闭合环线不应大于 6km，支线长度不应大于 4km。采用 DS3 级水准仪中丝法读数，视距不超过 100m。水准测量路线闭合差不应超过 $\pm 40\sqrt{L}$ mm（L 为路线长度，以 km 计），每公里水准测量高差中误差不应大于 ± 20mm。

2）电磁波测距三角高程测量

电磁波测距三角高程测量按电磁波测距导线的形式布设，其高程应直接起闭于四等（或以上）高程控制点。使用 DJ6 级经纬仪垂直角中丝法观测二测回，DJ2 级经纬仪观测一测回，附合或闭合线路的高差闭合差绝对值不应超过 $\pm 40\sqrt{[D]}$ mm（D 为导线总长，以 km 计）。

（3）同时测定管线点的平面位置和高程

在已知坐标和高程的平高控制点上，用全站仪极坐标法测定管线特征点的平面位置时，可以同时测定点的高程。角度和距离用盘左、盘右一测回观测，并用小钢卷尺精确量取仪器高和棱镜高（± 1mm）。另外，用全球定位系统（GNSS）双频接收机的实时动态定位（RTK）法，同样可以快速测得管线特征点的三维坐标。

（4）地下管线属性数据采集

地下管线及其附属物的属性数据（属性描述），对于某一城市的地下管线信息系统有统一的规定，并且对于不同大类的专业管线其描述细节也有一定的区别。管线的属性描述有：类别、用途、材料、根/孔数、断面高、断面宽、工程执照号、敷设日期、备注等，不同的描述有不同的取值。例如，电力管线的属性描述见表 10-11。

表 10-11　　　　　　　　　　　　　　　　电力管线属性描述

名　称	描述内容	取　值
类别	管线类型	-1 暂缺　0 其他　1 电力导管　2 供电电缆　3 电车电缆　4 路灯电缆　5 绿化照明电缆　6 红绿灯电缆
材料	管线材料	-1 暂缺　0 其他　1 砼　2 混凝土　3 钢　4 铸铁　5 生铁　6 白铁　7 塑料　8 玻璃　9 石棉水泥　10 陶瓷　100 一芯　101 二芯　102 三芯　103 四芯　104 五芯
电压	输电电压类型	-1 暂缺　0 其他　1 超高压(>500kV)　2 高压(110kV，220kV)　3 中压(≥10kV，≤35kV)　4 低压(<10kV)
根/孔数	电缆根数/导管孔数	用数值表示
工程执照号	管线工程执照号	有效工程执照号
敷设日期	管线敷设年月	有效日期格式(年，月)
备注	其他需要说明的情况	用文字说明

地下管线探查和测量时对管线的属性数据必须逐一调查或量测，记入相应表格，在地下管线数字化成图时需要输入这些数据。

(5) 地下管线地形图测绘

地下管线地形图测绘分为地下管线探查图测绘和地下管线竣工图测绘。地下管线图又分为专业管线图和综合管线图两种，区别在于专业管线图上除管线周围地形外只包括单一专业(一条或几条)管线，而综合管线图则包括该地段内所有各种专业管线。地下管线地形图测量的基本方法与一般城市大比例尺地形图测量完全相同，只是在测量的内容上增加了地下空间(地下管线及其地下附属设施)的部分。它们都采用本城市统

智能声波燃气 PE 管道定位仪

一的平面坐标和高程系统，统一的图幅分幅方法和测绘技术标准。因此，地下管线地形图的测绘一般都有条件，以城市大比例尺地形图为基础(底图)，加测属于地下管线专业部分的内容，以及修测、补测地形图上与现状不符的部分，来完成城市地下管线地形图的测绘。但也必须注意以下几个方面：一是地下管线地形图上管线点位测定的精度要高于一般地物点的精度；二是地下管线地形图上需要表达除了管线点位以外的管线属性信息；三是地形图上与地下管线关系不大的地物，而且妨碍地下管线有关信息在图上表达时则可以删去。

敷设地下管线的地区如果没有已有的地形图或地形图的比例尺精度不够，则需要专门施测地下管线地形图(综合管线图)或带状地形图(专业管线图)，带状地形图的宽度

按专业的需要而定。

地下管线地形图测绘一般采用内外业一体化的解析测图(全数字化测图),将地形点与管线点同时测定。以已有的图根点或地下管线导线点作为测站,主要用极坐标法测量管线点及管线两侧地形点的三维坐标,观测数据自动记录,经过数据通信,在绘图软件的支持下成图,并以此为基础,建立城市地下管线数据库。

综合地下管线图包括的内容有:各专业管线,管线上的构、建筑物,地面构、建筑物,铁路、道路、河流、桥梁,主要地形特征。图 10-14 为比例尺 1∶500 的综合地下管线图,在图上表示出测区内全部地下管线(原图各管线用彩色区分)、附属设施及地物地貌的综合图。它不但能表达各专业地下管线分布情况和专业属性(图上用"扯旗"方式引出说明),而且能表达各种地下管线的相互位置关系以及和各种地面建筑物的位置关系。因此,综合地下管线图是城市规划、设计和管理方面的重要图件,是城市地下管线信息系统的主要信息来源。

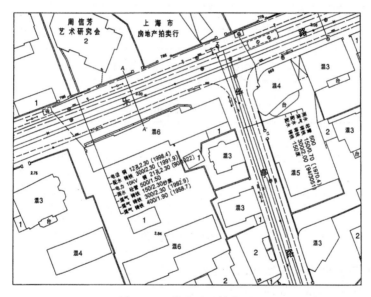

图 10-14 综合地下管线图

(6)地下管线纵横断面图测绘

用于地下管线信息管理的地下管线图,除了综合管线图、专业管线图以外,还有地下管线纵断面图和横断面图。根据管线点的平面坐标和高程可以绘制地下管线的纵断面图,为了明显表示管线的纵向坡度,图的垂直比例尺规定要比水平比例尺大十倍;横断面图是为详细表示各种管线在某一里程处的断面分布情况,需要有较大的比例尺,如图 10-15 所示。地下管线纵、横断面图的比例尺规定见表 10-12。

管网图绘制

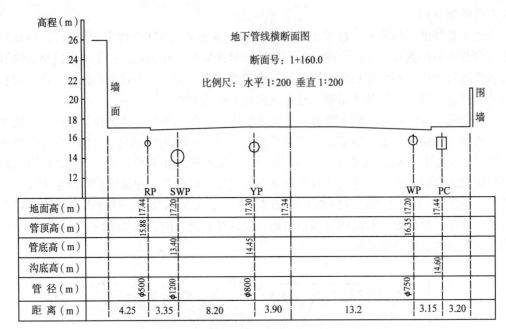

图 10-15　地下管线横断面图

表 10-12　　　　　　　　　　　地下管线纵横断面图的比例尺

	纵 断 面 图		横 断 面 图	
水平比例尺	1∶500	1∶1 000	1∶100	1∶200
垂直比例尺	1∶50	1∶100	1∶100	1∶200

习题与思考题

1. 地籍图根控制有哪些特殊的规定？

2. 地籍界址点的精度如何要求？

3. 地籍调查的目的是什么？

4. 地籍测量包括哪些主要内容？

5. 何谓宗地？宗地及其界址点编号的基本方法是什么？

6. 如何进行宗地编号？

7. 测定界址点有哪些常用的方法？

8. 何谓地籍图？地籍图应包括哪些主要内容？

9. 简述我国现行的土地分类体系，并阐述不同分类体系的异同。

10. 宗地图与宗地草图有哪些区别？

11. 地籍测量与地形测量有哪些主要区别？

12. 房产调查的目的和内容是什么？

13. 房产图分为哪几种？各种图又分别包括哪些主要内容？

14. 房屋建筑面积量算有哪些具体规定？

15. 已知某宗地各顶点的坐标(如图 10-16 所示，单位为 m)，试计算该宗地的面积和面积中误差(假定测定界址点的点位中误差为 50mm)。

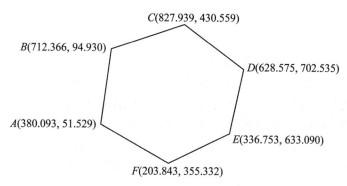

图 10-16　宗地面积计算示意图

16. 变更地籍调查与初始地籍调查有何区别？

17. 简述城市地下管线探查的任务。

18. 城市地下管线探查的方法有哪些？

19. 综合地下管线图包括哪些内容？

参 考 文 献

[1] 杨启和. 地图投影变换原理与方法[M]. 北京：解放军出版社，1989.

[2] 张坤宜. 光电测距[M]. 长沙：中南工业大学出版社，1991.

[3] 汪铁生. 地形测量学[M]. 东营：石油大学出版社，1991.

[4] 刘志德，等. EDM 三角高程测量[M]. 北京：测绘出版社，1996.

[5] 潘正风，等. 大比例尺数字测图[M]. 北京：测绘出版社，1996.

[6] 徐青. 地形三维可视化技术[M]. 北京：测绘出版社，2000.

[7] 李志林，朱庆. 数字高程模型[M]. 武汉：武汉大学出版社，2003.

[8] 李征航. 空间定位技术及应用[M]. 武汉：武汉大学出版社，2003.

[9] 詹长根，唐祥云，刘丽. 地籍测量学[M]. 北京：测绘出版社，2012.

[10] 汤国安，刘学军，闾国年. 数字高程模型及地学分析的原理与方法[M]. 北京：科学出版社，2005.

[11] 孔祥元，郭际明，刘宗泉. 大地测量学基础[M]. 武汉：武汉大学出版社，2006.

[12] 高井祥，张书毕，于胜文，等. 测量学[M]. 徐州：中国矿业大学出版社，2007.

[13] 张华海，王宝山，赵长胜，等. 应用大地测量学[M]. 徐州：中国矿业大学出版社，2007.

[14] 宁津生，陈俊勇，李德仁，等. 测绘学概论[M]. 武汉：武汉大学出版社，2008.

[15] 翟翊，等. 现代测量学[M]. 北京：测绘出版社，2008.

[16] 施一民. 现代大地控制测量[M]. 北京：测绘出版社，2010.

[17] 何宗宜. 计算机地图制图[M]. 北京：测绘出版社，2008.

[18] 程效军，鲍峰，顾孝烈. 测量学[M]. 上海：同济大学出版社，2016.

[19] 武汉大学测绘学院测量平差学科组编著. 误差理论与测量平差基础[M]. 武汉：武汉大学出版社，2014.

[20] 潘正风，程效军，等. 数字地形测量学[M]. 武汉：武汉大学出版社，2015.

[21] 自然资源部国土测绘司. 新型基础测绘与实景三维中国建设技术文件——名词解释. 2021.

[22] 张宏，温永宁，刘爱利，等. 地理信息系统算法基础[M]. 北京：科学出版社，2006.